[新訳]

GMとともに

My Years with General Motors

アルフレッド P. スローン, Jr.【著】
Alfred P. Sloan, Jr.
有賀裕子【訳】

ダイヤモンド社

MY YEARS WITH GENERAL MOTORS

by

Alfred P. Sloan, Jr.

Japanese Translation rights arranged
with Estate of Alfred P. Sloan
c/o Harold Matson Company, Inc., New York
through Tuttle-Mori Agency, Inc., Tokyo

永遠の名著『GMとともに』

ピーター・F・ドラッカー

『GMとともに』は一九六三年、著者アルフレッド・P・スローンが九〇歳で永眠する三年前に世に出された。発売後はまたたくまにベストセラーとなり、今日に至るまで、経営者、マネジャー、経営を学ぶ人々の間で愛読されている。私自身、過去二五年にわたって友人、クライアント、学生などに本書を薦めてきたが、その誰もが素晴らしい、そしてまた楽しい読み物だとの感想を抱くのだ。しかしスローン本人は、このような反応に当惑したかもしれない。

私はスローンと一九四三年以降、氏が他界するわずか数カ月前まで二〇年にわたって親しく交流を続けたが、その間、一度だけ本気で怒りを向けられた。『ニューヨーク・タイムズ』掲載の書評で、『GMとともに』を楽しい読み物だと称えたからだ。スローンは、私があえて誤解を招く表現を用いたといって非難したのだった。この本はけっして「楽しく」読むために書いたのではない。『GMとともに』を執筆したのは、職業経営者（プロフェッショナル・マネジャー）という新しい職業を確立して、そのリーダー、さらには意思決定者としての役割を明確に示すためである——。

スローンが『GMとともに』を著したのは主として、氏が好ましくないと考える書物、すなわち、ゼネラルモーターズ（以下GM）に関する一九四六年の拙著『会社という概念』に反論するため、あるいはどう控え目な表現を用いても、その「悪影響」を弱めるためだった。『会社という概念』はマネジメントを学問領域として扱った初の書物である。大企業を内側から眺め、その構成原理、構造、基本をなす諸関係、戦略、方針などを研究したさきがけなのだ。

土台となったのは、一九四三年から四五年までの二年間に実施した調査である。調査はGMの要請を受けて、その全面的な支援のもとで行われたが、いざ『会社という概念』が刊行されるとGMの上層部は内容にひどく憤慨し、社内では何年もの間、口にするのもはばかった。経営陣にとっては「禁書」同然だったのである。それというのも私の本は、労使関係、本社スタッフ部門の活用方法や役割、ディーラーとの関係など、GMの方針が時代に合わなくなっているのではないか、と疑問を投げかけていたのだ。いわばGMの経営陣への「不敬罪」を働いたわけで、今日に至るまで完全には許しを得ていない。それでもスローンだけは対応が異なった。『会社という概念』への対処をめぐって会議が開かれ、私が集中砲火を浴びた際、氏はすかさず立ち上がると同僚たちに向けて私を弁護した。「皆の意見には一〇〇%賛成だ。ドラッカー氏はまったくもって間違っている。しかし氏は、GMの要請を受けた際に宣言したとおりのことをしたまでだ。それにそもそも、ここにいる誰もと同じように、氏にもまた、たとえ誤っていたとしても、自分の意見を述べる権利がある」

実のところあの出来事を境に、私はアルフレッド・スローンと個人的に接するようになったのだ。『会社という概念』を執筆している間も折に触れて顔を合わせてはいたが、通常はGMの一室での会議で、他にも大勢の人々がいた。ところがあの一件以来、私はスローンから年に一、二度ニューヨークの自宅に招かれ、差し向かいで昼食をとるようになった。こうした関係は二〇年間続いた。そのような折に話題にのぼったのは社会貢献活動、とりわけスローン・ケッタリング癌研究所とMIT（マサチューセッツ工科大学）スローン・スクール・オブ・マネジメントである。何よりスローンは、長年を費やして執筆していた『GMとともに』を好んで話題に取り上げた。スローンは私に意見を求め、熱心に耳を傾けてくれた。ただし私の意見は一つとして取り上げられなかったが。

スローンが誰よりも先に——私自身よりもはるかに早い時期に——予見したとおり、『会社という概念』の刊行を契機として、マネジメントは学問領域として認められていった。だがスローンは、まさにその点を問題視した。氏は自分こそが最初に大企業の組織を体系的につくり、プランニング、戦略立案、業績評価を取り入れ、事業部制の原理を生み出した、すなわちマネジメントを築き上げたのだと自負していた。私もそのとおりだと思う。やや脇道に逸れるが、スローンがマネジメントを立案し実践したことが、第二次世界大戦期にアメリカの国力を支えたのは間違いない。氏の功績によって、アメリカ産業界は大戦中に記録的な高生産を成し遂げたのだ。それまでひどく深刻な不況にあえぎ、士気が低下し、少しも態勢が整っていなかったというのに、ごく短期間にすっかり様変わりした。戦後四〇年にわたってアメリカが世界経済をリードしているのも、日本がアメリカから多くを学び経済大国の地位を手にしたのも、スローンの功績を抜きにしては語れない。そのスローンにとってはしかし、プロフェッショナル・マネジャーこそが何にもまして重要であり、学問としてのマネジメントはそれに比べればはるかに取るに足らないものだったのだ。

古くはプラトンやアリストテレスの時代から、統治（ガバナンス）という問題に関しては似て非なる二つの考え方がある。片や制度的アプローチとでも呼ぶべきもので、「政府・企業を問わず、統治とは明確な枠組みを基礎にすべきで、その枠組みによって何よりもまず秩序立った権力交代を実現し、独裁を防がなくてはならない」とされる。もう一つのアプローチは政治思想史上「君主の教育」と呼ばれ、統治者の人格や徳を重んじている。以前から考えられているとおり、実際には両方のアプローチが必要だろう。私自身の著作活動もこの両方の流れに沿っている（一九五四年刊行の『現代の経営』は制度論の流れをくんでおり、六六年、スローンの没後まもなく発表した『経営者の条件』は「君主の教育」の伝統に忠実な内容となっている）。スローンは稀に見る読書家で、二つの思潮があることを心得ていた。合衆国憲法を何度となく読み直して、それを参考にしながらGM、いやひいては大企業一般の経営組織や経営がどうあるべきかに思いをめぐらせたのだと、一度ならず語っていたものだ。だが氏にとってこのうえなく重要なのは、統治者すなわちプロフェッショナル・マネジャーである。プロフェッショナル・マネジャーこそが実務家として、リーダーとして、そして従業員の模範として、核となる役割を担っているというのだ。スローンは『会社という概念』の重要性をすぐに見抜き、それゆえにこそ「好ましくない」と考えた。この本は経営者と学者をともに誤解へと導き惑わせるだろう、と私に語った。今日的な表現を用いれば、私を「リーダーシップよりもマネジメントを重んじている」と批判したのだ。そして、その害を防ぐのが自身の使命だと感じたのである。

スローンは本来、六七歳を迎える一九四三年に引退する予定だった。引退に向けた準備の一環として氏は、三〇年代の末から簡単な自伝を書くために資料を集め始めている。出版するためではなく、同僚たちへの別れの挨拶代わりであった。ところが四三年には、アメリカは戦争のただ中にあった。後継者候補としてスローンの薫陶を受けた人々が三、四人ほどいたのだが、その誰もが戦時対応に追われ、実際に後を継ごうという段にはすでに相当に齢を重ねているはずだった。そこでスローンはやむなく、戦中、および戦後の過渡期まで、自ら経営の舵を取り続けようと決意した。その間に、自身や同世代の経営陣を継ぐ若手を育てようというのである。後に氏は出版に向けて筆を執ろうと心に決め、その折に、一〇年も前にまったく別の理由で集めた資料をひもとくことになった。

このようにして世に出されたのは、まさに記念碑的な書物だった。表面的には自伝であり、そのように読むこともできるが、その実質はケーススタディの宝庫と呼ぶのがはるかにふさわしいだろう。訓話としての狙いがあったにもかかわらず、生き生きとして楽しく、読みやすい。そのうえ「人」に焦点を当てている。ここに浮き彫りにされているのはアルフレッド・P・スローンの実像ではなく、プロフェッショナル・マネジャーの模範としてのスローンだ。『GMとともに』の中のスローンは往々にして、「人間味に乏しい」「冷ややかだ」との批判を向けられてきた。ほかでもない、スローン自身が意図的にそのように書いたのだ。CEO（最高経営責任者）たる者は仕事上の友人を持つべきではない、というのがその揺るぎない信念だった。氏はある時私に、アメリカ史上で最も有能とされる二人の大統領、エイブラハム・リンカーンとフランクリン・D・ルーズベルトはともに、職業上で関わりある人々とは交友関係を持たなかった、と語っていた。職業仲間と親交を結んだグラント、トルーマン、アイゼンハワー（スローンはトルーマンを尊敬していたが、アイゼンハワーについては疑いの目を向けていた）といった大統領は、すぐに裏切りに遭っている。「友人にはどうしても甘くなる。だがＣＥＯは公平でなくてはならない。実績のみを判断の基準に据えるべきなのだ」とスローンは述べていた。

とはいえ、高齢によって聴力が衰えるまで、氏の人生は深い交友関係に彩られていた。友人のなかには仕事上でつながりのある人物もいる。永年にわたる刎頸の友ウォルター・Ｐ・クライスラーは、かつてＧＭのビュイック事業部を率い、スローンの勧めで新天地を求めたのだった。クライスラーはみずからの名前を冠した自動車メーカーを設立したのだが、それというのも、スローンのアドバイスによるところが大きかった。スローンは、一九二〇年代半ばにフォード・モーター（以下フォード）の勢いが衰えたのを見て、新しいチャンスが生まれていると指摘したのだが、同時に、フォードが坂道を転げ落ちる様を目の当たりにして、ほかならぬＧＭのために強大なライバルを必要としていたのだ。クライスラーは、一九四〇年に六五歳で生涯を閉じるまで、スローンと深い絆で結ばれていた。

ぜひ述べておきたいのは、スローンが温かい人柄の持ち主で、金銭だけでなく時間をも惜しみなく周囲に分け与えたということである。ＧＭに関して研究を続けていた間に私は、ＧＭオフィスを訪れる都度、スローンが進んで手を差し伸べてくれたというエピソードに触れた。高い肩書きを持たない一般従業員が話の主である場合も少なくなく、その内容はたとえば、スローンが、自分とは面識のない工場長の赤ん坊がひどい火傷を負った際に、できるだけ優れた治療を受けさせせようと、クリスマス休暇を返上して奔走した、というようなものだ。私はことあるごとに「深刻な問題が持ち上がったら、誰に助けを求めるだろう?」と尋ねていたが、たいていは「もちろん、アルフレッド・スローンですよ」という言葉が打てば響くように返ってきた。

スローンが今日のＧＭを築いたのは、方針や戦略を打ち立てただけでなく、その誠実な人柄によって多大な尊敬と信頼を集め、社内を活気づかせたことが大きく関わっているだろう。二〇年代およびその前後の時期、シボレー、ビユイック、キャデラックといったGMの主要事業部を統括していたのは、それ以前に起業家として成功を収め、GMに事業を売却した人々だった。いずれもスローンよりも年長で、莫大な富を手にしていた。スローン自身も自動車の部品会社を経営し、一九一六年の事業吸収を受けてGMの指揮を執ることになったわけだが、スローンの会社はごく小規模だった。それに引き換え、他の事業部長たちはGM株を大量に保有していた。皆スローンが大きな裁量を持つのを妬み、本社からの「干渉」を一様に疎んじた。その彼らがわずか数年後にはスローンを強く敬い、経営チームの忠実なメンバーとなっていた。

スローンは極端なまでに人を大切にしたのである。『GMとともに』は一九五四年にはほぼ完成していたが、その後一〇年間、世に出されずに眠っていた。ここに登場するGM関係者が一人でも存命している間は、けっして公表したくない、との意思をスローンが頑なに貫いたからである。「経営者とは、おおやけの場で部下を批判しないものだ」と氏は述べている。「だが、ここには批判と受け取られかねない記述がある」。当時スローンはすでに齢八〇で、衰えが見え始めていた。本書で言及した関係者の中には、氏よりも優に一五歳は若い人々もいた。版元ダブルデイの編集者は「このままではあなたの存命中に刊行できません」とスローンに訴えた。そして存命する関係者のもとに足を運んだ。その誰もが自分が批判されているとは露ほども考えておらず、早く出版すべきだろうと勧めたというが、それでもスローンは首を縦に振らなかった。「私が死んだら、その後に遺作として出版すればよいだろう」。出版スケジュールよりも、人々のほうが大切だ」というのだ。登場人物の最後の一人が息を引き取った日、スローンは出版を承諾した。たしかに氏は「いかにも人当たりのよい」タイプではなかったが、人への気遣いや関心は抜きん出て強かった。あれほど人を尊重する人物を私はほとんど知らない。

しかし、この『GMとともに』は人にはあまり触れていない。その裏には、プロフェッショナル・マネジャーは人柄よりもむしろ事実の力で経営の舵取りをすべきだ、というスローンの信念があった。事実ある時氏は、並み居るG

Mマネジャーを前に、「求められるのは正しい判断であって、愛想や人当たりのよさではない」と語りかけていた。

氏は本書の執筆に当たっても、個人的な懸念や関心は徹底的に排除しようと努めた。実際の氏は政治に絶えず深く関わり、一九三六年にはアルフレッド・ランドン、四八年にはトーマス・デューイの大統領選を応援した（常に敗者となる側についていた）。フランクリン・D・ルーズベルトとの間では、一二年間にわたって尊敬と嫌悪の入り混じった交流を続けた。ルーズベルトの有能さは敬いながらも、人間性には疑いを向け、ニューディールにも反対していた。「ルーズベルトは、人間としての器はアル・スミスの足元にも及ばないが、大統領にははるかに適任だろう」といい、私を大いに驚かせたものだ。とはいえ、『GMとともに』でルーズベルトに言及したのは一カ所のみ、一九三七年にGMで座り込みストライキが起きてミシガン州知事フランク・マーフィーがそれを支持した際、ワシントンのさる人物がマーフィーに翻意するよう説得するのを拒んだ、というくだりだけである。ニューディールに関しては、何と一度たりとも触れていない。私が「三〇年代のアメリカを舞台にしながら、ニューディールもルーズベルトも出てこないのでは、主役のいない『ハムレット』のようだ」と意見すると、スローンは「ともに私とGMの両方にとって重要には違いない。だが、あくまでも歴史上のエピソードであって、プロフェッショナル・マネジャーとしての職務にはまったく関係がない」と答えるのだった。

スローンが心血を注いだ二つの取り組み、すなわち自動車の安全性向上とフリントのGMインスティチュート（現GMIテック）についても、いっさい記述がない。一八歳年下の異母兄弟で「自分にとってただ一人の子ども」と呼んでいたレイモンドに関しては、ごくあっさりと触れているにすぎない。レイモンドが五〇代の若さで他界したのを、「人生で最大の悲しみ」だと嘆いていたが、病院経営の先達であるレイモンドをとおしてスローン自身も病院経営に深く関心を寄せ、スローン・ケッタリング癌研究所の設立、癌研究の推進に惜しみない努力を捧げたという事実はどこにも記されていない。「いずれも、仕事とは関係のないプライベートな事柄だ。妻がアンティークを収集しているとか、CFO（最高財務責任者）が派手なネクタイをしているといったことと同じで、プロフェッショナル・マネジャーに関する書物にはおよそ似つかわしくない」のである。

『GMとともに』に映し出されているのは、等身大のアルフレッド・スローンよりもむしろ経営者の模範としてのスローンだと書いたが、それよりもはるかに大きな意味を持つのは、本書が大多数の読者に、スローンが意図したとおりの教訓を与えないという点だと思われる。これ以上の経営書を私は知らない。この信念に変わりはなく、スローンがここで示した考え方に賛成できるかどうかは重要ではない。

だが本書は、これほど多くの人々に読まれ、高く評価されているにもかかわらず、経営実務には意外なほど小さな影響を与えたにすぎない。スローンの意図に反して、「経営者への指針」として読まれなかったのは主として、自伝の体裁を取っているからだろう。スローンから本書の構想を明かされた折、私は胸を高鳴らせたものだ。経営という仕事とプロフェッショナル・マネジャーについての書物を世に送り出す。何と素晴らしいことだろうと思った。いまでもその思いは変わらない。しかし、自伝として著したのでは、焦点が曖昧になるおそれがあった。意中のテーマに正面から取り組み、事例としてGMを引き合いに出せばよいではないか。

だがスローンの気持ちは揺らがなかった。そのような書き方は自分には向かない、というのだ。「ですがミスター・スローン」私は食い下がった。「『ザ・プロフェッショナル・マネジャー』というタイトルにして、『GMとともに過ごした日々の教訓』といった副題を添えればよいのでは？」。スローンは、それではあまりに仰々しいと感じたようだ。「少なくとも、各章の末尾に要点をまとめてはどうでしょう」というと、厳かな口調で諭された。「見識ある人々、経験豊かな経営者に向けて書こうとしているのだ。当然のことをあえて指摘する必要などないだろう」。しかし、編集者なら誰でも知っているように、ほかならぬ明白な事柄こそ文字に残しておく必要がある。さもなければ見落とされてしまうのだ。

では、『GMとともに』に示された英知とはどのようなものだろうか。少なくとも私自身はどう解釈したかを、以下にまとめておきたい。

・経営の舵取りには豊かな経験と高い専門性が求められ、その条件を満たした人が経営者となる（あるいはなるべきである）。一九六〇年にはこれはけっして自明ではなかった。一九九〇年の時点では何ら新鮮味がないかもしれないが、率直なところ、経営者は皆口ではこのように述べながら、ほとんど実質を伴っていない。

・医者や弁護士など他分野の専門家と同じく、経営者も顧客（クライアント）を持っている。経営者にとってはみずからが率いる企業がクライアントであって、私利私欲よりも社の利益を優先させなくてはならない。それがクライアントに対するプロフェッショナルとしての責務である。

・プロフェッショナルは、個人的な意見や好みをもとに判断を下してはならない。事実のみを拠り所とするのである。だからこそ、チャールズ・F・ケッタリングの銅冷式エンジンに関する章にあれほど多くの紙幅が割かれているのだろう（私だけでなく多くの読者も、なぜあの章があれほど長いのか不思議に感じているだろう）。スローンはケッタリングをこよなく敬愛し、二〇世紀アメリカを代表する発明家だと見なしていた。それほど傑出した人物ですら、自身の思い入れに流され事実を軽んじると、挫折を味わうということを、スローンはあの章で言葉を尽くして伝えようとしたのだ。

・プロフェッショナル・マネジャーの仕事は、人々に好意を持つことでも、変えることでもない。強みを引き出して、業務に振り向けさせるのだ。人材の価値や仕事の中身を評価する際には、意味を持つのは実績だけである。いやむしろ、実績にしか注意を払ってはいけない。私はGMを研究している間、業績の最もよかったシボレー、キャデラック両事業部長について、「一八〇度異なるタイプだ」とスローンに述べたところ、「それはまったくの誤解だ。二人は実に似通っている。ともに実績を上げているではないか」と切り返されたものだ。

・ただし「実績」とは、利益を上げることだけでなく率先垂範する姿勢をも指す。誠実さも求められる。この二つの条件を満たしさえすれば、すなわち優れた業績を上げ、模範あるいは指導者としての振る舞いが身についてさえいれば、あとはきわめて大きな幅が認められ、かぎりなく多彩なタイプが存在し得るのだ。

・意見の相違、いやそれどころか対立は不可欠であって、望ましいとすらいえる。意見を戦わせないかぎり、互いを理解することはできない。そして理解し合わないかぎり、正しい判断は下せない。スローンは本書で数多くのメモを引用しているが、その中ではまず対立するいくつもの意見を引き出し、次に多彩な意見をまとめて理解を形成し、最後に合意とコミットメントにたどりついている。これこそ、『GMとともに』の最も素晴らしい点だろう。

リーダーはカリスマ性があればよいというわけではない。PR力、ショーマンシップも違う。リーダーは優れた業績を上げなくてはならない。襟を正し、信頼を集めなくてはならないのだ。

・最後に、おそらく最も重要な点だろうが、プロフェッショナル・マネジャーは奉仕の精神にあふれていなくてはならない。高い地位にあるからといって、特権が認められるわけではない。権力が与えられるわけではない。与えられるのは責任なのである。

読者として私たちは、スローンの見解に挑んでもよいだろう。スローンは読者と意見を戦わせることを強く望んでいた。私がこの点について水を向けたところ、「そうでなければ読者は真剣に考えないだろう」と応じたのだ。いずれにせよ、スローンは自身の見解を示すために本書を著したのであり、それこそが『GMとともに』が必読書である理由である。

『GMとともに』から学ぶ

出井　伸之

一九九九年、私はゼネラルモーターズ（GM）の社外取締役をお引き受けした。その時まず手にした一冊が、三〇代の頃から愛読してきた、このアルフレッド・P・スローンの『GMとともに』だった。まもなくGMから英語版も送られてきた。GM発展の歴史や組織文化を知るにはこの一冊が最適という意味なのだろう。新任の取締役には必ず贈られるのだそうだ。

改めて英語版を読み返してみると、最初に目についたのは、一九九〇年に書き下ろされたピーター・ドラッカーの序文だった。その序文によって、自伝という形式をとりながらも、本書の本来の意図が「経営者はプロフェッショナル・マネジャーであるべきだ」という主張にあったことを再認識した。

本書がGMの新任取締役に贈られる理由は、つまり、ドラッカーの序文そのものにある。ドラッカーの書いた『会社という概念』(*Concept of the Corporation*) に反論を唱えることが、スローンに本書執筆の直接の動機を与えた、というのがドラッカーの推察である（『会社という概念』は一九四五年、ドラッカーが一八カ月かけてGMのすべての事業部を訪問して書いたものだったが、GMの方針や経営についての記載は少なく、三分の二は、一般的な社会組織としての企業のあり方について述べられている）。その反論の対象であったドラッカー自身の解説が加わることで、経営・組織とプロフェッショナル・マネジャーの関係について、読者には新しい読み方の視点が提示され、より深い理解が可能になる。

二〇世紀のマネジメント・グルといわれるドラッカーに対し、経営者としてこの分野に大きな影響を与えた人物といえば、スローンと並んでヘンリー・フォードが挙げられる。二人の経営アプローチはまったく異なるもので、軍隊組織を参考にしたフォードが中央集権型組織を重んじ、生産システムのイノベーションで単品種・大量生産を進めた一方、スローンは、GM経営陣に加わる以前から権限を分散化させる経営手法を用いていた。

その初期において買収した複数の自動車会社で構成されていたGMは、きわめて分権化された組織で成り立っていた。しかし分権組織は、各事業部門が繰り返す野放図な投資と、本社が資金状況の全体像を把握できない状態を招き、一九二〇年、GMは深刻な財政危機に見舞われてしまう。この直後にGMの経営陣に加わったスローンにとって、分権化のメリットを失わないまま、いかに全社の足並みを揃え、本社が事業部門を管理できる体制——「統合と分極」の経営と私は呼んでいる——を築くかが大きな課題だったのである。

その答えが、分権化された事業部門と、本社に財務や経理、総務などのスタッフ部門が配置された、一九二一年の組織図であり、「統合と分極」の基本設計思想は一応の完成をみる。しかし、この基本設計が真の効果を発揮するまでには、その後も数々の改善が必要だった。

分権化の行き過ぎで各事業部門が無軌道な投資を続ける様子を、スローンは「GM組織の欠陥」として描いているが、単に分権するだけでは十分でなく、明確なポリシーと評価基準をもって本社の専門委員会やスタッフが全体を統合・調整するうえで、その「バランス」を熟慮すること、それこそがスローンの考えるプロフェッショナル・マネジャーの役割であることがわかる。つまり、中央集権か分権かの二者択一ではなく、つねに正確な情報をもとに客観的な判断を下し、時代環境によって変化する状況に対応させることが使命なのだ。

また、自己の資産のほとんどをGMの普通株で持っていたスローンは、「プロフェッショナル・マネジャー」としての役割だけでなく、「株主」としての視点も強く持っていた。本書に登場するさまざまな事例や経験の積み重ねから、監督と執行の分離、経営者と株主の関係など、二〇世紀型（アメリカ型）経営と組織の基礎を導き出した。経営監査機能としての取締役会が、会社と事業の実態を知る権利を持ち、取締役会メンバーの過半数は社外から選任、財務、経営執行、報酬、監査の各委員会を構成するという基本コンセプトは、GMのみならず今日のアメリカ型コーポレート・ガバナンスの原型となっている。

スローンが九〇歳で亡くなったのは一九六六年のことだが、絶え間ない自己変革を自らに課したはずのGMも、七〇年代になると組織の硬直化が顕著になってくる。ジョン・デロリアンは、六九年にシボレー事業部長を経て七二年に北米地域乗用車トラック・グループ担当副社長になったが、翌年退社。七九年には『晴れた日にはGMが見える』（*On a Clear Day, You Can See General Motors*）」を書いた。『晴れた日……』には、分権化されているはずの事業部の権限が本社の役員フロア「一四階」に収奪されて行く様子や、極端な財務重視がもたらす過度のコスト削減要求と新技術開発の抑制、市場動向や現実の事業活動と遊離した官僚的な企業風土がイノベーションを喪失させていく様子が描かれている。

スローンは、競争し生き残ることへの衝動が経済的成長への最大のインセンティブであり、「成功した」と思った途端それは失われてしまうと述べているが、六〇年代に圧倒的シェアを誇った「成功企業GM」では、時間とともに価値基準と業務プロセスなどが硬直化し、適応力や柔軟性が鈍化していったのである。

さらに八〇年代にはいると、欧州車や日本車の台頭により、北米の自動車市場ではGMのシェアは激しく落ち込んだ。品質問題や工場閉鎖に伴う地域社会との軋轢も相まってGMの株価は下がり続け、一九九二年、ついには取締役会によるロバート・ステンペル会長の解任にまで発展してしまう。ステンペル会長の解任は、スローンの意図した経営執行責任と経営監督責任を明確に分離させたコーポレート・ガバナンス機能が働いた結果といえるが、それ以上にプロフェッショナル・マネジャーの経営執行に対する責任の重大さを認識させた事件だったと私は考えている。

グローバル企業の経営を担う者として、欧米の資本主義、コーポレート・ガバナンスについて学ぶなかで、アメリカを代表するGMという会社にはたいへん興味を持っていた。アメリカの現代経営と企業統治の歴史をGMが形づくってきたといっても過言ではなく、社外取締役就任は、私にとって願ってもないことだった。

一九九九年一一月、社外取締役に就任して初めてのGMボード（取締役会）に出席するためデトロイトに着いたその夜、一三人の社外取締役が一堂に会したエグゼクティブ・セッションが行われた。社内取締役を除いたメンバーで議論したテーマは、次代のGMを担う経営者について。監督と執行の機能分離が実践された侃々諤々の議論のなかで、アメリカ流経営の厳しさを見せつけられた思いだった。

ソニーは、取締役会の改革と執行役員制導入を通じて十分な議論ができるレベルまで取締役の人数を減らすなど、日本の企業としてはコーポレート・ガバナンスについて先進的な取り組みを行ってきたが、GMの取締役としてその経営思想に接することで、私はたいへん多くのことを学んだ。たとえば、エンロン事件に続く企業改革法への対応の素早さを目の当たりにしたことも、監督機関として十分機能する取締役会のあり方を再認識させられた。

二〇〇三年四月一日の商法改正に伴い、ソニーが「委員会等設置会社」の選択をした際も、その決断の過程ではGMでの経験が活かされている。コーポレート・ガバナンスは、その国の経済・社会システムの設計思想に関わるものであり、すべての企業に通用するグローバル・スタンダードはない。しかし、グローバルにビジネスを展開するなか、議論・検討を繰り返しながら、自社に最適のガバナンス方法となるよう、法律の範囲内で独自の工夫を加え実践するという不断の作業こそ、プロフェッショナル・マネジャーに課せられた使命だと私は信じている。

本書を読むと、全世界に従業員三五万人を抱える世界最大の製造企業であり「巨大戦艦」というイメージを持つGMも、実はたゆまない自己変革を迫られてきたことがわかる。企業経営やリーダーシップ、ガバナンスについてこれほど関心が高まっている今日、『GMとともに』はまさに必読の書といえるだろう。

規模もスピードもかつてとは比較にならない変化にさらされている私たちだが、二〇世紀を築いた先人たちも、同じように幾多の課題に直面し、そして乗り越えてきた様子が本書には描かれている。本書から先人の知恵を学び取り、さらに二一世紀の新しい企業経営のあり方を編み出すことが我々一人ひとりに与えられた課題ではないだろうか。

序文

本書に描かれたゼネラルモーターズ（GM）には、私なりの見方が大きく反映されている。これについては、当然のことだと認めていただけると信じている。それというのも私は、CEO（最高経営責任者）であった二三年間を挟んで、四五年間にわたって取締役会と数々の社内委員会のメンバーであり続けたのだ。執筆に際しては、私自身が記したり、私の責任のもとで作成されたりした過去の資料を引用したが、それも同じ理由から認められるだろう。それら資料は方針の決定に直接あるいは間接に影響を及ぼし、したがって歴史上の出来事に関係している。このようにして本を書き上げるためには、膨大な調査が必要となる。このため当然、多大な協力なしには成し遂げられなかった。

何よりもまず、『フォーチュン』誌のジョン・マクドナルドに感謝したい。私が本書の構想を立て、GMについて書き進めている間、マクドナルドは絶えず傍らから支えてくれた。執筆に取りかかったのは何年も前で、当時は忘れていた事柄、知らなかった事柄もあったが、それらを含めてGMについての事実をしたためるのに、彼が力添えをしてくれたのだ。マクドナルドが本書に関わったのは私の要請によるもので、『フォーチュン』編集部も氏がこの作業に時間をを割くのを快く受け入れてくれた。当初私は、アメリカ産業史に関するエッセイ集をつくり、その焦点の一つをGMに当てようと考えていた。ところが実際に事実を確かめる作業を始めたところ、初期の構想をはるかに超えたプロジェクトとなっていった。私たちは途中段階で何度も、「何としても最後まで仕上げたい」との思いにとらわれた。マクドナルドは編集者として本書に関わるという道を選んだが、すでに述べたとおり、その役割は多岐にわたっている。氏の博識、プロとしての意識と力量、豊かな着想、事業戦略への理解に支えられたからこそ、本書は完成したのである。

このプロジェクトが始まった時から、私とマクドナルドの右腕として身近で尽力してくれたキャサリン・スティーブンスにも感謝を捧げたい。彼女は強い意欲と優れた知性を見せてくれた。さらには実に多彩な能力を発揮して、このような複雑で大きなプロジェクトをまとめあげ、円滑に遂行してくれた。彼女の力添えを得られ、実に幸運だった。キャサリンはある意味、編集者の役目も果たしてくれた。ジョン、キャサリン、私の三人が中心となって作業を前に進め、完成へとこぎつけたわけだが、ほかにも多くの人々から助けを得た。

編集・技術面でのアシスタント、フェリース・ファウスト、バーバラ・マリン、メアリー・ロスは長い期間にわたってこの仕事に精魂をそそぎ、高い手腕を発揮してくれた。敬意と謝意を示したい。ドリス・フォスター、リン・ゴーレイ、マーガレット・ブレッケンリッジの貢献にも感謝する。

ＭＩＴ（マサチューセッツ工科大学）准教授で経営史専門のアルフレッド・Ｄ・チャンドラーを経営史に関するコンサルタント、そしてまた調査協力者として招き入れることができたのは、大きな喜びだった（訳注：チャンドラーの現職はハーバード・ビジネススクール教授である）。本書を執筆するためにＧＭの発展プロセスを振り返ったが、その主要な一部はチャンドラーによるもので、氏は豊かな発想力を示してくれたほか、数次にわたって原稿に目を通す労をとってくれた。

折に触れて、またさまざまな局面で、私は多くの専門家に協力を求めた。とりわけ『フォーチュン』編集部のダニエル・セリグマンの貢献が本書に大きく活かされている。セリグマンはその編集者としての技量と判断力によって、数々の難題を解決へと導いてくれた。ウィリアム・ホイップルも、全編の編集を補佐してくれた。

『フォーチュン』編集部のサンフォード・Ｓ・パーカーの多大な支援に対しても、謝意を示したい。パーカーはいくつもの分析作業、なかんずく自動車市場とその歴史を分析する作業で、経済分析と編集加工の手腕をいかんなく発揮したのだ。

併せて以下の諸氏にも、その協力に感謝の言葉を述べたい。『フォーチュン』編集部のチャールズ・E・シルバーマン、元アメリカン・マネジメント・アソシエーション（AMA）所属で現在はモンロー・キャルキュレーティング・カンパニー（リットン）のフランク・M・リチアーディ、社会学者ネイザン・グレイザー、『フォーチュン』のルイス・バンクス、元『フォーチュン』のルース・ミラー、ジョン・ワイリー・アンド・サンズのフランシス・ウィルソン、MITのシドニー・S・アレクサンダー、そしてジェイソン・エプスタインに。『フォーチュン』のメアリー・グレースは原稿を綿密にチェックしてくれた。『世界のスポーツカー』（*Sports Cars of the World*）の著者ラルフ・スタインからは、草創期の自動車についての該博な知識をもとに、惜しみないアドバイスを受けた。写真の採録・編集に当たったのは卓越した写真家ウォーカー・エバンスである。

本書に記したのは私個人の考えであって社としての見解ではないが、GMの各事業部、各本社組織から多大な協力を得たことに感謝したい。あまりに人数が多く個別に記載はできないが、一人ひとりの大いなる支援に対して心からの感謝を捧げたい。古くからの友人・知人、同僚にも相談にのってもらった。ドナルドソン・ブラウン、故ヘンリー・H・カーティス、ハーリー・J・アール、ポール・ギャレット、故リチャード・H・グラント、オーモンド・E・ハント、チャールズ・スチュワート・モット、故ジェームズ・D・ムーニー、ジョン・L・プラット、マイヤー・L・プレンティス、ジョン・J・シューマン・ジュニア、故エドガー・W・スミス、故チャールズ・E・ウィルソン、ウォルター・S・カーペンター・ジュニア、故ジョージ・ホイットニー、ヘンリー・C・アレクサンダー。

このほかにも、実に多彩な職業の多数の人々との交流やその支援が、さまざまな面で本書に活かされている。とりわけ以下の人々にお世話になった。W・C・デュラントの秘書を務めたウィン・マーフィーは、一九二〇年以前のさまざまな出来事を思い起こすのに力を貸してくれた。フランク・A・ハワードとは、調査という概念がどのように変わってきたのか、実り多い議論ができた。ウィリアム・ゼッケンドルフとの語らいは、デュラントについて考えるうえで貴重な示唆を与えてくれた。エディ・リッケンバッカーはイースタン航空の営業活動を思い出させてくれた。故ジェームズ・H・キンデルバーガーには、GMとノースアメリカン航空の資本関係に関する記述に目を通してもらった。アーノルド・J・ザーカ博士からは貴重な感想を寄せられた。ヘドレー・ドノヴァンからは、初期の草稿に鋭い意見をもらった。私の弟レイモンドは、本書を通読して感想を述べてくれた。

調査と確認を重ね、内容に正確を期そうとあらゆる努力を傾けたが、研究や執筆に携わる人なら誰もが感じるように、私たちもまた、人間の目の届く範囲には限界があると痛感した。いまはただ、「可能なかぎりの正確性を求めて最善の努力を払った」と述べることしかできない。本書が世に出るにあたってはいくたの人々の支えがあり、その成果の多くは本書に直接に反映されているが、ここに示された結論や意見、ひいては本書全体に責任を負うのは、もとよりほかでもない私自身である。

一九六三年一〇月　ニューヨーク市にて

アルフレッド・P・スローン・ジュニア

イントロダクション

私はGM発展の足跡を多くの人々に知らせようと、本書の執筆を進めてきた。世界最大の企業であるGMについては、述べるべき内容があふれている。その沿革は二〇世紀の初めにまでさかのぼり、事業活動は世界各地、すなわち道が延びて自動車が行き来できる地域すべてに及ぶ。併せて本書では、近代におけるエンジニアリングの発展についても、幅広く取り上げている。市場での実際の活動はシボレー、ポンティアック、オールズモビル、ビュイック、キャデラック、GMCトラック・アンド・コーチといった各製品事業部が担い、全体として北米で生産される乗用車・トラックのおよそ半分を占めている。海外市場に目を転じれば、イギリスではボクスホール、ドイツでアダム・オペル、オーストラリアでGMホールデンスが事業を展開しており、アルゼンチンとブラジルの生産工場と合わせると、一九六二年時点で北米を除いた自由世界全体で約一〇%の生産台数シェアを誇っている。機関車、ディーゼル・エンジン、ガスタービン・エンジン、家電製品の分野でも、世界でのシェアが相当にのぼる。GMの主力製品は自動車関連で、民需事業の九〇%ほどを占めるため、この分野に紙幅の大半を割いた。とはいえ、自動車以外の事業、さらには軍需面でGMが果たした役割についても独立の章を設けてある。

本書の骨子をなすのは、自動車関連業界とともに六五年以上、GMとともに四五年を過ごすなかで私自身が感じ、考えてきた事柄である。長い歳月を振り返り、壮大なテーマを扱っているが、人間の記憶には限りがあるため、私の脳裏に残る事柄に加えて、各種の資料を参考にすることにした。同僚たちの記憶に頼ったのも、一度や二度ではない。それらすべてを明確なテーマのもとにまとめるために、GMの発展にかけがえのない役割を果たしたと思われる要素に考えを集中しながら、筆を執ってきた。その要素を幅広くとらえると、事業部制の由来と発展、財務コントロール、競争の厳しい自動車市場に挑むための事業戦略である。これらが三本の柱としてＧＭの事業活動を支えているというのが、私の考えである。

時代としては、ＧＭの歴史すべてを——すなわち不世出の企業家Ｗ・Ｃ・デュラントが一九〇八年にＧＭを設立した前後に始まり、今日に至るまですべての期間を描いてある。力点を置いたのは、「新生ＧＭ」が誕生した一九二〇年以降、とりわけ私がＣＥＯの職にあった二三年から四六年までである（この間私は社長、次いで会長を兼務している）。いわば、今日のＧＭがその礎を築いた時期である。二一年以前のＧＭについても言及したが、それは新生ＧＭの構築が緒についた時点での状況を示すためだ。

私自身に関しては、この業界に身を投じた当時の経験と、一九一八年にＧＭの一員になるに至ったいきさつに簡潔に触れている。私は職業人生のほとんどを、ＧＭとハイアット・ローラー・ベアリング・カンパニーに捧げてきた。ハイアットは私が経営を担い、所有者としても名前を連ねていた企業で、やがてユナイテッド・モーターズ・コーポレーション、さらにはＧＭの傘下に入った。私はＧＭの一員となって以来、膨大な自社株を保有してきた。かなり以前から指折りの個人株主で、普通株式の保有比率は一％前後に達している。そこから得られる富は、ほぼすべてが私の名前を冠した慈善財団に投じられており、今後もその予定だ。財団はその資金を、医療その他の分野での教育、科学研究に用いることになっている。

このような状況であるから、私はおのずと株主としての視点を持ち、その立場を常に重んじてきた。特に、取締役会や各社内委員会のメンバーや株式配当額を決める際に、株主への配慮を強く心がけてきた。それと同時に、以前から自分を「エグゼクティブ」とも見なしている。マネジメントを専門分野としてきたのだ。ＣＥＯの職にあった当時、自分の発案で新しい方針を取り入れようとしたことも、何度となくあった。だが、方針の発案者が誰であろうと、管轄の委員会で検討・決議されないかぎり、実行に移すわけにはいかない。GMではこれが鉄則である。言葉を換えれば、GMではきわめて有能な人々が、集団でマネジメントに当たってきたのだ。したがって本書でも、「私」ではなく「私たち」「我々」を用いる場合が少なくない。「私」とあっても、実際には「私たち」を意味するケースもあるだろう。

GMの発展について述べるためには、その背景として、異なった多数の要素を考えに入れなくてはならない。GMがアメリカの地で産声をあげたのは、必然だといえるだろう。活力と企業家精神をみなぎらせた人材。科学、技術、事業ノウハウなどの資源。広大な国土、充実した道路、豊かな市場。激しい変化、高い移動性、大量生産といった特徴。二〇世紀におけるすさまじいまでの産業拡大。自由を重んじる国柄、なかんずく企業間の自由な競争――。アメリカの自動車市場には際立った特徴があり、それにいかに適応するかも、GMを発展へと導くうえで重要にして複雑な問題である。我々が自動車製品をとおしてアメリカ社会に貢献してきたとすれば、それは社会との相互作用をとおしてだろう。

一例として、アメリカの自動車業界での生き残りは、毎年新しい製品を送り出して買い手の心をとらえられるかどうかにかかってきた。ここで重要なのが年次モデルチェンジで、これを実現できなければ、市場から消えるほかないだろう。年次モデルチェンジを何としても成し遂げようとの強い意欲が、GMに大きな活力を与えている。GMとアメリカ自動車産業の発展に関わる事柄の多くについては、年次モデルチェンジを理解することで解き明かせるはずだ。年次モデルチェンジの起源、進化、それに関係した「自動車をたゆみなく改良していく」という考え方を理解すればよいのだ。年次モデルチェンジを定着させるうえでGMは、創成期のフォード・モーターとは対照的に、きわめて大きな役割を果たした。

けっして書き落としてはならないのは、自動車産業が大いなる可能性を秘めていたという点である。GMは近代産業でも稀に見るほどの素晴らしい可能性に恵まれ、実に幸運だったのだ。この思いをもとに構想したのが、草創期のGMについて述べた最初の二章である。自動車はさらに、GMを内燃エンジンの開発へと強く導いたため、我々はごく自然に、この種のエンジンを航空機、機関車など多彩な分野に応用するようになった。とはいえ、GMの成長には、内燃エンジンを搭載した自動車を大量生産したことが非常に大きく寄与してきた。誰もが容易に想像するとおり、私はGMとその業績に強い愛着と誇りを抱いている。だが私がこう述べたとしても、私情に動かされているとはいえないだろう。GMは歴史的ともいえる可能性を活かして、株主、従業員から顧客に至るまで、社内外の関係者に利益をもたらしてきたのだ。

ところでGMは私企業として最大規模である。一九六二年時点で株主一〇〇万人超、従業員およそ六〇万人、総資産九二億ドル、売上高一四六億ドル、利益一四・六億ドル。このように際立った存在である以上、時として政府から目の敵にされる。しかし私は、この規模という問題に正面から挑みたいと思う。なぜなら私の考えでは、市場でしのぎを削る企業が巨大化するとしたら、それは高い競争力を発揮した結果なのである。加えて、自動車や機関車のような製品を大きなアメリカ市場、さらには世界市場に向けて量産するには、規模が求められる。製品単価が比較的高い点も見逃してはならないだろう。「小ぶり」な自動車メーカーですら、アメリカの巨大企業上位一〇〇社に入るかもしれない。

私は、企業が健全であるためには、成長、あるいは成長への努力が欠かせないと思う。あえて成長を止めようとすれば、息が詰まるばかりだろう。そのような事例は、アメリカ産業界にこれまでも見られた。自動車業界、そして他の数々の業界では、事業の成長をとおして企業は規模を拡大してきたのだ。大企業は今日、アメリカ社会の特徴ともなっている。スケールの大きさはアメリカの特徴である。私自身も常に、「計画は大胆に」を信条としてきたが、後に必ず大胆さが足りなかったと悔やむのだった。ただし、GMがどこまで規模を拡大するかを予想したことも、巨大化を目指したこともない。もっぱら、何ものにも縛られずに、精力的に事業を進めるべきだと考えたにすぎない。限界を設けずにひたすら発展を目指すのだ。

市場競争のただ中にある企業には、休息を取る余裕などない。成長を続けないかぎり、発展は成し遂げられないのだ。障害、対立、これまでにない多種多様の問題、そして新しい領域などが現れては、イマジネーションを刺激して、業界に発展をもたらす。だが、成功は自己満足を生み出しかねない。すると、競争に生き残ろうとする強い意志、すなわち経済活動を推し進めようとする最も大きな動機が薄らいでいく。変化に逆らって現状を保とうとするため、起業家精神が失われていく。このような傾向が生じると、成長は足踏みをし、衰退への道をたどりかねない。技術の進歩、顧客ニーズの変化、力強さと積極性を兼ね備えた他社の登場などに気づかなくなるのだ。業界を問わず、突出した成功や市場シェアを長く維持するのは、それらを手にするよりも難しい場合がある。これはリーディング企業にとって最大の難関だといえる。GMも先々、この難関を乗り越えていかなくてはならない。

以上からおわかりいただけたと思うが、私は規模を障壁だとは見なしていない。いかに経営の舵取りをしていくべきか、その手腕が問われるだけである。私がこの問題について考えをめぐらす際には、常にある概念を中心に据えてきた。簡潔すぎる名称を与えられてはいるが、理論、実質ともに複雑きわまりない概念――事業部制である。GMはこの事業部制という組織形態を打ち立てて、方針面では全社の足並みを揃えながら、実行面に関しては各事業部に大きな裁量を与えたのだ。これは当社でうまく機能しただけでなく、アメリカ産業界で幅広く取り入れられ、標準的な組織形態となっている。この事業部制が、実績に見合った経済的報奨と相俟って、GMの組織方針を支えているのだ。

私たちの経営哲学の柱には、「意思決定は事実をもとに下すべきだ」との考え方がある。もとより、最終局面でものをいうのは直感だ。事業上の戦略や方針を筋道立てて構築するには、体系的な方法があるのかもしれない。しかし、事業上の意思決定を下すのに先立つ大きな仕事は、絶えず変化するテクノロジーや市場などに関して事実を探し求め、受け入れることである。テクノロジーが急激に変化する今日、事実を追い求める姿勢をいかなる時も崩してはならないだろう。これは自明と映るかもしれないが、時として、一部の経営者が旧来の発想が永遠に有効だと考えたために、業界地図が大きく塗り替えられるのだ。

正しい方向に経営の舵を取り続けるためには、組織構造を固めただけでは十分ではない。どのような組織を築こうともやはり、みずから事業を動かす人々、権限を部下に委譲する人々の力には及ばないのだ。そのような人々は組織のバランスを変えて、分権から中央集権へと引き戻しかねない。それどころか、一人の人物に権力を集めかねない。GMが長きにわたって存続してきたのは、事業部制という組織形態を取り入れただけでなく、その精神を重んじながら事業を運営してきたからである。

これに関連して、GMを「共通の目的を持った人々の集まり」と呼ぶのが適切だろう。社内は目的意識と、業務を楽しむ雰囲気にあふれている。目的ある組織として設けられた点こそ、GMにとってきわめて大きな強みだろう。一部の人の考えに揺さぶられ、方向性を見失うような組織とは、一線を画すのだ。

とはいえ、組織がどうあるべきかは簡単に割り切れる問題ではない、というのが経験に基づく私の考えである。人の果たす役割がことのほか大きいため、時と場合によっては、組織に人を配置するのではなく、一人あるいは数人のために組織を設ける必要があるだろう。この点は本書でも、エンジニアリング部門を立ち上げた当時についての記述の中で、印象的に描かれているはずだ。半面、特定の人物に組織を合わせるというやり方は、大きな制約を生まざるを得ない。このやり方にもやはり欠点があるのだ。加えて、すでに述べたとおり、組織が健全であるためにはけっして独断に左右されてはいけない。

この本の中で私が、「イデオロギー」をそれとなくでも表明しているとすれば、それは競争に関してだろう。私は競争は正しいと信じている。競争は発展を促すもの、認められてしかるべきものだと考えている。競争と一口にいっても、さまざまな姿を取ることを念頭に置かなくてはならない。GMは、組織の形態（事業部制）、長期的な事業戦略（製品の高度化）、そして日々の事業運営で他社と競ってきた。他方、かのヘンリー・フォードは自分のもとに権限を集めようとし、単一の車種を生産し続けた。いくつかの局面では、この基本路線の違いが決定的な意味を持ってきた。GMはまた、発展を絶えず信じ続け、その姿勢は将来へ向けて計画的に投資を進めたことにも明確に表れている。一部の裕福な人々だけでなく、一般の消費者に向けて製品をつくったのは、生活水準が向上を続けるだろうと予測したからだ。生活水準の向上に重要な意味を読み取ったからこそ、近代的市場の形成期にGMは、他社を大きく引き離すきっかけをつかんだのである。

この『GMとともに』には、通常はうかがい知ることのできないGMの姿が描き出されている。取締役会から製品事業部までをカバーし、一般管理部門、重役たち、方針策定委員会、ライン・スタッフ組織、生産事業部どうしの関係にまで触れている。部分が全体に奉仕し、全体が部分に奉仕する様子が示されているといってもよいだろう。したがって、私が書こうとしたのは生産事業部の内側ではなく、多くの組織から成り立つGM全体の内側なのだ。

全体は二部構成を取っている。第Ⅰ部ではGMが発展してきた主な足跡を、時の流れに沿ってまとめてあり、組織、財務、製品といった分野の基本的な経営コンセプトがいかに生まれ育っていったかを説明している。第Ⅱ部ではエンジニアリング、流通、海外事業、軍需対応、報奨制度ほかさまざまな分野ごとに章を立てて詳しく述べてある。ただし、すべてを網羅しようと試みたわけではない。半世紀以上に及ぶGMの歴史をくまなく描くなど、およそ不可能だろう。本を著す際には避けられないことだが、私は主に自分の経験を文字にしたためてきた。そのようなものとして本書を評価していただきたい。

ビジネスを筋道立てて描くという発想のもと、過去の事実に独自の考えを織り込みながら筆を進めた。全体の構成、とりわけ第Ⅰ部の章立ては、自動車産業の歩みと関連づけながら経営を論理立てて述べようとした結果生まれたものだ。ほかにも心理、社会、主題などさまざな切り口があり得るだろう。論理的なアプローチを取ったのは、膨大で複雑な内容を限られた紙幅にまとめるのに適していたからである。事業というものを明確に浮かび上がらせるうえでも役立った。ＧＭというテーマを扱うには、このようなアプローチがふさわしい。なぜならＧＭは、事業目的を達成するために、意識的に事実を重んじてきたからである。

本書では必要があって、過去、すなわち事業の根本に関わる長期的方針が定められた当時の出来事をクローズアップした。しかし、長年にわたって事業を運営していくなかでは、絶えず新しい発想を心がけて、従来の方針をよりよい方向に変えていくべきだろう。併せて、新しい状況に合わせて新しい方針も取り入れなくてはならない。私が好んで述べてきたとおり、変化とは挑戦を意味する。そして挑戦を乗り越えてこそ、優れた経営といえるだろう。製品、需要、外からの圧力などが大きく変わるなか、それらに応えてきたからこそ、ＧＭは成長と繁栄を手にしている。事実ＧＭの現経営陣は、従来とまったく異なった、いまの時代ならではの諸問題に立ち向かっている。

【新訳】GMとともに——目次

第III部

第12章 自動車の進化……241

第13章 年次モデルチェンジ……263

〔新訳〕GMとともに

第

I

部

第1章 大いなる可能性――1

THE GREAT OPPORTUNITY―I

GMの誕生

一九〇八年に起きた二つの出来事――それは自動車産業史に永遠に刻まれることになる。ウィリアム・C・デュラント（一八六一～一九四七年）、ビュイック・モーター・カンパニーを発展させてゼネラルモーターズ・コーポレーション（以下GM：当時の正式社名は「ゼネラルモーターズ・カンパニー」）を設立。ヘンリー・フォード（一八六三～一九四七年）、〈T型フォード〉を発表。それぞれ、一企業、一車種の誕生をはるかに超えた意義を持っている。土台となったのは異なったものの見方や哲学であるが、いずれの哲学も、自動車産業の発展にこのうえなく重要な役割を果たしていくことになる。いち早く脚光を浴びたのはヘンリー・フォードである。フォードの時代は一九年にわたって続き（〈T型フォード〉は一九二七年まで生産された）、氏の名声を不朽のものにした。他方、デュラントのパイオニア的な偉業は、いまだそれにふさわしい評価を得てはいない。デュラントの哲学は、〈T型フォード〉が市場を支配した時代には理論の域を出ておらず、後年、デュラント自身ではなく別の人々の手によって実現される。私もその栄を担うことになった。

ウィリアム・C・デュラントとヘンリー・フォード。両氏は、比類ない慧眼によって、自動車産業の創成期にすでにその大いなる可能性を見抜いていた。当時自動車といえば、とりわけ銀行家の間では〝娯楽の道具〟と見なされていた。高価で一般の人々にとっては高嶺の花だったにもかかわらず、性能には不安が残っていた。道路もほとんど整備されていなかった。このような状況にもかかわらず、デュラントは一九〇八年――アメリカの自動車生産台数が全体でわずか六万五〇〇〇台だった当時――、早くも年間の生産台数が一〇〇万台に達する日を夢見ていた。そしてそれがゆえに、誇大妄想ではないかと冷ややかな目を向けられた。フォードのほうは〈T型フォード〉によって、他社に先駆けて「年間一〇〇万台」を達成しようと前進を始めていた。一九一四年にはアメリカの自動車生産台数が五〇万を超えた。〈T型フォード〉単独でも、一六年に五〇万台を突破し、二〇年代初頭には一時、年間で二〇〇万台を超えた。しかし、このように自動車産業史に輝かしい一ページを残しながらも、やがてこの車種は表舞台から消えていく。特筆すべき事実であろう。

デュラントとフォードはともに、卓越したビジョン、勇気、大胆さ、イマジネーション、先見性を持って、年間の生産台数が今日（訳注：原書の初版刊行は一九六三年）の数日分にも満たなかった時代に、自身のすべてを賭けて自動車産業の発展に尽くした。ともに、後世に語り継がれる素晴らしい車種を生み出し、長く生き続ける偉大な組織を築いた。ともに、自身のパーソナリティと天賦の資質を頼りに、いわば直感的に経営を進め、既存手法やデータに基づく形式的なマネジメントを排した。ただし、組織構築の手法はまさに対照的だった。フォードがあらゆる意思決定を一元化しようとしたのに対して、デュラントは分権化をどこまでも追求していった。加えて両氏は、異なる製品、異なる手法を武器に市場への浸透を目指した。

フォードは①組立ラインによる生産、②最低賃金を高めに設定してなおかつ価格を抑える手法を考案し、業界慣行にきわめて大きな影響を及ぼした。基本に据えたのは、実用車分野に単一の車種を投入して、低価格化を図るという戦略である。これは、当時の市場ニーズに――なかんずく農場のニーズに――応えるものだった。片やデュラントは、多彩な車種を提供したいと考えていた。この考え方は当初は漠然としていたが、やがて具体化され、業界の主流となっていった。今日では大手メーカーは例外なく複数の車種を製造・販売している。

デュラントはきわめて尊敬すべき人物であるが、欠点もまた人並みはずれて大きかった。類まれな創造性を持ちながら、経営を管理する力は皆無に等しかった。このため、馬車、次いで自動車の生産をとおして四半世紀以上にわたって栄華を誇りながら、結局は失意の底に沈んでいった。氏がGMを設立しながらも、そこに託した夢を実現できぬまま経営の実権を奪われたことは、アメリカ産業史上の悲劇ではないだろうか。

一般には知られていないが、氏は、馬車の製造会社を一代で築き、二〇世紀の初頭には国内のトップメーカーにまで押し上げている。それだけではない。一九〇四年に倒産の淵にあったビュイック・モーター・カンパニーの経営権を掌握して、わずか四年後にはアメリカを代表する自動車メーカーへと再生させている。この年（一九〇八年）の生産量は〈フォード〉が六一八一台、〈キャデラック〉が二三八〇台だったのに対して、〈ビュイック〉は八四八七台にも達している。

デュラントは一九〇八年九月一六日にGMを設立し、一〇月一日にビュイックを、一一月一二日にオールズ・モーターを統合した。翌年にはオークランド・モーター・カンパニーとキャデラック・オートモビルをも傘下に収めている。GMは持ち株会社と位置づけられ、傘下の各社は従来の組織のままで自主的な経営を進めていた。GMを中核にして、自律的な子会社が衛星のように周囲に配されていたのである。デュラントは一九〇八年から一〇年にかけて、株式交換をはじめとするさまざまな手法を通じて、合計二五社をグループ企業化している。その内訳は自動車メーカー一一、照明機器メーカー二、自動車部品・周辺機器メーカー一二だった。しかし自動車メーカー一一社のうち、子会社から事業部へと組織形態を変えながら長く存続するのは、ビュイック、オールズ（現「オールズモビル」）、オークランド（現「ポンティアック」）、キャデラックのみである（訳注：ただし、「オールズモビル」は二〇〇四年の廃止が決まっている）。残りの七社は、設計主体で自社生産はほとんど行っていなかったため、存在感が薄かった。

当時、企業買収に際しては株の水増しなどの操作が行われることが多く、時として目を見張るような効果をもたらした。ただし、GMの設立に当たっては、そのような〝錬金術〟の力など借りる必要はなかったはずである。GMの前身であるビュイックは以前から高業績を上げていた。

一九〇六年　売上高二〇〇万ドル、利益四〇万ドル
一九〇七年　売上高四二〇万ドル、利益一一〇万ドル（この年、アメリカ経済は危機に見舞われた）
一九〇八年　売上高七五〇万ドル、利益一七〇万ドル（ともに推定）

——成長率、利益率とも申し分なかったのである。

だが、デュラントはそれに甘んじることなく、製品ラインの拡張と企業買収をとおして組織力を高めたいと考えた。生産手法の面でも、時代を先取りしていたといえる。ライバル企業は他社の製造した部品をただ組み立てていたが、デュラントはそれを横目に、いち早く部品の自社生産に乗り出し、徐々にそれを推進していった。一九〇八年にはマックスウェル・ブリスコー・モーター・カンパニーとの吸収・合併を検討している。結果的には見送られたが、その趣意書をひもとくと、デュラントが購買、販売、さらには統合生産にどういった効果を期待していたかをうかがい知ることができる。たとえば、次のような記述がある。「（ミシガン州フリントにあるビュイックの工場の）周囲には一〇ほどの独立工場があり、車体、車軸、スプリング、ホイールなどの製造、鋳造などを行っている」。一部の工場については優先取得権も得ていたという。デュラントは一般に考えられているようにいたずらに投機に走ったのではなく、

経済の原則を深く理解していた。たしかに、経済哲学を厳密に応用したとはいえないだろう。だが、数多くの偉大な自動車メーカーが興亡を繰り広げた時代にあって、傑出した人物であったのは間違いない。

デュラントの合併戦略

GMの設立時から、デュラントは経営に三つの柱を据えていたように思われる。第一は、多彩な車種を供給して、嗜好や収入水準の異なるさまざまな顧客層にアピールしようとの方針である。ビュイック、オールズ、オークランド、キャデラックは当初からこれに従っており、後にシボレーも同じ路線を踏襲することになる。

第二の柱は、戦略的な多角化である。自動車技術の発展に関して何通りものシナリオを描き、リスクを分散したうえで一定以上の業績を上げることを目指していた。当時傘下にあったカーターカーは、摩擦駆動技術を有しており、スライディング・ギア・トランスミッションに代わり得るのではないかと見られていた。エルモア・マニュファクチャリング・カンパニー（前身は自転車メーカー）の製造する二サイクルエンジンも、何らかの需要に応え得るだろうと期待されていた。ほかにも、さまざまな企業に投資が行われたが、ここでは社名を挙げるにとどめておきたい。

マルケット・モーター・カンパニー
ユーイング・オートモビル・カンパニー
ランドルフ・モーターカー・カンパニー
ウェルチ・モーターカー・カンパニー
ラピッド・モーター・ビークル・カンパニー
リライアンス・モータートラック・カンパニー

ラピッドとリライアンスの二社は合併のうえ「ラピッド・トラック」と命名され、GMトラック・カンパニー（一九一一年七月二二日設立）に吸収された。

第三の柱は、ビュイックの施策に関連してすでに紹介したように、部品や付属品を含めた統合生産の推進である。デュラントはビュイック時代にすでに、数々の部品メーカーを傘下に収めている。

・ノースウェイ・モーター・マニュファクチャリング・カンパニー：乗用車やトラック用のモーター、部品の製造

・チャンピオン・イグニション・カンパニー（ミシガン州フリント：後に「ACスパーク・プラグ・カンパニー」と改称）：スパークプラグの製造

・ジャクソン・チャーチ・ウィルコックス・カンパニー：〈ビュイック〉の部品製造

・ウェストン–モット・カンパニー（ニューヨーク州ユーティカ、後にミシガン州フリントに移転）：ホイールと車軸の製造

高級馬車製造のマクローリン・モーターカー・カンパニー（カナダ）もグループの一員となった。マクローリンは〈ビュイック〉用の部品を購入して、カナダで〈マクローリン・ビュイック〉ブランドの自動車を製造するようになった。このようにして、GMグループにR・サミュエル・マクローリンの才能がもたらされ、以後、マクローリンの多大な功績によってGMはカナダ市場でも発展を遂げる。

ただし、デュラントは企業買収のみによってグループ企業を増やしていったのではない。チャンピオン・イグニションのように全額出資により設立した企業もある。設立時に、アルバート・チャンピオンのノウハウを高く評価して株式の二五％を譲渡したが、一九二九年に未亡人から買い戻し、一〇〇％子会社としている。

以上のように、デュラントは統合生産を視野に入れて、早くから中核となる部品メーカーを取り込んでいた。その一方で、ヒーニー・ランプ・カンパニーズという企業に、ビュイックとオールズの合計よりも多額の資金を投じたこ

ともある（総額七〇〇万ドル：大部分をGM株で支払った）が、こちらは水泡に帰している。ヒーニーはタングステン・ランプの特許を申請しており、大きな資産価値があると考えられていたが、後にこの申請は特許局によって退けられた。

デュラントの取った戦略は、長期的な有効性はさておき、短期的には彼を苦境に陥れた。当時GMを支えていたのは、ビュイックとキャデラック、なかんずく高品質・大量生産を実現したビュイックである。この両社でGMの生産量のほとんどを占め、その生産台数は一九一〇年には全米の自動車生産のおよそ二〇％に達していた。言い換えれば、グループの他社はほとんど存在意義を持っていなかった。GMはやがてその負担に耐えられなくなり、財務危機に瀕してしまう。こうして一九一〇年九月、デュラントはみずから設立したGMの経営権をわずか二年で失うのだ。

GMは投資銀行から資金援助を受けることになり、リー・ヒギンソン・アンド・カンパニー（ボストン）のジェームズ・J・ストロウ、J・アンド・W・セリグマン・アンド・カンパニー（ニューヨーク）のアルバート・ストラウスらを中心としたグループに議決権信託により経営権が与えられた。資金調達のめどもついたが、総額一五〇〇万ドル相当の償却期間五年の社債を発行して、一二七五万ドルを手にするという厳しい条件だった。社債の購入者にはGMの普通株式という〝ボーナス〟が与えられ、やがて社債そのものよりもはるかに大きな価値を持つようになった。デュラントはGMの大株主だったため、形式的にはバイス・プレジデントとして取締役会メンバーにも名前を連ねていたが、経営の実権は奪われていた。

以後、一九一五年までの五年間、投資銀行が経営の舵を取ることになる。効率を追求した保守的な経営だった。採算の取れない事業は清算され、在庫その他の資産一二五〇万ドル相当——当時としては莫大な金額である——が償却された。一九一一年六月一九日にはゼネラルモーターズ・エキスポート・カンパニーが設立され、輸出を担うようになった。この時期、自動車産業は目覚ましく拡大し、全体の生産量は一九一一年から一六年にかけておよそ二一万台から一六〇万台へと飛躍的な伸びを示している。これを牽引したのは、低価格市場をターゲットとしたフォード・モーターだった。GMも一九一〇年から一五年にかけて、四万台から一〇万台へと生産量を増やしはしたが、フォードの勢いに押されて、市場シェアを二〇％から一〇％へと低下させている。低価格市場には参入していなかった。やがて、財務状況は好転した。効率的な経営が実現したのは、当時の社長チャールズ・W・ナッシュの手腕によるところが大きい。

ここで、ナッシュがGMの経営に参画したいきさつに触れておきたい。ナッシュは、デュラントが自動車業界に進出するおよそ二〇年前からデュラント-ドート・キャリッジ・カンパニーに籍を置き、経営の一翼を担うようになっていた。デュラントが才気にあふれ、大胆――あるいは無謀――であったのに対して、ナッシュは堅実さを持ち味としていた。一九一〇年には、自動車業界での経験がほとんどないにもかかわらず、製造、管理といった分野で資質を光らせるようになっていた。筆者の記憶によれば、投資銀行から派遣されたジェームズ・J・ストロウがナッシュにビュイックの経営を任せたのは、デュラントの意見を取り入れてのことだった。いずれにせよ、ナッシュは一九一〇年にビュイックの社長となり、そこでの実績を評価されて、一九一二年には親会社GMの社長にまでのぼり詰める。(原注1)

ビュイックが初期のGMグループで中核的な役割を果たし続けたのは、必然だったといえる。優れた経営手腕を持った人材をキラ星のように揃えていたのである。ストロウはアメリカン・ロコモーティブの取締役も兼ねていた関係から、そこで勤務していたウォルター・P・クライスラーの才能に目を留め、ナッシュに推薦した。それを受けて、ナッシュは一九一一年にクライスラーをビュイックに迎えている。たしか現場のマネジャーとしてだったと思う。その翌年、ナッシュはGMの社長に転出するが、クライスラーはビュイックにとどまり、後年、社長兼ゼネラル・マネジャーを務めることになる。投資銀行が実質的にGMを支配していた一九一〇～一五年の期間に、ビュイックはキャデラックとともにGMの全利益を稼ぎ出した。

ＧＭが信用を維持するうえでは、投資銀行の後ろ盾が欠かせなかった。五年もの社債の発行によって負の遺産は一掃していたが、依然として運転資本を調達する必要に迫られていた。このため銀行からの借入れに頼らざるを得ず、その規模は一時九〇〇万ドル前後にまで膨らんだ。だが、一九一五年には高業績を謳歌するようになり、同年九月一六日の取締役会では、普通株一株当たり五〇ドルの現金配当を支給することが決まる。設立七年目にして初の配当である。発行済み株式数は一六万五〇〇〇だったから、総額で八〇〇万ドル超が株主にもたらされたことになる。一株当たりの配当額としても、ニューヨーク証券取引所（ＮＹＳＥ）始まって以来の高額だったため、株式市場はこのニュースにわいた。取締役会の議事録を読み返してみると、この配当はナッシュが発案してデュラントが支持したことがわかる。だが、その陰では、議決権信託の有効期限が迫るなか、投資銀行―ナッシュ陣営とデュラントとの確執が激しさを増しつつあった。デュラントが、みずからの手に経営の実権を取り戻そうと動き始めていたのである。

デュポン社からの出資

一九一〇年に権力の座を追われた後も、デュラントは進取の精神を失っていなかった。ルイ・シボレー（一八七八～一九四一年）が取り組んでいた自動車軽量化プロジェクトを後押しし、一九一一年にはシボレー・モーター・カンパニーの設立に参画している。その後四年間で、デュラントはシボレーを全米規模に拡大し、さらにはカナダにも組立工場や販売拠点を設けていった。並行して、シボレー社の持ち株数を増やしては、それと引き換えにＧＭ株を手に入れていった。シボレーを橋頭堡にして、ＧＭの支配的経営権を取り戻そうとしていたのである。

同じ頃、デュポン家がＧＭと関わりを持つようになり、やがてその社史を語るうえでけっして忘れることのできない存在となる。

デュポンとGMを引き合わせるうえで中心的な役割を担ったのは、ジョン・J・ラスコブという人物である。ラスコブはデュポンの財務・経理を統括するかたわら、社長ピエール・S・デュポンに資産管理のアドバイスも行っていた。後の一九五三年、アメリカ連邦政府がデュポンとGMの関係について「不当である」と提訴した際に、ピエール・デュポンは証人として出廷して、一九一四年前後にGM株を二〇〇〇株ほど個人で購入したと語っている。証言では、一九一五年のある日、自身が取締役を務めるチャタム・アンド・フェニックス・ナショナル・バンクの社長ルイス・G・カウフマンからGMの経営状況について説明を受けたとも述べている。カウフマンはGMの沿革を紹介した後、銀行団の議決権信託が近く効力を失う点にも触れた。一九一五年九月の会議で、一一月の選挙に向けて新しい取締役会メンバーの候補が選任されるというのだ。デュポンは、デュラントとボストンの銀行家たちの関係は良好であると聞かされ、ラスコブとともに会議への出席要請を受け入れた。デュラントに会ったのは、記憶に残っているかぎりこの会議が初めてだという。

会議についてデュポンが証言した内容を引用しておきたい。

カウフマン氏の言葉とは裏腹に、激しい対立が繰り広げられていました——ボストンの銀行団の代表者たちとデュラントとの間でです。次期の取締役会メンバーについても、合意は難しそうでした。

……長時間にわたって激論が戦わされた後、カウフマン氏に促されて会議を中座したのですが、戻ると、こう提案が出されました。私が中立的な人物を三人指名して、それをもとに候補者名簿を作成してはどうかと。私が三人、各陣営が七人ずつ指名するのです。

席をはずしている間、議長にも指名されていました。（後略）

このようにして取締役候補が決まり、一九一五年一一月一六日の定期株主総会をへて承認された。同日、改選後の

第一回取締役会で、ピエール・デュポンがGMの会長に選任され、ナッシュはもう一期社長を務めることになった。しかし、ボストンの銀行団とデュラントの間の溝は埋まらず、デュラント側が優位だとの見方が大勢を占めていた。デュラントがあくまでも経営権を求めたため、委任状の争奪戦（訳注：株主総会における議決権代理行使委任状の獲得競争）が起きる寸前まで事態は緊迫したが、何とか収拾された。銀行団は摩擦を避けるようになり、一九一六年にGMから去っていった。こうして、シボレーの支配的経営権をテコに、デュラントがGMの経営者として返り咲いたのである。(原注2)

デュラント側の勝利後、ナッシュの慰留が試みられた。だが、ナッシュは一九一六年四月一八日に社長の職を辞し、ストロウから支援を得てナッシュ・モーターズ・カンパニーを設立した。七月にはウィスコンシン州ケノーシャのトーマス・B・ジェフリー・カンパニーを買い取っている。この企業は自転車メーカーから出発して、〈ランブラー〉という自動車を製造するようになっていた。私はこの当時、ナッシュ・モーターズの株式を購入した。非常に高いリターンをもたらしてくれた。ナッシュは数年前に亡くなったが、遺産は四〇〇〇万ドルないし五〇〇〇万ドルに上ると報じられている。堅実路線を掲げた経営者としては、きわめて大きな額ではないだろうか。

GMでは、六月一日の取締役会でナッシュの退任が正式に承認される。その後をデュラントが引き継ぎ、再び拡大路線が追求されるようになった。デュラントはゼネラルモーターズ・カンパニーをゼネラルモーターズ・コーポレーションへと改称し、設立地も従来のニュージャージーではなくデラウェアとした。同時に資本金を六〇〇〇万ドルから一億ドルへと増額している。(原注3)さらに、ビュイック、キャデラックといった自動車製造子会社を事業部として本体に吸収し、GMを持ち株会社から事業会社へと衣替えさせた。この新しい組織形態は一九一七年に正式に発足している。

デュラントは資金援助を必要として、デュポン・グループに期待を寄せたようである。デュポン側は、いかなる姿勢を取るべきか、決断を迫られることになった。ピエール・デュポンがこう回想している。

ラスコブからは、（GMへの投資は）デュポンにとってもけっして悪くない話だとアドバイスを受けました。それというのも、デュポンは、高収益と高配当を生み出せる企業に投資をして、配当力を下支えしておく必要があったのです。軍需事業が立ち行かなくなるのは時間の問題でしたから、新しい収益源が育つまで、配当力を維持する手立てが求められていました。

……GMのほうは、すでに飛ぶ鳥を落とす勢いでした。品質と人気を兼ね備えた製品ラインを持っていましたから。……ええ、確信がありました。配当率は高まりこそすれ、下がることはないだろうとね。だからこそラスコブがGMに引かれ、私自身も注目するようになっていったのです。GMは、考え得る最良の投資先でした。

ピエール・デュポンは、さらに次のようなエピソードを披露している。

GM（新会社ゼネラルモーターズ・コーポレーション）と自動車産業は、いずれも市場から否定的な見方をされていました――このうえなくリスクが大きいというのです。そのような状況でしたから、株価も額面とほぼ変わらない水準でした。実際にはきわめて高いリターンを得られたのですが、誰もその事実に気づいていませんでしたので、なおのこと強く関心を引かれました。……おおよそ以上のように考えました。

……デュポンは軍需事業に携わっていますから、資金調達には深い経験がありました。他方、デュラント氏はGMのために資金調達力や財務マネジメント力を必要としていました。氏はそれを自覚していましたから、デュポンからの出資をことのほか歓迎し、財務を任せようと考えたのです。（後略）

ラスコブは、デュポン社の財務委員会に提出した資料（一九一七年一二月一九日付）の中で、GMに出資すべきだとの自説を展開している。そこからは、氏が自動車産業の可能性をいかに鋭く見抜いていたかが読み取れる。

自動車産業、なかんずくGMの成長ぶりには目覚ましいものがある。その事実は同社の純利益、さらにはゼネラルモーターズ・シボレー・モーター・カンパニーの来年度の予想利益――およそ三億五〇〇〇万ドルから四億ドル――からも見て取れる。

GMは業界で独自のポジションを得ており、適切なマネジメントさえなされれば、アメリカを代表する企業に成長するだろう。そのことは、ほかならぬデュラント氏が誰よりもよく心得ているはずだ。氏はこの前途有望な事業を動かすのに理想的な組織をつくりたいと、並々ならぬ意欲を持っているようである。また、当社とのこれまでの関係をより緊密なものにして、みずからの巨大事業のために財務・マネジメント両面で支援を得たいと考えている。

このような議論が出発点となって、デュポン社に魅力的な投資機会がもたらされた。アメリカという、当面のところ世界で最も大きな可能性を秘めた国で、最も大きな可能性を持った産業に投資する機会が巡ってきたのである。したがって、一部の取締役が当社と無関係の案件に時間や労力を費やすよりも、社としてこのチャンスをつかむほうがはるかに好ましいと考えられる。取締役には、当社の株式を付与することで利益をもたらせばよいだろう。

ラスコブは、デュポンがGMに出資するメリットを五点ほど挙げている。

①GMの共同経営権を得られる。
②GMの財務を管理できる。
③高い投資リターンが期待できる。
④資産評価額を超える価値を持った投資である。
⑤デュポンの既存事業に貢献する。

第五のメリットについては、ラスコブ自身の言葉を紹介したい。「出資すれば、GMからは〈ファブリコイド〉〈パイラリン〉といった当社製品の売上げが期待できるほか、塗料、樹脂などの事業にも利益がもたらされるに違いない。この点を見過ごすことはできないだろう（原注4）」

ピエール・S・デュポンとジョン・J・ラスコブの提案を受けて、デュポンの取締役会は一九一七年一二月二一日にGM、シボレーの普通株式に投資することを決定した。総額二五〇〇万ドル相当の株式が公開市場と投資家から購入され、一九一八年初めの時点ではデュポンの普通株持ち分は二三・八％となっていた。年末までには持ち分がさらに積み増しされ、二六・四％（四三〇〇万ドル）に達した。

出資を機にデュポン社とデュラントが手を携えてGMを経営するようになった。GMの財務委員会は実質的にはデュポンが動かすようになり、ラスコブが議長に就任した。デュポン出身以外のメンバーとしては、唯一デュラントが名前を連ねるのみだった。委員会は経理・財務全般に権限を持ったほか、役員報酬も決定するようになった。それ以外の事項はすべて経営委員会の所掌とされた。こちらはデュラントが議長を務め、GMとデュポンとの連絡役であるJ・エイモリー・ハスケルが出席していた。ハスケルはデュラントと同じく、経営委員会と財務委員会のメンバーを兼ねた。

一九一九年の末には、GMの事業拡大に伴ってデュポンの出資額が四九〇〇万ドルへと増やされ、出資比率は二八・七％となった。当時、ピエール・デュポンはこう語ったとされる。「GMへの投資はこれで最後にすると、言明を受けている。これ以上投資が重ねられることはないだろう」。ところが、事態は彼の予想を裏切る方向に進んでいった。

一九一八年から二〇年にかけて、デュラントは事業の拡大にひた走る。ラスコブと財務委員会もそれを強く後押しし、事業拡大資金の調達に奔走した。

一九一八年にGMはまず、シボレーを買収している。これによって、フォードの低価格車を追い上げる素地はできたが、いまだ品質、価格ともに水を開けられていた。シボレーの傘下にあった小規模メーカーのスクリプスーブースも、併せてGMグループに入った。

一九年には、フィッシャー・ボディとの関係強化という重要な出来事が起きている。GMがフィッシャーに六〇％出資して、ボディ（車体）の製造を委託したのだ。

さらに二〇年には小規模な自動車メーカー、シェリダンを買い取り、一時、GMは七種の製品ラインを持つことになった。既存のキャデラック、ビュイック、オールズ、オークランド、シボレー、GMトラックにシェリダンが加わったのである。ただし、実質的に生産活動を行っていたのはキャデラックとビュイックのみだった。

デュラント個人の発案によって、トラクターと冷却技術に関する特命プロジェクトも始められた。デュラントは時として一人で社外に出かけ、独断で取引を決めてしまう。これが社内に気まずい空気を生むこともあったが、最終的には、直感と衝動に基づくデュラントの判断が追認されるのである。

同じような経緯で、GMは一九一七年二月にサムソン・シーブ・グリップ・トラクター・カンパニー（カリフォルニア州ストックトン）を買収している。サムソンはトラクターの駆動装置を発明しており、これは後にその馬力にちなんで〈アイロン・ホース〉（鉄の馬）と呼ばれるようになった。サムソンは後年、ジェーンズビル・マシン・カンパニー（ウィスコンシン州ジェーンズビル）、ドイルズタウン・アグリカルチュラル・カンパニー（ペンシルベニア州ドイルズタウン）と併合され、サムソン・トラクター事業部となったが、収益はひどく低迷した。GMはまた、一九一八年六月にはデトロイトの小規模企業ガーディアン・フリジレーター・カンパニーを五万六三六六ドル五〇セントで買収した。当初、買収資金はデュラントの個人名義の小切手で支払われたが、翌年五月三一日にGMが肩代わりしている。この新興企業はやがてフリジデアー事業部として大きな役割を果たすことになる。

これら以外にも、一九一八年から二〇年にかけて多数の企業が傘下に収められた。

・ゼネラルモーターズ・オブ・カナダ
・ゼネラルモーターズ・アクセプタンス・コーポレーション（GMAC）：GM製乗用車、トラックの購入者への融資事業
・デイトン・グループ（発明家ケッタリングとの関わりが深い）

・自動車事業部に車軸、ギア、クランクシャフトなどを納入する多数のメーカー
・部品・付属品メーカーの複合企業体であるユナイテッド・モーターズ（私が社長を務めていた）

当時のGMは主にデュラントのリーダーシップによって、巨大企業へと成長しようとしていた。だが、形式的にも実質的にもほとんど統一性が取れていなかった。そのうえ、新たに買収した会社、工場、製造設備の支出、在庫は膨大だった。リターンを上げない会社もあった。このため、全社の規模が拡大するにつれてキャッシュフローは悪化していった。GMは危機に直面しつつあった。しかしやがて、その危機を乗り越えて今日のGMが築かれるのである。

（原注1）GMの社長として最初に大きな功績を上げたのはナッシュだが、形式的には彼は第五代の社長である。設立者のデュラントは社長の座には就かず、バイス・プレジデントという肩書を選んだ。初代社長となったのはジョージ・E・ダニエルズという人物であるが、ダニエルズの在任期間は一九〇八年九月二二日から一〇月二〇日までと、一カ月に満たない。後を引き継いだウィリアム・M・イートンは一九一〇年一一月二三日まで、およそ二年間在任している。第三代がジェームズ・J・ストロウで、翌年の一月二六日まで二カ月間、暫定的に社長を務めた。そして第四代のトーマス・ニールが、ナッシュが就任する一九一二年一一月一九日までの間、社長の椅子に座っていた。

（原注2）シボレー・モーター・カンパニーがGMの支配的持ち分を握っていたという事実は、一九一七年になってからおおやけにされた。GMの発行済み普通株式八二万五五八九株（ゼネラルモーターズ・カンパニーの普通株一株をゼネラルモーターズ・コーポレーションの普通株五株と交換した後の株式数）のうち、四五万株をシボレー・モーター・カンパニーが押さえていた。デュラントはこれを武器に復権を遂げたのである。

シボレーがGMの経営権を持つという不自然な関係は、その後も何年間か続く。一九一八年五月にはGMがシボレーの営業資産を買い取り、自社の普通株で対価を支払った。やがてシボレーは独立法人としての歴史を閉じ、GMに吸収される（GMシボレー事業部となる）が、その際、保有するGM株を株主に分配している。

（原注3）ゼネラルモーターズ・コーポレーションは一九一六年一〇月一三日にデラウェア州の法律に基づき設立されている。

ニュージャージーのゼネラルモーターズ・カンパニーは清算され、一九一七年八月一日付で新会社に資産を引き継いだ。この日から新会社が本格的に操業を始めた。

（原注4）デュポンのGMへの出資は、三〇年以上をへた一九四九年に連邦政府による訴訟を引き起こすことになる。連邦政府の主な主張は、①この出資は反トラスト法に違反している、②デュポンがGMから確実な発注を得ようとしたものである、の二点に要約される。これに対して、GMとデュポンはともに反論している。地方裁判所は数カ月間にわたって関係者に幅広く証言を求め、膨大な資料を検討した後、連邦政府の主張には根拠がないとして訴えを退けた。上訴審で連邦最高裁判所は、「公正取引を妨げる可能性が十分に予見できた」として本件に違法性を認めた。ただし、原審の判断のうち、以下の点は支持している。「デュポン、GM両社とも、価格、品質、サービスに十分な配慮を怠らなかった」「両社上層部の本件関係者はすべて、高潔かつ誠実にふるまい、みずからの行動が自社にとって最良の選択であること、デュポンの競合他社を含む何人の利益も損なわないことを心から信じていた」。いずれにせよ、原審は破棄、差し戻しとされた。差し戻し後、さらなる審理をへて、地方裁判所は「デュポンは数年の間にGMとの資本関係を解消しなければならない」旨の判決を下した。私は法律の専門家ではないが、最高裁判所による決定は机上の空論で、原審が明らかにした事実をないがしろにしているように思えてならない。

第2章 大いなる可能性——2

THE GREAT OPPORTUNITY——II

自動車産業との出会い

GMとの出会いを語るためには、壮大なテーマをしばし離れ、プライベートな事柄にも触れなければならない。私は一八七五年五月二三日、今日から見れば古きアメリカがその面影を少なからずとどめていた時代——に、コネチカット州ニューヘヴンで生まれた。父はベネット・スローン・アンド・カンパニーという商店を営み、紅茶、コーヒー、煙草などを扱っていたが、一八八五年にニューヨークのウェスト・ブロードウェイに店を移している。このため私は、一〇歳の頃よりブルックリンで育つことになった。いまでもブルックリン訛りがあるといわれる。父方の祖父は教師、母方の祖父はメソジスト派の牧師だった。兄弟は私を頭に五人。妹キャサリンはプラット家に嫁いだが、すでに未亡人となっている。弟クリフォードは広告ビジネスの世界に身を置き、ハロルドは大学で教鞭を執っている。四男のレイモンドは病院管理を専門とし、大学で教えるかたわら、著述なども行っている。私たち兄弟はみな、それぞれの関心分野に情熱を傾け尽くすタイプのようである。

私が社会に出た頃、奇しくも自動車産業が生まれている。一八九五年、デュリエ兄弟がそれまでの自動車研究を土台にして、(私の記憶では)最初のガソリン自動車メーカーを設立したのである。この年私はMIT(マサチューセッツ工科大学)から電気工学の学位を得て、ハイアット・ローラー・ベアリング・カンパニー(ニュージャージー州ニューアーク:後に同ハリソンに移転)に勤務するようになった。ハイアットが生産していた減摩ベアリングは、後に自動車部品として用いられるようになり、それが私を自動車産業へと導くことになる。以後、ごく一時期——しかも非常に初期——を除いて、私は今日まで絶えず自動車産業とともに歩んできた。

ハイアットは小規模な企業だった。社員数は二五名前後。一〇馬力のモーター一機で、すべての生産設備を動かすことができた。ハイアットの減摩ベアリングは、ジョン・ウェズレー・ハイアットが独自のアイデアをもとに考案したものだった。氏はセルロイドの発明者でもある。セルロイドはプラスチックの先駆けで、象牙の代わりにビリヤード・ボールに用いる案があったが、ついに実現しなかった。当時、減摩ベアリングは一般に完成度が低く、あまり知られていなかったが、ハイアット製のベアリングは他の機械部品と比べてけっして遜色がなく、走行起重機、製紙機械、鉱山用車両などに用いられた。それでも、全社の月間売上高は二〇〇〇ドルにも満たなかった。私自身は月給五〇ドルで、雑用、製図、セールス、総務アシスタントなどをこなしていた。

ハイアットには将来性を見出せなかったため、ほどなく退社して、家庭用冷蔵庫メーカーに職を得た。こちらのビジネスのほうがはるかに有望と思われた。製品はアパート向けの電気冷蔵庫(棟全体で一台を共有することを想定していた)で、当時としてはまだきわめて珍しかった。だが二年後、私は考えを改めるようになった。この製品はあまりに複雑で価格も高い。普及させるのは難しいだろう——。

その間、ハイアットは依然として厳しい状況にあった。設立以来一度として利益を上げたことがなく、ジョン・

Ｅ・サールズという人物の資金援助によって何とか持ちこたえていたのだが、サールズが援助を打ち切ると言い出した。このため、一八九八年には清算せざるを得ないところまで追い詰められていた。そこで私の父とその仲間が合計五〇〇〇ドルを投じることになった。私が六カ月ほどハイアットでできるかぎりの努力をする、という条件がついた。私もこれを受け入れ、ピーター・スティーンストルップという若手とともに再建を試みることにした。スティーンストルップは当初、経理をあずかり、後にセールス・マネジャーとなっている。父たちと約束をしてから六カ月後、販売量、売上高ともに上向き、一万二〇〇〇ドルの利益を上げられた。「もしかしたら繁栄に導けるかもしれない」と希望がわいてきた。私はゼネラル・マネジャーの肩書を得た。だがあの時はまだ、ハイアットの事業を介してやがてＧＭと縁を持つようになるとは、思いもよらなかった。

続く四、五年の間、ハイアットは成長の苦しみを味わった。取引先が容易に見つからない。ようやく受注を得ると、新たに運転資本が必要になるが、どこも手を差し伸べてくれない。それでも税制が緩やかだったため、今日と比べてスタートアップ企業は恵まれていたといえる。五年目を迎えると光が見えてきた。年間で六万ドルの利益を計上することができた。さらに、自動車産業が新しい市場を切り開いてくれたため、将来への希望がもたらされた。

二〇世紀を迎える頃には、自動車市場に小規模な企業が続々と参入するようになっていた。減摩ベアリングも注目を集め、「自動車部品として試しに使ってみたい」という注文が舞い込み始めた。私は一八九九年五月一九日付で、ヘンリー・フォードに発注を求める手紙を書いている。フォードの伝記を著したアラン・ネヴィンズによれば、その原本がフォード記念館に保存されているそうである。フォードは当時、自動車製造を試み、本格的に事業展開しようとしていた。このような状況にもかかわらず、一九一〇年頃まではハイアットのベアリングが売上げを大きく伸ばすことはなかった。数百もの自動車メーカーが生まれたが、大多数が試作品をつくっただけで消えていった。事業パートナーのスティーンストルップは、新興自動車メーカーから何とか受注を得ようと、東奔西走していた。スティーンストルップが新しい自動車メーカーについて情報を得ると、私が連絡を取って、エンジニアリングの知識を背景に折衝を進めた。車軸その他のパーツに自社製ベアリングを組み込んだ設計案を示し、何とか受注につなげようと努力を続けた。

ハイアットの事業内容が知られるにつれて、私自身もセールス・エンジニアとして活動の場を広げ、自社製品に合いそうな数多くの自動車メーカーやサプライヤーに、ベアリング関連のコンサルティングを行った。やがて、メーカーが設計を変更したり、新型車種を検討したりする際には、意見を求められるようになり、それをきっかけに自社製品を後車軸、トランスミッションなどに採用してもらうことができた。

セールス・コンサルティングの機会は順調に増えていった。とりわけ一九〇五年から一五年にかけては、絶え間なく問い合わせが寄せられた。この時期、フォード、キャデラック、ビュイック、オールズ、ハドソン、リオ、ウィリスといった自動車メーカーが、生産台数を増やし始めていたのである。ハイアットも自然に、前記のような成長軌道に乗った顧客を意識しながら事業を展開していった。順風満帆だった。課題は、産業の拡大ペースに取り残されないように、いかに生産量を伸ばしていくかということだった。新しい工場、機械、生産手法などが求められていた。

プライベートな用途では、私から見ても自動車は高嶺の花だった。一九〇〇年の総生産台数はわずか四〇〇〇前後で、何よりも非常に高価だった。父はごく初期の〈ウィントン〉を買い、家族を乗せていた。あれは一九〇三年だったと思うが、私はハイアット社の名義で〈コンラッド〉という車種を購入し、社用に使うようになった。ハリソンの工場からニューアークまで、昼食や用事で出かける折などに活躍してくれた。二サイクル四気筒エンジンと赤のボディ。スタイリッシュな車だった。しかし残念なことに、性能は思わしくなかった。〈コンラッド〉は一九〇〇年から一九〇三年まで生産されたのみで、短命に終わった。次に選んだのは〈オートカー〉である。こちらは性能がよく、出張に使うこともあった。アトランティックシティへも何度か走らせた。だがこの車種も〈ウィントン〉〈コンラッド〉と同様、ほどなく生産中止となった。同じ〈オートカー〉ブランドでもトラックは普及を続け、五三年にホワイト・モーター・カンパニーに吸収されている。プライベートで初めて持ったのは、〈キャデラック〉である。車台のみを購入して、ボディは注文した。当時（一九一〇年頃）は、それが一般的だった。

キャデラックのエンジニアリング手法は、創成期の自動車産業、ひいてはハイアットの事業にも少なからぬ影響を及ぼした。これはヘンリー・リーランドの存在によるところが大きい。私の理解では、リーランドこそ、自動車パーツに互換性を持たせるうえで中心的な役割を果たした人物である。一九〇〇年前後にオールズに入社して自動車業界に身を置くようになり、次いでキャデラックを率いた。一九〇九年にキャデラックがGMの傘下に入った後も、トップの座にとどまり、一九一七年に退任している。その後は〈リンカーン〉を製造し、フォード・モーターに売却している。

私は自動車産業と関わるようになってからほどなく、リーランドの知己を得た。氏は一回りも年長であったうえ、エンジニアリングへの造詣が深かったため、尊敬の的であった。器の大きい人物で、高い創造性と知性を兼ね備えていた。そして、品質を何よりも重んじていた。氏との出会い——二〇世紀に入ってまもない頃——は、けっして穏やかなものではなかった。私がハイアットのローラー・ベアリングを勧奨したところ、叱責を受けたのである。製品の精度を高め、厳格な仕様を満たしてもらわなければ困る。当社では、パーツに互換性を持たせてあるのだから——。リーランドはこの業界に転じた時にはすでに、エンジニアリング全般とガソリン・エンジンについて豊かな経験を持っていた（ガソリン・エンジン分野の経験は、船舶業界で長く培ったものである）。わけても、精密金属加工についてはきわめて高い専門性を有していた。南北戦争時代（一八六一～六五年）に連邦側の兵器庫に工具を納め、その後も、ブラウン・アンド・シャープ・カンパニー（ロードアイランド州プロビデンス）という機械メーカーでその専門性に磨きをかけていった。記憶をたどれば、はるか以前、機械技術者のイーライ・ホイットニーが互換性のある銃部品を開発していたという。ホイットニー、リーランド、そして自動車産業は、一本の糸で結ばれているのである。

自動車産業を生み出したのは一握りの人々である。ハイアットが自動車に欠かせない部品を製造していた関係から、私は社会に出てからの二〇年間で、〝自動車産業の生みの親〟たちのほとんどと交流を持つようになり、事業パートナーとして、あるいは友人として実に多くを教えられた。ハイアットは、ごく稀には自動車メーカー（キャデラック、フォード・モーターなど）にじかに製品を納入することもあったが、通常は部品サプライヤー、さらに自動車組立会社をとおしていた。部品サプライヤーの中でも取引先としてとりわけ重要だったのが、車軸製造のウェストン―モット・カンパニー（本社ニューヨーク州ユーティカ）である。ウェストン社の後車軸には六個のベアリングが用いられており、そのいくつかにハイアット製が採用されていた。同社は一九〇六年にチャールズ・スチュワート・モットの意思で、自動車産業のメッカに近いミシガン州フリントに移転した。

それを機に、私は月に一度、モットを訪問するようになった。……あの当時、フリントのメインストリートであるサギノー通りは、両側に馬のつなぎ柱が並び、土曜日の夜ともなると、馬、荷馬車、自家用馬車であふれかえっていた。農場主たちが繰り出して、一週間分の買い出しをしたり、ナイトライフを楽しんだりしていたのだ。自動車メーカーや部品サプライヤーのトップが内輪の集いを持ったのも、あの界隈である。集いは社交やビジネスを目的としながら、何年にもわたって重ねられた。メンバーはチャールズ・スチュワート・モット、チャールズ・ナッシュ、ウォルター・クライスラー、ハリー・バセット、そして私。思えば私を除く全員が、すでにGMと深く関わっていた。ウィリアム・デュラントとも顔を合わせていたに違いない。

しかし、思い出すのは、ニューヨーク―デトロイト間を行き来する列車に偶然乗り合わせ、挨拶を交わしたことだけである。あの頃はまだ、私はモットをとおして間接的にGMと取引をしていたにすぎない。モットは一九〇九年に自社をGMに売却し、その後も〈ビュイック〉〈オークランド〉〈オールズ〉向けに車軸を製造していた。より正確には、一九〇九年に全株式の四九％を、その三年後に残りすべてをGMに売却している。いずれにせよ、ウェストン・モット・カンパニーをとおして、私はハイアットのローラー・ベアリングをGM車に採用してもらうことに成功したのだった。

ウォルター・クライスラーと巡り合ったのも、フリントの地であった。クライスラーは〈ビュイック〉の工場長として、また後には最高責任者として、ウェストン社から提出される車軸の設計とハイアットの部品を精査していた。時とともに、私たち二人はGMの内外で頻繁に会うようになり、生涯の友となった。後年、それぞれクライスラーとGMのトップとなってからも、誘い合ってバカンスに出かけることがあった。その間はビジネスの話題はタブーである。ウォルター・クライスラーは高い志、豊かなイマジネーション、優れた実務能力を兼ね備えたオールラウンドな経営者だった。わけても彼の真価は、自動車産業の創成に力を尽くした点にあるだろう。チャールズ・ナッシュと同様、生まれたばかりの自動車産業に大いなる可能性を見て取っていた。クライスラー、ナッシュともに、創成期の自動車産業を代表する人物として、偉大な企業を指揮した。

デトロイトでは、私はハイアットの製品を勧奨する目的でフォード・モーターを訪れ、ヘンリー・フォードと昼食をともにする機会にも恵まれた。とはいえ、商談に応じるのはほとんどの場合、フォード本人ではなく、チーフ・エンジニアのC・ハロルド・ウィルスであった（ウィルスは後に〈ウィルス・セント・クレア〉という車種を製造している。優れた車だが、市場で長く生き続けることはなかった）。ウィルスのエンジニアリング、なかんずく冶金に関する知見はヘンリー・フォードに大きな力を与えていた。ハイアットが信頼性の高い製品をスケジュールどおりに納品していたため、フォード・モーターはやがて、ハイアットが適合品を供給できない場合を除いて、ベアリングの必要量すべてを発注してくれるようになった。フォード・モーターは事業を拡大し、GMを抑えて最大の得意先となった。売上高が伸びたため、私はデトロイトにもハイアットのセールス・オフィスを設けることにした。開設地に選んだのはウェスト・グランド通りである。後に偶然が重なって、そこにGMビルが建てられる。

GMとの合併

一九一六年春のある日、ウィリアム・デュラントから電話がかかってきた。話したいことがあるので来てほしいという。デュラントといえば、GM、シボレー両社の設立者として、自動車業界のみならず金融業界においても広く知られる存在だった。すでに述べたように、デュラントは一時GMの中枢から離れていたが、電話をかけてきた頃には、すでに復帰への地ならしができていた。人当たりがよく、穏やかな口調ながらも、その話は聞く者を引き込む力を持っていた。上背はあまりなく、地味で清潔な服装をしていた。巨額資金が絡む複雑な金融取引を日々繰り返していたにもかかわらず、いかなる時も平静さを失わないように見受けられた。たしかな人柄と才気が伝わってきた。そのデュラントが用件を切り出した。「ハイアット・ローラー・ベアリング・カンパニーを売りに出す気持ちはないだろうか」

その言葉にショックを受けなかったといえば嘘になる。何年もの歳月を、ハイアットの事業を拡大することに費やしていたのだから。だがその一方で、新たな展望が開けたのも事実である。私はハイアットの置かれた状況に深く思いをめぐらせた。必然的に、三つの事柄が想起された。

第一に、事業の性質ゆえに顧客がきわめて限られていた。フォード・モーター一社で売上高全体のおよそ五〇%を占めていた。仮にフォードから取引を打ち切られるようなことがあれば、その埋め合わせをするのは不可能であった。フォードに匹敵する規模の自動車メーカーなど他に存在しないのだから、事業を根底から見直さざるを得なくなる。

第二に、自動車が進化すれば、ハイアットのローラー・ベアリングは他のタイプの製品に取って代わられ、いずれ使命を終えるはずであった。私は考えた。その時が訪れたら、ハイアットはどのような行動を取るべきだろうか。再び立て直しを図るのだろうか。あるいは、別の製品を開発するという方法もあるかもしれない。だがそれは、新しい事業をゼロから立ち上げることを意味した。製品の改良については絶えず関心を寄せていたが、ローラー・ベアリングは特殊性が高い。選択肢は二つに一つだった——単独で突き進むか、あるいは自動車メーカーの傘下に入るか。……この時からおよそ四五年。私の予想は誤っていなかった。当時のハイアット製品、類似の減摩ベアリングとも、もはや用いられなくなっている。

第三に、私は社会に出てから四〇歳のその時まで、ハイアットの発展に努力し、大きな工場と権限を手にしていた。だが、高い配当を得たことは一度としてなかった。そこに舞い込んだのがデュラントの申し出だった。ハイアットを売却すれば、すぐに資産を得られるはずであった。

決め手となったのは第二の点、すなわちローラー・ベアリングの将来性だった。短期的な利益見通しは悪くないが、先行きを見通した場合、買収提案に応じるのが賢明だろうと思われた。既存資産から、より大きな価値を引き出せるのも間違いなかった。私はデュラントの提案を受け入れようと心に決め、ハイアットのディレクター四人を前に、「一五〇〇万ドルで売却に応じたい」と述べた。「高すぎるのではないか」との意見もあったが、私はそうは思わなかった。ハイアットには強みがあった。自動車産業にも将来性があった。こうして、デュラントの代理人との間で話し合いを始めることになった。相手方は二名、弁護士のジョン・トーマス・スミスと銀行家のルイス・G・カウフマンである。何回となく交渉を重ねた末、売却価格は一三五〇万ドルで落ち着いた。

支払方法を決める段になって、半額を現金で、残りを新会社——デュラントは「ユナイテッド・モーターズ・コーポレーション」という新会社を設立しようと考えていた——の株式で受け取ることになった。ところが手続きの完了が近づくにつれて、ハイアットの社内に株式での受け取りを快く思わない向きがあるとわかってきた。このため、私自身は現金を諦め、その代わりとして株式を多く保有することになった。父とともにハイアットの株式を多数保有していたため、結果として、ユナイテッド・モーターズでも主要株主に名前を連ねることとなった。

こうして一九一六年、ハイアットとパーツ・部品企業四社の受け皿としてユナイテッド・モーターズが誕生した。ハイアット以外の四社は次のとおりである。

・ニュー・デパーチャー・マニュファクチャリング・カンパニー（コネチカット州ブリストル：ボール・ベアリングを製造）
・レミー・エレクトリック・カンパニー（インディアナ州アンダーソン：電子式始動・点火装置を製造）
・デイトン・エンジニアリング・ラボラトリーズ・カンパニー（略称デルコ、オハイオ州デイトン：レミーと異なった方式の電子装置を製造）
・パールマン・リム・コーポレーション（ミシガン州ジャクソン）

私は初めて、単一の自動車部品にとどまらず、幅広い製品を手がけるようになった。ユナイテッド・モーターズの社長兼COO（最高執行責任者）に任命されたのである。取締役会は、デュラントが買収した企業の経営者たちによって構成されていた。デュラント自身は取締役に就任することも、経営に関与することもなく、すべてを私に任せていた。私は自分で施策を考え、取締役会の承認を得ると、次々と実行していった。ハリソン・ラジエーター・コーポレーション、クラクソン・カンパニー（著名なクラクション・メーカー）をともに買収した。さらに、ユナイテッド・モーターズ・サービスを設立して、全米でグループ企業の製品を販売・サービスすることにした。初年度、グループ全体の純売上高は三三六三万八九五六ドルに達した。最も大きく貢献したのはハイアットである。

ユナイテッド・モーターズ・グループはかねてより、GMのみならず複数の自動車メーカーに製品を供給していた。しかしGMのトップ・マネジメントは、将来を見据えて、ユナイテッドの製品をすべて確保できるようにしておきたいと考えた。このため一九一八年には、GMとの合意によって——というよりもGM財務委員会議長だったジョン・J・ラスコブと私の交渉によって——、ユナイテッド・モーターズはGMに吸収された。

ここまで、ハイアットに多くの紙幅を割いてきたが、それはあくまで、私とGMの出会いを語るうえで欠かせないからである。私はGMのバイス・プレジデントとなったが、従来どおり部品、アクセサリー製造を担当していた。GMの取締役、さらには経営委員会（当時の議長はデュラント）のメンバーともなった。

一九一八年から二〇年にかけては、担当業務は変わらなかったが、経営委員会に出席するようになったため新たな視界が開けた。加えて、たんに職務だからというだけでなく、私財のほとんどが自社株で占められているという個人的な事情からも、GMの業績に大きな関心を寄せるようになった。ほどなく、デュラントの経営方針にも注意を払うようになった。

デュラントについては、何と記せばよいのだろうか。もちろん、心から尊敬している。ほとばしるような才能、イマジネーション、懐の深さ、誠実さ。GMへのゆるぎない忠誠。ラスコブやピエール・S・デュポンは正しい——GMに魂を吹き込み、ダイナミックな成長を可能にしたのは、まぎれもなくデュラントその人である。しかしその一方、経営実務では随所に気まぐれさを発揮し、何もかもを自分で背負い込んでしまうのであった。こちらがようやくデュラントのスケジュールを押さえて重要な事項について伺いを立てても、往々にして、その場の思いつきで判断を下された。私自身の経験から二つのエピソードを紹介したい。

ニューヨーク五七番街の旧GMビルで、私は時折、自室の隣にあるデュラントの部屋を訪ねていた。一九一九年のある日、やはりデュラントのもとに行き、こう進言してみた。GMの株式には多くの投資家が注目している。公認会計士事務所に監査を委ねるべきではないだろうか。というのも、以前は投資銀行が目を光らせていたが、この頃は外部による監査は行われていなかった。デュラントは企業会計にはあまり明るくなく、経営上大きな意義を認めていなかったのだが、私の言葉を即座に了承し、会計士事務所を探すように命じた。これがデュラントのやり方だった。れっきとした財務部があるにもかかわらず、提案者の私に任務を与えるのだ。以来、ユナイテッド・モーターズ時代から付き合いのあったハスキンス・アンド・セルズが、GMの監査に当たっている。

こんなこともあった。デュラントほか数人が、デトロイトに建設予定のビルについて話し合っていた（当初は「デュラント・ビル」となる予定だったが、現在では「GMビル」として知られている）。デトロイトの地図を見ている折、デュラントはいつものように私を呼び入れた。ちょうど、ダウンタウンにあるグランド・サーカス公園の周辺が候補地として話題になっていた。そこから数マイルほど北に行ったウェスト・グランド通りには、ユナイテッド・モーターズのセールス・オフィスがあった。おのずから私は、親しみのあるセールス・オフィスの周辺を候補地として思い浮かべた。十分な理由もあった。デトロイト北部の住宅地から通勤の便がよく、ダウンタウンと比べて渋滞が少ない。この考えを口にしたところ、デュラントはこちらの顔を見て、次にデトロイトを訪れる際に皆で視察しようといった。

その言葉のとおり、私たちはともにデトロイトに赴くことになった。あの時のデュラントの姿はいまもまぶたによみがえる。デュラントは、キャス通りとの角から、ウェスト・グランド通りを西へゆっくりと歩を進め、ユナイテッド・モーターズ・ビル――かつてのハイアット・ビル――を通りすぎた。そしてどうしたわけか、あるアパートの前で立ち止まった。「このくらいの広さが望ましいのだが」、そうつぶやくと、私のほうを振り返った。「アルフレッド、この土地を買ってもらえないか？　価格については任せる。君の決めた額をプレンティス（経理・財務の責任者）に出させよう」。私は不動産には素人だった。デトロイトに住んでいたわけでもない。それでも腰を上げ、取引をまとめていったのだから、我ながら上出来ではないかと思う。

買収交渉はユナイテッド・モーターズ・サービスの社長ラルフ・S・レーンに任せた。ある広さの土地を選んで、その中の区画を買い取っていくというのは、実に張り合いのある仕事である。こちらが関心をどれだけ表に出すかによって、値が動いていくのだ。必要とされた広さを押さえると、デュラントは「ブロックの半分ではなく全体を手に入れてはどうか」という。やがてブロック全体を確保できた。最初から具体的な構想があったかどうかはさておき、ほどなく一〇〇%が活用されるようになった。GMビルが完成すると、あの一帯はデトロイトの新たな商業地区として開けていった。

デュラントは形式にとらわれずに事業を進め、スタートアップ期のGMにしばしば恩恵をもたらした。また、さまざまな機会をとおして私に自信を与えてくれた。そのようなデュラントに対して、感謝や尊敬の念を抱かないはずがない。だが、こと経営管理に関するかぎり、やはり厳しい視線を向けないわけにはいかない。特に大きな懸念を抱いたのは、一九一八年から二〇年にかけて、氏が明確なマネジメント方針も持たないままに事業の多角化と拡大に突き進んだ時である。

事業の拡大そのものと、そのために組織を大きくすべきだという考え方は、区別しておかなくてはならない。当時の事業拡大が深い考えに基づいていたかどうかは、疑問の余地があるだろう。その責任はデュラントとラスコブにある。しかし、長い歳月をへた今日振り返ってみると、あの時に拡大を進めたのは、少なくとも自動車開発に関するかぎりは、有意義で望ましいことだったといえる。自動車は単価が高く、しかもマスマーケット向けに販売しようとしていたため、多大な資本投下が必要とされた。この点をデュラントとラスコブは早くから見通していたのである。

他方、組織についてはどうだろうか。本社は、各事業部について深く知ることも、コントロールを及ぼすこともできなかった。マネジメントの方向性は、少人数による駆け引きによって決められていた。GM屈指の逸材ウォルター・クライスラーは、ゼネラル・エグゼクティブに就任してから、権限の範囲をめぐってデュラントと衝突した。クライスラーは信念と情熱の人である。自分の考えが受け入れられないとわかると、退社を決意した。忘れもしない。あの日、叩きつけるようにドアを閉めて、彼はGMを去っていった。それがクライスラー社誕生の序曲となった。

ＧＭは組織に大きな弱点を抱えていた。第一次世界大戦中、そして戦後のインフレ期には表立ったひずみは見られなかったが、一九一九年末から二〇年にかけては見過ごせない問題へと発展した。各事業部とも生産能力の拡大を計画しており、要求すれば巨額の予算を得ることができた。ところが、資材コストと労働コストが急騰したため、拡大の完了を待たずに予算が底を突いてしまった。各事業部の支出は軒並み予算をオーバーした。

事業部間で予算の奪い合いが始まり、経営上層部でもさまざまな思惑が交錯するようになった。デュラントはトラクター事業にいたく肩入れしており、予算の増額を求めた。これに対して財務委員会は、詳しい情報をもとにＲＯＩ（投資利益率）の見通しを示すように迫り、承認を保留している（一九一九年一〇月一七日）。同じ日、私がニュー・デパーチャー事業部の予算としておよそ七一〇万ドルを申請したところ、こちらは認められた。すると経営委員会（同三一日）の席上で、デュラントが反対意見を示した。結局、ニュー・デパーチャー事業部の予算は三分の一のみが認められ、残りは優先株式を発行して調達することになった。デュラントは、デトロイトのデュラント・ビル（ＧＭビル）に七三〇万ドルを追加投資する案にも反対した。財務・経理の責任者だったメイヤー・Ｌ・プレンティスの回想によれば、反対の理由は、ビル建設よりも工場や日々の事業に資金を回すべきだというものであった。この点ではデュラントはラスコブと考え方を異にしていたことになる。

この見解の相違については、ジョン・Ｌ・プラット――デュポン社からＧＭに移ってデュラントを補佐していた人物――も覚えているという。私の記憶に残っているのは、デュラントが議長席を離れ、反対の意思表示をするために別の席に着こうとしていた姿である。経営委員会はデュラントの意見を支持した。事実、すべての要求を満たすだけの資金はなかった。その後、焦点は資金をいかに配分するかではなく、いかに調達するかに移っていった。

一一月五日にはニューヨークで財務委員会が開かれ、その年の一〇月から翌一九二〇年一二月までの一五カ月間の収支見通しがデュラントから発表された。議論を経て、全会一致で以下の点が承認された。

・収支見通しで示された予算を実行に移す。
・五〇〇〇万ドルの社債を速やかに発行する。
・状況が許せば同額の社債を追加発行する。

その日の午後、同じ議題で経営委員会が開かれた。議事録にはこう記されている。冒頭、財務委員会のジョン・J・ラスコブ議長が今後の資金調達について簡潔に説明を行った。その内容は、社債を発行して、前回否決された予算を手当てするというものである。ラスコブが説明を行った後、デュラント・ビル、ニュー・デパーチャー事業、トラクター事業、その他の予算が全員一致で承認された。財務委員会もそれを追認した。

以上のような予算手続きについて、私自身が後にこう振り返っている。

（適切な予算策定プロセスがなかったことから）経営委員会のメンバーが担当事業について予算を求めれば、常に、他のメンバー全員がそれを支持していた。言い換えれば経営委員会は、各事業部に厳しく目を光らせるという本来の使命を果たさず、形骸化していたのである。

いったんはすべての予算要求が受け入れられたが、やはりそれで事が収まるわけではなかった。資金調達が暗礁に乗り上げたのである。総額八五〇〇万ドルの社債を売りに出したが、買い手がついたのはわずか一一〇〇万ドル相当であった。経営環境が厳しさを増していると、金融市場が警告を発していたのである。もっともこの時点ではまだ、売上高は順調に推移していた（一九一八年から二〇年まで各二億七〇〇〇万ドル、五億一〇〇〇万ドル、五億六七〇〇万ドル——一九二〇年については推定）。

予算をめぐる攻防をとおして、財務運営の大きなゆがみが浮き彫りになった。一九一九年一二月五日には、経営委員会の場でデュラントが「予算割り当て方法に問題がある」と発言し、全員の同意を得た。デュラントは新たな予算審査手続きを提案し、社長に報告する仕組みも必要だと述べた。私はこの構想を実現するために特別委員会を設けるべきだと主張した。この主張が容れられ、プラットが議長となった。私はさらに、各組織からの予算要求を整理するために別の委員会も提案した。こちらは「予算要求ルール策定委員会」と名づけられ、私が議長になった。使命は、予算承認の権限を適切に配分することであった。この時期に私は、他にも組織関連のプロジェクトを二つほど進めていた。

以上のように、経営委員会、財務委員会ともに、必要な情報も手にしていなければ、事業部に対して適切なコントロールも及ぼしていなかった。各事業部は無軌道に支出を続け、追加で予算を求めればそれも認められていた。経営委員会の議事録からは、一九一九年末から二〇年初めにかけて、支出が予算を大幅に超える事態が続いていたことがうかがえる。ある時などは一〇三三万九五五四ドルもの超過が了承されている。その大きな部分はビュイック、シボレー、サムソン・トラクターが占めていた。予算の超過は常態化していた。

一九一九年が暮れようとする頃には、経済不況をいかに乗り切るかが大きな課題となっていた。一二月二七日の経営委員会で私は以下のような解決策を提示し、全員一致で賛成を得ている。

緊急時に備えて資金調達の方法を検討し、財務委員会に提示するために、新たな委員会を設置する。想定するのは、深刻な不況、あるいは数カ月にわたる大がかりなストライキによって工場が操業停止に陥ったような場合である。

不況の厳しさについては、アメリカ社会の大部分と同じく、GM社内でも軽く見ていた感がある。おそらくそのためだろうが、経営委員会、財務委員会とも、各事業部の動きにブレーキをかけられずにいても、どれほど深刻な波紋を生むか気づかなかった。一九二〇年二月末になると、ハスケルが経営委員会の同意を得て、各事業部長にこう諭した。「予算についてお願いがあります。状況に応じて変わる可能性があるのであれば、必ず経営委員会に付議してください。既成事実をつくるようなことはしないでください」。少しも強制力を感じさせない、穏やかな「警告」だった。

ブレーキが効かなかったのは予算だけではない。在庫も膨れ上がっていた。一九一九年一一月、翌会計年度の生産量を三六％増やすと決まった。ベースとなったのは、経験則ないし事業部長の目標である。この計画を達成しようと、各事業部はすぐに資材の購入に走った。一九二〇年三月末には、八月から始まる次年度に関して、全社の生産計画が承認されている。自動車、トラック、トラクターを合わせて八七万六〇〇〇台という楽観的な数字であった。財務委員長のラスコブは三月から四月にかけて、六四〇〇万ドル相当の普通株式を売却しようと準備に取りかかった。およそ一億ドルの支出に備えるためである。デュポン社、J・P・モルガン社のほか、イギリス資本がこれを引き受け、取締役を派遣してきた。

一九二〇年五月には、工場・設備関連の支出が予想以上に増えていること、在庫量が膨れ上がっていることにラスコブが懸念を示した。経営委員会の議事録に氏の発言内容が記されている。「一億五〇〇〇万ドルがリミットである。在庫がこの額を突破したら、財務が危機に瀕する」

その一週間後、在庫委員会が特別に招集され、デュラント、ハスケル、プレンティス、私の四人が各事業部について在庫、支出額の上限を定めた。ところが、生産計画が削られても事業部長たちは上限を守らず、それを防ぐ有効な手立てもなかった。分権化のマイナス面ばかりが表れていた。

支出が増え続けていくなか、需要のほうは――一九二〇年六月に一時盛り返したのを除くと――落ち込む一方であった。八月には経営・財務両委員会が、五月に設定した支出上限を守るように再度、各事業部長に注意を促した。一〇月に入ると、財務委員会はプラットをトップとする在庫委員会を常設し、何とか事態を収拾しようと試みたが、遅きに失した。以下に在庫の推移を示しておく。

一月　一億三七〇〇万ドル
四月　一億六八〇〇万ドル
六月　一億八五〇〇万ドル
一〇月　二億九〇〇〇万ドル——五月に定めた上限値を五九〇〇万ドル超過

以後、事態はさらに予断を許さない方向へと進むことになる。

九月、需要はひどく低迷した。それを受けて、ヘンリー・フォードが二一日、値下げを断行した。下げ幅は二〇ないし三〇％だった。デュラントは各事業部のセールス・マネジャーの支持を得て、当面は価格を維持すると決め、ディーラーや顧客にもその旨を明言した。そして一〇月。GMはいよいよ窮地に立たされた。多くの事業部が購買代金や給料の支払いに苦慮するようになったため、全社として八三〇〇万ドルを短期に借り入れた。一一月には、工場が事実上の操業停止に陥った。わずかに〈ビュイック〉〈キャデラック〉のみが細々とながらも生産を続けていた。アメリカ経済全体が不況色を強めていた。

私はかなり以前から、社内の動きに胸を痛めていた。痛みは激しさを増すばかりだった。一九一九年の暮れ以降は、種々のひずみを解消するために、組織改編の案をつくってデュラントに進言するようになっていた。デュラントは受け入れるそぶりを示しながら、その実はまったく腰を上げなかった。おそらく、それだけの余裕がなかったのだと思う。目の前にある事業上の危機、さらには個人財政の危機に対処するだけで消耗し切っており、組織を改めるといった視野の広い問題を考えることなどおよそ不可能だったのだろう。

私は深い悩みに押しつぶされそうだった。GMのマネジメントについて、針路について……。一九二〇年八月には、ついに一カ月の休暇を取ることにした。しばし会社を離れて、身の振り方を考えたかった。私財はすべてGM株式で占められていたが、それでもまず心に浮かんだのは、クライスラーのように退社するという考えだった。リー・ヒギンソン・アンド・カンパニーから、産業分析担当のパートナーとして来ないかとオファーも受けていた。オファーの主はストロウである。

すでに述べたように、ストロウは一九一〇年から一五年までGMの財務・経理を統括し、その後、ナッシュ・モーターズの経営を支援するようになっていた。私はすぐには決めかね、ヨーロッパへ渡って考える時間を持つことにした。心が揺れた。自分の利益を守るために、保有株式を売却するような行いをしてよいものだろうか。デュラントが、たとえ進め方が適切でなかったとしても、あらゆる方策でGMの市場価値を維持しようとしているというのに――。イギリスに着くと〈ロールスロイス〉を注文した。妻とドライブをしながら各地をめぐろうと思ったのだが、結局、それを受け取ることも、旅を続けることもなく、八月にはアメリカに戻った。出社してみると、休暇を取っている間に大きな変化が起きていた。状況はよりいっそう緊迫の度を深めていた。私は推移を見守った。

デュラントの退陣

景気低迷時の常として、一九二〇年にも株価が大幅に下落した。GMの工場は依然として、ほぼ全面的に操業を停止していた。このような事態が重なって、ついに一つの時代が終わりを告げることになった。デュラントが退任したのである。ここに至るまでの経過は、ピエール・S・デュポンがイレネー・デュポン（E・I・デュポン・ド・ヌムール社長：当時）に宛てた手紙に詳しく記されている。日付は一九二〇年一一月二六日である。

イレネーへ
GMがこのような状況に陥った以上、ここ二週間の事態の推移を記録にとどめておくべきだと考え、筆をとっている。これから記す内容は、私自身のメモと記憶に基づいている。数多くの出来事がいまもまざまざと脳裏に浮かんでくる。だが、本論に入る前に、従来私がデュラント個人について何を知らされていたかをまとめておきたい。

デュラントから個人的な事情を明かされたのは、長い付き合いであるにもかかわらず、今年の一一月一一日（木曜日）が初めてである。かつてデュポン社がGMに出資し、二五〇〇万ドル相当の株式を額面よりわずかに高い価格で取得した際、デュラントからは、彼もほぼ同じ株数を保有していると聞かされた（GMの持ち株会社であるシボレーの株式も含まれ、家族名義の持ち分を合わせての話かもしれない）。氏の保有株は大多数がブローカー名義となっているとも知らされていた。ただし、それはあくまでも便宜上のことだと理解していた。はたして、当時からデュラントは借財があり、株式を担保に入れていたのだろうか。仮にそうだったとしても、私は断じて知らされていなかった。デュポン社が出資してから昨年の春までの間にも、デュラントが時折株を貸していたのは承知している。自身で、あるいは投資アドバイザーをとおして追加購入をしていたことも。当然、現金で支払える範囲内、あるいは支払能力の許す範囲内だと想像していた。

デュラントには巨額の資産があるように見受けられた。本人の言葉からも、私の記憶のうえでも、氏がGM株を売却していたことはないと思う。株価を操作するという考えを漏らされたことはあるが、こちらから煽ってはいない。それどころか、私のほうから一言でも述べたとすれば、それは思いとどまらせようとする言葉だったはずである。しかしいずれにせよ、氏から個人的な事情が明かされることはなく、私のほうでは株式の取引はすべてプライベートなものだと推察していた。一九二〇年春には、株式取引そのものと無関係だろうと信じ込んでいた。ラスコブにしても私と同じで、デュラントに債務――とりわけ株式ブローカーへの債務――はないだろうと考えていた。

先頃J・P・モルガンがシンジケート団を結成した際にも、「デュラントは株式取引から距離を取るだろう」との思いを強くした。両者が別個に動いて、ともに望ましい成果を得られるはずがない。数週間前になって氏から、J・P・モルガンの手腕が心もとないため、みずから株価の下支えに乗り出したと聞かされた時には、失望したものである。単独で動くことには反対だった。もっとも、明確にこちらの意見を述べたかと問われれば、そこまでの自信はない。デュラント自身の、そして近親者の財力が許す範囲でGM株を買い支えていたのだろうとばかり思っていた。一一月一一日までは、氏が株価の操作を図っているとも、借財をしているとも、想像だにしていなかった。

デュラントの株絡みの噂は私の耳にも届いていた。だが、J・P・モルガンですら、それが事実であるとは気づいていなかったと思う（ラスコブも同意してくれている）。モルガン側はさまざまな機会に事実を確かめられたはずである。私自身はデュラントのプライバシーを取り上げる立場にはないと考えていた。六週間ほど前だろうか。モルガンのドゥワイト・W・モローが、ラスコブと私に、デュラントの私事、とりわけ株式取引について尋ねてきた。私たちは、デュラントからプライベートな話を聞いたことはなく、何も知らされていないと返答した。むしろ、本人に聞いてはどうだろうか、率直に答えてくれるだろう、と。

こうして、一一月に入ってから、モロー、デュラント、ラスコブ、私の四人で会談を持った。席上、私はこう述べた。出席者にはそれぞれ、GMの主要株主として互いの状況を知る権利があるはずである。デュポン社について説明すれば、保有するGM株とシボレー株については担保に供したことも、売ろうとしたことも一切ない。私個人も、株を担保に借入れをした経験はない。株式はすべて手元にあり、数年来、追加購入も売却もしていない。私の知るかぎり、デュポン社の人間でGMの経営に関わる者は一人として、そのような行為に手を染めていないはずである――。モローが言葉を引き取り、J・P・モルガンとその関係者ともに、GM株を購入後いっさい売却しておらず、その予定もないと明言した。デュラントが積極的に口を開いたかどうかは覚えていない。しかし、債務のことも株式取引のことも少しもほのめかしはしなかった。モローが「財産に関して何かお困りではないですか」と核心に切り込んだが、答えは「ノー」だった。私を含めその場にいた者は皆、デュラントの言葉を信じた。私は、彼独特の性格をよく知っているつもりだ。欺くつもりなどなかったのだろう。だが、モローは違う。デュラントを許せずにいるのではないだろうか。

さて、一一月一一日（木曜日）に話を移したい。あの日、私とラスコブはデュラントから昼食に誘われ、思いがけない事実を伝えられた。銀行筋から退任を求められているというのである。しかも、その要求を飲むつもりだという。GMもデュラント自身も身動きの取れない状況に陥っており、銀行の要求に従うほか手立てがないのだと。GMに関しては、私はすぐに反論した。借入金はそれほど巨額ではない。運転資本、各種の資産、キャッシュフロー、今後の財務見通し……これらを考え合わせると、十分に持ちこたえられる。銀行も同じ見解のはずである。事業運営をとおして十分に返済できる……。デュラントは自身の資産状況についても不安を漏らしたが、はっきりとは説明しなかった。こちらも問いただす機会を失した。また、その必要も感じていなかった。

だが、ラスコブは私と二人だけになると、デュラントの言葉の意味をしきりに気にするようになった。そして翌日、本人に質問をぶつけた。デュラントの負債額が「六〇〇万ドルから二六〇〇万ドルに上る」という点についても問いただしたが、答えは「調べてみなければわからない」だった。私たち二人は翌日（一二日金曜日）からしばらくニューヨークを離れたが、次の週の火曜日（一六日）に戻ると、朝からデュラントのオフィスを訪れた。何としても事実を聞き出そうと心に決めていた。それというのも、仮にデュラントが財政的に苦境に陥っていると、たとえそれが個人的にであったとしても、GMの信用に影響しかねないからである。これは私とラスコブの一致した見方だった。

ところが、デュラントは多忙をきわめていた。ミーティングや電話への応対などで、絶えずオフィスを出入りしていた。私たちは昼食時にその場を離れただけで、あとはひたすら待ち続けた。ようやくデュラントの時間が空いたのは、夕方の四時だった。彼は鉛筆書きのメモに目を落としながら、各銀行からの借入れ額を明かした。その内容はメモに残してある。借入れ総額は二〇〇〇万ドル。すべて株式ブローカーに対するもので、他者名義のGM株式一三〇万株、さらにはデュラントの資産（金額不明）が担保となっているという。自身も推定で一四一九万ドルの債務があるということだった。債権者は銀行と株式ブローカーで、GM株式三〇〇万株が担保となっていた（前記一三〇万株とは別である）。デュラントは財産についての記録を残しておらず、債務が全体でどれほどの額にのぼるのか、はっきりとはわからないという。また、自分名義と、（デュラントが担保を提供した）他者名義の内訳も不明だという。株式ブローカーとの取引記録も手元には持っていなかった。いずれにせよ、多額の債務があるのは間違いなく、事態は深刻このうえなかった。私たちはデュラントから、取引明細を取り寄せ、明確な説明をするとの約束を取りつけた。

その日（一一月一六日火曜日）の晩、ブローカーのマクルーア・ジョンズ・アンド・リードからデュラントのもとに電話が入り、一五万ドルの支払いを求められたという。何とか手当てをしたようだ。

翌一七日にブローカーの取引明細を催促したが、「一七日いっぱいで締めて提出してほしい」との指示を出してあるため、すぐには見せられないとの答えだった。それまでの説明があまりに曖昧であるため、正確な情報は期待できそうもなく、ラスコブともども暗い気分に襲われた。それにしても状況はあまりに厳しく、何らかの対策が必要であると思われた。私たちは次のように対策をまとめた。

・新会社を設立してデュラントの持ち株を引き継ぐ。
・二〇〇〇万ドルの手形を発行して担保に充てる。
・GMに新たに七〇〇万ドル（場合によっては一〇〇〇万ドル）を出資して、期限の迫った債務などの返済を可能にする。

一八日（木曜日）になると、取引明細が次々と届けられた。一日かけて整理を進め、デュラントにも内容を確かめてもらった。もっとも、裏づけ資料があるわけではなく、漏れがないかどうかも確かめる術がなかった。銀行からの借入れについては確たるデータは何もなかった。氏が担保を提供している他者名義の借入れについても同じことがいえる。とりあえず概要のメモを作成して、夕方にはタイピストに回した。ほどなくラスコブとともにデュラントから呼ばれ、「まもなくJ・P・モルガンから数名のパートナーがやってくるので、同席してもらえないだろうか」と頼まれた。私たちはこう返答した。前回のモルガンとのミーティングでデュラントが語った内容は真実とおよそかけ離れている。真実をすべて明らかにすると約束してもらえないかぎり、同席できない――。デュラントから確約を得られないまま、その場はひとまず辞した。六時半ごろになってホテルに引き取ろうとしていると、モルガンのモロー、（トーマス・）コクラン、（ジョージ・）ホイットニーの三人と鉢合わせた。彼らはデュラントとのミーティングを終えてきたところで、ホイットニーのみが九時に再びデュラントと面会することになっていた。モローは私をかたわらに呼び、数分でよいから話ができないだろうかという。そこでモルガンの面々とともにラスコブのオフィスへ戻った。

私は前置きもそこそこに、デュラントが自分の財務取引についてすべてを明かしたかどうかを尋ねた。モローはうなずいてメモを取り出した。私が作成してタイプを依頼したものだったが、打ち上がりを見るのはそれが初めてだった。続いて今回の問題全体について話し合いが始まり、モルガン側が見通しを述べた。きわめて悲観的で、恐慌すら起きるかもしれないということだった。仮にデュラントが破産すると、巨額の貸し倒れが二件発生するおそれがあるため、株式ブローカー数社、さらには一部の銀行まで破綻しかねないという。

モローはさらに、他に約束があったがそれをキャンセルして、九時にホイットニーとともにデュラントと会うと言い添えた。私もそれに倣うことにした。その場は三〇分少々で解散となった。いったんはホテルに引き取り、約束の時間にラスコブとともに、モルガンの三人が待つオフィスへ戻った。まず、ラスコブからモローに、デュポン社としての支援策をおおまかに説明した。それで活路が開けるのではないかと思っていたが、モローは金融・債券市場の危機的状況を理由に、実現性が薄いと首を横に振り、代わりに、デュラントに債務返済要求が出された時のために、二〇〇〇万ドルの銀行融資を手配してはどうかと提案してきた。デュポン側としては、さらに七〇〇万ドルのキャッシュと追加担保を提供する用意があると告げた。モルガンの三人はこちらの申し出を口々に称賛し、コクランに至っては「デュポンとモルガンは、アメリカのフェア精神を代表する二社ですね」とまで述べていた。

話題はデュラントの処遇をどうするかという点に移り、モローが口火を切った。全株式の四分の一をデュラントのもとに残してはどうか。ただし、社債を発行する際にそれを使う必要が生じるかもしれない。いうまでもなく、モルガンが手数料の類を請求することは一切ない――。株式の配分比率が、デュラントと他の当事者にとって公正であるかどうか、慎重に話し合われた。方針が定まった後、モルガン側は、起債の手続きを始めるに当たっては、デュラントの財務状況をできるかぎり詳しく調べておかなければならないと主張した。それも急を要するという。そこで、デュラントのオフィスに行って本人から詳しい話を聞き出し、続いて、モローが打開案を説明した。デュラントが「四分の一」という持ち株比率に不満を示したため、「三分の一」という代替案が出された。デュラントは私のほうを見て、「デュラント四〇％、デュポン六〇％」が適切ではないかと述べた。話し合いは紳士的に進められ、危機的な状況のなかでも何とか公正な判断をしようと、全員が努めていた。休憩も取らずに事実確認と話し合いを続け、一段落した時には翌朝（金曜日）の五時半になっていた。デュラントと私は合意事項を記した書類にサインをした。その内容とは、

・二〇〇〇万ドルの手形を発行する
・デュポン社が提供する七〇〇万ドルの見返りとして新たにGM株を発行する
・デュポン社はおよそ一三〇万のGM株に関して追加抵当を提供する
・GMの株式をデュラントとデュポン社に二対一の割合で配分する（一株当たり九・五〇ドル以上、プラス手数料と利息）

である。この時点でも、デュラント自身の債務額は必ずしも明確ではなく、他者名義の債務についても進展は見られなかった。

あわただしく朝食をすませ、ひとまず仮眠を取ったが、九時半には全員が再び動き始めた。モルガンはニューヨークの主力銀行と借入れ交渉を行い、夕方五時前には二〇〇〇万ドルを手配してくれた。この間、デュポン社への代償として以下が示された。

・優先株式の八％（七〇〇万ドルのキャッシュへの代償）

・普通株式の八〇％（担保への代償：一株当たり九・五〇ドル以上、プラス手数料と利息）
※ただし、二〇〇〇万ドルの借入先に対して二〇％を割り当てる

その日、デュポン社の財務委員会が開かれ、普通株式の八〇％をデュラントと折半し、残る二〇％を銀行に譲渡するという案が承認された。これが最終決定である。土曜日（二〇日）にはすでに一連の決定事項は多くの人々の口にのぼっていたが、正式に発表されたのは、週が明けた月曜日（二二日）である。この日モルガンが株式の買い注文を出し始めた。どれほど大きな貢献をしてくれたことだろう。モルガンの各氏は心の底から事態の収拾を願い、かねてより報酬は望まないと語っていた。スピードと手腕にも目を見張るものがある。総額六〇〇〇万ドル以上を、週末を含めて四日足らずで調達したのだから。

一九二〇年一一月三〇日、デュラントは社長の座を退いた。

ここまで、デュラントに焦点を当てて筆を進めてきたが、ＧＭが拡大を続けるうちに景気の波に押し流されそうになったのは、デュラント一人の責任ではない。拡大路線を強く後押しし、支出を認め続けたラスコブも、同じように責めを負うべきである。デュラントには、そのマネジメント・スタイルゆえにＧＭを迷走させてしまった非もあるだろう。漏れ伝わってくるところによれば、氏は一九一九年の末にはアメリカ経済の先行きについて悲観的な見方を持ち始めていたという。しかし、そのことを示す資料は残されていない。資料から知り得るかぎり、デュラント、そしてラスコブは、楽観的に拡大路線をひた走っていった。時として二人の意見が対立したとしても、それは路線そのものの対立ではなく、あくまでも「何に資金を振り向けるか」という点についてであった。

デュラントが株式取引に深く関与していた事実は、どう見るべきだろうか。私はあの行動は、ＧＭを誇りに思う強い気持ちから出たものだと考えている。ＧＭに限りない可能性を見出していたことも背景にあるだろう。その見通しの正しさは、歴史が証明している。他方、Ｊ・Ｐ・モルガンとデュポン社が、あのような厳しい環境にもかかわらず氏の債務処理を引き受けた点には、大きな雅量を感じずにいられない。

株価の推移（1920-21年の経済不況とその前後）

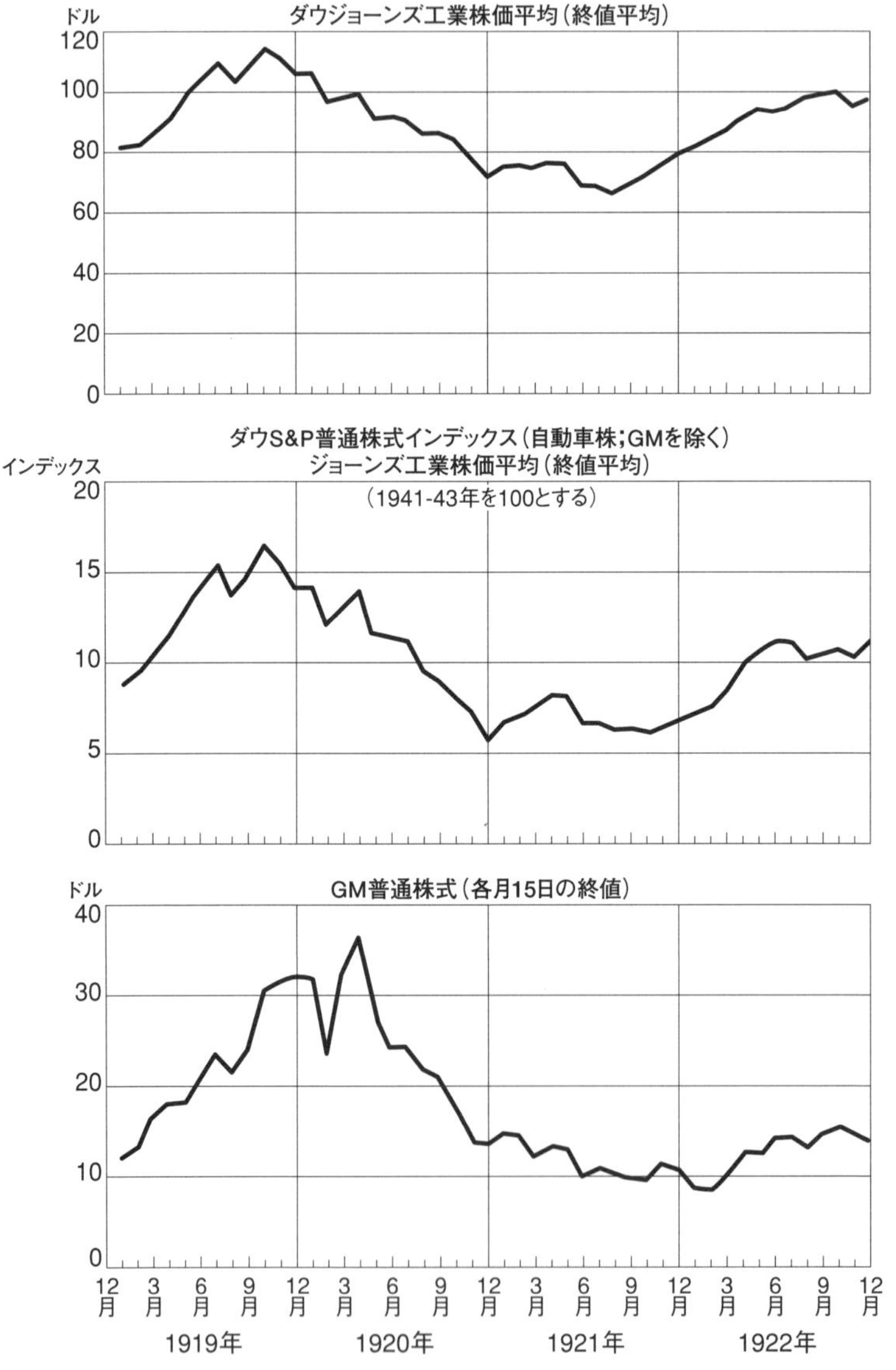

出典：ダウジョーンズ平均：「ダウジョーンズ平均」第12版（1946年）　A60-66ページ
S&Pインデックス：スタンダード・アンド・プアーズ「商品・株式統計：株価インデックス」（1957年版）16ページ
GM普通株式：『ウォールストリート・ジャーナル』1対10の株式分割（1920年3月）を加味して調整済み

工業生産、自動車生産、金属価格の推移
(1920-21年の経済不況とその前後)

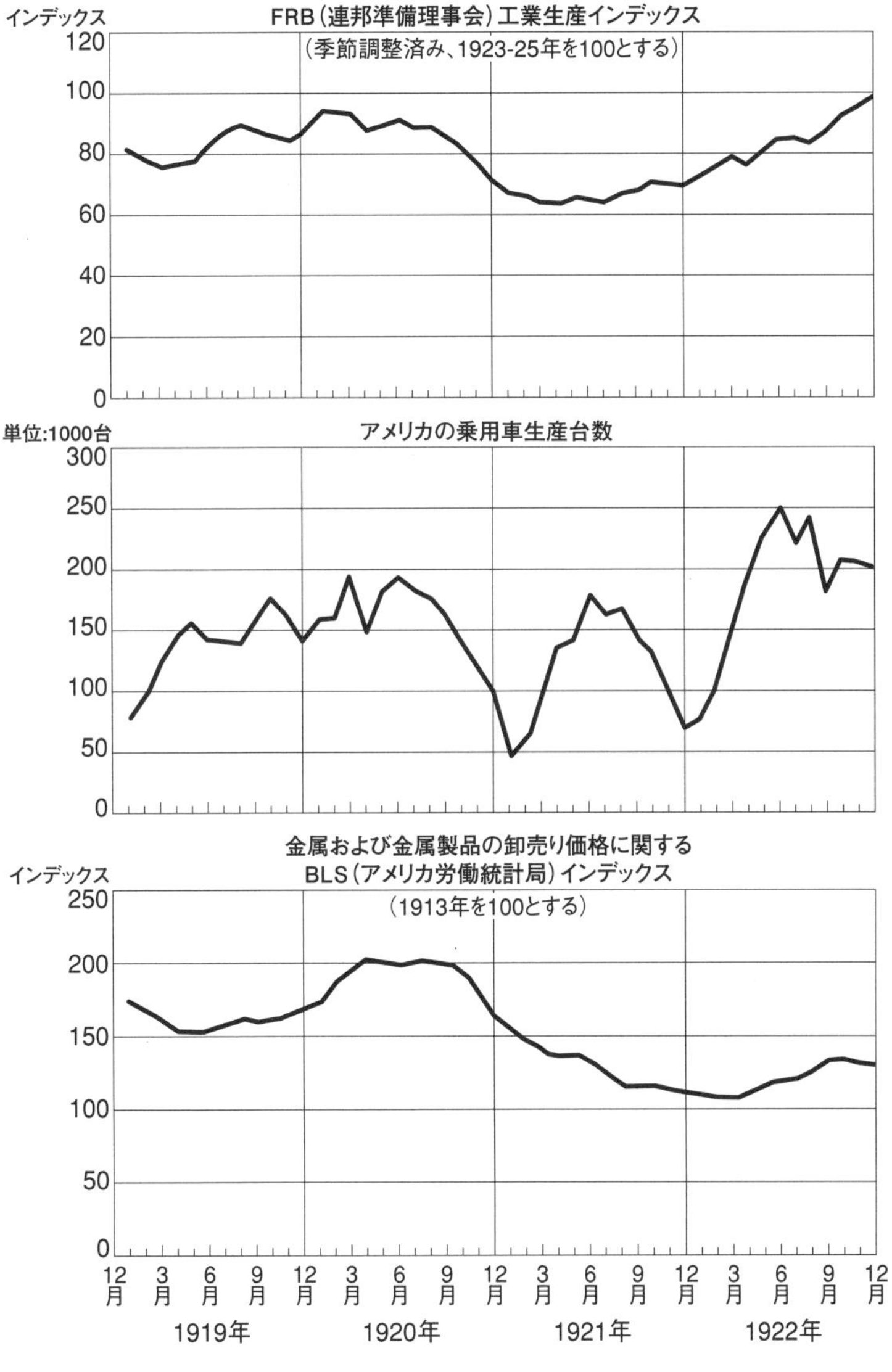

出典:工業生産:「工業生産——1957-59年ベース」(連邦準備理事会)
※1923-25年を100としてインデックスを改めてある
乗用車生産台数:スタンダード・アンド・プアーズ「商品・株式統計」第23巻11号(1957年10月)、221ページ
卸売り価格:労働統計局「卸売り価格の推移 1890年-1926年」公示第440号(1927年7月)、22-23ページ

デュラントは一九二一年に、自分を救済するために設立された会社の利権をデュポン社に返上し、対価として二三万株のGM株を受け取っている。当時の市場価値は合計二九九万ドルであった。氏がその株式を処分したことは、本論とは何の関係も持たないが、もし終生それを手放さずにいたら、市場価値は二五七一万三二八一ドル、配当を含めた経済価値は二七〇三万三六二五ドルに達していたはずである（デュラントは一九四七年三月一九日に帰らぬ人となった）。

話を戻そう。一九二〇年、GMは土台から崩れ落ちる寸前だった。全米を襲った経済不況、経営コントロールの欠如、さらにはデュラントの退任……。これほどの激動に見舞われながら、GMはいかにして再生への道を歩んでいったのだろうか。次章からは、この点を含むメインテーマに入りたい。

第3章 事業部制の誕生

CONCEPT OF THE ORGANIZATION

ピエール・S・デュポンの社長就任

一九二〇年が暮れようとする頃、GMは組織の立て直しを迫られていた。深刻な経営危機と不況という内憂外患に見舞われていたのである。

自動車市場は冷え切っており、GMの売上げも低迷をきわめていた。他社と同様に、ほとんどの工場が閉鎖に追い込まれたか、完成一歩手前の部品を組み立てて細々と生産を続けるのみだった。在庫と材料費の重い支払い負担を抱え、キャッシュが底をついていた。製品ラインは混乱状態が続いていた。業務オペレーションと財務の両面でコントロールがきかなくなり、制御する手段が欠けていた。あらゆる面で適切な情報が不足していた。端的にいって、GMは社内的にも対外的にも空前の危機に瀕していた。

危機はGMに限ったことではなかったが、他社がやはり苦しい状況にあるからといって、何の慰めになるだろう。

景気後退時にまず振るい落とされるのは弱い企業である。GMはその条件に当てはまった。このような時、希望を失ってしまう人もいるが、私はけっして悲観論にくみしなかった。いずれ必ず景気は好転する、長い目で見れば経済は成長していくはずだ、と信じ続けた。この年に私は、慎重かつ大胆であることの大切さを学んだ。環境を変えるのも、先行きを正確に見通すのも不可能だったが、フットワークを軽くすれば好不調の波を乗り切れるだろうと考えたのである。

市場の先行きは、短期的には予断を許さなかった。それでも私たちは、自動車の将来性と経済の再生を信じ続けていた。こう記すのにはわけがある。ビジネスの世界では「信じる」ということが大切なのである。可能性を信じるかどうかで明暗が分かれる場合もあるだろう。私はGMの同僚たちとともに確信していた。自動車は新たな輸送手段として定着しつつある。市場もやがて活気を取り戻すに違いない――。一九二〇年の年次報告書には、その時点までの自動車産業の発展を振り返ったうえで、前記のような明るい見通しをしたためた。そして、目の前の課題を直視することにした。

すべてに先立ってなすべき仕事があった。デュラントが去ったため、社長のポストを埋めなければならなかったのである。私にとって、誰が新社長になるべきかは明らかだった。ピエール・S・デュポンである。個人的な付き合いこそほとんどなかったが、氏の名声と人望をもってすれば、社員の心に希望の灯をともし、社会や金融機関の信任を取り戻せると思われた。社内の混乱を収める力もあるように見受けられた。もとより氏はGMの会長であり、最大株主でもあった。デュポン社の経営およびGMとの資本関係をとおして、ビジネスリーダーとしての資質も証明していた。しいて他に候補を挙げるとすればジョン・J・ラスコブのみだった。ラスコブはピエール・デュポンの右腕として大きな影響力を持ち、GM財務委員会の議長を務めていた。

ラスコブがその才覚だけでキャリアの階段を昇ってきたことは、よく知られていた。伝え聞くところでは、一九世紀から二〇世紀への変わり目に、ピエール・デュポンのタイピスト兼アシスタントとして雇われ、その豊かなイマジネーションと財務の能力を高く評価されたのだという。デュポンがデュポン社の財務をつかさどるようになると、秘書兼ブレーン役として取り立てられ、ついに財務責任者の地位を与えられる。ラスコブは長年にわたって、デュポンに影のように寄り添っていたわけだが、性格は大きく違っていた。

石橋を叩いて渡るようなところがあったデュポンに対して、ラスコブは才気とイマジネーションをみなぎらせていた。デュポンは恰幅がよく物静かで、自分から前に出ようとすることは少なかったが、ラスコブのほうはあまり上背がなく、饒舌だった。気さくで、話していて楽しかった。壮大なアイデアを抱いており、しばしばアイデアを携えて私のオフィスに現れては、すぐに実現してほしいと求めてきたものだ。「関係者すべてを集めて、いますぐに会議を開こう」などと迫ってくるのである。あえてラスコブの欠点を挙げるなら、大胆さと性急さだろうが、それらはとりもなおさず美点でもあった。自動車産業の未来を見通す力も抜きん出ていた。

このように、デュポンとラスコブはともに優れた経営者だったが、あらゆる角度から見ていくとデュポンが最も適任だと思われた。これは関係者全員の判断だった。ピエール・デュポンほど、多くの条件を満たす人物はいなかったのである。

ただし、一つだけ不安があった。デュポンは自動車産業についての深い知識を持っていなかったのである。私は元来、事業について深く知らずして優れた経営は行えない、といった古い考え方を持っていた。だが、当時の状況では、強いリーダーシップで会社を動かし、将来への希望を生み出すことが何よりも求められた。事業についての知識は他の人材で補えばよい。こうした考えから、社長人事が話題にのぼる都度、私は「デュポン氏以外には考えられない」と強く訴えた。

とはいえ、デュポンが社長に選ばれたのは、私が推したからではない。より大きな影響力を持つ人物が他に大勢いた。デュポン本人も、ＧＭの経営と財務を支えていく理由を持っていた。デュポン社はＧＭが破滅の淵に立たされていた時にデュラントの持ち株を引き取り、一九二一年には普通株式の保有比率を三六％にまで伸ばすはずであった。ピエール・デュポンがＧＭを危機から救うべき立場にあるのは明らかだった。氏は後にこう語っている。「大きな迷いがありました。経営の第一線からはすでに退いていましたし……。ですが、『皆さんの意思に沿えるよう、最善の努力をしましょう』とお答えしました。長く社長の座にとどまることはない、あくまでも適任者が見つかるまでの代役だという点をはっきりさせたうえで、お引き受けしたのです」

　こうしてピエール・デュポンがＧＭの新社長となった。ラスコブは引き続き財務委員会の議長にとどまり、その後の数年間、ＧＭの対外的なスポークスマンとしての役目も果たした。私はＪ・エイモリー・ハスケルとともに新社長を補佐することになった。一九二〇年一二月三〇日の取締役会でデュポンが配布した資料にはこうある。「経営委員会の開かれていない間、あるいは社長の不在時には、ハスケルとスローンに諸問題の解決を委ねたい」。経営委員会は再編・縮小され、当面はデュポン、ラスコブ、ハスケル、私の四人のみで経営方針を定めたり、事業運営の指揮を執ったりすることになった。各事業のトップも参加する旧経営委員会は諮問委員会とされた。

　このような変革は、非常時に対応したものとはいえ、かつてない大がかりな組織改編と相俟って、事業哲学とは何かという根本的な問いを投げかけた。議事録にしてしまうとそっけないが、当時の情勢のもとでは、変革の持つ意味はきわめて広く深かった。新経営陣がまず取り組むべき課題について、この年最後の経営会議（一九二〇年一二月三〇日）の議事録にはこう記されている。

　社長から新しい組織プランと説明文が提示される。本件につき時間をかけて討議。（原注1）

プランは全員の賛成を得、取締役会でも承認された。年が明けた一月三日からGMは新しい体制で運営されることとなった。

この組織プランには土台があった。私が一年ほど前に書き起こし、デュラントに提出した『組織についての考察』である。(原注2) そこに私が示した事業部制のコンセプトは、その後GMの経営原則を支えるようになり、さらにはアメリカの大企業に広く影響を及ぼしたとされている。そこで、その由来と内容について簡単に触れておきたい。

事業部制のコンセプト

まずは由来だが、一部には、GMが事業部制を取り入れたのは、当時近しい関係にあったデュポン社に倣ってのことだとする向きがあるようだ。実際は、この二社の経営陣は別個に組織のあり方に関心を寄せ、やがてともに事業部制を採用するに至ったのである。だが、アプローチの方向はまったく逆だった。デュポンは従来、当時の多くのアメリカ企業と同じように集権的な組織を採用していた。GMのほうは極端なまでに分権化が進んでいて、分権化のメリットを失わないままでいかに全社の足並みを揃えるか、その答えを見出す必要に迫られていた。このように二社は出発点が異なり、製品の性質やマーケティングにも隔たりがあったため、同じ組織モデルを採用するのは実際的とはいえなかった。

デュポンの経営陣も数年前から組織のあるべき姿を探っていたが、事業部制の導入に踏み切ったのは、GMが組織改編をした九カ月後である。両社の組織プランはともに「事業部制」を柱としているが、具体的には共通する点はなきに等しかった。

中央によるコントロールの行き過ぎと不在——多くのアメリカ企業はほどなく、デュポンとGMを悩ませたこの組織上の問題に直面した。デュポン、GMの二社がいち早くこうした問題に目を向け対処したのは、一つには、一九二〇年から二一年にかけて、他社よりも大きく複雑な経営課題を背負っていたからだろう。もう一つの理由としては、当時の経営者全般と比べて、組織の観点から物事をとらえる傾向が強かったことが挙げられるだろう。実際私たちは、この点でアカデミズムの世界にも先んじていた。これから紹介する組織についての考え方は、けっして机上だけで考えたものではない。

GMは第一次世界大戦後に拡大路線を取ったのが原因で、組織にひずみを抱えるようになっていた。その打開策を探ろうとして生まれたのが『組織についての考察』である。私のマネジメント観がどの程度、周囲からの影響で成り立っているかは、定かではない。そもそも、一〇〇%オリジナルなアイデアなどというものは存在しないだろう。だが、『考察』に示した考えは主に、ハイアット・ベアリング・カンパニー、ユナイテッド・モーターズ、GMの経営に携わるなかで育まれていったものだと思う。私は読書家ではなかったが、いずれにしてもあの時代には、組織に関する役立つ書物はきわめて少なかったようである。私には軍隊経験もなく、ハイアットでのおよそ二〇年間は、ベアリングのみを製造する小さな組織のマネジメントを身につけていった。一つの組織がエンジニアリング、生産、販売、財務などの機能すべてを持っていた。経営チームは小人数で、経営委員会のようなものはなかった。GMとは違って、組織面の問題を抱えているわけでもなかった。

その後ユナイテッド・モーターズで初めて、複数の事業を行う企業を率いることになった。製品別に組織が分かれていたため、当初、全社は「自動車のパーツやアクセサリーを製造している」という一点だけで結びつきながら、クラクション、ラジエーター、ベアリング、リムなどを製造し、自動車メーカーと一般顧客向けに販売していた。だが、わずかとはいえ事業間で足並みを揃える動きも生まれるようになった。サービス業務の一元化などはその例である。多数の細々とした製品について、別個の代理店にサービスを委託するのでは非効率だったため、一九一六年一〇月一四日にユナイテッド・モーターズ・サービスを設立し、各事業組織に代わって全米でサービス業務を行うことにした。二十数都市には直営のサービスステーションを置き、その他の地域では数百の代理店と契約した。無理もないのだが、社内からはしばらくの間抵抗を受けた。各組織を説得するなかで私は、大きな権限を持つのに慣れた組織にとって、全社の利益のために機能を返上するのがどういったことかを知るようになった。

ユナイテッド・モーターズ・サービスはその後もGMの一部として、全社と軌を一にしながら発展してきている。ユナイテッド・モーターズ時代に私は、研究機能の一元化も構想したが、GMの傘下に入ったために立ち消えになった。全社的な目標の統一も試み、そのためにROIの概念を用いようと決めた。各事業組織をプロフィット・センターと位置づけ、本社には各事業の効率を共通の尺度で判断するように指示した。この一環としてアカウンティング手法も共通化した。長くGMのCFO（最高財務責任者）を務めたアルバート・ブラッドレーは後年、「アカウンティングの専門家でないにもかかわらず、よくあそこまで考えましたね」などと褒めてくれた。

一九一八年から二〇年まで、GMはひたすら拡大を続けたが、この間私は〝中身と器〟のギャップを感じるようになった。事業が広がりゆくのに、組織がついていけなかったのである。私の中で確信が育っていった——企業がうまく拡大を続けていくためには、組織を充実させることが欠かせない。しかし、誰もこの重要な点に注意を払っていないのは明らかだった。

身近なところから例を引きたい。ユナイテッド・モーターズは一九一八年末にGM傘下に入ったが、当時の一般的な連結手法に従ったのでは、個々の事業についてもユナイテッド・モーターズ全体としても、ROIを把握することはできなくなると思われた。そうなれば当然、自分の職掌範囲について従来どおりのコントロールを及ぼすのはままならない。GMでは、資材の社内取引価格として、コストないしそれに一定パーセントを上乗せした額を用いていた。ところが、ユナイテッド・モーターズでは、社内外の取引に共通の市場価格を適用していた。GMグループの一員となってからも、私の担当事業は利益を上げていた。その成果を本社の経営陣に知ってほしかった。社内取引の利益が他事業の成果に置き換えられてしまうのでは、割り切れない思いが残る。情報は曖昧にしてはいけない。

自分の担当する事業の利益のみを考えていたわけではない。私は経営委員会のメンバー――GMの経営に責任を負う者――として、全社的な視点を身につけつつあった。だが、ゆゆしいことに、どの事業が全社にどれだけの損益をもたらしているのか、誰一人として把握していなかった。このため、効率性の優劣を推し量ることも解き明かすこともできず、投資の配分を客観的に決める道がなかった。以上が、当時の拡大路線が生んだひずみである。各事業組織が投資枠を求めてしのぎを削るのは自然だとしても、本社が資本を有効に割り当てる術を知らないようでは困る。客観的な基準がなければ、上層部の意見がまとまらないのはむしろ当然だろう。さらにいえば、全社的な視点を欠く者もゼロではなかった。経営委員会のメンバーとしての立場を利用して、担当事業の利益ばかりを増進させようとする者もいたのである。

私はGMグループの一員となるのに先立って、デュラントに事業組織どうしの関係について尋ねた。こちらの考えがよく理解されていたのだろう、一九一八年一二月三一日には「社内取引ルールの策定委員会」の議長を命じられた。翌夏にはレポートを完成させて、その年（一九一九年）一二月六日の経営委員会で報告した。内容の骨子をここに紹介しておきたい。今日でこそマネジメントの原則として受け入れられているが、当時としては斬新な内容だった。もとより、現在でも注目に値するはずではあるが。

利益の大きさだけでは、事業の成果を正しく知ることはできない。年間利益が一〇万ドルであっても、利益率が高ければ追加投資に値するだろう。新たな資本をもとに利益を生み出せるからである。他方で、たとえ一〇〇〇万ドルの利益を計上していたとしても、利益率がきわめて低ければ、拡大に適さないどころか、利益率が改善しないかぎり清算すべきであるかもしれない。重要なのは利益の絶対額ではなく、どれだけの投下資本からその利益を生み出しているかである。この考え方に沿って

事業計画を立てなければ、不合理な結果しかもたらされないだろう。（後略）

この考えはいまでも少しも変わっていない。事業の目的は資本を用いて利益を上げることである。仮に満足のいく利益を上げ続けられないのであれば、改善をほどこす必要がある。さもなければ撤退して、より利益率の高い事業を始めるべきではないだろうか。

レポートには、社外への販売についての記述もある。「価格は市場で決まるため、その価格のもとで十分な利益が出るのであれば、事業の拡大を正当化できるだろう」。社内の取引価格には、目安として、コストに一定の利益率を上乗せした額を用いるべきだと主張した。併せて、高コストでの製造が容認されないように、いくつかの対策も提案している。業務オペレーションを分析して、可能であればライバル企業と比較してみる、などである。いずれにせよ、ここでのポイントは具体的手法にあるのではない（具体的手法については他に詳しい人々がいるだろう）。重要なのは、利益率をもとに事業の価値を判断するということである。私はこの点を基本として、マネジメント上の諸問題と向き合うようにしていた。

レポートはさらに、利益率の概念が権限の分散、さらには部分と全体の関係にどういった意味合いを持つかについても触れている。参考になりそうな個所を抜粋しておきたい。

組織への意味合い：（利益率を重んじることは）組織の士気を高める効果を持つ。それというのも、各事業によりどころを与え、GMの一翼を担っているという意識を芽生えさせ、責任の自覚と全社業績への貢献を促すからである。

財務コントロールへの意味合い：事業ごとに、投資からどれだけの利益を得ているか（どれだけの効率を達成しているか）を正確に把握できる。他にいくつの事業が関係しているか、どれだけの資本を用いているかには左右されず、正しいデータを得られるようになる。

戦略投資への意味合い：全社として、最大の利益を生み出す事業に投資を振り向けられる。

組織についての考察

GMで財務コントロールについて広い視点から意見が出されたのは、おそらくこれが初めてである。

その後も私は、組織のあるべき姿を追い続けた。話がさかのぼるが、一九一九年の夏が過ぎようとする頃に、海外事業の可能性を探るための視察団に加わったことがある。メンバーはハスケル（団長）、ケッタリング、モット、クライスラー、アルバート・チャンピオン、そして世話役のアルフレッド・T・ブラントである。〈SSフランス〉号での旅だったが、その船上で、海外事業について折に触れてミーティングを持つ一方、組織について語り合う機会もあった。どういった意見が出されたかは思い出せないが、ハスケルはメンバーの中で組織の重要性に目を留めているようだった。視察を終えてアメリカに戻るとほどなく、ハスケルはデュラントに宛てて書簡をしたためている（一九一九年一〇月一〇日付）。その一節を紹介したい。

　ニューヨークを出航したその日から、組織についての検討を始めました。一行全員が加わってくれ、意見の一致を見ることができましたので、現在レポートにまとめているところです。……実現可能なアイデアですから、さまざまな課題を解決に向かわせる一助となるのではないでしょうか。いずれにしましても、直接お会いしてお話ししたほうがよいように思います。すでに長く書きすぎてしまいましたから。

ハスケルは「意見の一致を見ることができました」と記しているが、おそらく「組織が重要であるという点について認識が合いました」という意味だろう。それ以外には考えにくい。なぜなら、私の記憶ではさまざまな意見が飛び交い、一致することはむしろ稀だったからである。レポートが作成されたというくだりについても、まったく思い当たる節がない。

遠い記憶をたどって正確な時や場所を思い出すのは、とりわけ当時あまり重要視していなかった問題については、容易ではない。『考察』の由来についても、自分の記憶を確かめたり改めたりしていったところ、一九一九年に経営委員会のメンバーとして、同僚とともに組織について数多くのタスク（任務）をこなしたことを思い出した。そうした経験をとおして、未成熟ながらも『考察』の下地ができていったのだろう。

タスクの一環として、すでに述べたように事業相互の関係を検討するとともに、予算要求をいかに処理すべきか、そのルールも煮詰めていった（後の章で詳しく紹介する）。こうした試行錯誤を重ねながら、経済不況と経営危機が訪れる半年前に書き上げたのが、『組織についての考察』である。社内で配布したところ、一九二〇年の〝ベストセラー〟となり、上級マネジャーたちから「ぜひ読ませてほしい」との要望が次々と寄せられたため、何部も用意することになった。競争相手はいなかった。組織上の問題を解決しようという具体的な取り組みは、ほかにはなされていなかったのである。

一九二〇年九月には、当時会長職にあったピエール・S・デュポンのもとへも届けた。そして手紙のやりとりが行われた。以下は『考察』に添えた私の手紙である。

先日お話ししましたように、『組織についての考察』をお送りさせていただきます。一年ほど前に書いたものです。その後、状況が変わり、組織についての理解も深まりましたが、内容を大きく改める必要はないと考えております。ただし、「補足提案」だけは例外でして……現在であれば、提案しないでしょう。

もし目を通していただけるようでしたら、ぜひ心にお留めください。これはあらゆる当事者にとって受け入れ可能な案を示したもので、理想の組織を描いたものではありません。理想像を述べるとするならば、六ページに挙げた三つのグループを統括するために、エグゼクティブを置くでしょう。エクスポート・コーポレーションとアクセプタンス・コーポレーションを除く「その他グループ」は最終的には三グループのいずれかに統廃合するのがよいと思われます。そうすれば社長直属のエグゼクティブの数が五人に減りますから、社長に時間的余裕が生まれ、より広範な課題に取り組めるのではないでしょうか。

デュポンから返事が寄せられた。

約束どおり『組織についての考察』をお送りくださりありがとう。できるだけ早い機会に熟読させていただきます。そのうえで、改めて組織について相談したく。

一九二〇年一一月末にデュラントが退任してデュポンが社長になると、すぐに組織プランが必要となった。デュラントは、直感によって独特のマネジメントを行っていたが、新体制を支える人々はまったく別のタイプで、論理的、客観的なマネジメントを目指していたのである。『考察』はそうした目的に合っていたため、多少の修正を経て、全社の方針として取り入れられた。

ただしその内容は、今日のマネジメント理論と比べれば稚拙であるといわざるを得ない。デュラントに受け入れてもらうことを念頭に置いて書いたため、遠慮があったのも事実である。書き出しの部分を引用しておく。

この考察は、GMに新しい組織を提案するものだ。その目的は、「従来の効率性をいっさい損なわないようにしながら、幅広い事業全体に権限ラインを確立して、全体の調和を図る」ことにある。

基本となるのは以下の二つの原則である。

原則1　各事業部の最高責任者は、担当分野についてあらゆる権限を持つこととする。各事業部は必要な機能をすべて有し、自主性を十分に発揮しながら筋道に沿って発展を遂げていける。

原則2 全社を適切にコントロールしながら発展させていくためには、本社が一定の役割を果たすことが欠かせない。

説明はほとんど要しないだろう。冒頭では、権限の明確化、全体としての調和、さらに当時の分権化が持っていたメリット（効率性）をすべて追求していくと表明している。だが長い歳月をへたいま、二つの原則を読み直してみると、ばつの悪さを感じずにはいられない。肝心なところで言葉の矛盾をきたしているのである。原則1で「各事業部の最高責任者はあらゆる権限を持つ」として分権化を最大限に推し進めようとしながら、原則2では「適切にコントロール」するという表現で、各事業部トップの権限に枠をはめているのだ。組織について語る際にはいつも、適切な表現が見つからずに苦しむ。さまざまな相互関係の実情を、ありのままに表せないのである。加えてその都度、各事業部の完全な独立、調和の必要性、本社によるコントロール、などといった別の側面に光を当ててしまうのである。しかしいずれにせよ、カギを握るのは「相互関係」である。表現や細かい点をべつにすれば、私は今日でも『考察』を貫く精神は正しいと考えているし、その諸原則は企業経営の核心に触れるものだろう。

次に『考察』は、基本原則をいかに応用すべきかを論じている。

（前略）このような原則は、社内の関係者すべての賛成を得られるであろう。そこで、以下のような目的を何としても達成しなければならない。

目的1 各事業部の役割を明確にする――その際には他事業部との関係のみならず、本社組織との関係をも定めなければならない。

大まかな表現ではあるが、真実を突いているだろう。部分と全体の機能が決まれば、組織全体の姿を描けたといえる。なぜなら、各組織レベルにいかに責任を分担させるかという点も、そこにおのずと含まれるからである。

次の目的に進みたい。

目的2　本社組織の位置づけを定め、全社との足並みを揃えながら必要で合理的な役割を果たせるようにする。

これは実は目的1を逆の視点、つまり本社の視点から表現し直したにすぎない。

目的3　経営の根幹に関わる権限は、社長すなわちＣＥＯに集中させる。

権限が一元化されているにせよ、そうでないにせよ、企業組織は目的を持って存在しているのである。私自身がＣＥＯの立場にあった時も、本質的なところで権限の行使をためらったことはない。慎重であることを心がけただけである。望ましい成果を得るには、命令するのではなく、共感を引き出すほうが効果的だが、それでもＣＥＯには大きな権限が欠かせない。

第四、第五の目的は引用するだけで十分その趣旨を理解していただけるだろう。

目的4　社長直属のエグゼクティブを現実的な人数に絞り込む。他に任せておけばよい事柄から社長を解放して、より大きな全社的課題に集中させるためである。

目的5　事業部や部門が互いにアドバイスを与え合う仕組みを設けて、それぞれが全社の発展に寄与できるようにする。

以上のように、『考察』は組織のあるべき姿を具体的に示そうとしたもので、各事業部がエンジニアリング、生産、販売といった機能を持って自立していることを前提としている。さらに、デュポンに宛てた手紙でも触れたように、いくつかの事業部をその活動内容に応じてグループ化し、各グループに統括者を配そうとしている。各ラインとは独立にアドバイザリー・スタッフを置くこと、財務スタッフを置くことなども提案している。経営方針の「立案」と「実行」を区別したうえで、それぞれの役割をどの組織が果たすべきかを示している。このようなコンセプトは、後に「全体の調和が取れた分権制」として発展していく。

GMの組織は私の『考察』に示した原則をもとに近代化され、極度の集権化とも分権化とも異なる中庸の道を歩むようになった。それは、かつての脆弱な組織から脱皮し、なおかつ強権的な組織に陥らないように心がけるということを意味した。とはいえ、『考察』の考え方をそのまま適用しただけでは、新しい組織は生み出せなかった。何を事業部の裁量として残し、何を全社的に調整すべきか、中央の果たすべき方針策定、管理といった機能は具体的には何を指すのか……明確にすべき点は多かった。追って述べるように、大きな落とし穴に陥ったこともある。もしフォードなどの競合他社が大きなミスを犯さずにいたら、あるいはGMが軌道を修正できずにいたら、業界におけるGMの立場は今日とは違ったものになっていただろう。

新組織のプランは一九二〇年に正式に採用されたが、その後もしばらくは臨機応変な対応をせざるを得なかった。その最初の大きな事例が経営委員会の改組である。メンバー四人は、GMの舵取りを委ねられたとはいえ、それまで一度として自動車製造事業を指揮した経験はなかった。その分野で偉大な才能を発揮したのはデュラント、ナッシュ、クライスラーだったが、三人はいずれも一九二一年には業界での名声を確立しており、前章までで述べた巡り合わせによって、GMのライバルあるいはそれに似た立場にあった。デュラントはGMを去ってほどなくデュラント・モーターズを設立し、全盛期には〈デュラント〉〈フリント〉〈スター〉〈ロコモービル〉といった数々のブランドを擁するようになる（〈ロコモービル〉は他社から買い取ったブランドである）。ウォルター・クライスラーは、当時はウィリス・オーバーランドとマックスウェルの経営再建に力を尽くしており、後にマックスウェルを買い取ってクライスラー社を設立する。ナッシュはすでに、みずからの名前を冠した自動車メーカーを経営していた。

片やGMの新経営陣はどうだろうか。ピエール・S・デュポンは五年ほど前からGM会長の座にあったとはいえ、実際には経営を指揮していたわけではない（しばらくはナッシュ、その後はデュラントがその任に当たった）。ラスコブはもっぱら財務畑を歩んできていた。ハスケルは業界での経験が浅く、事業現場とのつながりがほとんどなかったうえ、ほどなく経営から身を引かざるを得なくなる（一九二三年九月九日にその生涯を閉じることになる）。四人の中では私が一番経験が深く、業界に長く身を置いていたが、自動車そのものの製造に関してはプロではなかった。ナッシュ、クライスラー、デュラントと比べると、私たち四人の経験不足は歴然としていた。そのうえ、ハスケルが第一線を去り、ラスコブが財務に専念していたため、事業の命運はピエール・デュポンとその補佐役である私の肩にかかってきた。私はデュポンに身近で仕えるようになり、出張にも同行した。二週間に一度は、ともにデトロイトに赴いて各事業部のトップと意見を交わした。六カ月が過ぎた頃には私は実質的なエグゼクティブ・バイス・プレジデントとして、デュポンの意を受けてすべての事業を指揮するようになる。もっとも、明確な役割分担があったわけではない。デュポンは会長、社長、さらにはシボレー事業部長を兼ね、みずから重責を担ったばかりか、暫定性の強いマネジメント体制をいっそう複雑にした。

私たちは経験こそ足りなかったが、情熱でそれを補えた。経営委員会は一九二一年の暮れまで休みなく走り続けた。正規のミーティングだけで実に一〇一回にのぼっている。その合間にも全員または各人で数え切れないほどの課題――短期、長期の課題――と格闘し、絶えずデトロイト、フリント、デイトンなどの事業部や工場を飛び回っていた。

新体制に変わってから三、四カ月間の状況をまとめるなら、経験不足を筋道立った発想と情熱で補い、それまで無軌道に増え続けていた在庫などを抑えつつあったといえるだろう。同じ頃、どういった自動車を世に出していくべきか、ポリシーが定まっていないことも見えてきた。こうして、製品ポリシーの明確化が次の課題となるのだ。

（原注1）組織図は巻末の付録に掲載してある。

（原注2）ここ数年ようやく当時を思い出す機会に恵まれ、草案を書いたおおよその時期を特定できた。長い間一九二〇年の春だとばかり思っていたが、実際はそうではなく、一九一九年から二〇年に暦が変わる頃――一二月五日から翌一月一九日までの間――である。その根拠は、草案の中で予算要求ルール策定委員会（この設立は一二月五日の経営委員会で決まった）に触れていること、ハリー・H・バセット（ビュイックの事業部長：当時）が一月一九日付の手紙で『考察』の趣旨に強く賛同してくれていることなどである。手紙にはこうある。「お送りいただいた『考察』をつぶさに拝読しました。素晴らしいお考えだと思います。全面的にご支持申し上げます」。私は二一日付で返信している。「お手紙拝見しました。プラン全体を支持していただき、嬉しいかぎりです。……組織について何らかのアクションが取られるのかどうか定かではありませんが、関係者すべてが納得するようなかたちに落ち着けばよいと考えています。組織をもう少し整理する必要があるのは間違いないでしょうから」

第4章

製品ポリシーの構築

PRODUCT POLICY AND ITS ORIGINS

欠けていた定見

一九二一年、GMは、経営の立て直しと併せて、市場戦略を定める必要に迫られていた。一九〇八～一〇年、一八～二〇年と二度にわたって急激に事業を拡大したのが響いていたのかもしれないが、いずれにせよ、企業にとって市場戦略は欠かせないものである。ビジネスの進め方は、産業の現状を深く知ろうとすることでおのずと見えてくるはずだ。市場への見方が異なれば、その差は戦略の違いとなって表れてくる。

一九二一年当時の自動車業界でも、各社はそれぞれ異なった戦略をもとに競争していた。ヘンリー・フォードは単一車種〈T型フォード〉を武器に低価格市場を切り開き、すでに一〇年以上も前からこの大きな市場に君臨していた。超高級車市場では稀少車種が二〇ほど競い合い、中価格市場では多数の車種がひしめき合っていた。そうしたなか、GMは明確なポリシーを持っていなかった。デュラントの時代に、〈シボレー〉〈中価格モデル〈490〉と高価格モデル〈FB〉があり、エンジンタイプが異なっていた）、〈オークランド〉（現ポンティアック）、〈オールズ〉（現オールズモビル）、〈スクリプス－ブース〉、〈シェリダン〉、〈ビュイック〉、〈キャデラック〉という幅広い製品ラインアップを築いていたが、概してコンセプトは曖昧だった。例外は〈ビュイック〉と〈キャデラック〉のみである。前者は「中の上」の価格帯で高品質車を大量に販売していた。後者は、規模の利益を追求しながらどこまでも品質を高めていこうと、たゆまぬ努力を続けていた。実際、この二つのブランドはそれぞれの価格帯で長く市場をリードしていた。

しかし、GM全体としては、けっしてポリシーある製品開発をしていたわけではない。低価格市場ではまったく精彩がなく、〈シボレー〉にしても価格、品質ともにフォードにとうてい太刀打ちできるレベルではなかった。一九二一年初めの時点で、同等のオプションで比べた価格は〈T型フォード〉を三〇〇ドルも上回っており、同じ土俵にのぼることすらできずにいた。あえて分類すれば、GMは中価格以上の市場に参入していたが、それは意図した結果ではなかった。当時、フォードが台数ベースで市場の五〇％以上を押さえていたが、そのフォードといかに戦えばよいか誰一人としてアイデアを持っていなかった。ただ一点注目に値するのは、どの一社として市場全体をカバーしていないなか、GMが最も幅広い製品ラインを擁していたという事実である。

不合理きわまりないのだが、GMは一九二一年初めに、七つの製品ラインで合計一〇車種を製造していた。価格帯は以下のとおりである（ロードスターとセダンの両方を含む：デトロイトFOB〈本船渡し価格〉）。

【一九二一年初めの製品ラインと価格帯】

〈シボレー490〉四気筒	七九五ドル―一三七五ドル
〈シボレーFB〉四気筒	一三二〇ドル―二〇七五ドル
〈オークランド〉六気筒	一三九五ドル―二〇六五ドル
〈オールズ〉四気筒FB	一四四五ドル―二一四五ドル

六気筒※1　一四五〇ドル―二一四五ドル
八気筒　二一〇〇ドル―三三〇〇ドル
〈スクリプス‐ブース〉六気筒※1　一五四五ドル―二二九五ドル
〈シェリダン〉四気筒ＦＢ　一六八五ドル
〈ビュイック〉六気筒　一七九五ドル―三二九五ドル
〈キャデラック〉八気筒　三七九〇ドル―五六九〇ドル
※1　〈オークランド〉の六気筒エンジンを搭載した車種

こうして並べると、表面的には堂々たる製品ラインと映るかもしれない。一九二〇年の実績では、全社の乗用車販売数は三三万一一一八台で、内訳は〈シボレー〉一二万九五二五台、〈ビュイック〉一一万二二〇八台、その他は八万九三八五台だった。生産台数、売上高ともに、ＧＭはフォードに次いで第二位だった。カナダも含めた販売台数は、乗用車とトラック合計で三九万三〇七五台である。

この年、フォード一社で一〇七万四三三六台を、業界全体ではおよそ二三〇万台を生産していた。売上高を比べると、ＧＭが五億六七三二万六〇三ドルに対し、フォードは六億四四八三万五五〇ドルとなっている。

だが実際の競争力では、数字に表れた以上にフォードに引き離されていた。規模と成長性のある低価格市場でフォードの足元にも及ばなかったばかりか、中価格市場では無節操にいくつもの車種を投入して、自社製品の間でいわば〝潰し合い〟を続けるありさまだったのである。このような状態だったから、何としても合理的な製品ポリシーを打ち立てる必要があった。顧客は何を求めているのか。他社はどういった戦略を取ろうとしているのか。テクノロジーと経済状況を考え合わせると、先行きはどうなるのだろうか。そして何より、ＧＭの取るべき針路は何か――。製品ラインの混乱ぶりは、〈シボレーFB〉〈オークランド〉〈オールズ〉をほぼ同じ価格で売り出していた点に如実に見て取れる。統一的な戦略がないまま、各事業部が独自の考え方で製品と価格を決め、結果として同じ価格帯の車種をいくつも市場に送り出していた。全社の利益に反する状況だった。

〈シェリダン〉と〈スクリプス－ブース〉などは、私から見れば何の存在意義も持っていなかった。どちらも、独自のエンジンを製造しているわけでもなかった。〈シェリダン〉はインディアナ州マンシーの工場で細々と組み立てられ、エンジンは四気筒FBを用いていた。〈スクリプス－ブース〉はデトロイトで生産され、〈シェリダン〉〈オークランド〉の六気筒エンジンを搭載していたが、このエンジンにさしたる利点があったわけではない。〈シェリダン〉〈スクリプス－ブース〉ともに販売組織も小さく、この二つを合わせたとしても、GM全体にとっては「重荷」以外の何ものでもなかった。GMはなぜ、そのような製品ラインを抱えていたのだろうか。〈スクリプス－ブース〉は、一九一八年にシボレーに付随してGMグループに入ったのだが、生産台数は一九一九年、二〇年ともに八〇〇〇前後と少なく、製品ライン全体の中で浮き上がっていた。〈シェリダン〉に至っては、なぜGMに組み込まれたのかまったく理解に苦しむ。一九二〇年にシェリダンを買収した時、デュラントには思うところがあったのだろうが、私には推し量ることができない。シェリダンは組織の足腰が弱く、需要が大きいわけでもなかった。これといって存在目的を持っていないように思われた。

〈オークランド〉と〈オールズ〉は、価格帯が重なっていたうえ、日に日に時代遅れになりつつあった。〈オークランド〉については、一九二一年二月一〇日、私のオフィスでのミーティングの際に、プラットからこんな話を聞かされた。「懸命に改良しようと努力してはいるのですが……。生産台数は日によって一〇台、あるいは五〇台と変動しています。不具合のある製品ばかりができてしまい、改善を施さなければならないのです。（中略）何より大きなトラブルのもとはエンジンでして……」。私はこう述べた。「問題はいろいろとあるようだ。エンジンが三五から四〇馬力であるのに、クランクシャフトに十分な重さがない。ほかにもトラブルが多く、一年以上も前にエンジンの更改が決まったが、棚上げされたままになっている。製品開発を縮小しなければならなくなったからだ。（中略）エンジンが製品検査をクリアできるように、事業部のトップに腰を上げてもらわなければ」

〈オークランド〉の販売台数は一九一九年から二一年にかけて、五万二一二四台→三万四八三九台→一万一八五二台と減少していった。

これだけで惨状がうかがえるだろう。

〈オールズ〉もさして状況は変わらなかった。販売台数が四万一一二七台→三万三九四九台→一万八九七八台と下降線をたどり、モデルチェンジをしないかぎり立て直しを図れそうもなかった。

〈キャデラック〉は、一九二〇年に一万九七九〇台だった販売数が二一年には一万一一三〇台に落ち込み、物価の大幅下落も重なって、コスト、価格、台数のバランスを見直さざるを得ない状況となっていた。

GMにとってとりわけ大きな痛手となったのは、一九二一年に〈ビュイック〉と〈キャデラック〉を除くすべての製品ラインが損失を出したことである。〈シボレー〉などは、前年度と比べて販売台数を半減させている。単月の損失が一時は一〇〇万ドルに迫り、通年度では約五〇〇万ドルに達した。このような状態であったから、「〈ビュイック〉のトップを一新してはどうか」という意見が出された時には、私はハリー・バセットがウォルター・クライスラーの方針を継いで高い業績を上げていた事実を思って、いてもたってもいられなくなり、デュポンに文書でこう訴えた。

「〈ビュイック〉の収益力を削ぐようなことは何としても避けるべきでしょう。そのようなことをするくらいでしたら、他の事業部すべてを廃止したほうが、はるかに理にかなっています」

これがけっして誇張でないのは、〈ビュイック〉の業績を振り返ってみれば納得できるはずである。不況のさなかでも販売台数の落ち込みを小幅に抑え（一九一九年と二一年の実績はそれぞれ一一万五四〇一台と八万一二二台）、何より収益源としての役目を果たしてくれていた。〈ビュイック〉こそがGMの製品ライン全体を支えていたのである。

このようなアンバランスはなぜ生じていたのだろうか。大きな理由は、〈ビュイック〉と〈キャデラック〉が優れた品質と信頼性を誇っていたのに対して、他の製品ラインがふがいなかったことだろう。経済不況が訪れたことで、こうした優劣がそのまま業績の差となって表れた。不況のもとで販売台数が落ち込むのは避けられなかったが、減少幅がどの程度に抑えられるかは、各事業部のマネジメント手腕にかかっていた。

不況は経営体力の弱さを際立たせる。一九二〇年から二一年にかけての不況も同じだった。この期間にGMは、乗用車・トラック市場でのシェアを一七%から一二%へと下げている。対照的にフォードは、台数ベースのシェアを四五%から六〇%へと伸ばしている。GMが販売台数ばかりか、大多数の事業部で利益率を悪化させていたというのに、フォードは一九〇八年以来、他社から大きな挑戦を受けることなく市場支配を強めていた。全体としてGMはきわめて厳しい状況にあった。規模の大きな低価格市場ではまったく競争力がなく、羅針盤も持っていなかったのである。GMが①いかにして低価格市場に参入すべきか、②製品ラインをどう整えるべきか、判断を下さなければならないのは疑いようがなかった。さらに、どういった打ち手を選ぶにせよ、R&D（研究開発）や販売についての方針も定める必要があった。

フォードへの挑戦

以上のような状況を考え合わせればごく当然だが、経営委員会は一九二一年四月六日に特別諮問委員会の設置を決めた。経営上層部から業界経験の深い者がメンバーとして選ばれ、製品ポリシーを検討することになった。諮問委員会はいわば、GMの将来を決定づける重要なミッションを与えられたのである。メンバーは以下のとおりである。

チャールズ・S・モット（乗用車、トラック、部品などの統括責任者）
ノーバル・A・ホーキンズ（フォードでセールス部門のトップを務めた後、GM入りした）
チャールズ・F・ケッタリング（研究グループ）
ハリー・H・バセット（ビュイック事業部長）
K・W・ジンマーシード（新任のシボレー事業部長）

経営委員会からは私が参加した。私は当時、諮問委員会を担当し、特別委員会のメンバーの中でも地位が上であったため、責任者を務めることとなった。特別委員会は、およそ一カ月で製品ポリシーの検討を終えた。六月九日には、経営委員会に提案を行い、了承された。内容は製品ポリシーのみならず、基本戦略、市場戦略などをカバーしており、事業全体の進め方を示していたといえる。

この内容は、市場環境だけでなく、社内事情をも反映したものだった。まず、経営委員会から事前に、「低価格市場に参入する」という方針を伝えられていた。これは、フォードの牙城に挑むことを意味し、経営委員会はこの前提に沿った提案を求めてきた。特に、低価格市場を二種類の価格帯に分けて、その一つでフォード車に対抗するというシナリオが示された。他の価格セグメントについても追って検討するようにとの指示だった。ただし、〈ビュイック〉と〈キャデラック〉はすでに優れたポジショニングによって成果を上げていたため、見直しの対象外とされた。

ところで、GMの社内にはこの時すでに、大きな議論の火種が生まれていた。数週間前に、ピエール・S・デュポンをトップとする経営委員会が、低価格市場に乗り込むに当たって、ある「革命的な新技術」を切り札にすると決めていたのである（この技術については次の第5章で詳しく述べる）。この構想には大きな期待が寄せられていたが、私自身はやや懐疑的だった。GMにはたして、難題をすべて克服できるだけのエンジニアリング力があるのか、不安だったのである。その意味で、製品ポリシーを打ち立てる最大の目的は、深い製品知識を持った人々を議論に巻き込むことであった。さらに、時代遅れになりつつあった製品ラインを早急に再編して、関係者すべてが納得するような原則を定めることも求められていた。何より、新しい製品ポリシーは全社の針路に合ったものでなければならなかった。このため、私たちは全体像を描こうと決め、そこに既知の要素をすべて埋め込んでいくようにした。

このようにして、事業の揺籃期には珍しいことだが、新経営陣は事業目的を冷静に見つめ直し、大小さまざまな課題に対処した。目の前の具体的な課題について、合意を引き出すのは容易ではなかった。くだんの革命的な新技術にしても、経営委員会の他のメンバーは非常に熱心だったが、私は単なる製品コンセプトを超えて、事業コンセプトを設けたいと考えた。そこで、特別諮問委員会は「あるべき姿」を描く仕事から始めた。現状をベースにした発想を退け、GMの理想像を念頭に置きながらポリシーを築こうとしたのである。

現実にはさまざまな制約があり、理想どおりの経営を実現するのは容易ではない。だが、それを承知のうえで、未来へ向けて理想的な軌跡を描くことを目指した。まず、業務プロセスの前提を明確にし、投資を行う際には、①十分な配当を生み出す、②資産価値を維持・向上させていく、を第一に考えるべきだと定めた。こうも宣言した。「単に自動車を生産するのが社の目的ではない。事業をとおして利益を上げなければならないのである」。このような前向きなメッセージは、時代の空気には合わなかったかもしれないが、私はいまでも、ゴールへの近道はビジネスの基本を押さえることだと信じている。GMは一九〇八年以来、業績の思わしくない自動車メーカーを次々と吸収し、その多くを依然として稼働させていたため、製品ラインから利益を生み出すよう求められていた。

特別諮問委員会はこうも表明した。「GMが収益力を身につけ明るい未来を切り開けるかどうかは、他社にひけをとらない製品を最小のコストで大量生産できるかどうかにかかっている」。コストを極限まで抑えて、なおかつ効用を最大化するのは、実際には不可能だろう。これはいわば言葉のあやで、今日であれば「生産の最適化」といった正確な表現を用いるのだろう。いずれにせよ、このゴールに近づくために何をしなければならないかは明らかだった。

車種を減らし、GM車どうしの競合を避けなければならなかったのである。合理化は何年もかけて、さまざまなかたちで進められていった。そのプロセスで、GMは顧客の利益を実現していった。これは事業の繁栄に欠かせない要件である。

経営委員会では、「革命的な新技術」でフォードに挑むべきだ、といった意見が大勢を占めていた。たしかに、何らかの〝秘策〟なしにはフォードに打ち勝つことはできそうもなかった。あるいは、低価格市場に参入すれば、どのようなかたちにせよ、それまでに培ってきた経営資源を無駄にしかねない、との懸念も社内にはあったようである。しかしいずれにせよ、大量生産によって買い手の多い低価格市場に挑むとの方針は揺らがなかった。特別諮問委員会にとって最大の課題は、そのための道をつけることであった。その答えとして、経営委員会の推す新技術を、製品ポリシー全体の中で位置づけたのだ。

あの時に定めた製品ポリシーは時代の移り変わりに耐え、今日でもGMの名声を支えている。

①すべての価格セグメントに参入する――大衆車から高級車までを生産するが、あくまでも大量生産を貫き、少量生産は行わない。

②各セグメントの価格幅を工夫して、規模の利益を最大限に引き出す。

③GM車どうしの競合を避ける。

この三点は厳密に守られたわけではなく、GM車どうしが競合するのを完全には避けられなかった。ともあれ、この製品ポリシーが定められたのを機にGMはある意味で生まれ変わり、フォードその他のライバル企業と異なった独自の道を歩み始めることができた。いうまでもなく、私たちはこのポリシーに自信を持ち、市場での優位につながるだろうと信じていた。繰り返すが、企業は個々の製品だけではなく、製品ポリシーによって他社と競争している。何十年も前に立てたこのポリシーは、いまから見れば常識にすぎず、あたかも靴のメーカーが「これからはサイズを複数揃えます」とさも誇らしげに述べているようなものだろう。

しかし、当時はけっして自明の内容ではなかった。フォードは二つのモデル――低価格・大量生産の〈T型フォード〉と高価格・少量生産の〈リンカーン〉――のみで全市場の五〇％超を押さえていた。ドッジ、ウィリス、マックスウェル（後のクライスラー）、ハドソン、スチュードベーカー、ナッシュほか、並み居るメーカーが他のポリシーを土台に存在感を示し、さらなる躍進を期していた。GMの製品ポリシーは、効果が削がれてしまう危険もなかったわけではない。他社にとって、追随できない内容ではなかったからである。しかし、当時はどの一社として追随しようとはしなかった。長年にわたってGMだけがこの路線を歩み、有効性を示していった。

私たちは、製品ポリシー全体をさらに肉づけし、単独でも意義のある方針を盛り込んでいった。設計面では、各セグメントで最高レベルの車種と肩を並べられればそれでよしとした。他社をしのぐデザインを追求することも、未知への挑戦を試みることも、必要ないと考えたのである。個人的にはこちらのほうが、従来の〈シボレー〉に代えてリスクの大きい新型車を投入するよりも望ましいと思えた。新型車は実現すれば素晴らしいに違いないが、まずはおおもとの事業戦略を固めたかった。ピエール・S・デュポンも、新しい戦略を大筋で支持してくれていた。私たち特別委員会のメンバーは、いうまでもなく、すべてのセグメントでGM車が優位に立てると信じていた。一二％という市場シェアでは追い風にはならなかったが、それでも、幅広い製品ラインは大きな武器になるに違いなかった。製品のラインアップと品質の両面で、けっして他社に劣りはしないだろうと自負していた。他社の得意分野では肩を並べ、他社の不得意分野では上に立てるだろうと。

生産についても、フォードを意識しながら、同じような原則を定めた。すなわち、最強のライバルと同じ効率性を実現できればそれでよい、としたのである。広告、販売、サービスも同様である。社内に向けては、優位を築くカギは、すべての事業部が足並みを揃えて、全社の方針に従うことだと訴えていった。各事業部や工場が連携を深めて、同じ方向を目指すようになれば、おのずから全体の効率がアップするはずであった。これは、エンジニアリングその他の分野にも当てはまった。高いハードルを設ければ、ライバルに劣らない体制が築けるはずであった。チームワークを活かせば、コストを下げながら生産量を増やしていけるはずであった。当時は販売数は多くはなかったが、産業全体を視野に入れて全社のたどるべき道筋を示したため、将来に向けては自信を持てた。エンジニアリング分野では全セグメントで主流となり、生産、広告、販売その他の分野でもまぎれもない市場リーダーとなるだろう――。

以上のような方針をつくり終えた後、特別委員会では、「①六〇〇ドル以下、②六〇〇ドル超九〇〇ドル以下、の二種類の車種を開発する」という経営委員会の方針を受け入れることにした。特別委員会の側からはさらに四車種を提案し、それぞれの価格帯を厳守するように求めた。標準モデルは六に絞り、できるかぎり速やかに以下の価格帯に集約すると決めた。

【変更後の価格帯】

（a）四五〇ドル―六〇〇ドル
（b）六〇〇ドル―九〇〇ドル
（c）九〇〇ドル―一二〇〇ドル
（d）一二〇〇ドル―一七〇〇ドル
（e）一七〇〇ドル―二五〇〇ドル
（f）二五〇〇ドル―三五〇〇ドル

一九二一年時点での実際の価格帯と比べるとわかるように、車種を七から六に減らすことになる〈シボレーFB〉、〈オールズ〉六気筒、八気筒は独自色が強かったため、独立の車種と数えてもよい。その考え方に従えば、車種を一〇から六に減らしたといえる）。従来は参入していなかった低価格帯に向けて、新たに車種を投入することも意味した。それまで八車種がひしめき合っていた中価格帯は、四車種に整理された。ここには、製品ラインは全体のバランスと整合性が重要だとの精神が表れている。

低価格帯への進出戦略

価格帯を決めると、次は戦略を設けなければならなかった。複雑な内容だが、要約すると次のようになる。「各価格帯の最上位に車種を投入して、やや背伸びしてでも優れた製品を手にしたいという買い手の心をつかむ。ワンランク上のセグメントからも、「品質の割に価格が安い」と感じた買い手を引きつける」

言い換えれば、下位セグメントとは品質で、上位セグメントとは価格で競うということである。戦略は、他社から模倣される可能性があったが、ＧＭとしては、販売台数の少ない価格帯では上下のセグメントから買い手を引きつけ、売れ行きの好調な価格帯ではその勢いを失わないように努力すればよかった。車種を一定数以下に抑えて、上下のセグメントまでカバーしないことには、各車種が販売台数を伸ばせない。販売台数が伸びなければ、大量生産のメリットを活かせず、「各セグメントをリードする」というゴールが遠のいてしまう。

新しい製品ポリシーは、低価格セグメントへの浸透をことのほか重視している。このセグメントはフォードの独壇場だったが、そこにあえて切り込もうとしていたのである。フォードの価格はとりわけ低かったため、特別委員会では、同じ品質では勝ち目がないと考え、より優れた製品を、低価格セグメント（【変更後の価格帯】の（ａ））の上限価格で投入すべきだと主張した。こうすれば、フォードの顧客層がやや高めの車種に目を向けてくれるだろう、との判断からである。

予想に反して、GMが六〇〇ドルの新車種を売り出すと、買い手は上位セグメントの他社製品（価格七五〇ドル前後）と比べるようになった。仮にグレードがやや落ちたとしても、一五〇ドルを節約したいと考えたのである。

低価格セグメントでの製品ポリシーは明確な狙いを持っていた。一九二一年四月の時点では、GMはこのセグメントに製品を持っていなかった。そこは〈T型フォード〉の市場だった。その上のセグメントには〈シボレー〉と〈ウィリス・オーバーランド〉があるのみだった。そこで、GMはアメリカ、ひいては世界トップの自動車メーカー、フォードだけをライバルとしてとらえ、製品ポリシーを打ち立てたのだ。

私たちが製品ポリシーを検討したのは一九二一年四月である。その後全セグメントで急速に値が崩れ、価格水準はすっかり変わってしまった。だが、絶対額が変わっても、「低価格セグメントへの浸透を目指す」という目標は不変だった。一月と九月の価格を比べてみると、〈シボレー490〉が八二〇ドルから五二五ドルへ、〈T型フォード〉が四四〇ドルから三五五ドルへと値を下げている。もっとも、〈T型フォード〉のこの価格にはセルフスターターや取り外しの可能なリムは含まれておらず、条件を揃えれば、九月には両車種の価格差は九〇ドルほどに縮まっていた。九〇ドルは無視できない額ではあるが、〈シボレー〉が製品ポリシーに沿って軌道修正を始めていたことはうかがえる。新しい価格帯を切り開くという製品ポリシーによって、GMは王者フォードを射程圏内にとらえようとしていたのである。

各価格帯にどの車種を割り当てるかも、特別委員会が判断した。低価格セグメントから順に〈シボレー〉〈オークランド〉〈ビュイック4〉〈ビュイック6〉〈オールズ〉〈キャデラック〉とした（〈ビュイック〉の二車種は新規投入）。この一九二一年にGMはシェリダンを売却し、スクリプス－ブースの解体に乗り出した。翌年には〈シボレーFB〉の生産も中止している。〈シボレー〉〈キャデラック〉のみは従来のポジショニングを保ち続けた。

製品ポリシーの要点は、

①フルラインアップを揃えて各車種を大量生産する
②各価格帯では価格・品質ともに高めに保つ

である。これが最大の差別化ポイントとなって、ＧＭは〈Ｔ型フォード〉とは異なった新しいコンセプトを持つようになった。〈シボレー〉を〈Ｔ型フォード〉への対抗車種と位置づけたのである。ＧＭが製品ポリシーを築かなかったなら、低価格市場ではフォードによる独占状態が依然として続いただろう。〈フォード〉と〈シボレー〉の市場シェアは一九二一年にそれぞれ六〇％と四％であった。フォードは低価格市場を独占していたため、正面から戦いを挑むのは自殺行為に等しかったはずである。フォードの土俵に乗ってしまったのでは、アメリカの連邦予算を使い尽くしたとしても、勝てる見込みはなかっただろう。そこで私たちは、フォードの市場から上澄みをすくい取って、〈シボレー〉の販売規模を利益の出る水準まで押し上げようと考えた。その後何年かすると、買い手の嗜好が洗練され、低価格車離れが進むことになる。長期的には、ＧＭの製品ポリシーが描いたシナリオどおりに世の中が進んでいったのである。

もっともそのシナリオは、製品開発の羅針盤となるものではあったが、時代をやや先取りしすぎていたきらいがある。市場での発展を待たなければ、その真価が活きてこなかったのだ。加えて、ＧＭ社内でもさまざまな出来事、なかんずくＲ＆Ｄ分野での「革命的な新技術」をめぐる一連の出来事が起きたため、製品ポリシーはすぐには根づかなかった。こうして、以後しばらくの間ＧＭの発展が足踏みすることになる。

第5章

失われた二年半——銅冷式エンジンの教訓

THE "COPPER-COOLED" ENGINE

空冷式エンジンの開発

ＧＭは経営のあり方を見直し、市場での戦い方も決めた。次はそれらを実行に移すのが当然の流れだろう。だが、そうはならなかった。新体制は、本格的に船出しようとした矢先に二年半にもわたって、みずから定めた原則を守れなかったばかりか、踏みにじってしまったのである。この間、歴史は私たちの望むとおりには流れてくれなかった。これから記す内容は、ＧＭの社史における影の部分である。しかし、再生への道のりを振り返るうえでは、けっしてここから目を逸らすわけにはいかない。辛い経験は多くの場合、将来への糧となる。幸いにも、一九二一年から翌年にかけて大きな試練を与えられたからこそ、ＧＭは後に飛躍を果たせたのである。

試練の源は、研究部門と生産部門、経営トップと事業部トップがそれぞれ足並みを乱したことにある。火種はチャールズ・Ｆ・ケッタリングが開発した「革命的な新技術」、すなわち空冷式エンジンにあった。社長ピエール・Ｓ・

デュポンは、従来の水冷式に代えて、空冷式を次世代の主力モデルに搭載したいと唱えていた。

いきさつは一九一八年にさかのぼる。この年、ケッタリングがデイトンの研究所で空冷式エンジンの実験にとりかかった。空冷式エンジンそのものは斬新なものではなく、初期のタイプはアメリカでもすでに〈フランクリン〉その他の車種に搭載されていた。空冷式の特徴は、シリンダーにフィンを取りつけて、そこに風を送って放熱を促す点にある。〈フランクリン〉は鋳鉄のフィンを用いていたが、ケッタリングは、熱伝導率で一〇倍勝る銅でフィンをつくって、シリンダーに溶接しようと考えた。このため、エンジンだけでなく冶金の技術も求められていた。開発のプロセスでは、鋳鉄と銅を膨張、収縮させるうえで数多くの難問が持ち上がったが、ケッタリングはすでに解決策を試みていた。しかしいうまでもなく、いかに量産するかは後の課題として残されたままであった。

空冷式エンジンには将来性が感じられた。水冷式と違ってラジエーターや配管などのパーツが不要で、重量、コストの削減にもつながるうえ、性能アップが期待できた。プランどおりに完成すれば、まさに業界に大旋風を巻き起こすはずであった。だが、新しいエンジンを実用化にまで持っていくのは、気の遠くなるほど長い道のりである。航空機やロケットのエンジンを実用化するのにどれだけの歳月と労力が費やされたか、思い起こしていただきたい。自動車の水冷式エンジンも、一九世紀末から業界を挙げて力を注いだ結果、一九二一年にようやくある程度の効率が実現していたのである。しかしケッタリングは、考案まもない空冷式エンジンの成功を露ほども疑っていなかった。彼はこの時すでに、エンジニアリングの分野で名だたる権威となっていた。最先端のセルフスターター、イグニションを開発し、無人航空機の実験にまで着手していたのである。

ケッタリングは一九一九年八月七日の財務委員会で、空冷式エンジンと燃料に関する研究成果を披露した（これらの研究プロジェクトはデイトン・メタル・プロダクツ・カンパニーとデイトン・ライト・エアプレーン・カンパニーで進められていた。燃料分野の研究は、後にテトラエチル鉛として結実する）。この準備には私も力を貸している。ケッタリングは私にとって、一九一六年、彼のデイトン・エンジニアリング・ラボラトリーズ・カンパニーがユナイテッド・モーターズ傘下に入ってからの僚友で、実務のうえでもつながりがあった。財務委員会の前日、私たちはハロルド・E・タルボット（デイトン・メタル・プロダクツ・カンパニー社長：当時）、ハスケル、ラスコブを含めてミーティングを持った。デイトン・グループ（ドメスティック・エンジニアリング・カンパニー、デイトン・メタル・プロダクツ・カンパニー、デイトン・ライト・エアプレーン・カンパニー）の資産をGMが買い取る方向で調整を進めたのである。

この件については八月二六日の財務委員会で結論が出された。席上、冒頭でデュラントとデュポンから説明があった。「チャールズ・F・ケッタリング氏はかけがえのない人物である。ぜひGMの業務に専念してもらいたい。デトロイトにできる新しい研究所を取り仕切ってほしいのだ。（中略）ハスケル、スローン、クライスラーらも同じ意見だ。このポジションにふさわしい人物はケッタリング氏をおいてほかには考えられない」。議事録の記述も紹介しておきたい。

デイトン・メタル・プロダクツ・カンパニーで開発中の空冷式エンジンの概要とその将来性について、デュラント社長が説明。「いまだ完成の域には達していないが、見通しは明るい模様。実用化の暁には、高い投資リターンが期待できるだろう」

こうしてGMはケッタリングとデイトン・グループを迎え、空冷式エンジンのプロジェクトを始動させた。GMの歴史が大きく動いたのである。

その後一年以上が経過し、社内外の情勢は大きく変わった。デュポンが社長に就任した直後の一九二〇年一二月二日、ケッタリングはこう報告している。「〈フォード〉クラスに対応した小型の空冷式エンジンが出来あがりました。あとは生産を待つばかりです」。試作車数台によるテストを行い、結果が良好であれば、翌一九二一年には一五〇〇ないし二〇〇〇台を市場に投入できるというのである。

五日後、デイトンへの視察団が組まれた。一行はピエール・S・デュポン、ジョン・J・ラスコブ、J・A・ハスケル、K・W・ジンマーシード（〈シボレー〉の事業部長）、C・D・ハートマン・ジュニア（財務委員会の秘書役）、そして私である。往復の列車の中でも、数多くのテーマとともに空冷式エンジンが話題にのぼった。その内容がメモとして残っている。

慎重に話し合った結果、デイトンで開発中の次世代車は、まず適正な台数を厳しい条件のもとでテストし、その後に商用化の可否を判断することになった。十分な性能と安全性が実証されれば、〈シボレー４９０〉の次期モデルに採用する。

〈シボレー４９０〉は低価格セグメントの主力車種で、〝対フォード戦略の切り札〟との期待を担っていた。そのモデルに新型エンジンを搭載するかどうかは、ＧＭが大規模な低価格市場にどこまで切り込めるかを左右する大きな問題であった。

一九二一年一月一九日、デュラントが退陣した直後の経営委員会は、〈シボレー４９０〉の水冷式エンジンと空冷式エンジンを比較検討すべきだとの意見で一致している。問題の重要性から考えて、当然の判断だろう。以下の点でもコンセンサスが得られた。

・一九二一年秋からのモデルイヤーに向けては、現行〈シボレー４９０〉に大きな改造を加えるのは現実的でない。
・一九二二年八月からの生産年度に空冷式エンジンを投入するかどうかについては、今後の開発状況を見極めてから判断する。

こうして私たちは（「私たち」としたのは、経営委員会は全員で判断を下すのを常としていたからである）、旧来の水冷式〈シボレー４９０〉については新たな開発を見合わせ、空冷式エンジンについては状況を見守ることとした。

二週間後、委員会はさらに踏み込んだ判断をしている。「空冷式エンジンは低価格セグメント向けに開発し、量産段階に入った後はシボレー事業部の管轄とする。この決定をケッタリングとジンマーシードに伝える」。これは命令に近い重みを持っていた。〈シボレー〉に関するかぎり、賽は投げられたのである。

次の二週間で、〈オークランド〉の次期六気筒エンジンを空冷式にするという案が出され、了承された。ただし、委員の一部から「大きな懸念」が投げかけられ、諮問委員会（当時のトップは私である）に報告書の提出を求めることになった。記憶にあるかぎり、四人の経営委員会メンバーの中で「大きな懸念」を抱いていたのは主に私である。この点については追って詳しく述べる。経営委員会で大きな発言力を持つデュポンは、空冷式エンジンに熱い期待を寄せ、開発を強く後押ししていた。

一週間後の一九二一年二月二三日、私が欠席した経営委員会で、早くも新しい決定がなされた。「検討・開発中の四気筒空冷式モデルを低価格セグメントに投入する。六気筒モデルは九〇〇ドルないし一〇〇〇ドル前後の価格とする」（議事録による）。ケッタリングには「六気筒空冷式エンジンの開発を進めるように。ただし、量産に入るのは、試作車によるテストで有効性が実証されてからとする」との指示が出された。ケッタリングはモット、バセットとともに同席しており、次のように述べた。

・四気筒、六気筒ともに、一九二一年七月一日まではテストの結果が判明する見込みである。
・四気筒は八月に生産準備に着手できる。スケジュールどおりに進めば、一九二二年一月一日には販売を開始できるはずである。

ジンマーシードも呼び入れられ、シボレー事業部の立場を述べた。四気筒空冷式モデルの生産準備は、ケッタリングの案よりも一年遅い一九二二年八月を目途に始めたいということだった。すでに〈シボレー４９０〉の既存エンジンを改良し、それに合わせてボディの設計も改めたという。こうして、経営委員会とシボレー事業部の間に方針のズレがあるという事実が浮き彫りになった。

事業部と研究所の対立

一九二一年五月にはケッタリングが車両テストを開始し、商用化は四気筒、六気筒いずれが先でも対応できると報告してきた。六月七日、経営委員会はデイトンのGMリサーチ・コーポレーション（後のリサーチ・ラボラトリーズ）に小規模な生産チーム――いわばパイロット工場である――を設けると決める。一日の生産台数は二五台が上限とされた。

この頃、ジンマーシードが空冷式プロジェクトに積極的でないことが明らかになり、それが本社と事業部の関係に影を落とすようになった。この状態はしばらく続く。ビュイック事業部のみは業績が好調であったため、従来どおり高い自律性を与え、自主的な判断を認めるべきだとされたが、他の事業部については、事業部制の原則を曲げて、当面は本社によるコントロールを強めることとなった。このような傾向は、経営トップがシボレー、オークランド両事業部に空冷式モデルの導入を命じた点に端的に表れている。エンジンと車両設計は事業部にとって最も大きな問題である。それを事業部に代わって経営委員会が決めることになったのである。経営委員会は大きな権限を与えられ、それを行使していった。

空冷式モデルについて適切な判断を下す以外にも、なすべき仕事があった。本来プロジェクトの推進役となるべき各事業部から、積極的な取り組みを引き出す必要があったのである。本社が大きな権限を振るったのは、やむを得なかっただろう。それというのも、それまでは一度として、リサーチ・コーポレーションと事業部が重要な問題について足並みを揃えなければならない状況などなかったのである。そのための地ならしもできていなかった。設計・開発はケッタリング率いるデイトンの研究グループ、量産は事業部がそれぞれ行うとされていたため、全体として責任の所在が曖昧になっていた。ジンマーシードは、生産の主体が研究グループと事業部のどちらであるか明確にしてほしいと訴えた。

空冷式エンジンは、それ自体の意義は別にして、マネジメントの課題をあぶり出す役目を果たした。シボレー事業部は設計への不信を捨て切れず、デイトンの研究グループでは、事業部が自分たちの設計内容を変えてしまうのではないかと疑心暗鬼になっていた。事業部のエンジニアや事業部長は、本拠地とデイトンの間を行き来していた。そうした交流をとおしてケッタリングは、ジョージ・Ｈ・ハナム（〈オークランド〉の事業部長）が次世代車に大きな期待を寄せているのを感じ取り、年末までには〈オークランド〉に六気筒モデルを投入できると自信を深めていった。

一九二一年七月、私はパリを訪れたが、中旬にアメリカに戻ると、二六日、経営委員会の他の三人とともに再びデイトンに赴き、ケッタリング、モット（自動車事業の統括責任者）とミーティングを持った。ケッタリングは、以前にも増して次世代車への思い入れを強めていた。「自動車産業始まって以来の画期的な発明になりますよ！」。この言葉に、デュポンは大船に乗った気持ちにさせられたようだ。ケッタリングはこの席でも、シボレー、オークランド両事業部の姿勢に温度差があることに触れ、自然と、より熱心なオークランド事業部との連携を強めたいと考えるようになっていた。議事録にはこうある。「六気筒空冷式のプロジェクトをさらに前進させると決まった。四気筒については、六気筒の経験を活かせるように、タイミングを遅らせることとする」。この裏には、シボレー事業部のジンマーシードも、六気筒モデルの威力を目の当たりにすれば、四気筒モデルの投入に熱心になるだろう、との見通しがあった。モットがこう述べている。「いずれにしても、〈シボレー４９０〉は在庫が一五万台ありますから、それを売り切るのが先決でしょう」

だが、〈シボレー〉についても、いつまでも結論を先延ばしにしておくわけにはいかなかった。数週間後の経営委員会で、デュポンが製品概況を振り返り、製品プログラムの輪郭をはっきりさせたいと述べた。その中ではまず、

〈オークランド〉の六気筒空冷式プロジェクトを、商用化を前提に推し進めていくとの方針が確認された。〈シボレー〉については、次のような提案が出された。「注文と在庫の処理を終え次第、〈４９０〉の生産は中止する。後継車種の量産に関して、ただちに判断を下す必要がある」。口頭で説明が加えられた。「四気筒空冷式を〈シボレー〉の標準エンジンとしたい。やむを得ない事情が生じないかぎり、この方針を貫く」。生産開始のターゲットは一九二二年五月一日に据えたい、ということであった。経営委員会はこれらの提案を了承した。

一九二一年秋、デイトンでは引き続き空冷式エンジンの開発が進められていた。これと並行して次世代車種の生産に向けて新工場の建設、既存工場の転用などが検討され、マーケティング・プランなどが練られた。〈オークランド〉の試作車がデイトンから送られてくる日が近づくにつれ、ニューヨーク、そしてデトロイトで期待が高まっていった。デュポンがケッタリングに書き送っている。「いよいよ生産プランを本格的に練ることができるのですね！ まるで少年のように、はやる気持ちを抑えられません。待ち焦がれたサーカスのポスターを眺めながら、想像をめぐらせるのです。『どんなアトラクションがあるのだろう』『どれが一番素晴らしいだろう』と」

一〇月二〇日、経営委員会で〈オークランド〉のモデルチェンジに向けたスケジュールが具体的に決められた。

・水冷式エンジン搭載の現行モデルは一九二一年一二月一日をもって生産を打ち切る。
・デイトンで開発中の空冷式モデルを一九二二年一月のニューヨーク・モーターショーで公開する。
・新モデルは二月以降、オークランド事業部（ミシガン州ポンティアック）で本格生産に入る。台数は一日一〇〇台とする。

あとはスケジュールに沿って進めるだけだと考えられていた。

空冷式モデルの第一号車が、フィールドテストのためにオークランド事業部へ届けられた。デイトンの外で本格的なテストが行われるのは、これが初めてであった。静かに時が流れ、やがて衝撃が走った。テスト用車両は商用化には耐えられない、との結論が下されたのである。

一一月八日付でハナムがデュポンに状況を説明している。

商用化にこぎつけるまでにはかなりの手直しを要しますので、スケジュールどおりに生産に入るのは不可能と申し上げざるを得ません。それどころか、テストをすべてクリアして生産へのゴーサインを出せるようになるまでには、少なくとも六カ月はかかる見通しです。

一二月一五日前後には現行モデルの出荷を終える予定ですので、その後当面は、水冷式の新モデルでしのぎたいと思います。念のため申し添えますが、手直しをするといいましても、空冷式への信頼と期待はわずかたりとも揺らいでおりません。改良のうえで再度テストを行えば、結果は目覚ましく改善するでしょう。

先に経営委員会が定めたスケジュールは、一カ月もへずして見直しを迫られることになった。それとともに、〈オークランド〉、さらにはGMの製品ライン全体の長期的な展望も、大きく揺らいだ。空冷式モデルの先行きに関して、ニューヨークには失望感と危機感が、デトロイト、フリント、ポンティアックには悲壮感が漂った。研究グループと事業部は、テストの結果をめぐって激しく議論を戦わせた。ケッタリングの設計チームと事業部の事業部長やエンジニアの間には大きな溝があった。ケッタリングは深い疲労感と挫折感にさいなまれるようになっていった。一一月三〇日、経営委員会は〈オークランド〉空冷式モデルのスケジュールを白紙に戻したうえで、ケッタリングに信頼の念を伝える手紙を書き送った。

いま、何よりも大切なのは、周囲からの雑音——空冷式モデルの開発や研究所の仕事と無関係な雑音——に気を取られないようにすることではないでしょうか。

エンジンを水冷式から空冷式へ変えるような偉大なイノベーションには、「批評家」が口を差し挟んでくるのは避けられないのです。

ここでは、空冷式プロジェクトについて私たちがどう考えているか、お伝えしたいと思います。必ずやお気持ちを楽にしていただけるでしょう。

1　あなたであれば、開発の途上でどのような困難に直面しようとも、必ずや乗り越えられるはずです。この思いには一点の曇りもありません。

2　今後万一、プロジェクトの実現性にわずかでも疑いを持つようなことがあれば、何をおいてもまず、あなたにその旨を伝えます。

あなたへの、そしてプロジェクトへの信頼はけっして揺らぎません。もしこの点について、少しでも不安をお持ちであれば、どうか心の中の重しをきれいに取り除いていただきたいのです。誠心誠意そう願って、この文章をしたためています。万一、十分な誠意が伝わってこないとお感じでしたら、率直にその旨をお知らせください。

空冷式モデルが本格生産を迎え、街を走る姿が見られるようになるまでは、批判家たちの声がやむことはないでしょう。ですから、ぜひお約束ください。

今後、仮に私たちに対して――私たちのあなたへの信頼に対して――疑いを持たれたなら、この手紙を取り出して再度お読みいただきたいのです。そのうえで、「わずかでも疑いを持つことがあれば、まずあなたにその旨をお伝えします」という私たちのメッセージについて、そちらとしてのお気持ちを知らせていただきたいのです。

末尾に、経営委員会の四人のメンバーとC・S・モットが署名をした。

危機はひとまず避けられた。デュポンは空冷式エンジンへの期待を取り戻し、ケッタリングは意欲を新たにした。こうして焦点は〈オークランド〉から〈シボレー〉に移っていった。

一二月一五日、経営委員会は「〈シボレー〉四気筒空冷式モデルを、一九二二年九月一日までに生産ラインに乗せる」という方針を強く打ち出した。さらに、事業部と研究グループの溝を埋め、四気筒、六気筒の開発でケッタリングと協力させるために、〈シボレー〉〈オークランド〉〈ビュイック〉のチーフ・エンジニアであるO・E・ハント、

B・ジェローム、E・A・ドウォーターズをデイトンに送り込み、日々の性能テストの結果を、社長と事業部長宛てに提出させることにした。

一九二一年の年の瀬を迎えても、GMの製品ラインアップは従来とほとんど変わっていなかった。私は気がかりでならなかった。そこでこの問題に大きな注意を払い、経営委員会でも努めて取り上げるようにした。空冷式と水冷式のどちらが技術的に優れているかに関しては、中立的な立場を取っていた。エンジニアリング上の問題は専門家に任せておけばよい。あえて考えを述べるならば、ケッタリングは時代を先取りした素晴らしいアイデアを生み出し、事業部は開発、生産の面で優れた見識を持っていたといえるだろう。専門家が互いに異なった見解を持っていたとしても、必ずしもいずれかが間違っていることにはならない。しかし、GMが経営方針を踏み外していたのは間違いない。本来の針路を逸れて、特定のモデルに肩入れしていたのである。新型車を生産・販売するのが事業部であるにもかかわらず、経営トップは研究グループを強く支持し、その一方で、既存の水冷式モデルが時代遅れになりつつあったにもかかわらず、事態を放置していた。

一二月も残すところわずかとなったある日、私は心の中を整理するためにペンを取った。新型〈オークランド〉のテスト失敗と空冷式モデルが引き起こした数多くの問題を振り返り、ピエール・S・デュポンと話し合う準備をしたかった。デイトンでのプロジェクトに関しては、こう記した。

空冷式の開発では、大きな前進がないままことのほか長い時間が流れてしまった。その非が当事者すべてにあるのは疑いない。ケッタリングは、空冷式モデルについて全社の理解を得なければならないと感じているが、現実には理解が十分ではなく、その事実を私たちはないがしろにしてきた。ケッタリングないしは第三者が空冷式モデルの性能を実証していたら、あるいは生産を他に委ねていたら、プロジェクトははるかにスピーディに進んでいただろう。過ちは、ケッタリングにすべてを任せきりにして、その複雑な立場や心情への理解を欠いたことにある。

GMはもとより、業界全体のためにも、エンジニアリングを発展させるのが望ましいだろう。そのためには、当社の並みのエンジニアではなく、ケッタリングのような才能が求められる。どの分野でも、時代の先を歩こうとすると、未来を見通せない人々から、疑いやあざけりの視線を向けられるものだ。だからこそ、先進的なエンジニアリング手法は、机上の理論としてでなく、目に見える成果として示すべきなのである。ケッタリングが、十分に機が熟すのを待ってから空冷式モデルを公表していれば、〈オークランド〉のトラブルは生じず、改良の必要性が指摘されることもなかっただろう。私は心配でならない。今回の出来事によって、優れたアイデアの芽が摘まれるような事態が続きはしないだろうか。GMを発展させていくうえで、新しいアイデアはなくてはならないものである。そして偉大なアイデアは、ケッタリングのような傑出した才能にしか生み出せないのである。

このようにして状況を振り返ったのがターニング・ポイントとなって、以後私は二つの方針を掲げるようになった。

・空冷式モデルの実用化に向けて、引き続きデュポンとケッタリングの志を後押しする。

・水冷式モデルの改良を進めやすいように、各事業部をサポートする。

ジンマーシードと私は一時期、ミューア式という蒸気冷却システムを実用化する可能性も探ったが、結局生産には至らなかった。デュポンは空冷式に一心に期待を寄せ続けていたが、私が他の選択肢を視野に入れることをとがめだてはしなかった。私たちは、やや距離をおきながらそれぞれのスタンスを保っていたのである。だが、経営をあずかる二人が異なった考えを持っているのは好ましいはずがなく、いずれ改めなければならなかった。

その後実に一六カ月にわたって、GMは空冷式エンジンに翻弄される。その間、新しい製品ラインの展望が開けないため、上層部から張り詰めた空気が消えることはなかった。

一九二二年に入ると、〈オークランド〉よりも〈シボレー〉に、次世代車実用化の重圧がかかるようになっていった。私は安全路線を取り始めた。仮に空冷式プロジェクトが失敗に終わったとしても、GMを破滅させるわけにはいかなかった。経営トップと事業部の溝も埋めなければならなかった。一月二六日、出張でデトロイトに滞在した折に、モット（自動車事業の統括責任者）、バセット（ビュイック事業部）、ジンマーシード（シボレー事業部）に集まってもらった。スタットラー・ホテルの私の部屋で話し合った結果、以下のように合意した。

・〈シボレー〉の空冷式プロジェクトは計画どおり進めるが、慎重さを崩してはならない。

空冷式四気筒モデルは、計画では「実用化テストの結果が良好であれば、一九二二年九月一日からシボレー事業部で生産に入る」とされていた。期日は七カ月後に迫っていたが、シボレー事業部はいまだテスト用車両を受け取っていなかった。そこで「全社としてもシボレー事業部としても、計画どおりに空冷式モデルを生産開始できると断言はできないが、テストを行った後の四月一日に、確かな見通しを得られるだろう」と判断した。

・万一の場合に備えた安全策として、水冷式モデルの改良も進めておく。

宙に浮いた〈オークランド〉については、二月二一日の経営委員会で、私から六気筒空冷式モデルのスケジュールを延期する旨を報告し、了承された。〈オークランド〉に関する決定事項をまとめておきたい。

1　最新水冷式モデルの生産を一九二三年六月三〇日まで継続する。
2　その間（一年半ほど）は空冷式の導入は見合わせ、新モデルはすべて既存の設計をベースとする。
3　仮に損失を出すような事態に立ち至った場合には、その時点で最良の措置を取る。

当時、全社横断的なエンジニアリング部門は、実質的にはデイトンのリサーチ・コーポレーションのみであったが、空冷式プロジェクトに忙殺されていたため、既存モデルのバージョンアップは事業部が中心となって進めざるを得なかった。事業部はいずれも、既存車種をモデルチェンジするために、優秀なエンジニアを求めていた。こうした要請は、とりわけシボレー、オークランド、オールズで強かった。各事業部は、基幹業務であるエンジニアリング、製造、販売に加えて、改良やモデルチェンジまで行わなければならなかったのである。

従来からのこうした状況を踏まえて、当時、全社的なエンジニアリング部門を設けようとの動きが生まれていた。リサーチ・コーポレーションは、ケッタリングの稀有な才能を拠り所として、壮大なアイデアを育てる組織だったため、日々の事業ニーズには応えられなかった。そこで私は、このギャップを解消するために、各事業部のエンジニアリングに社外からの協力を得てはどうかと考え、三月一四日に経営委員会に提案、了承を得た（これはGMにとってまったく新しい試みだったが、私自身はそうとは気づいていなかった）。それですべてが解決したわけではないが――問題の本質が理解され解決するまでには何年も要する――、軽減したのはたしかだろう。

当時私は、社外のヘンリー・クレーンという人物にアドバイスを求めるようになっていた。クレーンは後に社長の技術顧問として、エンジニアリングの発展、とりわけ〈ポンティアック〉の設計に大きく貢献する。一九二一年一〇月には、ジンマーシードの引きでO・E・ハントが〈シボレー〉のチーフ・エンジニアとなっていたが、知り合って日が浅いこともあり、この時はまだ私はハントの真価に気づかずにいた。

水冷式エンジンを改良しながら空冷式の開発を進めるのは容易ではなく、ほどなく経営上層部のメンバーが入れ替わった。二月一日に、モットの推薦によってウィリアム・S・クヌドセン（フォードの元生産担当マネジャー）が諮問委員会のメンバーに加わり、モットに生産に関しての助言を行うようになった。クヌドセンはデイトンを訪れ、三月一一日に空冷式エンジンについて報告を行うとともに、「ぜひすぐに生産を始めるべきだ」と訴えた。ただし、その真意は「数台をテスト用につくって、マーケティング・技術の両面から検証すべきだ」ということであった。三月二二日の経営委員会では、デュポンの発案でジンマーシード（シボレー事業部長）を社長の補佐役に据え、クヌドセンをシボレー事業部のバイス・プレジデントとすると決まった。デュポンはまた、シボレーの事業部長をみずから務めたいと述べ、了承された。こうして彼は、会長、社長、シボレー事業部長を兼任したのだ。

銅冷車生産に踏み切る

四月七日、デュポンの意思で空冷式エンジンを「銅冷式エンジン」と呼び改めることとなった。デュポンは旧来の空冷式との違いを強調したかったようだが、ケッタリングはその後も「空冷式」と呼び続けた。

この頃、〈シボレー〉銅冷式四気筒の生産に向けて、機械類の準備が始められた。予定では九月一五日から生産ラインを日産一〇台で稼働させ、年末までに日産五〇台に増やすとされていた。カナダのＧＭにも、同じ車種を生産するように指令が出されていた。だが、春が過ぎ夏が訪れても、開発面で大きな進展はなく、デイトンで依然としてテストが繰り返されていた。

春の販売状況からは、この年（一九二二年）は売れ行きが大きく回復するだろうと予想された。〈シボレー４９０〉は技術的にはさほど進んだ車種ではなかったが、人気を取り戻していた。五月、デトロイトでのミーティングでモットが、銅冷式に万一のことが起きた場合を想定して予防策を提案した。次のモデルイヤーで売れ筋製品を絶やさないために、従来の〈シボレー４９０〉に銅冷式モデル向けのボディを組み合わせて販売するという案である。出席者（デュポン、モット、クヌドセン、コリン・キャンベル〈シボレー事業部のセールス・マネジャー〉、私）のうち私が賛成した。キャンベルは反対した。冬に〈４９０〉を投入して、翌春に銅冷式に切り替えたのでは、ディーラーに大きな負担を強いるというのだ。

私は予防策を通したいとの思いからこう発言した。「銅冷式の本格生産は、一九二三年四月一日以降に持ち越すべきでしょう。テストが成功して実用化に耐えられるとなったら、生産量を増やしていき、八月一日から〈シボレー〉を銅冷式一本に絞ればよい。万一、テストの結果が芳しくないようであれば、〈４９０〉の生産を続ければよいのです」。意見の開きが鮮明になっただけで、結論は出なかった。

　予防線を張ろうとの動きが表面化したため、やむを得ないことだが、社内の不協和音が大きくなった。ケッタリングは依然として、事業部の動きが鈍いと苛立ちを感じていたようである。銅冷式モデルに関しては、〈オークランド〉よりも〈シボレー〉が数カ月ほど先行していたが、シボレー事業部の進め方にケッタリングは首を傾げていた。五月には、業務を進めるうえで最も呼吸が合うのは〈オールズ〉のチーフ・エンジニア、ロバート・ジャックだと述べるようになった。デュポンはケッタリングの意見を入れて、六月、シボレー事業部の銅冷式プロジェクトをテコ入れすると表明した。併せて、冬に銅冷式〈シボレー〉の生産に入ることも提案している。銅冷式モデル向けの車台とボディは秋には完成の運びであったため、あとはエンジンを搭載するのみだというのが、その理由だった。

　九月に入っても銅冷式の生産は始まっていなかったが、強気の見通しは改められなかった。〈シボレー〉については、一九二三年三月までに月産で水冷式を三万台、銅冷式を一万二〇〇〇台に乗せるという計画だった。七月あるいは遅くとも一〇月には、水冷式の生産キャパシティをすべて銅冷式に切り替えるのが目標とされた。

　一一月、ケッタリングから懸念の声があがった。オールズ、オークランド両事業部が銅冷式のプロジェクトに熱意を持っていない、というのである。私はデュポンに不安を漏らした。三つの大きな事業部で新しい設計を取り入れるのはリスクが高いのではないか――。デュポンは、すでに数カ月前に経営委員会で決まったことだと私を諭した。「あとはタイミングだけだ。いつの時点で水冷式と蒸気冷却式を中止するかだけだろう」。とはいえ、〈シボレー〉に関しては結論を急がず、一九二三年五月一日まで待つと確約してくれた。デュポンは、〈オールズ〉についても、いずれ一〇〇％銅冷式にしたいと語った。

　デュポンと私はそれぞれの意見を一一月一六日の経営委員会で述べ、折衷案が採用された。

銅冷式プロジェクトについて次のとおりとする。

1　オールズ事業部は一九二三年八月一日から、六気筒銅冷式モデルを市場に投入する。水冷式エンジンの研究開発は、本日をもって全面的に中止する。

2　シボレー事業部は銅冷式モデルの開発を慎重に進める。新製品開発につきものの不安定要因を、技術、採算両面から見極め、全社のリスクを最小限に抑えるように努力する。

3　オークランド事業部については、銅冷式モデルの扱いを後日定めることとする。いずれにせよ、一定数以上のテスト車両で技術面、採算面の検証を終えた後でなければ、量産には入らない。

こうして、一九二二年末には、

・〈オールズ〉は銅冷式のみとする
・〈シボレー〉は水冷式、銅冷式を併存させる
・〈オークランド〉は銅冷式プロジェクトの成果に応じて決める

というのが製品方針として掲げられたのである。一二月、クヌドセンの指揮によって銅冷式〈シボレー〉二五〇台の生産が開始された。前年に続いて、新型車種の技術的枠組みが定まらないまま年を越すこととなった。

一九二三年一月、ニューヨーク・モーターショーで銅冷式〈シボレー〉の車台とエンジンが公開され、大きな反響を呼んだ。価格は水冷式（〈シボレー・スーペリア〉）よりも二〇〇ドルほど高く設定されていた。

銅冷式〈シボレー〉は計画では二月に一〇〇〇台を生産し、一〇月までに月産五万台に増やすことになっていた。水冷式に関しては、生産中止のタイミングを計るのみだと考えられていた。ところが、生産が暗礁に乗り上げ、二月に量産体制に入るという計画が狂ってしまう。

続く三月から五月にかけて、ＧＭは二つの大きな出来事に見舞われた。

・市場が空前の広がりを見せ、業界全体の年間販売数が乗用車・トラック合計で初めて四〇〇万台を突破する見込みとなった。

・生産ラインでの度重なるトラブルによって、銅冷式〈シボレー〉の量産が遅々として進まなかった。事業部で製品テストを続けていたが、次々と問題点が明るみに出ていた。商用化は時期尚早で、さらなる改善が求められていたのである。対処の仕方はおのずと見えていた。それまでどおり、水冷式の〈シボレー・スーペリア〉を生産・販売し続けるほかなかったのである。この車種は性能面で特に優れていたわけではないが、長年にわたって改良が重ねられ、十分な実用性を持つようになっていた。一九二三年春には販売数も過去最高を記録した。

自動車市場の活況からは、新しい時代の幕開けが感じられた。そこで、何としても製品計画を固め、稀に見る大きな市場チャンスを逃さないようにしなければならなかった。折しも五月二〇日、デュポンが社長を退き、後任として私を取締役会に推薦した。銅冷式エンジンについてのデュポンと私の考えはその後も平行線をたどったが、最終判断は新たに最高責任者となった私に委ねられることとなったのである。

オールズ事業部は、既定の方針に従って、水冷式モデルの研究開発はいっさい行わなくなっていた。水冷式の在庫を一掃するために、採算ラインを五〇ドル下回る価格で販売しながら、八月一日に予定される銅冷式六気筒モデルの生産開始を待っていた。しかし、銅冷式〈シボレー〉の開発・生産がひどく停滞していたため、先行きには明らかに暗雲が漂っていた。

社長となった私は、当然の成り行きとして経営委員会の議長も兼ねた。委員会は新たにフレッド・フィッシャー（フィッシャー・ボディのトップ）とモットをメンバーに迎えた。この体制になってから初めての経営委員会（一九二三年五月一八日）の席上、私は〈オールズ〉の問題を取り上げた。まず現状を説明してから、考えを述べた。

「銅冷式〈シボレー〉はいまだ量産のメドが立っておらず、エンジニアリングと製造の難しさをことあるごとに印象づけている。このままでは、〈オールズ〉の銅冷式モデルもスケジュールが遅れるのは確実だろう。そうなれば、〈オールズ〉の工場、さらには海外を含む組織全体に大きな動揺が広がるに違いない」

ケッタリング、クヌドセン、ハントも交えて話し合った結果、三人のエンジニアに銅冷式六気筒エンジンの現状を調査・報告してもらうことにした。三人とはA・L・キャッシュ（GMのエンジン生産部門ノースウェイの事業部長）、ハント（〈シボレー〉のチーフ・エンジニア）、ドウォーターズ（〈ビュイック〉のチーフ・エンジニア）である。五月二八日、デュポン、ハスケル、ラスコブが欠席のまま経営委員会が開かれ、三人のエンジニアから焦点の報告が行われた。その要旨を紹介しておきたい。

銅冷式六気筒エンジンは、気温一五度ないし二〇度のもとで中速走行した後、不正発火を起こす。ウォームアップ時には十分な馬力が出るが、高温下では圧縮が不足し、馬力が衰える。

この大きな問題点に加え、小さな欠点が多数見られる（要望に応じて別途報告）。結論として、短期間で量産にこぎつけるのは不可能であろう。当面は改善を進め、生産ラインに乗せるのは見合わせるのが望ましい。

この報告を受けて経営委員会は、オールズ事業部に、

①銅冷式プロジェクトを中止する

②銅冷式モデル用の車台に合った水冷式エンジンを開発する

の二点を指示した。併せて、銅冷式に高い将来性を見出している旨を改めて表明し、ノースウェイ事業部のキャッシュに六気筒銅冷式エンジンの開発を委ねた。

この時すでに、〈シボレー〉の銅冷式モデルは七五九台が完成していた。そのうち二三九台は工場でスクラップ化された。五〇〇台はセールス部門に移され、一五〇台を工場長クラスが使うことになった。ディーラーには三〇〇台

が卸され、およそ一〇〇台が顧客の手に渡っていた。一九二三年六月、シボレー事業部は銅冷式モデルのリコールを決めた。

六月二六日、ケッタリングから私のもとに書簡が届いた。GMを離れて銅冷式プロジェクトを進める道を模索したい、との内容であった。

これまで明確な目標を持ってプロジェクトを進めてきました。一年前も現在も、その点に変わりはありません。しかし、さまざまな要因によって混乱が生じてしまいました。事態が収拾されないかぎり、プロジェクトを断念せざるを得ないでしょう。私としましては、GMで銅冷式エンジンを商用化できないようであれば、社外でプロジェクトを進める道を探したいと存じます。ぜひご意見をいただけないでしょうか。先週来、考え続けてきたことです。必ずや、出資者と受け皿となる組織、望むやり方でプロジェクトを進められる組織に出会えると信じています。

これを記した時点では、ケッタリングは銅冷式〈シボレー〉の生産が棚上げされたのを知らなかったようである。四日後にその事実を知って、文章で辞意を伝えてきた。

この重要なプロジェクトが中止となり、エンジンそのものに欠陥がないにもかかわらず不名誉にまみれる――そのような事態を防ぐために何らかの措置が取られないかぎり、職を辞すことに決心を固めました。

研究グループは、社内の抵抗さえなければ、どのようなプロジェクトでも一〇〇％成功させられるはずです。しかしそのためには、経営委員会がプロジェクトに大きな価値を見出し、それを社内に強く訴えていくことが欠かせません。

現状については遺憾でなりません。この件ではあなたやデュポン氏としばしば話し合いをさせていただき、私自身もやるせない思いをしましたが、お二方もおそらく同じでしょう。私はこういった性分ですから、座して待つということができないのです。過去に取り組んだプロジェクトでは例外なく成果を上げてきました。銅冷式についてはこれまでのところほぼ完全な失敗ですが、根本的なアイデアが間違っているとは思いません。研究グループは任務をまっとうするでしょうが、誰もR&Dに熱意を持っていないようです。

GMに後ろ髪を引かれるとすれば、それはひとえにあなた、デュポン氏、モット氏ほかの方々とのかけがえのない交流を途絶えさせることになるからです。今後、私がどのように仕事を続けていくかに関しては、さまざまな可能性があると思います。革新的な仕事を進めるのにより適した業界もあるでしょう。ですから、これをお読みになったら、どうか確固とした措置をお取りください。社内の混乱を収めるか、私を任務から解くか、どちらかにしていただきたいのです。私としましては、この件にできるだけ早く決着をつけて、今後への確かなプランを立てたいと思います。

ケッタリングは腹蔵のない人物である。彼と私の交流は四〇年に及び、その間、いかなる時も率直に胸の内を明かし合った。だが、この時ばかりは互いに身を切られるような思いだった。ケッタリングの伝記（T・A・ボイド著）から一節を引きたい。「一九二三年夏に銅冷式〈シボレー〉の開発が棚上げされたことは、ケッタリングの心に言い知れぬ傷を与えた。発明家としての人生で最大の挫折だったのである」。ケッタリングの苦悩は私にも痛いほど伝わってきた。しかし、私たちは異なった責任を負い、異なった信念を持っていた。互いにその信念を譲るわけにはいかなかった。技術的な問題にのみ目を奪われていたのでは、経営の舵取りをしていくことはできない。市場の拡大を目の当たりにしながら、先行きの不透明なプロジェクトのために立ち止まれるだろうか。そのようなことをしていたら、時代に取り残され、今日のGMはなかったに違いない。加えて、銅冷式エンジンが原理的にいかに優れていようとも、私の信念として、事業部の意に反して押しつけるわけにはいかなかった（この信念は今日まで変わっていない）。銅冷式プロジェクトに関してのみは、残念ながら社内に大きな亀裂が生じていた。片やケッタリングと彼のチーム、デュポン、片や私と事業部。私は何としてもこの亀裂を埋めたかった。

ケッタリングは純粋な情熱に突き動かされていた。問題は現実との折り合いをどうつけていくかであった。銅冷式モデルは実用化テストを通過できなかった。それ以前に〈オークランド〉でもつまずいている。一流のエンジニアたち――〈ビュイック〉〈シボレー〉〈ノースウェイ〉のチーフ・エンジニアたち――が額を集めたところ、「さらなる改善を要する」との結論に至った。シボレー事業部が用意したサンプル車両は、フィールドテストでさまざまな欠陥が見つかり、引き上げられた。車台、エンジンともに品質が安定しなかったことが、混乱に拍車をかけていた。車台の設計に関しては、研究グループのエンジニアよりも事業部のほうが勝っていた。以上すべての事実と状況を重く受け止めなければならなかった。

七月二日に私はケッタリングに返事をしたためた。

1　銅冷式〈シボレー〉がすべてリコールされたのを、一昨日お知りになったとのこと。以前にデトロイトにあるデュポン氏のオフィスで話し合った内容を覚えておいででしょう。あのミーティングでは、銅冷式〈シボレー〉の生産はひとまず中断する、クヌドセン、ハントの両氏とあなたから明確なゴーサインが出されるまでは再開しない、の二点が決まりました。あなたご自身もこの決定に関わっておいでです。長時間にわたって、専門的なテーマも数多く取り上げたうえで、前記のような措置が適切だろうとの結論に落ち着きました。あの日のミーティングでは、八月一日からの販売年度に向けて銅冷式そのものの開発は続けることも申し合わされ、キャンベル氏は水冷式、銅冷式両方の販売契約を結んでよいことになりました。お忘れではないと思います。まとめますと、あの日シボレー事業部については、

①一九二三年から二四年にかけての販売年度には水冷式、銅冷式両方のモデルを販売する

②銅冷式の生産はゴーサインが出されるまではいっさい行わない

と決まったわけです。おわかりのように、シボレー事業部はやや中途半端な状態に置かれています。二つのモデルを販売することになっていながら、生産するのは片方だけなのですから。誤解があってはいけないので、これについて確認させていただきました。

2　最近になって銅冷式モデルが一四三台ほど市場に出回っているとわかり、回収・修理すべきだろうと判断しました。多少

なりとも苦情が寄せられている以上、リコールして、エンジンだけでなく車両全体に見直しを加えるべきだろうと考えたのです。トラブルの原因がエンジンにあるのかどうかは明らかではありません。あらゆる状況を考えて、最良と思える選択をしただけです。どうかご理解下さい。このような場合には、原則に忠実に動くほかないのです。原則の背後にどのような理由があるのかを理解し、説明するのは必ずしも容易ではありません。

本筋から逸れる部分は省いて、結論を紹介したい。

７　現状が完全に行き詰まっているとのご意見には賛成いたしかねます。私はＧＭのすべての組織をどこまでも信頼しています。称賛すべき組織です。しかし同時に、至らない点があるとすれば、それについては甘んじて批判を受けなければならないでしょう。現在、大きなトラブルが起きているのは確かですが、その根本的な原因は、経営委員会が最大限の努力を払ってきたにもかかわらず、銅冷式モデルへの信頼が明らかに欠けていることにあります。事業部が新型車に疑問を向けたため、解決が不可能になってしまいました。これこそが問題の根源ではないでしょうか。しかし、何日もあるいは何週間も費やしたところで、改善するわけではないでしょう。なすべきは、考え方の足並みを揃えることです。それができれば、問題は解消するはずです。無理強いは解決にはつながりません。これまで試して、そして失敗しています。活路を開くためには、これまでと違った方法を取る必要があるでしょう。

やや長めに引用したのは、さまざまな問題について記述があり、その多くに私の立場が示されているからである。事態を打開するために、私は銅冷式エンジンの開発体制を練り直して、社内に提案しようと決めた。

それまでＧＭは、根本的な過ちをいくつか犯していた。その一つが、責任を分散させたままにしていたことである。経営委員会、事業部、リサーチ・コーポレーションは互いに衝突していただけでなく、内部ですら足並みを揃えられないまま、重要な任務を遂行しようとしていた。そこで、おおもとの原則に立ち返り、責任を一箇所に集めたうえで、プロジェクトを支えていかなければならなかった。私の計画は、新しい事業部を設けて、ケッタリングの指揮のもとで作業を進めるというものであった。ケッタリングみずからチーフ・エンジニアや生産担当者を選んで、製造上の技術的問題を解決する。マーケティングもその組織で実施する。生産台数も需要の大きさに応じて決めればよい。このような体制を設ければ、ケッタリングは外からの干渉から解き放たれ、フリーハンドを得られる。ひいては、彼が大きな自信を持って銅冷式のアイデア――彼が大きな自信を寄せるアイデア――が正しいことも示せる。

この案について意見を求めようと、私はフレッド・フィッシャー、チャールズ・S・モットと膝詰めの話し合いを持った。両人の賛成を得られたため、七月六日付でデュポンに報告と相談を行った。その内容を引用したい。

昨日、フィッシャー、モット両氏とともに長時間にわたって相談しました。（銅冷式プロジェクトについて）建設的で抜本的な対処法を探し求めるためです。事業部に対して、望んでいないこと、疑問のあることを押しつけていたのでは、道は開けてこないでしょう。事業部のチーフ・エンジニアとケッタリングに責任が分散していますので、それを改め、責任の所在を明確にすべきです。銅冷式モデルの市場価値は何としても実証したい。皆、そう考えています。そのためには、この提案を取り入れるべきではないでしょうか。あとはあなたのご判断にかかっています。

本日の午前中にはケッタリング氏も含めて話し合いを行い、すべての点について賛成を得られました。ケッタリングは私たちの案（左記）にきわめて前向きで、「これで成果を上げられる」と大きな自信を見せていました。

1　銅冷式モデルの実用化プロジェクトは、これまでのところ完全な赤字であり、二年前よりも状況は後退しているように思われる。打ち続く失敗によって、抵抗が生まれているためである。

2　本件については、エンジニアリングの責任をぜひ一人に集めるべきである。

3　望ましい成果を得るためには、独立の組織を設け、銅冷式の実用化に専念させるのが唯一の方法だろう。

4　前記の考えから、デイトンのリサーチ・プラントの一角（以前に航空機事業部が用いていたスペースを中心とした一角）に新しい事業部を設置して、生産に携わってもらう。エンジニアリングはケッタリングに一任し、自身の指名したチーフ・

エンジニアをとおして実務を進めてもらう。

5 新規事業部は四気筒銅冷式モデルを独自ブランドで市場に投入する。一日五台から一〇台のペースで生産を始め、需要をにらみながら拡大していく。六気筒銅冷式〈オールズ〉も、おそらく市場投入することになるだろう。

6 ケッタリングの意向にもよるが、新規事業部は、これまで銅冷式のために用意された製造機械類をすべて利用してよいとする。

7 銅冷式モデルは生産量が少なく、エンジンが特殊である。ボディに付加価値の高い機能をつけて、高めの価格設定をすべきである。

フィッシャー、モット両氏と私の見方は一致しています。活路を見出すためには、そしてまた、責任の所在を明確にして、既存事業部との軋轢を解消するためには、この方法しかないと思われます。こうした打開策を取ることによって、他の事業部も、現在は市場での地位を何とか守ろうと苦闘していますが、それぞれの方法で前進できるようになるでしょう。私の見るところ、銅冷式エンジンの技術に関して、複数の当事者——ケッタリングとハント、あるいはケッタリングと他者——の意見を統一しようと試みても、成果は期待できないのではないでしょうか。けっして合意に至らないでしょうから、それぞれが、みずからの判断に沿って独自のやり方を追求していくしかないのです。

R&Dへの貴重な教訓

デュポンは当初、銅冷式プロジェクトを事業部、ひいてはその大規模な販売組織から切り離すというこの案に難色を示したが、最終的には受け入れてくれた。こうして、

・銅冷式プロジェクトを仕切り直して、デイトンでケッタリングの采配のもとで進める

・既存の各事業部は水冷式モデルのみを扱う

との方向性が定まった。私は、経営委員会の意見を求めるために七月二五日付で資料を作成した。

GMが再生への道のりを歩み始めてから二年半。この間、銅冷式プロジェクトをめぐるトラブルによって、〈シボレー〉の販売台数は本来の伸びを見せていない。もとより今日まで、一歩一歩を慎重に歩んではきたが、さまざまな原因が重なり合ってこのような現状を生んでしまった。何が真因であるかについては、意見が分かれるところかもしれないが、いずれにせよ事実は動かせない。ここではむしろ、

・全力で新モデルを開発することにいかに大きなメリットがあるか

・できるだけ早期に完成させるのが、どれほど大きな利益につながるか

を確認しておきたい。こうしたメリットを最大限に引き出すためには、エンジンが水冷式でも銅冷式でもよいのだ。なぜなら、銅冷式は水を必要としないという大きな特長があるものの、その他の点では二つの方式に決定的な違いはないからである。

この文章を記した大きな目的は、失われた二年半を惜しむのではなく、前を見据えて歩を進めることである。一九二一年に定めた製品ポリシーに沿って、水冷式〈シボレー〉の新モデルを規模の大きな低価格市場に投入しなければならなかったのだ。

銅冷式モデルは、ついに本格的な実用化を迎えず、いつしか消えていった。理由はいまもって定かではない。(原注1) 経営陣とエンジニアたちは、自動車市場がかつてない活況にわくなか、水冷式モデルを改良して競争に打ち勝つことに神経を集中していった。

ケッタリングと配下のチームはその後、輝かしい発明を次々と生み出していった。テトラエチル鉛、高圧縮エンジン、無害な冷媒(冷却用の熱媒体)、二サイクル・ディーゼル・エンジン(これによってGMは、鉄道分野に革命をもたらすことができた)など、数多くの発明、開発、改良を成し遂げていった。その成果は自動車にとどまらず、機関車、航空機、家電製品など私たちの身の回りの至る所に活かされている。

銅冷式エンジンはGMに大きな教訓を残した。さまざまな組織が歩調を合わせること、エンジニアリングとその他

の機能をうまく連携させることがいかに重要かを教えてくれたのである。①エンジニアリングに関する事業部と本社の役割、②製品の改良と長期的な開発、をそれぞれ峻別しなければならない点も示唆している。銅冷式エンジンのプロジェクトは、組織原則、市場戦略を守る重要性を強く印象づけている。この一連の経験は、ＧＭの未来を切り開くうえで得がたい糧となった。

（原注1）何年もの後、空冷式エンジンは飛躍的に進歩し、高い実用性を持つようになった。〈シボレー・コルベア〉のように、アルミニウム製の空冷式エンジンを搭載した車種も現れた。

第6章 繁栄の礎

STABILIZATION

GMの社長に就任する

一九二三年春、GMの社長職がピエール・S・デュポンから私に引き継がれた。デュポンの退任は、GM近代化の第一期が終わったことを意味するといえるだろう。デュポンの在任期間中、製品開発に遅れが生じはしたが、全体としてGMは何より必要としていたもの、すなわち安定を手に入れた。これは、一九二一年に前年からの不況が終息したことにもよるが、デュポンの功績によるところが大きい。デュポンこそがGMを破滅から救い、経営体力の回復を導いたのである。彼はその仕事を成し遂げると、GMを独り立ちさせるべきだと考え、自動車畑の人間に経営のバトンを渡そうと決意した。ここでは、デュポンが正式に退任するまでを振り返っておきたい。

一九二三年四月一八日、年次株主総会が開かれ、取締役メンバーが改選された。翌一九日、改選後初の取締役会でデュポンをはじめとして各経営メンバーが再任された。その場に出席していたほぼ全員が、以後一年間の体制が固まったと考えたに違いない。私もそう信じていたのだが、事態は思わぬ方向へ進んでいった。
五月一〇日、定例取締役会の後、デュポンが臨時会議を招集してチャールズ・S・モットに議長役を委ねると、社長を退く旨を表明した。これを受けて、取締役会は以下のとおり決議した。

ピエール・S・デュポンが退任の意思を示し、全員一致で承認・議決した。
これに伴って取締役会は、氏が一身を投げ打って社長職を引き受け、一年半にわたって当社に限りない貢献を果たしてきたことに、深く謝意を表する。氏の在任中、当社には大きな繁栄がもたらされた。氏の退任は当社にとって大きな損失であるが、同時に、引き続き会長として経営に積極的に関わる意向であることを、心から歓迎する。

この決議の後、議題は後任人事に移り、デュポンの推薦を受けて私が次期社長に選任された。私は経営委員会の議長にも任じられた。デュポンの退任は唐突な感があったが、思い起こせば、就任当初から氏はあくまでも暫定社長であると表明し、バイス・プレジデントに多くの経営実務を移管すると述べていた。氏は予定どおりに行動したのだ。GMが危機を克服するうえで、デュポンは余人をもって代え難い貢献を果たした。その事実は、他の誰にもまして私の心に深く刻まれている。デュポンの社長在任期間、私は絶えず傍らで氏に仕えていた。私たちはともに各地をめぐり、会議に参加し、難題が持ち上がれば、その都度ともに解決策を探った。デュポンはすでに経営の第一線から退いていたにもかかわらず、財務危機に瀕した企業の——しかもそれまで実務のうえではほとんどつながりがなかった企業の——舵取りを委ねられたのである。当時、GMは退職者が相次ぎ、市場での地位も揺らいでいた。経営陣の自信は翳り、将来への希望が失われようとしていた。ところが、デュポンが社長の椅子に座ったその瞬間から、すべてに明るい兆しが見え始めた。銀行からは信用を取り戻し、社内には将来への希望がよみがえり、株主は不安を拭った。GMの一人ひとりが決意を新たにした。前進を続けよう。自動車産業が秘める大きな可能性を解き放とう——。このような力は、新リーダー、デュポンへの信頼の念から生まれたものである。

デュポンは激務をこなした。それまでデラウェア州ウィルミントン郊外の自宅で満ち足りた生活を送っていたが、社長就任とともにそこを離れ、ニューヨークとデトロイトを隔週で往復するようになった。現場にもしばしば足を運んで、自身の目で実情を見極めるとともに、実務的な諸問題の解決に努めた。昼間を視察に、夜間を議論に費やした。それでも、課題は尽きなかった。デュポンの経営は、「現状の評価と将来への土台づくり」を特徴としていたため、私たちは事業の基本を見つめ直すことができた。こうして、試行錯誤を重ねながらも地ならしがされ、そのうえに今日のGMが築かれたのである。

デュポンの指揮のもとでGMは、おおむね安定した組織と製品ラインを構築した。会計と財務の制度も整備した。報奨制度も大幅に充実させた。報奨制度は、ジョン・J・ラスコブがデュポン社時代からの同僚ドナルドソン・ブラウンとともに設けたもので、経営陣に利益を分配する仕組みを取り入れていた。このマネジャー・セキュリティ・プラン（詳しくは後の章で紹介する）は、「株主と経営陣はパートナーであるべきだ」というデュポンの信念を具現化したものである。デュポンはまた、サムソン・トラクターなど非採算部門を廃止し、財務体質に大きくメスを入れた。これらは経営体力の強化につながった。

GMのそうそうたる人材

経営者の力量は、その企業にどのような人材が集まっているかを見れば推測がつく。一九二三年にGMで活躍していた人々は、その多くがアメリカ産業史に名前を残すことになる。すでに確固とした名声を築いていた人物もいる。まず、フレッド・フィッシャーを長兄とするフィッシャー兄弟（訳注：フィッシャー・ボディの創業者）が挙げられる。

インディアナ州アンダーソンでは、若きチャールズ・E・ウィルソン——後のアメリカ国務長官——がレミー・エレクトリック事業部の工場長を務めていた。ジェームズ・D・ムーニーは海外事業担当のバイス・プレジデントだった。デイトンではリチャード・H・(ディック)グラントがデルコ・ライトを統括していた。彼は一九二〇年代をとおして〈シボレー〉のセールス活動を率い、自動車セールスにかけて全米屈指の実績を残した。ACスパーク・プラグ事業部の経理部長だったハーロウ・H・カーティスは、朝鮮戦争を経て事業が急拡大した時期にGMの社長を務めることになる。ウィリアム・S・クヌドセンも、シボレー事業部を率いた後、社長となっている。

ジョン・トーマス・スミスは、法律顧問としてさまざまな助言と指導を与えてくれた。その内容は企業倫理、法務全般に及び、きわめて質の高いものだった。〈シボレー〉の製造マネジャーだったK・T・ケラーは、クライスラーに転じて社長、会長を務めている。アルバート・ブラッドレーは若いながらも、財務部門になくてはならない存在だった。彼も後にGM会長の座に就く。以上のほかにも、すでに紹介したように、チャールズ・S・モット、チャールズ・F・ケッタリング、ジョン・J・ラスコブ、ドナルドソン・ブラウン、ジョン・L・プラットをはじめとして、GMにはキラ星のように逸材が揃っていた(ラスコブ、ブラウン、プラットの三名はデュポン社の出身である)。自動車事業あるいは経理の分野ですでに深い経験を有する人々、あるいは後に大きく頭角を現す人々である。

私自身は、社長に就任したことで大きな責任を引き受けたと同時に、企業人として得がたい機会を手にした。私は、社長としての責務を全力で果たそうと心に誓った。情熱、経験、知識のかぎりを尽くして、GMをどこまでも発展させていこうと。以後今日まで、GMを繁栄に導くために——あるいはそれだけのために——生きてきた。ただし、社長となってからも、日々の業務はそれまでと大きくは変わらなかった。業務は絶え間なく遂行されていた。幸いにも、すでに私の考え方は、その多くが社の基本方針として採用されていた。繁栄の時代が始まろうとしていた。

以上のように、一度は瀕死の状態に陥ったGMが繁栄の礎を築けたのは、ピエール・S・デュポンの功績である。

第7章

総力の結集――自動車ブームを迎えて

CO-ORDINATION BY COMMITTEE

新しい挑戦の時期

一九二三年秋、自動車販売が初めて年間四〇〇万台を超える見通しとなり、GMの社内も期待でわき返っていた。銅冷式モデルの開発をめぐって社内には不協和音が響いていたが、それを解消しようとの強い意欲もみなぎっていた。銅冷式モデルの開発はGMに深い教訓を残した。需要の力強さも、社内の空気を引き締める働きをした。自動車ブームの波に乗るために、社内の足並みを揃え、総力を結集すべき時が訪れていた。

大きな課題は、各種のマネジメント機能をいかに連携させるかであった。すでに『組織についての考察』(一九一九~二〇年)によって、組織の原則は定まっていた。そこで、本社、研究部門、事業部といった異質な組織間の調整を図る仕事に、本腰を入れなければならなかった。各事業部は高い自律性を持ち、エンジニアリング、生産、セールスなどの機能をとおして利益を生み出そうとしていた。本社の機能スタッフは、事業部横断的な業務をこなしていた。

たとえば、本社エンジニアリング部門は、各事業部のエンジニアリング活動と直接・間接に関わりながら業務を進めていた。スタッフとラインは絶えず手を携えていなければならない。銅冷式プロジェクトの苦い経験からも、この点を私たちは痛感していた。スタッフとラインの呼吸が合わないと、事業が麻痺してしまうのである。

権限の委譲と全社の調整をいかに両立させていくか。この大きな課題は経営の上層部で生まれ、社長である私に負わされた。私は、デュポン社長のもとですでに多数の施策を導入していたが、それらをさらに推し進めることにした。一九二一年末には社内の状況をメモにまとめ、経営トップの役割と分権化の関係にも触れた。書き出しの部分に、考え方の骨子が示されている。

各事業部には大きな権限を与えるのが望ましい。この考え方を基本に据えて数年が過ぎたが、現在でも事業部制への信仰は揺らいでいない。人材の力を十分に引き出して、目の前の大きな課題に対処していくためには、事業部制こそがただ一つの方法だろう。しかし、事業部制を導入しただけですべてが解決するわけではない。この点をかつてないほど痛感している。

一九二一年に私は、経営危機はいずれ解消するとの見方を持ちながらも、最高決定機関である経営委員会が最も大きな課題を抱えていると考えていた。その課題とは、①いかに経営方針を定めるか、②事業部の意向をどのように反映させていくか、③社長により大きな権限を認めるべきではないか、の三点であった。私の考えは以下の一文に表れている。

a．経営委員会は社内の各組織から提起される諸問題について、適切な判断と慎重な実行を心がけるべきだろう。現在の集団によるマネジメントは改めなければいけない。

詳しく説明する必要はないと思われるが、一点のみ記しておきたい。私は、直接の交流を持たない人々からしばしば、「委員会での決定を重んじる」と評されている。おそらくそのとおりだろうが、集団で経営の舵取りができるとは断じて考えていない。意思決定は複数で下せるが、マネジメントを遂行するのはあくまでも個人である。だが、当時の経営委員会は――とりわけ銅冷式プロジェクトに関しては――四人のメンバー全員で各事業部をマネジメントしようとしていた。

次のbは、経営委員会メンバーに自動車業界での経験が不足していると指摘したいのではなく、経営委員会と事業部のパイプを太くする必要があることを訴えている。

b．経営委員会には実務サイドの意見が十分に反映されていない。この問題はメンバーを増やせば克服できる。モット、マクローリン、バセットに新たに加わってもらってはどうだろう。委員会の開催頻度は二週間に一度、あるいは月に一度で十分だと思われる。

続いて私は、社長の権限を強めるべきだと主張した。「マネジメントは集団ではなく個人で行うものである」と表明した後であるから、意外ではないだろう。私にはバイス・プレジデント時代から事業全般の責任が負わされており、権限関係が混乱していた。そこでこう記した。

c．経営をあずかる者には、それが誰であろうと、危急の場合に備えて大きな権限が与えられなければならない。理想的なのは、社長が全権を握ることだろう。それが現実的でないならば、誰か別の人物が代わって権限を掌握し、適切な組織をつくったうえで、各事業部、経営委員会と力を合わせながら経営を率いていくべきである。

さらにメモでは、意思決定とマネジメントの相違について、例を挙げてこう解説している。製品価格の大枠は、経営委員会が決定すべきである。価格帯別に製品をセグメント化した以上、〈キャデラック〉を〈シボレー〉と同じ価格帯で売り出すようなことがあってはいけない。

では、車種別の特徴や価格については、経営委員会はどこまで踏み込むべきだろうか。

製品の仕様は各事業部が慎重に検討しているはずである。原則として経営委員会は、各車種の仕様や特徴について意見を差し挟むべきではない。例外があるとすれば、新しい市場に参入する場合、あるいは既存の好調車種のポジションが危ういといった重要な局面のみだろう。経営委員会は、経営方針に沿いながら、また、品質全般を良好に保つことを念頭に置きながら、課題に対処すべきである。それによって、事業部どうしが過度に干渉し合う事態を避け、各セグメントにバランスよく車種を投入しなければならない。経営委員会は、慎重に方針を立てて各事業部に伝え、どのレベルの品質が求められているか、十分に理解を得る必要がある。各事業部は、大胆なモデルチェンジを行う際には経営委員会の了承を求めなければならない。機能面については、経営委員会が介入すべきではなく、経験・知識の豊かな人材あるいは組織に判断を委ねるのが望ましい。

概して経営委員会の活動は、方針を立て、それら全体を明確にするという考え方のもとで進められるべきである。そのような活動をとおして、経営の道筋をつけていくべきである。

これらの意見提起に関して、デュポンがどういった見解を示したかは、思い出すことができない。しかし、実行を後押ししてくれたのだから、賛成していたに違いない。一九二二年にはデュポンの肝いりで、業界経験の豊富な二氏、モットとフレッド・J・フィッシャーを経営委員会のメンバーに迎えた。二四年、私が経営委員会の議長を務めていた際にもデュポンは、バセット、ブラウン、プラット、チャールズ・T・フィッシャー、ローレンス・P・フィッシャーを加えるのを支持してくれた。こうして経営委員会は一〇名体制となった。その構成は自動車事業の専門家七名、財務のプロ二名、そしてデュポンである。経営委員会は、実務経験の面で事業部に匹敵する陣容を整え、以後、それが慣行となった。やがては方針策定に専念し、マネジメントを社長に一任するようになった。

各種委員会の設置

スタッフ、ライン、経営陣の関係も整理しなければならなかった。そこで次に、組織全体をいかに整えていったかを述べたい。

早い段階で調達、広告を一元的に行う体制を築いたため、それが効果的に組織づくりを進める地ならしとなった。一九二二年には、私自身の発案で調達委員会を設置している。調達委員会についてはポイントを二点指摘しておきたい。第一はそれ自体にどのような存在意義があったかということ、第二は組織間の協調について、図らずも貴重な教訓を与えてくれたことである。とりわけ後者が大きな重みを持っている。

調達活動を一元的に進めようというのは、ＧＭ独自の発想ではなかった。当時これは、経済上の理由から重要な戦略と見なされていた。私も、状況によってはそれが有効だと考えていた。ハイアット時代にフォードに部品を納入していた経験から、規模の重要性は実感していたが、一つの組織が各事業部の調達を一手に引き受けるのは、想像とは違って容易ではなかった。一九二二年時点では、ＧＭはジレンマを抱えていた。大量購入のメリットを引き出すためにタイヤ、鋼鉄、事務用文具、布地、バッテリー、建設用ブロック、アセチレン、研磨材などを一元的に購入しながらも、各事業部に大きな裁量を残していたのである。調達の一元化にどのようなメリットがあるか、当時の考えをメモに残してある。

①年間五〇〇〇万ドルから一〇〇〇〇万ドルのコストを削減できる。

②在庫量の調整、とりわけ削減が進めやすくなる。

③不測の事態が生じた場合には、事業部間で資材を融通できる。
④仕入れ値の変動をうまく活かすことができる。

一括購入特有の難しさについても言及している。GM製品はすべて高度な技術に裏打ちされており、各製品を長年扱う間に、担当者にはさまざまな気質や発想が浸透している。言い換えれば、製品の技術的特性とマネジャーの発想の両面に、各事業部のカラーが染みついており、それを尊重する必要があったのである。ただし、私が調達の一元化を唱え始めた頃は、事業部による発想の違いはさほど顕著ではなかった。事業部サイドはただ、自分たちには長年の経験がある、要求条件が多岐にわたる、事業部の責任が曖昧になって製品開発に影響が出るおそれがある、などの理由を挙げて反論したのみである。

このような反論への対処として私は、各事業部の代表者を主要メンバーとして調達委員会を設けてはどうかと提案した。事業部も賛成してくれた。なぜなら各事業部にも、委員会が事業部の意見を反映させながら調達の方針や手順の策定、仕様の決定、契約案の作成を進め、その決定が効力を持つことなどがわかったからである。こうして、委員会の場で全社と各事業部の利害を調整できるようになった。本社購買部門のスタッフは委員会の決定に沿って業務を遂行するのみで、事業部に指示を出すことはなかった。すなわち、判断を下すのは調達委員会、それを実行に移すのは本社購買部門、という役割分担が出来あがったのである。調達委員会はおよそ一〇年にわたって活動を続け、さまざまな成果を残したが、限界も少なくなかった。

第一に、事業部単独でも資材や部品を大量に購入していたため、通常は最大限の値引き率が適用された。

第二に、調達活動全体を円滑に管理するのは、容易ではなかった。全事業部一括で資材を購入する場合、選定から漏れたサプライヤーが事業部に直接アプローチして、低い価格を提示することがあり、混乱や不満の原因となった。

第三に、部品や資材の種類が多く、共通点は乏しかった。ほとんどが、特定の技術コンセプトに沿った特別仕様の製品だったのである。

したがって、調達委員会が目覚ましい成果を上げたと胸を張ることはできないが、部品や資材の標準化を強く推し進める契機にはなった。部品・資材、ひいては生産を標準化するのは、このうえなく重要である。調達委員会の功績で最も際立つのは、部品・資材の標準化を成し遂げたことである。その効果は永続するだろう。

加えて、調達委員会での経験をとおして、私たちは全社の活動をいかに調整すればよいかを学んだ。ライン（事業部）、スタッフ（本社購買部門）、経営陣（調達委員会のトップである私）が実際に歩調を合わせる努力をしたのである。二年後、私はこれらの活動を振り返っている。

調達委員会の活動は優れた手本を示している。各組織が力を合わせれば、おのおのの利益と株主の利益を同時に生み出せる。あらゆる点から見て、このように調整を図るほうが、中央から指示を出すよりもはるかに望ましい。

調達に次いで、広告の分野でも全社の力を結集することにした。一九二二年に消費者調査を行ったところ、ウォール街などの金融街を除くと、GMはほとんど知られていないと判明した。そこで、広告・宣伝を行う必要性を感じたのである。バートン・ダースティン・アンド・オズボーン（訳注：現BBDO）から企画を提出してもらい、財務委員会、経営陣の了承を得たが、事業部に関わる事項であるため、各事業部やデトロイトの上層部にも意見を求めた。皆が価値を認めてくれたので、キャンペーンを取り行うことにして、企画者のブルース・バートンに全面的に実施を任せた。社内では、事業部長や本社スタッフをメンバーとする広告委員会を発足させ、バートンを助けながら他の広告活動とうまく連携することを目指した。私は、「特定の事業部に関わる広告を打つ際には、その事業部の了承を得なければならない」というルールを定めた。これも、組織間の連携を深めるうえで役に立った。

だが、やはり最大の教訓は銅冷式エンジンの開発をとおしてもたらされた。このプロジェクトをめぐっては、研究部門と事業部のエンジニアどうしの確執をはじめとして、さまざまな確執が生まれ、打開の道を探ることが求められていた。新世代車の開発に邁進する人々と、自動車生産を任務とするグループの間に亀裂が生じ、それを修復しなければならなかった。何より、両陣営に同じテーブルに着いてもらい、和やかな雰囲気の中で意見を交わし、見解の違いを埋めなければならなかった。私には、そのようなミーティングは、経営トップの同席のもとで行われるのが望ましいと思われた。将来へ向けて最終的な意思決定を行うのはトップなのだから。

当時の模様を記憶だけに頼って記したのでは、あたかも筋道立って物事が運んだような印象を与えてしまうだろう。そこで、やや長いが資料を引用したい。これは、一九二三年九月に私自身が記して経営陣の多くに示し、了承を得たもので、当時の状況をよく示している。

技術委員会

長い間温めてきた考えを述べたい。自動車関連の事業部を中心に、さまざまな現業部門がエンジニアリング分野で足並みを揃えられるように、仕組みを設けるべきではないだろうか。適切なプランを立てて、全関係者の支持を得られれば、GM全社に大きなメリットが生まれるのではないだろうか。この種の試みは、すでに調達分野で始められ、目覚ましい成果を上げている。継続していけば、利益向上につながるばかりか、多様なメリットをもたらすに違いない。広告委員会も多大な貢献をしている。先日もミーティングの後、デュポン氏から、仮に広告そのものの価値がさほど大きくないとしても、社内が活性化し、多彩な組織の代表者が手を取り合うため、さまざまなメリットがある、コストに見合った十分な価値がある、との意見をもらっている。この点では異を唱える者はいないだろう。同じ原則は当然エンジニアリングにも適用できるはずではないだろうか。

ぜひ真剣に検討すべきだろう。大きな成果を生むのは間違いない。そこで、技術委員会の設置を提案したい。当初は権限と機能を広めに定めて、活動が軌道に乗ったら、状況に応じて調整していけばよい。

活動をスタートさせるためには、一般的な原則を定めなければならないが、それに先立って明確にしておくべき点、皆に理解してもらわなければならない点がある。技術委員会の役割は、個別事業部のエンジニアリング活動を取り上げて論じることでは断じてない。当社の組織原則、すなわち事業部制には皆に心から賛同してもらっていると思うが、この原則では、事業部の活動はそれぞれの事業部長が完全に掌握し、本社には大枠のみを報告すればよいことになっている。このきわめて健全な組織原則をわずかといえども曲げる意思はない。

その一方で、私は以前から懸念を抱いている。GMには事業部制と併せて、全社の力を結集してより大きな株主価値を生み出す仕組みが必要ではないだろうか。これは当社にとって最大級の課題である。各事業部と全社の活動をうまくバランスさせることは可能であるし、何としても実現していかなくてはならない。最良の方法は、同じ機能を持った組織の代表者が集まって、話し合いによって協調への道を開くことだろう。彼らには十分な権限を与えて、課題に対処できるようにすべきである。もとより、権限が建設的に用いられるのが前提である。適切なプランさえ立てれば、事業部と本社がうまくバランスを取り合って、協調をとおして大きなメリットを生み出していけるだろう。そのうえ、いかなる組織の独立性も損なわずにすむ。

以上の考え方が正しいとの前提に立って、技術委員会の果たすべき役割を明確にしたい。これは、機能のいかんを問わず、社内外のあらゆる委員会に当てはまるはずである。

1　すべての事業部の利益につながる問題、全社のエンジニアリング方針を決定づける問題を扱う。

2　特許委員会を吸収し、その役割を引き継ぐ。

3　個別事業部に閉じた問題は取り上げず、従来どおり各事業部長に任せる。

特許部門の役割は他のスタッフ部門とは大きく異なり、ある意味で事業部制の例外といえる。特許に関わる事項はすべて特許担当ディレクターの所掌として一元的に遂行される。

特許部門については特筆すべき点がある。特許関連の業務はすべて特許担当ディレクターのもとに一元化されていたため、位置づけが特殊で、事業部制の例外だったのだ。しかし、特許手続きを進めるうえでは、特許・新案委員会を設けて、場合に応じて特許担当ディレクターと協力・分担する必要も生じてくる。特許・新案委員会のメンバーは、当然、技術委員会と大幅に重なることから、組織簡素化のためにも両者を統合するのが望ましい。

デイトンのGMリサーチ・コーポレーションについても、役割を再検討しなければならない。GMはこれまでのところ、この組織を十分に活かしていない。適切なマネジメントがなされていれば、このような事態にはならなかっただろう。原因は数多いが、何より、マネジメント方針の欠如、ないしは協調精神の欠如が挙げられる。事業部とリサーチ・コーポレーション、さらには事業部どうしが歩調を合わせることが望まれる。デイトンで進めている研究・エンジニアリング活動は、事業部が受け入れ、商用化しないかぎり、活きてこない。この点については、全員の同意を得られるだろう。リサーチ・コーポレーションの活動を深く知ろうとしてこそ、初めてGM全社のエンジニアリング力を高められるに違いない。

私の考えでは、技術委員会は独立性を保つべきである。またその役割は、秘書役をとおして全メンバーに有益なプログラムを設けるだけにとどまらない。望ましい内容と範囲が定まれば調査・研究を実施し、そのためにリサーチ・コーポレーション、事業部、その他成果を生むのにふさわしい施設を利用すればよい。プロジェクトの実施に関しては、委員会メンバー、リサーチ・コーポレーション、あるいは社員が、秘書役に相談のうえで、委員会の場に提案すればよい。一九二四年一月一日以降、コストはすべて予算制度のもとで管理されるため、技術委員会の運営経費も予算の中から拠出することになる。

このような考え方を業務執行委員会の席上で説明したところ、関係事業部の事業部長、グループ・バイス・プレジデント全員の賛成を得られた。前向きな取り組みであるから、全社のサポートを得られるだろうというのだ。そこで、以下を提案したい。出発点としてはこの二点で十分だと考えられる。

1　各事業部とエンジニアリング関連部門、さらにはリサーチ・コーポレーションとの間で協力関係を築く。そのために委員会を設置して、「技術委員会」と命名する。

2　技術委員会は原則として、各事業部のチーフ・エンジニアその他をメンバーとする。（後略）

このようにして技術委員会が設けられ、エンジニアリングに関する最高機関となった。技術委員会では、銅冷式エンジンをめぐって対立関係にあった両当事者が同席することになった。ハントに代表される事業部のチーフ・エンジニアと、ケッタリングを中心とする本社エンジニア、そして本社経営陣が顔を揃えたのである。私も議長として出席した。設置提案にも記したとおり、技術委員会は高い独立性を持ったスタッフ組織で、秘書役がついて予算も割り当てられていた。第一回のミーティングは一九二三年九月一四日に開かれている。私は出席者たちに囲まれながら、安堵感に包まれていた。研究部門を取り仕切るケッタリング、〈シボレー〉の生産・エンジニアリングを統括するハント、私のエンジニアリング顧問を務めていたクレーン。彼らがそれまでの確執を乗り越えて、穏やかな雰囲気のもとでテーブルを囲み、将来を見据えて自動車開発について語り合う機会が生まれたのである。

技術委員会が発足したのを受けて、社内でエンジニアの地位が高まり、彼らが開発・生産環境や人材を手に入れやすくなった。また、委員会の活動をとおして、一定の全社的ポリシーに沿って車種を投入するのが、将来の繁栄にとって重要だという考えが深く浸透した。実に目覚ましい効果である。社内では市場にアピールする製品を生み出し、改良していくことに関心が集まり、フットワークも軽くなった。事業部のエンジニアたちは、新しいアイデア、進歩的なアイデアを自由に交換し、積極的に経験を共有するようになった。情報の移転と共有化が進んだのである。

技術委員会には数多くの具体的な課題が与えられた。当初は特許も扱っていたが、ほどなくニューデバイス特別委員会に引き継ぎ、より重要な任務として、ミシガン州ミルフォードに新設されたプルービング・グラウンド（実験施設）の〝取締役会〟の役目を果たすようになった。テスト工程が製品の将来を決めるうえで大きな意味を持つようになっていた。プルービング・グラウンドは、当時一般的だった路上テストに代わって、管理環境下でテストを行うための施設であった。技術委員会は、プルービング・グラウンドが標準的なテスト手順と測定装置を開発できるように取り計らい、各事業部および他社の車種を客観的な立場から比較するための組織として育てていった。ここではエンジン・テストは行わなかったが、技術委員会はその指針を作成して、各事業部が統一的な方法でエンジンをテストできるようにした。

技術委員会は柔軟性を持ち味としていた。研究に重点を置き、その活動は「セミナー」として知られるようになっていった。ミーティングの冒頭で、具体的なエンジニアリング課題や機器について資料を読み、それを主なテーマに議論をするのだった。時には、議論の結果、新しい機器や手法の導入を決めたり、エンジニアリングの手法や手順を推薦したりすることもあった。とはいえ通常は、メンバーの一人が他の出席者に情報を提供するのみである。各メンバーは、自動車エンジニアリングの最新情報や課題を幅広く吸収するとともに、他部門の動向に接して事業部に戻るのだった。委員会は報告書やレポートを読み、議論を交わすことによって、ブレーキ、燃費、減摩など、当面のエンジニアリング課題を研究した。四輪駆動エンジンとバルーンタイヤが開発されると、ステアリングメカニズムの変更を検討し（このためにタイヤ会社とともに小委員会を設けた）、ガソリンの凝固によってエンジン内部がさびついたり、ガソリンかすが生じたりする問題についても対処法を探った（これはクランクケースを換気することでようやく解決した）。一九二四年から翌年にかけては、ディーラーやセールス部門に働きかけ、最新のエンジニアリング手法を顧客に紹介すれば、販売面のメリットにつながると納得を得た。私からの要請で、多彩な車種や年式を客観的に評価する基準も設けた。私はさらに二四年に、各車種の大枠仕様を定めるように求めた。車種ごとに差別化を図り、コストと価格のバランスを保つのが目的だった。

長期的な調査・研究は、技術委員会が発足してからの数年間、ケッタリングのチームがほぼ一手に引き受け、報告書を作成していた。扱ったテーマは、シリンダー壁の温度調節、シリンダーヘッド、スリーブバルブ・エンジン、吸気マニホールド、テトラエチル鉛、トランスミッションなど、燃料と冶金関連が中心である。この二つの分野は以後、自動車の性能アップに大きく寄与することになる。

委員会は一九二四年九月一七日、トランスミッションをテーマに取り上げた。この時の議論は委員会の活動状況をよく示しているので、議事録をもとにその模様を紹介したい。はじめにケッタリングが、さまざまなタイプのトランスミッションを比較しながら、メリットとデメリットを説明した。引き続き委員会はエンジニアリングの観点から、慣性式トランスミッションの実用性を長時間にわたって議論した。ハントは「市場の観点から」意見を述べた。交通量が増えているため、「高性能のアクセルとブレーキ」の必要性が大きくなっているという。しばらくやりとりがあった後、私はこう述べてひとまず話し合いを収めた。「委員会の意見をまとめておきたい。第一に、当社としては最高水準のトランスミッションを開発すべきだ。これは研究部門に深く関わる問題だが、慣性式トランスミッションが最も有望そうである。（原注１）研究部門の扱うべきテーマであるから、ケッタリングに慣性式の開発に向けて尽力してもらってはどうだろう……。第二に、当面はクラッチ、トランスミッションともに慣性と摩擦を最小限に抑えなければならない。これについては、各事業部の努力に任せたい」

このようにしてＧＭは、研究部門（リサーチ・コーポレーション）と事業部の役割を分けた。ただし、事業部はその後も長期的なプロジェクトを担い、シボレー事業部は低価格の六気筒車を開発していた。

この年の夏、私はカナダのオシャワで技術委員会に参加し、その模様をケッタリングに書き送っている。おおよその様子がおわかりいただけると思う。

素晴らしい会議でした。実りある話し合いが行われただけでなく、参加者が週末もオシャワ周辺にとどまり、釣りやゴルフに興じたため、そのような触れ合いをとおして皆の考えが一つになり、絆が深まったのです。嬉しいかぎりです。壮大な構想を推し進めていることを考え合わせると、エンジニアリング畑の人々がぴたりと呼吸を合わせているのには、感激せずにいられません。焦ってはいけないが、現在のやり方を続けていけば、いずれ大きな成果が上がるのは間違いないでしょう。軍隊のように融通のきかないやり方では、けっしてうまくいかないはずです。

全社セールス委員会と業務執行委員会の復活

事業部横断的な委員会の活動はまず調達、広告分野で試行され、技術委員会の設置によって本格化した。これは、GMが全社の力を結集する最初の取り組みであった。以後、ほとんどの機能分野に全社委員会を設けることになる。技術委員会の次に設けたのは、セールス分野の委員会である。セールス分野は立ち遅れが目立っていた。それというのも一九二〇年代半ばまで、自動車市場はきわめて小さかったのである。私は全社セールス委員会を設け、乗用車、トラック関連各事業部のセールス・マネジャー、本社セールス・スタッフ、経営陣をメンバーに据えた。私自身も議長として加わり、一九二四年三月六日に第一回のミーティングを招集した。以下、冒頭で私が発言した内容である。

各事業部に大きな権限を委ねるのは、当社の揺るぎない方針である。しかし、全社、株主、各事業部の利益につながるプランや方針を打ち立てるためには、折に触れて組織間の意思疎通を行うのが望ましい。

全社の協調を幅広く進めていく必要性は、ますます大きくなっている。なぜなら、近い将来、競合他社の統合が進む可能性が高いのだ。ご承知のように、自動車業界は再編に向かっている。利幅の縮小がこのトレンドに拍車をかけるだろう。競争の激化によって、遠からず市場での勢力地図が大きく塗り替えられるに違いない。

改めて述べるまでもなく、GMは価格帯別に車種を投入する方針を大胆に推し進めてきた。これは当社ならではの強みである。設計と生産の面でも、事業部長とエンジニアの呼吸が合ってきている。実に素晴らしいことである。

セールス分野でも、同じように全社の力を結集すれば、大きな成果が得られるに違いない。GMの全役員、全社員が、今後のボトルネックはセールスにあると認識すべきである。どの業界でも、いずれはセールスがカギを握るようになる。自動車業界もそのような時期を迎えようとしている——いや、すでに迎えているかもしれない。

当委員会では、全社的なセールス上の問題をすべて取り上げるようにしたい。主体となるのはここにいる皆さん一人ひとりである。セールスに関して、幅広い議論や意見の調整が必要だと考えたなら、遠慮せずに発言してほしい。方針や活動内容が決まれば、本社としても支援を惜しまない。

議論のテーマは、全事業部に関わるものに限定すべきだろう。皆多忙をきわめていることでもある。些細な問題は脇において、本質的なテーマのみを扱っていきたい。的を射た議論をビジネスライクに進めるよう、全力を尽くしたい。ただし、時間をかけて資料を用意するような必要はいっさいない。もちろん、ぜひ提出したい資料があれば別だが。秘書役はセールス部門のディレクター、B・G・コーザーに任せたい。必要があれば、コーザーの部下にも委員会関係の仕事をしてもらう。

今後の具体的テーマなどは定めていない。緊急の案件があれば、まず皆さんが気づくだろうから、議題は参加者の意思に委ねたい。主催者サイドからも時折提案を出すかもしれないが、受け入れるか否かはそれぞれの判断に任せる。（後略）

後に、生産、セールス上の課題をこなしていくうえで財務コントロールの視点が求められるようになり、全社セールス委員会の議長を私からドナルドソン・ブラウン（財務担当バイス・プレジデント）に引き継いだ。セールス分野の全社調整は、財務部門の協力を得ながら進めることになった。

一九二四年末、プラットが事業部横断的な委員会の意義や効果について調査を行っている。その結果、各組織のベクトルを合わせるためには、これが最良の方法だろうと全体の意見が一致した。こうして全社委員会が定着し、工場長や動力・メンテナンスのスタッフを対象とした委員会も設けられた。経営上層部でも緊密な協力体制が築かれたが、全社委員会とはやや手法が異なっていた。

すでに述べたように、デュラント時代の経営委員会は、事業部長がそれぞれの利益のために意見を戦わせる場であった。デュラントの退陣とともに、経営委員会メンバーを暫定的にデュポン、私以下四名に絞り、他は諮問委員会に移ってもらった。その後、経営危機の克服が図られていた間、諮問委員会は実質的には活動を休止していた。私が社長となって経営委員会のメンバーを増員した後は、事業部長を一、二名ほど呼ぶ場合もあった。状況によっては、大規模事業部の意見を聞いたほうがよいと判断したこともある。しかし、あくまでも例外だった。私の考えでは、全社レベルの委員会は個別事業部の利害を離れて方針を決めるべきだ。すなわち、事業部長以上のメンバーのみで構成すべきなのである。この信念に沿って私は、休眠状態にあった業務執行委員会をよみがえらせ、主要事業部の事業部長と経営委員をメンバーに据えた。業務執行委員会の場で、両者がコミュニケーションを取れるようにしたのである。業務執行委員会は意思決定機関ではなかったが、方針について意見を交わしたり、新しい方針の必要性について話し合ったりする場となった。全社の詳しい業績データをもとに議論することもあった。「フォーラム」という名称からは形ばかりの会合が想像されるかもしれないが、業務執行委員会は実質的な意義を持っていた。大規模な企業には、社内の意識統一を図る場がなくてはならない。こう説明すれば十分だろうか——方針策定者が揃った場で事業部長の提案が了承されれば、実務上、その方針が受け入れられたのと同じである。

以上のように、一九二五年の時点でGMは、さまざまな全社委員会を設けて調達、エンジニアリング、セールスなどの機能を調整していた。その体制は以後何年にもわたって維持された。経営委員会は、社内の全組織と連携を取りながら方針を策定していた。事業を取り仕切り、取締役会に責任を負っていたが、というよりも取締役会の直轄機関として機能していたが、予算枠の拡大は財務委員会に要請していた。経営委員会は、事業の遂行に関しては圧倒的な権限を持っていた。社長兼CEOが議長を務め、方針を実行するうえでのあらゆる権限を行使した。このマネジメント体制がその後、数々の進歩を経ながら、今日までGMを支えてきた。

（原注1）慣性式トランスミッションは、技術的には大きな可能性を秘めているように思われた。しかし実際には変速がスムーズに行えず、耐久性も十分ではなかったため、生産には至らなかった。

第8章

財務コントロールの強化

THE DEVELOPMENT OF FINANCIAL CONTROLS

GMの財務

GMは、一九二〇年代にさまざまな分野の社内委員会を設けて、全社の足並みを揃えていった。それに伴って、財務分野でも全社的な協調が目指されるようになった。GMが大きく羽ばたけたのは、事業部制と製品ポリシーを構築したのに加えて、社内の総力を結集する体制を整えたことが大きいだろう。デュラントから経営を引き継いだ後、私たちは財務コントロールの仕組みを改めなければならないと強く感じていた。しかし、あるべき姿は何か、どのように実効を上げればよいのか、答えは見えていなかった。

GMの財務体制を築くうえで大きな役割を果たしたのは、ドナルドソン・ブラウンとその若き同僚アルバート・ブラッドレーである。ブラウンは一九二一年初めにデュポン社からGM入りし、ブラッドレーはそれに先立つ一九一九年に入社している。ブラッドレーは後にブラウンを継いで財務部門のトップとなり、さらには私の後任として会長を務めることになる。ブラウンとブラッドレーの財務理論は、今日に至るまで広くその意義を認められており、一九二〇年の論文は古典の地位を確立している。彼らは理論を究めるだけでなく、GMでその内容を実行に移したのである。現GM会長兼CEOのフレデリック・G・ドナー、エグゼクティブ・バイス・プレジデントのジョージ・ラッセルをはじめとして、多くの逸材がブラッドレーとブラウンの薫陶を受けて、長い社歴をとおして大きな貢献を果たしてきた。私自身は財務に関しては、事業部間取引や予算配分を中心にレポートを記すことはあっても、主に実務に携わってきた。財務手法を応用して事業を推進するのも私の使命だった。財務は単独ではなく、事業との関わりのなかでのみ意味を持つのである。

すでに述べてきたとおり、デュラントは財務について体系的に考えようとはしなかった。体系的に事業を進めるタイプの経営者ではなかった。それでも、デュラントがトップの座にあった間にGMには近代的な財務の考え方がもたらされた。デュラントがデュポン社の人々をGMの財務委員会のメンバーとして迎え、財務業務の遂行を委ねたのである。デュポン社は大株主としてすでにGMに取締役を派遣していたが、財務面でもこのうえなく大きな力となってくれた。GMの草創期、デュポン社から財務・会計のプロフェッショナルが多数送り込まれ、枢要なポジションを占めていた。

ブラウンもその一人である。本人の言葉をもとにその経歴を少し紹介しておきたい。ブラウンは一九一二年に、デュポン社（当時の社長はコールマン・デュポン）のゼネラル・マネジャーにアシスタントとして仕えるようになった。ところがゼネラル・マネジャーが健康を害し、休職を余儀なくされた。折しも、デュポン社の経営委員会は各事業部――当時は火薬、ダイナマイト製造が事業のほぼ一〇〇％を占めていた――の業務効率について実態に基づく報告を求めていた。ブラウンはその要請に応えようと、みずから手法を編み出した。その手法は資本回転率、利益率をもとにROIを算出する重要性を訴えていた。ブラウンはレポートを作成するとCEOに提出した。コールマン・デュポンはその内容に目を見張り、ブラウンを財務部門へ異動させるように取り計らった。当時の財務責任者はピエール・S・デュポン、その右腕がラスコブだった。ラスコブはブラウンを経理アシスタントに任じた。

ブラウン本人が「末席を汚していました」と謙遜しているが、ラスコブが力を振るっていたため、ブラウンが活躍できる場面はたしかに限られていたのだろう。だが、やがてラスコブはデュポンの後を継いで財務の責任者になり、次いでGMに移った。この時、ラスコブの後任に取り立てられたのがブラウンである。ブラウンはデュポン社にエコノミストや統計の専門家を招くという、当時としてはきわめて先進的な取り組みをしている。以後、デュポン社の経営委員とゼネラル・マネジャーが会議を持つ際には、ブラウンは図表を用いた独自のプレゼンテーション手法で各事業部の業績を説明するようになった。

一九二一年一月一日、そのブラウンがラスコブの引きでGMの財務担当バイス・プレジデントに就任する。ブラウンと私は「事業は規律に従って仔細にコントロールすべきだ」という考えで結ばれていた。ブラウンがGM入りした時すでに、私たちは互いの考え方が近いことに気づき、以後長年にわたって親しく交流を続けた。

デュポン社出身の人々は、一九一七年にGMの経営に参画して以来、各事業部門への予算配分にROIの概念を取り入れようと努力を重ねていた。ところがラスコブは、通常は正しい判断をするにもかかわらず、GMの業績を評価する仕組みは用意していなかった。以前の章で述べたとおり、GMでは拡大路線を取っていた一九一九年に、支出にブレーキがかからないという問題が持ち上がり、一九二〇年に不況が訪れると、在庫のとどまるところのない増加とキャッシュフローの悪化によって経営危機が進行した。予算の超過、在庫の膨張、そしてその結果としてのキャッシュフローの悪化。これら三つの危機をとおして、コントロールと調整の欠如があらわになった。このような状況を克服しようとするなかから、財務面での調整とコントロールが行われるようになっていった。

財務手法は今日ではきわめて洗練されているため、機械的な作業との印象を与えるかもしれないが、事業の現状を示すデータを集めて説明する財務モデルは、戦略的な判断を下すための重要なベースである。とりわけ危機に際しては、あるいは事業が拡大・縮小している時には、それが強くいえるだろう。GMは一九二〇年に厳しい現実を突きつけられ、後の重要な時期にその教訓を活かしていったのである。

一九一九年と二〇年には、予算のコントロールがきいていなかったため、各事業部トップの「言い値」のままに予算が認められ、社として要求額の妥当性を検証することも、総額を現実的な水準に抑えようと試みることもなかった。これに過大支出と在庫増加が重なって、事業資金が底を突き、新たな資金調達が求められるようになった。そこで普通株式、優先株式、社債などを発行しようとしたが、さまざまな困難に直面して、期待どおりの額は調達できなかった。二〇年には、銀行各行から総額およそ八三〇〇万ドルを借り入れなければならなかった。以後一九二二年にかけては、特別償却、在庫調整、事業清算に伴う損失などの合計が九〇〇〇万ドル——総資産の実に六分の一——にのぼっている。この危急に際して、財務コントロールを強化するのは望ましいだけでなく、喫緊の課題だった。企業として存続するためには、破滅の淵から這い出して、幅広い解決策を見つけ出さなければならなかった。

ここではその道筋を二段階に分けてたどっていきたい。第一に、事業部の過大な裁量をどのように削り、統制を取り戻したかを説明する。実際、分権化の行き過ぎが、GMが生き残るうえで大きな障害となっており、当面は本社による統制を強めざるを得なかった。各事業部の誤判断を黙認しておくような余裕はもはや残されていなかった。弱体事業部が健全な事業部の存続を脅かす一方で、業績のよい事業部は、全社の利益よりも単独の利益に突き動かされていた。本社による統制を強めたため、GMは一時的に組織原則を歪めざるを得なかった。そこで後に軌道を修正して、より効果的な事業部制を築き上げることになる。第二に、財務コントロール確立までのプロセスに触れたい。このプロセスを経てGMは、各事業部の自律性を保ちながら、全社の調和を取れるようになったのである。

コントロールの確立：予算の遵守

一九二〇年六月――奇しくも経済不況が本格化する直前――、予算要求ルール策定委員会（一九一九年設置）が経営委員会に一冊の報告書を提出している。これはプラット、プレンティス、そして議長の私が共同で作成したもので、GMの予算配分を近代化させるうえで歴史的な役割を果たした。

報告書のポイントは、各プロジェクトの妥当性をいかに判断するかという点である。私たちは以下の四つの条件が満たされなければならないと考えた。

a．利益を生み出すために必要なプロジェクトである。
b．確かな技術に裏打ちされている。
c．全社の利益に沿っている。
d．他のプロジェクト構想と比較して十分な価値を持っている――十分なROIが期待できるだけでなく、全社の事業を支えていくうえで欠かせないプロジェクトである。

財務面での大きな弱点を何とか克服したいとの思いから、私たちはこう報告書にしたためた。

（前略）この問題を慎重に検討すれば、必然的に次のような結論に至るだろう。すなわち、少なくとも大規模なプロジェクトに関するかぎり、推進母体の事業部や関連会社とは別の組織が、中立的な立場からすべてのフェーズに検証する必要がある。今後、各事業が複雑に関係し合うようになれば、その必要性は増していくばかりだろう。

こうして、各プロジェクト構想は、まず予算要求ルール策定委員会が内容を精査し、次に経営委員会と財務委員会が、戦略的な観点から検討、承認可否を決定すべきとされた。経営、財務両委員会による検討のあり方については、報告書はこう提言している。

経営、財務両委員会は、全社の方針に照らしながらプロジェクトの妥当性を検討すべきである。その際には、十分な投資リターンが得られるかどうか、全社の発展のために必要なプロジェクトであるかどうか、といった視点が求められる。けっして、どの旋盤やフライス盤を用いるべきか、あるいは何台必要か、といったことを論じるべきではない。

報告書では、右記を明確にしたうえで、一定額以下の支出は事業部長の裁量に任せてよいだろうとの判断を示した。他方、高額の支出に関しては詳細な承認手順を提案した。根拠データを集めて、その正当性を検証していくのである。これに関連して、「財務部門と自動車事業部門のスタッフが協調すべきではないだろうか」と提言した。さらに、予算配分マニュアルを作成して、事業部や関連会社が、技術・採算両面でどのように支出の正当性を示せばよいか、提出すべきデータの種類を定めた。

以上の提案は、一九二〇年九月の経営委員会で承認され、マニュアルの作成に取りかかるようにとの指示が出された。このマニュアルは一九二二年四月に経営・財務両委員会の承認を得ている。GMは初めて、十分に練られた予算配分ルールを持つに至ったのである。マニュアルでは、経営・財務委員会の下部組織として予算配分委員会を設けると定められていた。予算配分全般と、事業部間の調整を行うためである。各事業部は、予算配分委員会に月例で業務の進行状況を報告し、委員会は全社分をまとめてやはり月次で財務委員会に報告することになっていた。予算要求はすべて、全社、事業部の両方の視点から検討・分析され、その後で判断が下された。支出の内容と承認状況について適切に記録を残し、全社の予算要求を統一的に扱うようになった。こうしてようやく、正確なデータが秩序立って集められるようになったのである。それさえできれば、あとは予算を承認するかどうか判断を下すだけである。手順は時とともに変わり、予算配分委員会もかなり以前に廃止された。だがその精神は、今日でもＧＭの予算配分方法の中に息づいている。

運転資金のコントロール

一九二〇年、ＧＭでは運転資金が底を突いていた。収入が途絶えていたにもかかわらず、将来に向けて多額の支出を続けたからである。銀行からの借入れに頼らざるを得ず、その額は一〇月末にはおよそ八三〇〇万ドルにまで達した。その後しばらくは、いかに支出を抑えるかが大きな課題であった。

当時、現金の管理は信じがたいほど粗雑だった。管理は事業部ごとに行われ、収入を独自の口座に入金し、支出も同じ口座から行っていた。製品を売って収入を得るのは事業部だけであるから、収入が本社の管理下に移されることはなかった。収入を得た部門から、支出の必要に直面している部門へ現金を移す仕組みは、設けられていなかった。株式配当、税金、賃料、給与などの支払い、さらには本社スタッフ部門の支出に当たっては、経理部長の要請によって各事業部から現金の拠出を受けていた。このプロセスはけっして円滑には機能していなかった。各事業部は高い独立性を持っていたため、資金ニーズの高まりに備えておきたい。このため、たとえ当座は余裕があったとしても、全社のために積極的に拠出しようとはしなかった。

ビュイック事業部もこの傾向がきわめて強かった。収益が好調だったため、当然、資金が潤沢だったが、長年の経験によって、財務スタッフは現金残高の本社への報告を遅らせる術に長けていた。工場のセールス部門に多額の現金を蓄えるのを慣例としていたが、その額がどの程度にのぼるかを本社が知るのは、財務報告が提出されてからだった。

つまり、現金の動きとは一、二カ月のタイムラグがあった。このため、本社で運転資金が必要になると、財務部長のメイヤー・プレンティスがビュイック事業部の現金残高がどの程度か、そのうち本社に拠出してもらえそうな額はいくらか、推計するのであった。そのうえで彼はフリントに赴き、本社とビュイック事業部との間の懸案について話し合い、その後さりげなく現金の拠出を打診するのである。するとビュイックの財務部門は、要望金額の大きさに驚きをあらわにし、時として難色を示すこともあった。もとより、このような対立があっては資金の有効活用などできるはずがない。運転資金に余裕のある事業部とそうでない事業部とがあったのだから、なおさらである。

一九二二年、私たちは以上のような悪弊を一掃しようと、全社的な資金コントロール制度を設けた。大企業がそのような仕組みを取り入れるのは、当時としては異例であった。一〇〇前後の銀行に「ゼネラルモーターズ・コーポレーション」名義の口座を開いて、入金はすべてそれら口座にすることに、また出金は、本社経理スタッフが一元的に管理することにした。事業部が口座への入出金に関与しない仕組みを取り入れたのである。

この仕組みのもとでは、銀行間の資金移動も自動化され、スピーディに行われるようになった。財務スタッフは、銀行の規模や入出金の頻度などに応じて、口座ごとに残高の最高額、最低額を設定した。最高額を超えた場合、超過額は、連邦準備銀行の電信システムによって自動的に当座口座に移動することになっていた。当座口座も財務スタッフが管理していた。事業部は資金が必要になると、電信で本社に送金を求める。すると、たとえ東海岸から西海岸へであっても、二、三時間で資金移動が行われた。

事業部間で直接現金を授受するのを禁じたため、資金移動の頻度は減った。事業部間取引についても規則を設け、本社財務スタッフが間に入って決済を行うこととした。現金を実際に授受するのはやめて、書類上の処理に変えた。

この時期、販売スケジュール、給与支払い、資材購入などを考慮しながら、一カ月前の時点で日々の入出金を推定するようになった。そして、推定額と実際の残高を比較する作業を日課とした。両者の間に開きがあると、原因を探り、適切なレベルで軌道修正を行った。

新しい仕組みを取り入れたことで、信用力が高まるという副次的な効果がもたらされた。多数の銀行と良好な取引関係を続けたため、信用供与枠が拡大し、いざという時の備えとなった。加えて、預金残高を減らし、余裕資金を主に短期国債への投資に回したため、資本の利用効率を高め、収益を上げられるようになった。

以上のような仕組みは、多くの人々の貢献によって生み出された。まずラスコブが必要性を見出し、ラスコブから草案作成依頼を受けたプレンティスが、多数のスタッフの協力を得ながら大枠の構想をまとめた。ＧＭは今日でも、おおむね彼らが考案した手法をもとに資金を管理している。

在庫のコントロール

ＧＭが経営危機に陥った際、最も深刻だったのが在庫の膨張である。各事業部が無軌道に資材や部品を購入したため、一九二〇年一〇月にはその総額が二億九〇〇〇万ドルにものぼり、経営、財務両委員会の設定した上限を五九〇〇万ドルも超過していた。これは短期間にはとうてい使い切れない量だった。財務委員会は緊急措置として事業部に代わってみずから在庫管理に乗り出し、一〇月八日に在庫委員会を設置した。議長に指名されたのは、デュラントの右腕プラットである。

ジョン・Ｌ・プラットは、私がこれまでに出会った経営者の中でもとりわけ傑出した人物である。元来は土木エンジニアで、一九〇五年にデュポン社に入社している。工場のレイアウトを決め建設を推進するのがその仕事であった。一九一八年には開発部門のトップに就任し、ＧＭを支援する立場となった。こうしてデュラントとも親交を深めたのである。一九年にはデュラントからＧＭに迎えられ、彼の補佐役を務めるようになった。ＧＭでは数々の枢要なポストを歴任し、フリジデアー事業部を設立・拡大する立役者ともなった。私の後任としてアクセサリー事業部長となったのも彼である。プラット、ブラウン、私の三人は長年にわたって同じフロアに部屋があり、あらゆる問題にともに立ち向かった。私が社長となった後、プラットはいわば社長代理の役目を果たしてくれた。難題を事もなげに処理していくその手腕は、まさに見事というほかない。核心を見抜く力に抜きん出ていたのである。

一九二〇年の経営危機に関して、後年プラットはラスコブにこう書き送っている。「在庫委員会は活動の第一歩として、社長名ですべての事業部長に指示を出しました。『在庫委員会が現状を確認して、各資材の仕入れ可否を判断するまでは、調達はいっさい停止するように』。事業部長のオフィスを訪れて、在庫事情を詳しく聞けば、必要な仕事はほぼ終えることができました」

サプライヤーとの交渉は各事業部長が進めた。交渉が不調に終わって訴訟にまで発展した事例は、私が知るかぎり一件、それも自動車ではなくトラクター分野だった。次いで、各事業部をコントロール下に置く仕組みが設けられた。その手順に関して、プラット自身によるメモが残されている。「資材・部品の購入をストップした後、各事業部長から在庫委員会に月次の予算を提出してもらった。四カ月間の売上げ予想と、それに対応した賃金総額、仕入れ総額などである。委員会は予算を精査したうえで、事業部長から話を聞いた。内容について合意すると、その後一カ月間の生産活動に必要な資材・部品を事業部に引き渡した」。こうした手順を踏むことで、膨張の一途をたどっていた在庫を抑制し、資金の流出を防いだのである。一九二〇年九月末に二億一五〇〇万ドルという途方もない水準にあった在庫は、二二年六月末には九四〇〇万ドルに減少し、回転率も年間二回から四回超へと改善した。

以上から、GMはどのような教訓を得たのだろうか。ブラッドレーの言葉を引けば、「在庫を削減するには、特に経済環境が厳しい時期には調達を減らすしかない」ということである。いうまでもないとお考えだろうか。私は必ずしもそうは思っていない。私たちは、長年の経験をへて、ようやくこの教訓を実感できた。当時、事業部長は楽観的に構えていた。自動車販売に携わる経営者も、大多数が楽観的であった。おそらく現在でもそうではないだろうか。販売台数は常に右肩上がりで伸び続けていく、したがって資材や部品を持て余すことなどあり得ない、と考えてしまうのである。だが、販売が予想どおりに伸びなければ問題が持ち上がり、解決には痛みを伴う。このため私たちは、「販売数は絶えず増加していく」との観測に疑問を投げかけることを学び、在庫、調達、発注を確実に減らさなければならない、というスタンスを取った。販売が上向いたら、その時点で調達を増やせばよいのだから。

このような緊急対応をとおして、いわば「本社が全体を管理する」という仕組みが出来あがった。しかしこれは、私たちが思い描いていたGMのあるべき姿とはかけ離れていたため、ほどなく事業部に権限を戻すことになった。

一九二一年四月二一日、ドナルドソン・ブラウンが財務委員会に対して、長期的な在庫コントロールのあり方を提案した。

在庫委員会は危機的な状況のもとで設けられたが、その危機は遠のいた。そこで、委員会を廃止して、在庫のコントロール権を他の権限と同じように、各事業部の事業部長に戻すべきではないだろうか。

在庫委員会はこれまで、①資材・部品調達の基礎となる生産スケジュールを吟味する、②当面必要とされる数量を超えた例外的な調達希望に関して、その適否を判断する、といった役割を果たしてきた。

だが、在庫コントロールは本来、各事業部が行うべきである。在庫委員会が財務委員会の管轄下で在庫コントロール権を握り続けたのでは、各事業部の権限を侵すことになり、望ましい状態ではない。(後略)

在庫のコントロールに関して、緊急避難的な対応を改めて、大枠の方針と業務慣行を定める時が訪れていたのだ。重要なのは、一九二〇年のような状態を再び招かないようにすることだった。ブラウンはこの目的に沿って、財務部門と各事業部の新しい関係を提言した。

資材や部品を発注するために運転資金が必要である以上、財務委員会としても各事業部にすべてを委ねるわけにはいかないが、各ケースに個別に介入するよりは、一般的なルールを示すほうが望ましいだろう。組織の原則に照らしても、やはりそれが理にかなっている。各事業部が財務委員会の方針ないしは適切な事業慣行に沿って効果的に在庫管理を遂行するように、CEOあるいは業務担当バイス・プレジデントが監督すべきである。

本社財務部門は、絶えず在庫の動きに目を光らせていなければならない。そのうえで定期的に財務予想その他の報告書を財務委員会に提出して、委員会が十分な情報をもとに全社の資金需要を把握・予測できるように支援すべきである。

このような考え方を土台に、GMは財務コントロールの確立に向けて第一歩を踏み出せた。前記の提案は一九二一年五月に財務委員会で承認され、全社の方針となった。在庫委員会は廃止され、在庫の管理は以前のように事業部が行うことになった。それに伴って、各事業部は四カ月後までの事業活動を予測するようになり、その内容は同年半ば以降、業務担当バイス・プレジデントであった私のもとにも届けられた。私は、その予測内容を、適正な在庫水準を決めるベースとして吟味・承認していた。資材や部品の購入を決めるのは事業部長だったが、彼らは、生産スケジュールをにらみながら購入量を必要最小限に抑える義務を負っていた。

生産のコントロール

一九二〇年から二一年にかけて、経営危機に対応するために以上紹介してきたさまざまな施策が取り入れられたが、いずれも主に資材や部品の購入、および関連支出をコントロールするのが目的で、完成車の在庫をどのようにコントロールすべきかという、より困難な課題は残されたままであった。これを解決するためには、販売に力を入れるだけでなく、生産量を調整する必要があった。そこで私たちは、先に触れた「四カ月予測」の対象を広げて、工場投資、運転資本、資材・部品の発注残、予想販売台数、予想生産台数、予想利益などを含めることにした。これらのデータは各事業部が取り揃え、毎月二五日までに私のもとに届けることになっていた。カバーするのは当月から三カ月後までである。私はデータを受け取ると、財務担当バイス・プレジデントと協議のうえ、各事業部の生産スケジュールを修正あるいは承認した。このように、ブラウンと私は、私が社長に就任した後も含めて何年もの間、緊密に連絡を取り合いながら業務をこなしていた。私が生産スケジュールを承認すると、事業部長たちは生産にゴーサインを出し、調達を実行に移した。

以上のようにして、GMは初めて本格的な予測を行うようになった。一九二〇年の危機以前は、予測と呼べるものは、財務部長が財務委員会に提出する報告書のみであった。その報告書は全社の売上げ、利益、運転資本、キャッシュフローなどを記載しており、財務プランを立てるうえでは有益だった。だが、各事業部による業績予想、いや、それどころか事業部別の内訳すら示していなかった。事業部長の立場からすると、自分たちのあずかり知らないところで作成された予測になどとても責任を負えなかった。したがって、この予測は各事業部の業績を評価、コントロールするうえではまったく無益であった。加えて、財務部長による売上げ予測は、顧客の嗜好や行動を考慮していなかったため、正確性に乏しかった。

一九二一年にデュポン体制に変わってからも、経営陣は生産スケジュールの基礎となるデータを十分には持っていなかった。それでも手をこまねいているわけにはいかず、事業の性質上、春の需要に応えるために在庫を積み上げていった。初夏を迎える頃には、次のモデルイヤーまでの三、四カ月について売上げを予測し、新規モデルの投入までに既存モデルをほぼ売り尽くしておく必要があった。この予測は、資材などの購入量を弾き出すのに用いるため、後から見直すわけにはいかなかった。具体的な予測手順は歳月とともに手直しされてきたが、エッセンスは今日まで不変である。

カギとなるのは、いうまでもなく売上げ予測で、それをもとに生産量が決められる。一定の時期までに必要な台数を揃えるためには、どの程度の生産体制を敷けばよいのか、資材・部品はどの程度用意しなければならないのか、といった点は機械的に弾き出せ、正確を期すのも難しいことではなかった。最大のポイントは、販売台数をいかに見積もるかであった。

できるかぎり精度を高めたいとの考えから、予測は各事業部長に委ねられた。事業部長は顧客に近く、販売トレンドに精通しているはずだからだ。一九二一年に入ると私は、生産台数と販売台数を毎月一〇日、二〇日、末日締めで報告するように各事業部長に求めた。各月末にはさらに、受注残、工場の完成車在庫、ディーラー在庫の報告を受けた。それらデータは、ディーラー在庫量をおおよそ把握するためのものであるにもかかわらずこの時初めて収集されるようになり、以後数年間、生産量を決める唯一の根拠として用いられた。

小売台数に関しては、本社と事業部では情報力に大きな開きがあった。本社は各事業部からディーラーへの卸し台数は把握していたが、消費者への売れ行きは頻繁には確認していなかった。小売市場に密着してデータを収集していたわけではないのだ。私のもとには、各事業部長からディーラーの在庫台数が報告されたが、ほとんどが実際にディーラーに確認した結果ではなく、推定値にすぎなかった。このため本社は、刻々と変わる市場情勢を敏感にキャッチできず、数週間も前の不正確なデータをもとに売上げ予測を立てなければならなかった。タイムラグは危険を招く。事実、これが原因となって新たな危機が訪れた。

一九二二年以降私は、従来の四カ月予測に加えて、年度末までに次年度の業績見通しを提出するように各事業部長に依頼するようになった。この年度予測は、いわば三種類の予測を一つにまとめたものだ。すなわち、楽観的、現実的、悲観的、三つのシナリオをもとに、売上げ、利益、資金需要を予測するように求めたのである。ただし、予測は「公約」とは見なされていなかった――というよりも、あまり正確ではなかった。短期の見通しは比較的妥当だった。

長期の見通しも一九二二年と二三年に関しては妥当だったが、二四年は甘すぎた。この年の実績は、悲観的なシナリオに基づいた予測値にすら遠く及ばなかった。

これには理由があった。一九二三年は販売があまりに好調だったため、シボレー事業部をはじめとする一部の事業部では生産が追いつかず、売上げ機会を逃していた。事業部長たちはこの教訓をもとに一九二四年の見通しを立て、前年度の轍を踏むまいと心に誓っていた。一九二四年の春に向けては、速いペースでの生産が予定された。一九二三年の末が近づくにつれて、数名の事業部長が、翌春の需要を見据えて生産量を上積みしたいと承認を求めてきた。私は財務委員会に判断を委ね、委員会は生産量の上方修正を認めた。

私は、販売台数が上向いていくだろうと予想しながらも、一部に勇み足があるのではないかと不安を抱き、数名の事業部長に再考を促した。しかし、答えはいずれも「計画は適正である」というものであった。

一九二四年を迎えると、危険の兆候が表れ始めた。私は三月一四日付の文書で、経営、財務両委員会に懸念を示した。「ディーラー、販社などを合わせた製品在庫は、かつてない高水準に達している。ＧＭのみならず、自動車業界全体にこの傾向が見られる」。一九二三年一〇月一日から一九二四年一月三一日まで四カ月間の生産量は、前年同期と比べておよそ五〇％も多かったが、消費者への販売数は四％減だった。だが、タイムラグのせいで、私がこの事実を知ったのは一九二四年三月の第一週であった。

私は事態が深刻化していることを各事業部長に告げ、〈シボレー〉と〈オークランド〉については、生産を直ちに しかも大幅に抑制するように強く指示した。事業部長たちは渋々これに応じた。だが、三月の末になっても、数人は依然として、売上げが予想を下回っているのはひとえに悪天候のせいだと主張していた。天候が回復すればすぐに売れ行きが上向き、元来の生産水準が適正だったと証明される、と豪語していたのである。

私の懸念は当面の事態よりもむしろ、七月一日までに在庫が膨張していき、手の施しようがなくなるのではないかという点に向けられていた。ブラウンから届けられるデータを見るにつけ、暗澹たる気分に陥ったが、それでも私は、事業部の判断を無視することにはためらいがあった。販売に責任を負っていたのは事業部である。財務部門とセールス部門の見解は、本来食い違うものかもしれない。セールス部門は何とか売上げを伸ばそうと考え、実際に意気込みどおりの実績を上げる場合も少なくない。私はブラウンと事業部の板ばさみになった。一つの現実に異なった解釈がされ、その間で板ばさみになるのは珍しくなかった。

一九二四年五月、私はブラウンとともに現場を訪れ、ディーラーとの間の流通問題を話し合った。その出張で私は確信した。三月の生産カットは十分ではなかったのだ。七月に在庫過多に陥るのは確実な情勢だった。大企業のCEOがみずから在庫をチェックして、生産過剰に気づくとは、奇異なことかもしれない。しかし、自動車は小型の製品ではないから、容易に数えられる。セントルイス、カンザスシティ、そしてロサンゼルスでディーラーを訪問して、駐車スペースに収まりきらないほど在庫があるのをこの目で確かめた。この時は財務部門のほうがセールス部門よりも正しく状況を見極めていた。訪れる先々で在庫があふれていた。

本社に戻ると私は、CEO在任期間でもきわめて異例のことだが、社内に絶対服従を求めた。全事業部長に、直ちに生産を大幅にカットするように厳命したのである。減産規模は全社で月三万台にのぼった。こうして、数カ月後にはディーラー在庫を許容水準に戻したが、レイオフによって一部の社員には大きな経済的苦痛を与えてしまった。

六月一三日に財務委員会は、過剰生産の予測と回避を怠ったことに対して、私に説明を求める決議を採択した。具体的な問いは、生産スケジュールはどのように決められたのか、春からディーラーの在庫が膨れ上がった責任は誰にあるのか、今回のような失策を防ぐためにどのような手段を講じればよいのか、といった内容であった。委員会からの質問事項を紹介しておきたい。

1　生産スケジュールはどのような手順をへて作成されたのか。
2　二月二五日の段階で「月末の流通在庫はおよそ二三万六〇〇〇台と予想される」としていながら、四月に向けて一〇万一二〇九台の生産を計画したのは、どのような根拠によるのか。
3　各事業部はなぜ、生産のカットに後れを取ったのか。流通在庫の余剰と消費者需要を考え合わせれば、より早い段階で対処が可能だったのではないか。
4　今後、生産量を効果的にコントロールし、過剰生産を避けるために、どのような対策を取るのか。
5　財務委員会は、月例予測が小売販売台数と事業環境全般を考慮しながら作成されているかどうか、判断しなければならない。事業環境に関する情報はどのようなかたちで財務委員会に提供する予定か。

私は九月二九日に委員会に回答を寄せ、そのなかでシボレー、オークランドなど一部事業部を批判した。他方、キャデラック事業部については、唯一、消費者への販売台数をもとに生産計画を立てていると称賛した。他の事業部は、まちまちの方法で生産プランを立てていたが、概して「セールス部門はディーラーに製品を卸した時点で責任を果たしたといえ、その後のことには関知しない」、といった考えがなされていた。一九二四年の出来事は、生産スケジュールのコントロール手法を練るうえで大きなターニング・ポイントとなった。以下は、私が財務委員会に報告した内容である。

1　七月一日前後までは、生産スケジュールの決定方法は統一されていなかった。背後には以下のような考え方があった。①セールス部門はディーラーに製品を卸した時点で責任を果たしたといえ、その後のことには関知しない、②ディーラーへの製品納入を半強制的にせよ続けているかぎり、業績は順調だと考えて間違いない。
2　販売の基本動向に関しては、一度として本格的に調べたことがない。最終顧客への販売数——真の販売指標——は過去二年間、ほぼ十分に収集されてきたが、これを生産スケジュールに活かそうとの努力はなされてこなかった。

3　七月一日、基礎データをもとに科学的に生産スケジュールを立てる手順が整えられた。本社と事業部の責任分担が明確になり、本社としては建設的な分担方法であると確信している。手順を記したマニュアル（『月次予想の立て方――流通、生産、在庫管理、販売』）はすでに財務委員会に提出済みであるが、その内容を補うために、小売販売データをもとに生産条件を分析するための手法を「資料A」として添付する。

4　生産スケジュールが十分に練られていないのは、GM一社の問題ではない。自動車業界全体の慣行なのである。このため、ディーラーは一般に膨大な流通在庫を抱えてきた。五月に行った視察の状況として、すでに報告したとおりである。

5　慎重に考えをめぐらせたうえで、私は社を代表してコメントを発表した。その内容はディーラー、業界紙の編集者などの意見や論評にも示されているとおり、優れた成果を上げ、業界によき先例を生み出している。他社も今後これに倣うと予想される。

財務委員会に寄せた回答には、簡単に私見も織り込んだ。

（a）生産スケジュールを定める方法がこれまで確立していなかったことを、GM、さらには自動車業界全体が反省すべきだろう。この問題にかぎらず、重要な問題について必ずしも十分に方針が練られているとはいえない。しかし、自動車業界がいまだ発展途上にある点を考えれば、ある意味でやむを得ないかもしれない。

（b）今日GMは、生産スケジュールを完全にコントロールできるようになった。この点は疑いない。さらに、GMが打ち立てた方針――『ディーラーに関する方針』――および他社が設けた類似の方針は、必ずやディーラーの経営を支え、GMを中核とした自動車産業に大きく貢献するだろう。

ここまで一九二四年のエピソードを振り返ってきたのは、GMが生産コントロールを確立させる契機として大きな意味を持っていたからである。このプロセスで社内では、二つの勢力が歩み寄るという重要な変化が生まれた。このような協調は、消費者向け製品を全米規模で流通させる企業すべてにとって欠かせないものだろう。一方の勢力はセールス・マネジャーたちで、彼らは元来熱意にあふれ、努力すれば売上げは伸びると楽観的に信じている。もう一方は予測の専門家で、さまざまな需要データを駆使して客観的に分析を行う。これら異なった二つの視点を重ね合わせようとするなかから、流通在庫の適正水準が見えてくる。かつて、売上げの季節変動にいかに対処すればよいか模索を続けていた時代には、セールス部門と予測部門の見解には埋めがたいほど大きな開きがあった。その背後にはいうまでもなく、生産をいかにコントロールすべきかといった根本的な問題が横たわっていた。

具体的課題は二つあった。第一に、予測精度をどう高めていくか。第二に、予測と現実のズレが明らかになった時に、いかにスピーディに軌道を修正するか。予測手法が複雑化、洗練化した今日ですら、このような課題は依然として残されているだろう。

本社は当時すでに、データの収集・分析手法を磨き始めていたため、モデルイヤー別に業界全体、そしてGMの販売台数を予測するうえで、事業部よりも有利な立場にあった。生産量、流通在庫、財務計画などはすべて、製品ライン全体の予測に大きく依存しているため、GMでは一九二四年に需要予測を全社施策と位置づけた。まず、業界全体として次年度に各価格セグメントの製品がどの程度売れるかを予測し、次に、GMの売上げについて、各セグメントでのシェアをにらみながら、事業部長の見通しと擦り合わせていく。ベースとするのは過去三年間の売上げ実績と、翌年の事業環境についての予測である。

一九二四年春には、各事業部の予測に一定の枠を設けようと動き始めた。私はブラウンとともに、すでに述べてきた方法に従って全社、各事業部別に下半期の売上げを予測した。この売上げ予測値は「インデックス・ボリューム」と名づけた。一年間、この値を目指して事業を推進することになるからである。インデックス・ボリュームが業務執行委員会の承認を得た後の五月一二日、私は各事業部長に文書を送り、この数字をベースに下半期の事業予測を立てるように要請した。その一節を引用しておきたい。

これまで、何をベースに売上げ予測を立てるかは、各事業部の判断に委ねられてきた。今回、下半期の予測を立てるに当たって、建設的な第一歩を踏み出したいと考えている。業務執行委員会が七月一日以降の事業トレンドを具体的に読んだので、それをもとにすれば各事業部もより正確な判断を下せるはずだ。

……GMは初めて、今後一年間の全社売上げに関して、客観的で明確な予測を立てられる。もとより、市場の風向きは一定ではないが、私自身は好ましい方向に変わるだろうと期待している。悪化することもあり得るが、その可能性はけっして高くないだろう。いずれにせよ、予測と現実に開きが生じたら、月次で修正を施していく。業界全体、GMともに、従来は売上げの極端な変動に悩まされてきたが、新しいやり方に従えば、そのような波をうまく乗りこなせるはずである。

さて、予測をめぐる社内の対立は果たして解消されたのだろうか。一九二四年、前年の好景気の反動で市況が低迷すると、予測担当部門とセールス部門の関係は一触即発の状態にまで悪化した。セールス部門と各事業部長は売れ行きが拡大しているとの幻想にとらわれていた。それを許したのは、行きすぎた権限委譲であった。これはセールス部門に肩入れしていたからではなく、私は当時、彼らの直感に対抗するための情報を持っていなかったのである。情報は不十分で、そのうえ古かった。不十分というのは、不正確で漏れがあったという意味である。流通在庫や注文残は推定でしかなかった。この点はまだしも許容できたが、タイムラグの大きさは致命的だった。売上げデータは五、六週間前のものしか入手できず、直近の実績については、トレンドを重視する予測部門や、絶えず明るい見通しを抱くセールス部門の「読み」に頼らざるを得なかった。私は両者の間に立たされながら、議論に決着をつけるだけの材料を持ち合わせていなかった——CEOとしてははなはだ困惑する事態である。

そこでまず、モデルイヤーを単位とした売上げ予測によって、各事業部の方針や活動に制約を加える必要があった。しかし、予測は市場の動きに合わせて改めるべきであるため、上方あるいは下方に修正する手段が求められた。自動車ビジネスは無計画に進められるものではなく、将来見通しを尊重するべきである。その要となるのは予測と修正で、どちらも同じだけの重みを持つ。各年度が始まる数カ月前には予測を立て、それをベースに生産その他のスケジュールと予算を組む。モデルイヤーの開始から六カ月ないし八カ月の間は、予測《インデックス・ボリューム》値は生産量を決める指針として用いられ、しばしば修正が加えられるが、それ以後、生産スケジュールは固定される。もちろん、生産設備は事前に用意され、その都度変更するわけにはいかないが、モデルイヤーが始まると正確な最新情報に頼りながら、軌道修正していくことが欠かせない。以上が、一九二三年から二四年にかけて得た教訓である。次に、この教訓をもとにどのような施策を取り入れたかを述べたい。

一九二四年から翌年にかけて、ディーラーに依頼して、各事業部に一〇日ごとに販売データを提出してもらう仕組みを設けた。主なデータは最終顧客への販売台数、新車・中古車の流通在庫量などである。中古車の在庫を見落としてはならなかった。中古車在庫が積み上がっていると、新車販売が鈍るおそれがあるのだ。各事業部は、一〇日ごとに届くこれらデータをもとに最新の市場動向を取りまとめ、本社とともに精度の高い予測を完成させて、必要があれば対策を取るようになった。

売上げ予測をより充実させるために、小売市場に関するデータを社外機関から取り寄せる試みも始めた。一九二二年末以降、R・L・ポーク社から新車登録状況に関する既成のレポートを定期的に取り寄せるようになったのである。このようなプロセスが全体として効果を上げ、本社と事業部が明確に責任分担しながら、秩序正しく生産とスケジューリングを進めていった。

私たちは以後も、需要予測の精度を高めるためにたゆまぬ努力を重ねてきた。市場分析に関しては、流通、財務両部門が成果を上げている。一九二三年にはセールス部門が自動車市場全体について、当時一般的だった「需要はピラミッド状を成している」(ブラッドレーが二一年に主張した説)との考えをベースに、大規模な調査を行った。その目的は、数年後までの市場規模、価格セグメント別の成長可能性、価格低下が市場規模に及ぼす影響、新車・中古車の競合状況、市場飽和への見通しなどを明らかにすることだった。調査は自動車市場の可能性を実際より低く予測していたが、それにもかかわらず広い視野からのアプローチによって、業界全体の市場分析を大きく発展させたといえるだろう。とりわけ、価格帯別に市場の可能性を分析するという重要な手法は、この時ようやく確立した。この二三年の調査によってさらに、所得分布と自動車需要の関係が浮き彫りになったため、私たちは〝需要のピラミッド〟を十分に理解したうえで販売戦略を立て、生産設備を用意できるようになった。

調査が市場の伸びを正確に見通せなかったのは、主に、新車販売を左右する二つのファクターを軽視していたからである。一つは絶えざる製品改良をとおして、単位価格当たりの価値が向上していくという点、もう一つは経済が成長を続けていき、その時々の経済状況がセールスに影響を及ぼすという点である。後者に関しては、後にブラッドレーが、経済の活況度と自動車販売の間には明確な相関関係があるとの前提で市場予測を進めるようになった。ブラッドレーは部下とともに、自動車販売の増減が景気の波にどう影響されるかに関心を寄せ続け、やがて、景気が拡大基調にあって国民所得が上向いている時期には、自動車販売はそれを上回る伸びを示すことを明らかにした。これは逆もまた真なりであった。経済全般に関してさらに充実した統計が得られるようになると、GMは予測手法を洗練させ、個人所得と自動車売上げの間に驚くほど強い相関関係があると証明した。可処分所得が伸びれば自動車販売も増える。この関係は今日でも失われていない。

ここで生産コントロールに話を戻したい。各事業部長は、年間の生産量を見積もった後、それをいかに一二カ月に割り振ればよいかという問題に直面した。季節変動に対応しながらも、できるかぎり生産量を平準化することが求められた。これを実行するのはけっして容易ではない。自動車の売上げは依然として季節による波が大きいが、一九二〇年代初めはこの傾向が今日よりも強かった。その後、車道の整備が進み、セダンが増えたのに加えて、ディーラーに報奨金を出して売上げ低迷期に中古車を安く下取りできるようにしたため、改善してきている。

ディーラーの利便性を考慮して、完成車の在庫量を最適化するといった観点からは、季節変動を織り込んで生産を調整するのが望ましかった。製品の陳腐化が避けられるうえ、メーカー、ディーラー双方が完成車の在庫コストを抑えられるからだ。他方、生産施設や労働力を有効に活用し、社員の生活を安定させるという観点からは、毎月の生産量をできるかぎり一定に保つのが望ましかった。流通サイドと生産サイドの利益が相反していたため、プランニングや判断をとおして何とか妥協点を見出す必要があった。

そこで、本社スタッフが事業部長を支えながら売れ行きの季節変動を予測し、事業部別の最低在庫量を決めることにした。季節変動に備えて在庫を積み増しする場合には、四カ月予測の最終時点での最大許容量を定めた。併せて事業部長は、ディーラーから一〇日ごとに届く報告をもとに、予測と実績を比べて生産と調達のスケジュールを再検討するようになった。これはけっして怠ってはならない。販売実績が予測を下回っていれば、生産をカットし、実績が予測を超えていれば、生産能力の許す範囲で増産に踏み切ればよかった。また毎月、最新のトレンドを織り込んで次の四カ月間の予測を改めた。このように、四カ月予測に過度に縛られずに、小売市場のトレンドに合わせて必要な修正を施しながら生産を進めていった。最終需要に見合った生産を続けながら、事業部、ディーラーに最低限の流通在庫を常に保っておくようにした。

以上から明らかなように、カギとなるのは予測の正確性を高めるよりも、スピーディなデータ収集と調整によって、市場トレンドの変化に後れを取らないようにすることである。目標に沿って情報を体系的に活かす必要があったため、本社と事業部の間に協調関係が生まれた。一九二四年に見られた不合理な対立は影を潜めた。支出、採用、投資などの面でも、一定の節度が守られるようになった。

売上げ予測と生産スケジューリングの仕組みを整えたところ、業績が目に見えて改善し、資材・部品の在庫は極限まで抑えられた。一九二一年には資材、仕掛品、完成品などを含めた在庫回転率は年間およそ二回だったが、二二年には四回となり、二六年には実に七・五回に迫るまでになった。完成品を除いた在庫回転率の向上はさらに目覚ましく、二五年には一〇・一回に達している。

雇用の安定効果も見逃せない。だが、生産量をいかに平準化するかという問題は今日まで残されており、今後も完全には解消されないだろう。それは一つには、先行きが不透明である以上、売上げ予測を的中させることができないからだ。ほかにも、需要の景気変動、季節変動、製品のモデルチェンジ、購買習慣の変化などが影響して、生産量の完全平準化は達成できていない。いや、それどころか、仮に一〇〇%の予測が可能になったとしても、完全な平準化は望み得ないのではないだろうか。

生産から顧客への納車までのスケジュールが短縮していることも、ディーラーの在庫回転率を高め、収益性のアップに貢献している。一九二五年、全米のGMディーラーについて新車の在庫回転率を調べたところ、一二回と、それ以前と比べておよそ二五%も向上していた。

この年（一九二五年）、GMは生産コントロールの仕組みを完成させたといえる。以後はそれをベースに改善を重ねていけばよかった。

分権化と協調

予算、運転資金、在庫、生産の各分野でコントロール手法を固めると、次により大きな課題が持ち上がった。「事業部制を貫きながら全社の足並みを揃える」という課題である。GMはこのパラドクスに挑み続けた。事業部制とその理念を捨てずに、この課題を克服しなければならなかった。以前の章で述べたとおり、事業部制は名実ともに一九二〇年代初めに誕生している。しかし、全社が一体となって財務コントロールを行えるようになって初めて、事業部制はその真価を発揮できる。すなわち、事業効率を把握、評価する手段さえあれば、実務の遂行を各事業部に安心して委ねられるのだ。その手段が財務コントロールである。ROIという幅広い概念を各事業部の効率を測る尺度として用いるのである。GMは主としてコスト、価格、台数、ROIに着目して財務コントロールを組み立てていた。

ROIの戦略的な意味合いに触れておきたい。私は何も、ROIがビジネスのあらゆる局面で活きる「魔法の杖」だと主張しているわけではない。事業を継続するためには、時としてリターンを度外視して資金を投じなければならない。価格は競争によって決まるため、結果的に、期待を下回るリターン、あるいは一時的にせよマイナスのリターンを受け入れざるを得ないケースも出てくるかもしれない。インフレ時には資産の評価減といった問題にも直面する。それでも私が知るかぎり、事業効率を判断するうえでROIほど優れた指標はない。

GMの財務委員会がROIを重視するようになったのは一九一七年以後だが、それ以前からデュポンをはじめ多くのアメリカ企業がこの指標を導入していた。ただし、ROIの起源については不明である。投資を行おうとする人なら、洗練された知識を持っていなくても、株式や債券を購入したり、貯蓄を行ったりする際には利益を計算するだろう。それと同じで、経営者やマネジャーは皆、投資からどれだけの利益が上がっているかを知りたいと考えるはずである。これはいわば「ゲームのルール」で、ほかにも売上げ利益、市場浸透率といった尺度があるが、いずれもROIに勝るものではない。

とはいえ、重要なのはその時々の実績ではなく、長期間の平均ROIである。この考え方のもと、GMはROIを単に最大化することよりもむしろ、売上げに見合った範囲でROIを最適化することを目指した。長期的な視点に立って、事業を十分に成長させながら、可能なかぎり高いROIを実現すべきだと考えたのである（原注1）。

財務指標はドナルドソン・ブラウンによってGMに紹介され、各事業フェーズの経営効率を明らかにする役割を果たした。在庫コントロール、需要に見合った資本投資、コスト・コントロールなどに関する事実を炙り出すのである。

言い換えれば、ブラウンはＲＯＩの概念を発展させて、各事業部の成果を測るとともに、投資の可否を判断できるようにしたのだ。デュポンとＧＭは、今日でもこれを用いて各事業部の業績を把握している。考え方はＲＯＩの算出式に表れているが、本書はテクニカルな説明を目的としていないため、ここでは算出式には触れずに、財務コントロールの概要を説明するにとどめたい。

ＲＯＩは事業上のさまざまなファクターに影響されるため、個々のファクターとＲＯＩの関係をとらえられれば、事業を深く理解したことになるだろう。この目的に沿ってブラウンは、ＲＯＩは利益率と資本回転率から導き出されると定義した（利益率×資本回転率＝ＲＯＩ）。この算出式が判然としなければ、読み飛ばして、「資本回転率と利益率を高めれば、ＲＯＩも向上する」という点のみを理解していただけばよい。ブラウンは資本回転率、利益率のそれぞれを細分化して——つまり積み上げと分解を繰り返して——事業損益の内訳を明らかにした。いわば外から見えやすくしたのだ。特筆すべきは、経験をベースにして、運転資本や固定資本の必要額、さまざまなコストについての基準や尺度を生み出したことである。営業費用と製造費用の基準額を設定する際には、将来予測を用いて、過去の業績を修正した。このようにして設けられた基準値は、実績と比べられた。財務コントロールの根本は比較にある。ブラウンは表を作成して、在庫と運転資本がいかに資本回転率に影響しているか、販売費がどの程度利益を押し下げているかを事業部別に示した。

さらにこのコンセプトをうまく機能させるために、各事業部長に業績全般についての報告書を提出するように求めた。本社財務部門ではそのデータを統一フォーマット（ＲＯＩレポート）にまとめ、事業部別の業績をＲＯＩの観点から評価できるようにした。事業部の業績を詳しく記したこのレポートは各事業部長にも配られ、ＲＯＩに応じて各事業部に順位をつけるのが長年の慣行となった。

経営トップも折に触れてＲＯＩレポートに目を通していて、業績が思わしくない事業部があれば、私あるいは他の重役が事業部長と善後策を話し合った。私は事業部を訪れる際に、小さな黒いノートを携えていた。そこには、事業部別に実績と予測が体系的にタイプされ、自動車関連事業部については相互の比較も記されていた。データは事実と予測を示しているだけで、問題解決に直結するわけではないが、それを参照すれば期待どおりの成果が上がっているかどうかを判断できた。

ＲＯＩレポートは、一定の修正をへて今日でも用いられている。事業部の人々はこのレポートに触発されて、業績指標としてのＲＯＩにどういった意味と重要性があるかを学んでいった。経営陣も定量的な尺度を得たことで、妥当な判断を下せた。それが土台となってＧＭは、「オープンにコミュニケーションを図る」「客観的事実を十分に考慮する」といった有益な社風を培っていくのである。

とはいえ当初は、このような手法にもさまざまな限界が見られた。レポート類にしても、統一性や整合性を持たせて初めて、評価・比較に役立つようになった。財務をコントロールするうえでは、統一性が欠かせない。統一性がなければ比較はきわめて難しい。本社、事業部双方の財務部門をテコ入れして、全社の会計基準を統一することが早急に求められていた。そこで一九二一年一月一日付で勘定項目を統一し、二三年一月一日付で標準的な会計マニュアルを設けた。さらに、本社財務部と事業部財務部門の足並みを揃えるために、一九二一年、事業部の財務部長に二重の役割があることを再確認した。すなわち、一九一九年の「事業部の財務責任者は、事業部長と本社財務部長の両方に報告義務を負う」という考え方を再確認したのである。

会計基準が統一されると、各事業部の業績を把握しやすくなっただけでなく、事業部相互の比較も容易になった。さらに、これも忘れてはならない点だが、例外はあるにせよ、間接費の会計処理についてのガイドライン（生産コストの算定、業務効率の測定両方のガイドライン）が出来あがった。

標準生産量《スタンダード・ボリューム》の概念

ROIの概念を取り入れ、会計手順を標準化してもなお、課題は残されていた。一九二五年の時点でGMは、慎重に事業ゴールを定めることも、その達成度を測ることも実践していなかったのである。実際問題として、生産量・販売量が激しく変動していたため、業績も年度ごとに大きな波があり、業績評価は困難をきわめた。そこで一九二五年以降、ブラウンの考えをもとに、標準生産量《スタンダード・ボリューム》に基づいて長期的なROI目標値を定めた。この目標値は、事業効率、さらには競争による価格低下圧力を見極めるうえで有効な尺度になるだろうと期待された。このアプローチに従えば、長期的な利益目標を見据えながら価格を定めることができた。目標を達成できずにいる場合にも、競争による影響の大きさを推定できるようになった。いうまでもなく、ブラウンの発展させた理論は、「競争によって決まる実価格と、量にかかわらず発生するコストの相関関係によって業績が決まる」としているため、あくまで机上の理論である。しかし、その時々の量的変動に左右されない評価尺度を取り入れれば、長期の利益目標とのズレに焦点を当てて、その底流にある原因をえぐり出せるのだ。このコンセプトには、「経営は深い理論的裏づけのもとに進めるべきである」というGMの経営哲学がよく表れている。

「スタンダード・ボリューム」は、数年間の平均量をベースに全社、各事業部の業績と将来性を長期的な視点からとらえようとするものだ。一九二五年五月、このコンセプトを正式に取り入れるに当たって、私はこう記した。

（前略）株主が注目するのは各年度のリターンである。それを平均してみると、当社の事業がどれだけの可能性を持っているかが見えてくるはずである。本『手順』の示す原則に従えば、この目的を達せられるに違いない。

価格設定に際しては、特定のルールだけに固執してはならず、けっしてそのようなことを求めているわけではない。とはいえ、コスト、量、株主資本利益率の関係を適切に踏まえて標準価格を定めれば、全社にとって、個別のケースに対応するための有用な指針となるだろう。

ここに示されているように、スタンダード・ボリューム・アプローチは量、コスト、価格、株主資本利益率などを基本要素としている。量、コスト、価格が決まれば（これらは経験を加味しながらも理論的に決まる）、望ましい株主資本利益率を求められる。仮に利益率が予想を下回れば、競争によって価格が下がった、あるいはコストが予定額とずれた、といった原因が考えられる。そこで、コストを確認してみればよい。工場で何らかのトラブルがあり、五〇人もの社員が屋根の上で暇を持て余しているかもしれない。これは頻繁ではないにせよ、実際に起きたことである。ROIを計算すると、実際の生産量が標準量から乖離したらどうなるか、その結果を予測できる。

ブラウンとブラッドレーの理論面での主な貢献は、年ごとに生産量が変動する事実が、製品単価にどのように影響するかを探り出した点にある。資材費と人件費が安定しているかぎり、量の多少を問わず、単位当たりの直接費はほぼ一定だ。自動車には必ず鋼鉄が用いられている。エンジン、ホイール、タイヤ、バッテリーなども欠かせない。製造や組み立ての作業も例外なく発生する。生産エンジニアやコスト推定者は、各部品の仕入価格、資材・原材料の所要量、製造・組み立てに必要な作業量を見積もっていた。

だが当然ながら、固定間接費はまったく性質が異なる。固定費とは監督費、保守費、減価償却費、スタイリングやエンジニアリングのコスト、一般管理費、保険料、租税公課などである。生産量が変動しても、工場の固定費はほぼ一定であるため、単位当たりの固定間接費は生産量に反比例する。生産量が減れば上昇し、生産量が増えれば低減するのだ。厳密には、半固定費、すなわち生産量が増えても直ちには低減しない費用を加味しなければならないが、概して、生産量が低いと単位コストは上昇し、生産量が多いと単位コストは下落するという関係が成り立つ。

単位コストを業績尺度として用いる際には、生産量の変動による影響を避けるために、スタンダード・ボリュームに応じた単位コストを想定しなければならない。「スタンダード・ボリューム」とは、工場を通常のペースで稼働させた場合の生産量を指している。自動車の売れ行きは季節性が強いという特徴があるため、スタンダード・ボリュームはピーク時に対応できる水準でなくてはならない。スタンダード・ボリュームの概念は、さまざまな生産レベルを想定して、長期的な視点から生み出されたものだ。GMでは、年によって多少のバラツキがあるとはいえ、スタンダード・ボリュームにほぼ見合った工場稼働率が達成されている。

スタンダード・ボリュームの概念を取り入れたことで、生産量の変動による影響を取り除いて、各年度のコストを予想・評価できるようになった。単位コストは、賃金、資材コスト、業務効率のみに左右されるようになった。さらに特筆すべき点として、スタンダード・ボリュームを前提とした単位コストを把握しておけば、それを基準に、コストと価格の関係が適切であるかどうかを見極められる。単位コストに関する基礎データを揃えられるため、それを実際のコストと比べれば、隔月、あるいは各年度の業務効率がわかるのだ。

このコンセプトは、製造費用の基準値を設けるうえでも役に立った。会計基準を統一してあったため、間接製造費——社内用語では「負担額」——を工場の各部門にまで割り振るのが可能となった。これには以下が含まれる。

①賃料、保険料、減価償却費などの固定費……生産量にかかわらず一定

②監督者の給与を主体とする半固定費……短・中期的には一定

③製造人件費、生産ツールの加工費、梱包・発送用資材、減摩用オイル、メンテナンス……生産量に応じて変化

費用構成は部門によって異なるため、各部門へいかに適正に割り振りを行い、製品原価を正しく計算するかは、各メーカーに共通した難題である。これを成し遂げるためには、間接費と製造人件費を関連づけなければならない。人件費は工場労働者の実働時間と賃金から割り出せる。固定費と半固定費は、スタンダード・ボリューム・アプローチ

に沿って単位当たりの額を算出すればよい。人件費、原材料費、「負担額」などの変動費は、過去の経験、原材料の実勢価格、賃金水準などを参考にしながら単位当たりの額を求める。このようにして製造コストを分類していくと、事業部でコントロール可能な支出項目を特定できる。各費用について基準値と実績を比べると、業務効率を高めてコストを目標額以下に抑えようとのインセンティブが働く。原則としては、「不可能ではないが高めの目標」を設けることである。現場の人材の独創性、知恵、能力などを十分に引き出すためには、これが最良の方法だろう。

仮に原材料費と賃金が安定しているにもかかわらず、価格に占めるコストの比率が高いようであれば、業務効率が明らかに低下しているといえる。競争対応上、価格は上げられないため、単位コストを引き下げて価格を維持するほかない。業界全体として原材料費と人件費が高騰しているのであれば、製品の値上げは可能だろう。需要が大きければなおさらだ。自動車業界として市場のニーズに合った製品を提供し続けるためには、価格を上げざるを得ない。しかし、このような状況のもとでさえ、各メーカーは単位コストを下げる努力を怠ってはならない。競争圧力があるため、仮に値上げをしても、コスト上昇分をカバーできるとは考えにくいからである。

ところで、スタンダード・ボリューム・アプローチ以外にも価格を決める方法はある。実際の生産量――あるいは予定生産量――と実際の単位コストを基準にするのである。GMは固定費比率がきわめて高かったため、この方法を取り入れていたら、単位コストは生産量に反比例していただろう。生産量が少ない時に、単位コストの上昇をカバーするために製品を値上げしていたら、仮に競争上それが可能であったとしても、売上げをさらに抑制してしまい、利益の低下、必要労働力の減少などを招く。経済上、マイナス効果を生み出すばかりである。自動車産業では景気変動や季節変動が大きいため、実際の単位コストを重視したアプローチは、社会的、経済的に望ましくないだろう。ただし、明確に述べておきたいのだが、GMの各年度の売上げは実際の総コストに左右されるほか、生産量に応じて大きく変動していた。製品売れ行きの好不調にかかわらず、固定費は支出せざるを得ない。生産台数が標準を下回った場合、単位コストの算定に当たっては固定費は一部しか反映されないが、利益額を確定させる際には固定費が全額効いてくる。反対に、生産台数が多ければ、一台当たりの固定費が低くなるため、利益総額は増える。

以上から明らかなように、利益――すなわち価格からコストを引いた額――の水準は、市場価格に対して、いかにコストを低く抑えられるかによって決まる。これには生産量が大きく影響する。スタンダード・ボリュームを前提にすれば、一台当たりの利益はかなりの精度で予測できるが、実際の利益額は生産台数が確定するまで把握できない。自動車ビジネスでは利益は常に変動しており、その幅も往々にして大きいのだ。

GMは経営危機を契機に、財務コントロールの必要性に目覚めた。危機を再び招かないように、コントロールを導入したところ、大きな成果が上がった。一九三二年の不況時にはとりわけ目覚ましい効果を発揮してくれた。この年、GMの生産台数は対前年度比で五〇％減となり、過去最高だった一九二九年と比べると実に七二％のマイナスであった（アメリカ、カナダの合計台数をベースとした値である）。それにもかかわらず、一九二〇年のような混乱は起きず、他社が軒並み損失を計上するなか、例外的に黒字を保つことができた。

財務コントロールをとおして業務オペレーションの見直しが進むと、経営トップが個別のオペレーションに目を光らせる必要は小さくなっていった。そのようなことをしなくても、各事業部の業績を把握できるようになった。将来への判断を下すためのデータも揃っていた。GMは財務コントロールの基盤をつくり上げていた。この直後から、自動車市場は大きく変貌していく。

（原注1）ブラウン自身がこう記している。

「独占的な業界、あるいは特殊な企業は、高価格を維持して、売上げが少ないながらもきわめて高い資本収益率を実現している。健全な成長を犠牲にしているのである。価格を下げれば市場が広がり、資本利益率は下がるかもしれないが、売上げ、ひいては利益を拡大できるであろう。問題は資本コスト、供給増加能力、需要の価格弾力性がどの程度かという点である」

「したがって経営の主眼は資本収益率を単に最大化することよりも、実現可能な生産量のもとで最大化することに置かれるべきである。すなわち、生産量の増大に伴って追加資本が必要になるため、追加資本の調達コストをカバーできるだけの利益を目指さなければならない。重要なのは、各事業の資本コストなのだ」(「価格決定と財務コントロール」『マネジメント・アンド・アドミニストレーション』誌一九二四年二月号)

第9章 自動車市場の変貌

TRANSFORMATION OF THE AUTOMOBILE MARKET

自動車産業の転機

一九二〇年代半ば、GMは企業力を増進させていた。しかし、経営危機を脱し、事業部制を構築したことを除いては、いまだ目に見える成果は生んでいなかった。市場戦略を固め、財務コントロールを強め、機能間の壁を超えて総力を結集できる体制も整えたが、一九二四年末の段階では、業績を大きく伸ばすまでには至っていなかった。たしかに、一九二一年の不況が去った後、とりわけ二三年には売上げが劇的に拡大したが、これはGMの経営力よりもむしろ、景気全般の回復と自動車需要の増大によるところが大きい。社内ではさまざまな経営改善を進めていたが、市場では足踏みを続けていた。しかし、飛躍への機は熟していた。

GMにとって幸運だったのは、一九二〇年代初め、さらには二四年から二六年にかけて、自動車市場が大きく変貌したことである（これは、一九〇八年の〈T型フォード〉誕生と並び、きわめてマグニチュードの大きな出来事である）。

「幸運」と記したのは、王者フォード・モーターに挑む立場にあったGMにとって、変化は追い風だったからである。GMは失うものを持たず、変化は紛れもないチャンスだった。社内は、そのチャンスを最大限に活かそうと勇み立っていた。すでに述べてきたように、そのための地ならしもできていた。だがこの時点では、GM流の事業手法が自動車業界全体に広まるとも、業界の発展を促すとも予想していなかった。

ここでは説明を進めやすいように、自動車産業の歴史を三期に分けておきたい。

第一期（一九〇七年以前）：自動車価格が高く、富裕層のみを対象としていた時代。

第二期（一九〇八年から一九二〇年代前半まで）：マスマーケットが開拓された時代。フォードが「価格を低く設定して自動車を輸送手段として普及させる」というコンセプトをもとにこのトレンドを主導した。

第三期（一九二〇年代中盤以降）：モデルの改良が重ねられ、多様化が進んだ時代。

GMの方針は、第三期のトレンドに合っていた。

このいずれの時代にも、アメリカ経済は長期にわたって拡大しているが、成長の速度も、国民への富の分配状況も、それぞれ異なっている。初期にごく一握りの富裕層が、高価でしかも今日から見れば信頼性の乏しい自動車を購入したからこそ、自動車産業は成り立った。やがて、数百ドルの自動車を購入する人々が増え、〈T型フォード〉のような廉価な車種が生み出された（〈T型フォード〉は市場が長く待ち焦がれていた製品だったといえるかもしれない）。一九二〇年代に入ると、自動車産業が牽引役となって経済がさらに拡大した。こうして数多くの複雑な要因が生まれ、市場は再び大きく変貌することになった。自動車産業は大きな転換期を迎えようとしていた。

では、新しい要因とは何か。おそらく四つにまとめられるだろう。①割賦販売、②中古車の下取り、③クローズド・ボディの登場、④年次のモデルチェンジ（自動車を取り巻く環境まで考えに入れるなら、「道路の整備」という項目も加えたい）。これらはいずれも、今日では業界に深く根を下ろしており、自動車市場と不可分の関係にある。一九二〇年代前半までは、自動車の買い手は初回購入者がほとんどだった。支払い方法は現金あるいは個別仕様のローン。製品はロードスターもしくはツーリング・カーで、モデルチェンジは稀にしか行われなかった。このような状況は何年も続いていたが、ひとたび流れが変わると、ごく短期間にすべてが激変した。個々の要因は異なった時期に生まれ、異なったスピードで変化していったが、それらが相俟ってやがて大きなうねりとなっていった。

自動車販売に割賦制度が取り入れられたのは、第一次世界大戦（訳注：一九一四〜一八年）の少し前である。割賦販売というある種のローン制度が普及したため、自動車のように値の張る製品でも、多くの人々が購入する道が開けた。割賦制度の普及状況については、統計データがきわめて不十分だが、間違いなくいえるのは、一九一五年にはごく珍しかったにもかかわらず、一〇年後の一九二五年には新車のおよそ六五％が割賦で販売されるようになっていたということである。所得が右肩上がりで伸び、その傾向が続くだろうとの見通しが一般的だったため、消費者は当然、より高品質の製品を求めるようになった。私たちは、割賦販売の普及によってこのトレンドに拍車がかかると予想した。

下取り制度は、顧客がマイカーを売って新車購入の頭金に充てようとしたのに始まり、次第に定着していった。これはディーラー制度のみならず、製造をはじめとする自動車生産全般に革命的な変化を引き起こした。それというのもカーオーナーの大多数が、耐用年数の残った状態で新車への買い替えを考えるようになったからである。

下取り制度の普及に関しても、一九二五年以前の統計は皆無に等しいが、第一次大戦以後、飛躍的に広まったと考えてよいだろう。理由は明快で、それ以前は自動車自体がほとんど普及していなかったのである。一九二〇年代の初めまでは、自動車の買い手はほとんどが初回購入者で占められていた。アメリカの乗用車普及台数は、一九一九年から二九年にかけて年々急増していった。

一九一九年	六〇〇万台
一九二〇年	七三〇万台

一九二一年	八三〇万台
一九二二年	九六〇万台
一九二三年	一一九〇万台
一九二四年	一三七〇万台
一九二五年	一五七〇万台
一九二六年	一六八〇万台
一九二七年	一七五〇万台
一九二八年	一八七〇万台
一九二九年	一九七〇万台

他方、輸出分も含めた生産台数は次のように推移している。[原注1]

一九一九年	一七〇万台
一九二〇年	一九〇万台
一九二一年	一五〇万台
一九二二年	二三〇万台
一九二三年	三六〇万台
一九二四年	三二〇万台
一九二五年	三七〇万台
一九二六年	三七〇万台
一九二七年	二九〇万台

一九二八年　　　　三八〇万台
一九二九年　　　　四五〇万台

この生産ペースであれば、パイの拡大と買い替え需要の両方に十分に応えられた。中古市場に出された車は一般に、二、三人の持ち主をへてからスクラップ化されていたため、中古車の下取り件数は増え続けていたと考えられる。

クローズド・ボディは、第一次大戦以前はきわめて稀で、注文生産の対象だったが、一九一九年から二九年にかけてその全体に占める比率は一〇％、一七％、二二％、三〇％、三四％、四三％、五六％、七二％、八五％と絶えず上昇を続けた。

モデルチェンジについては、詳しくは後述する。ただし、一九二〇年代初めまではモデルチェンジを頻繁に行うという発想は一般的ではなく、フォードなどはむしろそれと相反する考え方のもと、同一モデルを長年売り続けていた。

ＧＭの経営陣は、デュラント退陣後の一九二一年にはすでに、前記四つの変化に気づき始めていた。割賦販売への対応としては、一九一九年にＧＭＡＣ（ＧＭアクセプタンス・コーポレーション）を設立している。クローズド・ボディ製造の先駆けであるフィッシャー・ボディにも出資していた。ＧＭは中価格以上のセグメントを主な市場としていた関係上、中古車の下取り要望にも応えていた。車種の改良にも毎年努めていた。それでも、今日から振り返ってみれば、四つの変化、なかんずくそれらの相互作用が市場全体に大きく広がりつつあるとは意識していなかった。私たちにとってこれらの動きは、市場データをとおして浮かび上がってくる不確実性、馴染みの薄い新しい現象にすぎなかった。しかし、一九二一年の製品ポリシーを支える考え方は、市場のトレンドに合っており、両者の親和性は強まっていくばかりであった。

二一年にこの製品ポリシー――あるいはプラン、戦略など、どのように呼んでもよいのだが――を打ち立てたからこそ、二〇年代にＧＭは単に幸運を追いかけるのではなく、変化の激しい市場に自信を持って挑むことができた。製品ポリシーの核心にあったのは、中価格車と低価格車（フォード）の間に〈シボレー〉を位置づけ、ニッチを拡大していくといった戦略的発想である。当初はこの一点のみが実質的な意味を持っており、自動車市場全体に関する戦略構想は漠然としていた。

とはいえ、ポリシーの実行は一時足踏みを余儀なくされた。銅冷式エンジンの開発に邁進した時期、GMはエンジニアリング分野の夢を追い求め、ビジネスの基本をないがしろにしてしまったのだ。私たちを目覚めさせてくれたのは、「年間販売総数四〇〇万台時代」の到来である。一九二三年のことだった。この年、〈シボレー〉はおよそ四五万台を売り上げている。GMはバラ色の未来を描いたが、翌二四年の景気後退によってそれは無残に打ち砕かれた。そこで私たちは再び目を覚ました。二一年に立てた製品ポリシーを真に意義あるものにするためには、製品そのものを変えなければならなかったのである。

ある事実が私たちの心に特に重くのしかかってきた。一九二四年、業界全体の販売減が一二％であったのに対して、GMはマイナス二八％を記録したのである。市場全体の対前年度マイナスは四三万九〇〇〇台。この実に半数近くにGMが「貢献」していた。フォードが市場シェアを五〇％から五五％に伸ばす一方、GMは二〇％から一七％へと低下させた。〈ビュイック〉と〈キャデラック〉の販売も減少したが（不況時に値の張る車種が売れなくなるのは予想されたことである）、大打撃を受けたのは〈シボレー〉で、減少幅は三七％にも及んだ。しかも、〈シボレー〉とほぼ同じ価格帯の〈フォード〉はわずか四％しか減っていない。

もちろん、原因は一九二四年のさまざまな出来事やマネジメント上の失策だけではなく、それ以前からの出来事に不況が追い打ちをかけたのだった。自動車産業に特有の事情として、設計から生産までには長い期間がかかるという点が挙げられる。ある年の施策は――少なくとも部分的には――二、三年も前の意思決定を踏まえたものなのである。したがって、一九二四年に〈シボレー〉の販売が低迷したのも、おそらく、それまでの三年間に製品開発が滞った結果だろう。とりわけリアエンド（後部）のデザインは評判が芳しくなかった。欠点をあげつらっても役には立たないが、悔やまれることに、本来私たちは製品をどこまでも改良していくはずであった。アクセサリーも豊富に用意して、自動車を輸送手段として充実させていくはずであった。〈シボレー〉に至っては、やや高めの価格設定と大きな魅力によって、〈T型フォード〉から顧客を奪えるはずだった……。一九二一年の製品ポリシーと二四年に市場に出回っていた〈シボレー〉の間には、埋めがたいほど大きなギャップがあった。だが、ポリシーは断固として変えなかった。販売不調の原因は十分に理解していたつもりである。

一九二三年夏に銅冷式エンジンのプロジェクトが中止になるや、ハント率いる〈シボレー〉のエンジニア陣は、既存車種のモデルチェンジに全力を傾けるようになった。その成果は一九二五年モデルイヤーに〈K型シボレー〉として結実する。〈K型シボレー〉はそれまでにない特徴に満ちていた。ロングボディ、ゆとりのレッグルーム、アールデコ調の内装、クラクション、高性能のクラッチ。クローズド・カーには一枚仕立てのフロントガラスと自動ワイパーが、コーチとセダンにはルームライトがつき、不評だったリアエンドも大幅に改良されていた。「革命的」と評するには程遠いかもしれないが、既存モデルと比べると長足の進歩で、それまでイメージでしかなかったものが初めて現実となった。〈K型シボレー〉は好景気の波に乗り、一九二五年には〈シボレー〉ブランドを失地回復へと導いた。その年の工場出荷台数は四八万一〇〇〇台。対前年度比六四％増で、ピークだった二三年をも六％ほど上回った。

フォードの販売台数は、乗用車、トラック合計でおよそ二〇〇万台とほぼ横ばいだったが、市場全体が二四年から二五年にかけて目覚ましく拡大したため、シェアは五四％から四五％へと下がっている。ヘンリー・フォードが気づいていたかどうかは別として、フォードにとって危険な兆候が見え始めていた。もっとも、低価格車市場では依然として七〇％近いシェアを持ち、価格二九〇ドル（スターターと取り外し可能なホイールリムを除いた価格）のツーリング・カーは不動の地位を築いているように見受けられた。〈シボレー〉のツーリング・カーは、アクセサリーや機能が多かったため単純に比較はできないが、五一〇ドルだった。〈フォード〉のセダンはスターター、取り外し可能ホイールリムを加えて六六〇ドル、〈K型シボレー〉は八二五ドルであった。ただし、ディーラーの値引き幅は〈シボレー〉のほうが大きかったため、実勢ベースでは価格差はもう少し小さかったはずである。

当時シボレー事業部は、フォード車よりも優れた価格性能比を実現して、高い評判を築くことを目指していた。事実、アクセサリーなどの条件を揃えたうえで比べれば、〈フォード〉と〈シボレー〉の価格差はそれほど大きくなかった。品質に関しても、「価格差を上回る品質差を実現しています」と買い手に訴えていた。そのうえで、たゆまぬ改良を続けていくことを誓った。フォード車に関しては、飛躍的な改良はあり得ないだろうとにらんだ。GMはプランを実行に移し、おおよそ計画どおりに進めていった。

〈K型シボレー〉は市場から強く支持されたが、価格差も手伝って、〈T型フォード〉から多数の顧客を奪うには至らなかった。それでも私たちは、やがては大きな市場支配力を手にして〈T型フォード〉の水準にまで価格を下げようと考えながら、前進を続けた。

一九二一年の製品ポリシーにあるように、GMは全車種について、「価格とデザインの魅力で、上下のセグメントから買い手を引き寄せる」のを狙っていた。〈シボレー〉はより低価格の〈フォード〉に対抗する車種だった。同じように、上のセグメントから〈シボレー〉に脅威が及ぶことも考えられた。一九二四年に私たちは、この点を強く意識しながら〈K型〉の市場投入準備を進めた。

その年、GMの価格リストを見ると、いまだ一九二一年の製品ポリシーを十分に実践できずにいると痛感させられた。売れ筋は依然としてツーリング・カーでその価格は以下のとおりであった。

〈キャデラック〉　二九八五ドル

〈ビュイック6〉　一二九五ドル

〈ビュイック4〉　九六五ドル
〈オークランド〉　九四五ドル
〈オールズ〉　七五〇ドル
〈シボレー〉　五一〇ドル

高価格帯の〈キャデラック〉と〈ビュイック6〉、低価格帯の〈オールズ〉と〈シボレー〉の間にはそれぞれ、大きな価格差があった。対策として私は、キャデラック事業部に「二〇〇〇ドル前後のファミリーカーを投入してはどうか」と提案した。ここから生まれたのが〈ラ・サール〉で、一九二七年に発売され一世を風靡した。だが、価格戦略から見て何より危険だったのは、〈オールズ〉と〈シボレー〉の間にあるギャップだった。両者の中間に新車種を投入すれば、大きな売上げにつながるように思われた。GMが〈シボレー〉を武器にフォードを追い詰めようとしていたのと同じように、〈シボレー〉が他社から追い詰められる危険があった。

新車の構想

そこで、需要に応えるためにも、他社の機先を制するためにも、この隙間市場を埋めておかなければならなかった。このような考えからGMは、その社史をとおしてもきわめて重要な判断を下すことになった。六気筒エンジンを搭載した新車種を、〈シボレー〉よりやや上の価格帯に投入すると決めたのである。エンジニアリングの観点から私たちは、いずれ六気筒、八気筒が主流になるだろうと考えた。同時に、戦略の観点からは、規模の経済も求められた。新車種は一部顧客層をめぐって〈シボレー〉と競合するのが避けられないため、仮に十分な規模の経済を得られなければ、〈シボレー〉と「共倒れ」になりかねない。私たちは、新車種に部分的に〈シボレー〉の設計を活かし、それによってコストを下げようとした。

このアイデアについては、私が社長に就任してまもなく、ハント、クレーンと話し合った。すでにその時、ボディと車台を銅冷式、水冷式両方に対応させるという経験をとおして、貴重な教訓を得ていた。次世代のエンジンがいずれに落ち着くか不明確だった時期のことである。六気筒車を開発するに当たっては、〈シボレー〉のボディと車台を転用したいと考えた。六気筒は四気筒よりも高い走行性を実現できなくてはならない。そのためには、ホイールベースを長くし、エンジンの排気量と馬力を高める必要があった。車両重量も増すはずだった。長く深いフレーム、重い前方車軸、クレーンが提案したショートストロークのL型六気筒エンジンなど、新しい要素も加えることになった。

設計は本社のエンジニアリング委員会の手で進められていたが、私はこの新車種の商用化をどの事業部の管轄下で進めるべきか迷いを抱いていた。そのような折、オークランド事業部長のハナムから「開発以降を当事業部で引き受けたい」との申し出があり、私は一九二四年一一月一二日付で回答を記した。そこには〈シボレー〉との連携、さらには競合他社への対応についての私の考え方が示されている。

一〇月一一日付でデトロイトのオフィスに書面をいただいていましたが、ご存じのように〈ポンティアック〉と新車種の関係について考えが定まっていなかったため、返事が遅れました。しかし、いただいた書面はこの間、何度もじっくりと目を通し、最良の選択にたどりつこうとしてきました。

私の心の中では以前からはっきりしている点があります。くだんの新車種には市場があるが、GMが手をこまねいていれば早晩、他社に占領されてしまうということです。GMが市場を完全に押さえられるのであれば、私もさほど気をもまないでしょうが、幸か不幸かそうではないため、他社の動きに注意を払わなければなりません。

議論のプロセスで難しい問題が持ち上がってきました。〈シボレー〉をベースにするとの構想が揺らぎ始めているのです。議論の都度、さまざまなアイデアが飛び交い、皆の意見を取り入れていたら、〈オールズ〉や〈オークランド〉、いえむしろ、〈ビュイック〉や〈キャデラック〉とほとんど変わらない車種になってしまうでしょう。つまり、〈シボレー〉の車台に六気筒エンジンを搭載するという基本路線を守らないかぎり、成功は覚束ないのです。この点はご理解いただけるでしょう。

そこで私は、このプロジェクトをスムーズに進めるためには、シボレー事業部に開発を委ねるべきだとの結論に達しました。そうすれば、〈シボレー〉の資産をできるかぎり活かそうとの力が働くでしょう。他の方法を取れば、エンジニアのごく自然で望ましい性質として、自分の意志とアイデアを仕事に反映させようとするに違いありません。それに反した選択をするのは、自動車全般の発展にとってはマイナスかもしれませんが、このプロジェクトに関してはプラスであるはずです。新しい車種は〈シボレー〉をベースにして、その部品、製造工場、組立工場などを活かして世に出すのです。量産体制に入ってからでないと無理かもしれませんが、いずれにせよこの方針はけっして変わりません。

以上のような考えから、私はクヌドセン氏とも相談したうえで、すべてをエンジニアリングのプロであるハント氏に委ねようと決めました。ハントにはこれまでの経緯を踏まえたうえで、慎重に現状を見極め、前向きにプロジェクトを進めることを期待しています。シボレー事業部は、独自にエンジンの開発を進めているはずですから、両プロジェクトを歩調を合わせながら進められるでしょう。（後略）

これを記した日、私は経営委員会に同じ件で報告書を提出している。『〈ポンティアック〉の現状』というタイトルで、ここにも私の考え方が明らかになっている。以下その中から、コスト、競争、社内の連携や役割分担など、新車種をどの事業部の管轄とするかの決め手となる要素について論じた部分を引用したい。


ブラウンが部下に指示してコストを算出してくれた。いまだ議論の余地が残されているとはいえ、大筋では妥当だろう。新しい車種を仮に七〇〇ドル前後として、間接費を他のコストと同じ基準で配賦すると、十分な利益を見込める。申し分のないリターンが得られるのである。ここで参考にしたのは〈オールズ〉エンジンのデータだが、高コストであるため、実際には別のエンジンを使うことになるだろう。コスト、株主へのリターン、どちらに着目しても、このプロジェクトはきわめて有望である。何としても前に進めなければならない。

加えて、未確認ながら、競合他社に同じような動きがあるようだ。新車種が〈オールズ〉〈シボレー〉と〝共食い〟をするおそれがあるが、他社に市場を奪われるよりはみずから攻勢に出るべきだろう。GM車どうしの競合、他社との競合とも、いずれは現実のものとなりそうである。

この構想は一年前から検討してきたが、率直なところ、これまでほとんど進展を見せていない。このテーマを議論の俎上に載せるたびに、経営委員会の面々は実現性に首を傾げるようである。だが、私自身は確信するに至った――このプロジェクトは、既存組織から独立したエンジニアリング部門、あるいは〝生みの親〟であるオークランド事業部に委ねたのでは、けっして成功しないだろう。成果を上げる唯一の道は、シボレー事業部に任せることである。そうすれば、車台の共有化も無理なく行えるだろう。自分の意志やアイデアを仕事に反映させようとするのがエンジニアたちの自然な性質ではあるが、それに影響されてプロジェクトが本来の方向から逸れるような心配はないだろう。言い換えれば、適切な方向にプロジェクトが進むのである。

この報告書の大きな意義は、二車種の協調開発をいかに進めていくかを論じている点である。それというのも、〈ポンティアック〉はいち早く製造の規格化に取り組んでいたのである。規格化は大量生産の基本には違いないが、当時の「大量生産」は、〈T型フォード〉に代表されるように、あくまでも単一の製品を前提としていた。ところが〈ポンティアック〉は、複数の車種で規格化を進め、この分野での先駆けとなった。これはフォードと対極にある発想である。GMはすべてについてフォードと逆の発想をした。GMは五つの価格セグメントすべてに車種を投入し、車種によっては複数のモデルに分けていたため、〈ポンティアック〉が切り開いた規格化路線は、全製品ラインに大きな影響を及ぼした。仮に低価格車のスケール・メリット（規模の利益）を高価格車にまで及ぼすことができれば、全製品が大量生産の恩恵に浴す。この考え方によって一九二一年の製品ポリシーは厚みを増し、程度の差はあるにせよ、やがてすべての製品に取り入れられる。

問題の〈ポンティアック〉はシボレー事業部で組み立てとロードテストが行われ、その後〝古巣〟のオークランド事業部の全面的な責任のもと、〈オークランド〉の姉妹車として開発の最終フェーズ、生産、セールスなどが進められた。一九二六年モデルイヤーに照準が合わされていた。

このプロジェクトと時を同じくして、しかしほとんど無関係に新しい動きが生まれ、〈ポンティアック〉〈シボレー〉〈T型フォード〉の先行きを大きく揺るがした。一九二一年、ハドソン・モーター・カンパニーのロイ・チャピンが、〈エセックス〉のコーチ・モデルを、従来のツーリング・モデルより三〇〇ドル高い一四九五ドルで市場に投入したのだ。これは業界の通例と比べると小さい価格差であった。二三年には〈エセックス〉四気筒コーチは一一四五ドルに値下げされ、翌二四年には後継車種の六気筒が九七五ドル（ツーリング・モデルよりも一二五ドル高い価格）で投入された。さらにその年の夏、値上げによってコーチ・モデルが一〇〇〇ドル、ツーリング・モデルが九〇〇ドルとされた。ところが二五年の初めになると、コーチが八九五ドル（ツーリングより五ドル低い価格）となった。自動車業界始まって以来の大胆な試みによって、〈エセックス〉コーチは大人気を博した。このことから、クローズド・カーが大量生産によって価格を下げていけば、いずれ低価格車市場でも優勢になるだろうとの予感が生まれた。

これはいずれにしても時代の趨勢となったのだろう。だが〈エセックス〉の動きに刺激されて、GMはクローズド・ボディの開発と、新型〈ポンティアック〉の市場投入準備にますます熱心に取り組むようになった。

もっとも、クローズド・ボディへの移行はすでに進んでいた。一九二四年九月一八日には経営委員会で、「クローズド・カーの人気が急激に高まっているようである。オープン・カーの開発・生産には慎重の上にも慎重を期さなければならない」との注意喚起が行われている。一〇月にはクローズド・カーの生産を、（それまでおよそ一年間の実績である）全体の四〇％から、一一月以降は七五％へと引き上げると決まった。さらに一年後の一九二五年末には、その比率はほぼ八〇％に達している。

私の記憶にあるかぎり、〈ポンティアック〉は〈エセックス〉から直接の影響を受けて開発されたわけではないが、

〈エセックス〉と競合するのは確実だった。〈ポンティアック〉は、クローズド・ボディ——クーペとコーチ——のみを開発することになった。

一九二五年九月三〇日の経営委員会で私は、自信を持ってこう宣言した。「一二月に〈ポンティアック〉を発売できる運びとなった。〈シボレー〉の部品を活かして、六気筒車としては可能なかぎり価格を抑えた。GMの枠を集めた新型車が登場するのである」

一〇月二一日にはやはり経営委員会の場で、市場での競争が激しくなっていると訴え、その全般的な状況を説明した。議事録から一部を抜粋しておきたい。「〈シボレー〉に対して、やや上の価格帯から〈エセックス〉が、低価格帯からは〈T型フォード〉が猛烈な攻勢をかけている（フォードは価格低下よりも、品質向上を重視した戦略に転換したようである）」

〈ポンティアック〉はスケジュールどおり、一九二六年モデルイヤーに市場に投入された。コーチタイプの価格は八二五ドル。〈シボレー〉コーチタイプの六四五ドルと〈オールズ〉コーチタイプ九五〇ドルのほぼ中間である。これで、〈シボレー〉と〈オールズ〉の価格ギャップが埋められた。

このようにして、GM各車種が価格面で適切に棲み分けるようになった。高価格セグメントには〈キャデラック〉（最高価格車）、〈ビュイック〉。価格ピラミッドの底辺は〈シボレー〉の定位置となった。オークランド事業部は、やがて〈オークランド〉の製造を中止、〈ポンティアック〉のみに絞り、ブランドに合わせて事業部名も改めた。〈ポンティアック〉は当初のコスト構造を保ちながら、独自性を強めていった。そして、〈ビュイック〉と〈ポンティアック〉の間に〈オールズ〉があった。全車種を価格の高い順に並べると〈キャデラック〉〈ビュイック〉〈オールズ〉〈ポンティアック〉〈シボレー〉となる。そう、今日とほとんど変わらない製品ラインが築かれたのだ。

一九二〇年代の車種すべてについて、その発展を詳しく説明するのは控えたい。〈オールズ〉と〈オークランド〉

は存在感が薄かった。〈ビュイック〉は全般的には売れ行きが好調だったが、その時々で波があった。〈キャデラック〉も高価格セグメントにリーダーとして君臨していたが、一九二五年の初め以降一時、その地位を他に明け渡した。これらの車種に関しては興味深い事実が少なくないが、ここではむしろ、当時最も大きなインパクトを持った変化について述べたい。規模の大きな低価格市場、すなわちGMがフォードに戦いを挑んだ市場での変化である。

このセグメントでの競争の行方は、自動車が十分な信頼性を得て以降、最大の進歩といえるだろう。クローズド・カーの登場は、自動車が十分な信頼性を得て以降、最大の進歩といえるだろう。クローズド・カーによって決定づけられた、私はそう考えている。クローズド・ボディの登場によって、自動車は年間をとおして快適に乗れるようになり、用途が広がった。価格はオープン・ボディより高く、一九二五年式〈K型シボレー〉について見ると、コーチ、セダンはロードスターに比べてそれぞれ四〇％、五七％ほど割高だった。

〈エセックス〉は量産型クローズド・カーの先駆けでありながら、オープン・カーとさほど変わらない価格水準だった。快挙には違いないが、けっして安価ではなかった。〈シボレー〉を圧迫してはいたが、低価格車ではなかった。〈シボレー〉のほうは、一九二五年の段階で――〈T型フォード〉より依然として高めだったとはいえ――低価格のクローズド・カーとしてのポジションを確立していた。この背景にはフィッシャー・ボディの貢献があった。

フィッシャー・ボディ

そこで、フィッシャー・ボディについて少し言及しておきたい。GM車のボディを一手に製造していた企業である。すでに述べたとおり、GMは一九一九年にフィッシャーに六〇％ほど出資して、その製造能力の上限までボディを注文した。二六年には残りの株式も取得して、事業部として吸収している。これには数多くの理由があった。すでに二五年二月三日の経営委員会で、こう議論されている。「〈シボレー〉はニュー・モデルを投入できないため、販売台数が伸び悩んでいる。主な原因は、フィッシャー・ボディがクローズド・ボディを大量に生産できないことである」。ボディと車台について、製造面での連携を深めれば、経済性が高まるはずである。クローズド・ボディが広く普及しつつあったことから、ボディを内製化するのが理にかなっていると思われた。フィッシャー兄弟とも絆を深めておきたかった。

フィッシャー兄弟は伝説的な存在である。ぜひ自伝を残すべきだろう。彼らがボディを製造していたのに対して、私は車台関連のビジネスから自動車の世界に入ったため、早い時期から交流があったわけではない。それでも、彼ら兄弟が、馬車製造から発して卓越した技術を手にしたことは伝え聞いていた。フィッシャー・ボディ・カンパニーは一九〇八年の設立である。フィッシャー・クローズド・ボディ・カンパニーは、〈キャデラック〉一五〇台の注文を受けて一九一〇年に、フィッシャー・ボディ・カンパニー・オブ・カナダは一九一二年にそれぞれ設立されている。これら三社が一九一六年に統合してフィッシャー・ボディ・コーポレーションとなり、さまざまな自動車メーカーに製品を納めていた。〈ビュイック〉と〈キャデラック〉も顧客だった。フレッド・J・フィッシャーが一九二二年にGMの経営委員会のメンバーとなったため、これを契機に、私は彼をよく知るようになった。フレッドは経営委員会に大きく貢献し、二四年には財務委員会のメンバーにも就任している。同じ年、チャールズ、ローレンスも経営委員会に加わり、私はローレンスをキャデラック事業部長に指名した。兄弟のうちウィリアム、エドワード、アルフレッドはフィッシャー・ボディに残り、ウィリアムが社長を務めていた。ローレンスはGM車のスタイリングを進化させるうえでかけがえのない貢献をしてくれた。これについては後の章で詳しく述べたい。

クローズド・ボディの普及は目覚ましく、業界全体で一九二四年に四三%、二六年に七二%、二七年に八五%を占めるようになった。〈シボレー〉について見ても、四〇%、七二%、八二%となっている。紛れもない大変化だった。

クローズド・ボディが普及を始めると、フォードは低価格市場での覇権を脅かされた。フォードが社運をかけた〈T型フォード〉は、オープン・ボディを前提とした設計思想に貫かれており、車台が軽いため、クローズド・タイプの重たいボディを支えられなかった。こうして二年足らずの間に、すでに時代に合わなくなっていた〈T型フォード〉は技術面での競争力を失っていった。このような状況にもかかわらず、フォードは〈T型〉のクローズド・ボディを売ろうとした。一九二四年には、〈T型〉販売総数の三六％がクローズド・タイプで占められていた。続く三年間、市場全体のトレンドとは裏腹に、その比率は伸び悩み、二六年が五一・六％、二七年が五八％にとどまった。同じ期間に〈シボレー〉は、クローズド・ボディの比率を八二％にまで上げている。

〈シボレー〉はコストが低く、価格を抑えられたため、一九二五年から二七年にかけて、狙いどおり〈T型フォード〉への対抗力を強めていった。〈シボレー〉二ドアコーチが七三五ドル、六九五ドル、六四五ドル、五九五ドルと値を下げていったのに対して、〈T型フォード・テューダー〉は一九二五年五八〇ドル、二六年六月五六五ドル、二七年四九五ドルと推移している。このようにして、二一年の製品ポリシーを武器にGMは〈T型フォード〉を追い詰めていったのだが、そのプロセスでは大きな驚きに遭遇した。王者フォードが変化に対応できなかったのである。なぜだろうか。私にもその答えはわからない。センチメンタルな言い伝えによれば、フォードは自動車を安価で普及型の輸送手段にしたとされている。だが現実のフォード車は、必要最低限の輸送手段としてさえも、十分な価格性能比を維持できなくなっていた。

一九二五年から二六年にかけて、〈シボレー〉が〈フォード〉を猛追していたことは疑いない。二五年には両ブランドの工場出荷台数はそれぞれ四八万一〇〇〇台、二〇〇万台であった。二六年には六九万二〇〇〇台、一五五万台とその差が縮まっている。規模を強みとしてきたフォードが、その力を急速に失い、売上げ、利益を何とか死守しなければならない状況に陥っていた。〈T型フォード〉はエンジニアリングと市場、両方の変化についていけなかった。

そのようななか、フォードは衝撃的な行動、見方によっては自殺にも等しい行動を取った。一九二七年五月にかのリバー・ルージュ工場の操業を停止し、設備更改のためにほぼ一年にわたって閉鎖を続けたのである。低価格市場は〈シボレー〉の独壇場となり、やがてクライスラーの〈プリマス〉を迎え入れる。フォードは一九二九年、三〇年、三五年と販売台数トップの座を奪回するが、GMの前に概して劣勢に立たされていた。かつて天才的なひらめきを随所に見せたヘンリー・フォードだが、市場が一八〇度変貌したことをついに理解しなかったようである。ヘンリー・フォードが知り尽くした市場、氏に不朽の名声をもたらした市場は、もはや過去へと消え去っていた。

ここでしばし、一九二三年——自動車の市場規模が初めて四〇〇万台に到達した年——に話を戻したい。この年から二九年まで、若干の変動はあったが、新車の販売台数はほぼ同じ水準で推移した。他方、普及台数のほうは伸び続けている。中古車を含めた自動車市場全体は拡大していたが、新車市場の伸びは止まり、メーカーとしては、買い替え需要に応えながら、初回購入者を開拓していかなければならなかった。基本的な輸送手段の需要は、新車よりはるかに安価な中古車が満たしていた。新車はそのような需要に応える必要がなくなっていたが、ヘンリー・フォードはその事実を見落としていた。この一点だけからも、一九二三年以降、フォードのアメリカ市場についての認識が現実とずれていたことがうかがえる。二三年以降、ヨーロッパとは異なって、アメリカの自動車市場では、「人や物をただ運べればそれでよい」といった需要は、主に中古車が満たすようになっていったのである。

顧客が一台目を売った代金を頭金に充てて、二台目を購入しようとする場合、求めているのは付加価値の高い自動車である。中所得者層は、下取りや割賦販売といった制度に助けられて、需要を形成していたが、望んでいたのは単なる輸送手段ではなく、パワー、先進性、快適性、利便性、デザイン性などを備えた車だった。このようなアメリカ人のライフスタイルを理解し適応したメーカーが、繁栄を手にすることになる。

以上のように、割賦販売、中古車の下取り、クローズド・ボディ、年次モデルチェンジという四つのファクターが一九二〇年代に生まれ、互いに作用し合って、市場を変貌させていった。このうち、これまで詳しく説明してこなかったファクターがある。モデルチェンジである。

新しい販売政策の必要性

当時、いずれのメーカーも「年ごとにモデルチェンジを行う」とは宣言していなかった。しかし、より優れた車種を提供していくために、当然なすべきことであった。これに伴って、洗練された販売手法も求められるようになった。一九二五年七月二九日のセールス委員会で、私は次のような方針を打ち上げた。

GMは大メーカーとなり、「適正な価格で高品質の製品を提供していく」との目標を掲げてきた。他社は別の方針を取っているところもあるようだが、社内ではこの方針が正しいということで認識が一致しているはずだ。ただし、このような道を歩もうとすると、品質向上にコストをかけながら、利益を確保しなければならないため、セールス部門の負担が増す。

セールス部門の名誉のために述べれば、これまで一部の車種によってGM車の評判が引き下げられていた。だが、新製造年度からはそのようなおそれはなくなる。すべての車種を、胸を張ってお客様にお勧めできるはずだ。誰一人として異を唱える者はいないはずである——新しい製品ラインアップは、一〇〇%の信頼性を持っている。価格も競争力があり、同時にコストにも見合っている。価格を低減できたのは、一つにはコストを抑えられたからだ。特に、フィッシャーがクローズド・ボディを増産して、そのコストを下げたのが大きい。品質を保ちながら設計を変更したことも、低コスト化に貢献している。ただし、利益も減少している点を忘れてはならない。

少し説明したい。過去六カ月間と同じ台数を、新しい価格・コストで販売したとすると、利益はおよそ二五%も減る計算になる。

現状を見るかぎり、販売台数はさほど上向いていない。上半期の高業績は、利益幅の大きさに支えられている。本年度の小売販売台数は、これまでのところ昨年度とほぼ同じ水準にある。従来も価格は、基本的には妥当な水準だったが、八月一日以降の価格ラインアップによって、他社よりも有利に競争を展開できるのは間違いないだろう。むしろ、新しい価格は、販売台数が増えることを前提に成り立っている。そして、台数を売るためには、セールス部門に大きな役割を果たしてもらわなければならない。新しいラインアップを価格、品質の両面から眺めてみれば疑いようがないだろうが、販売を伸ばせるかどうかはひとえにセールス努力にかかっている。まさにセールス部門の力にかかっているのだ。

続いて私は、「フットワークの悪い大企業病にかかってはいけない」と檄を飛ばし、結びに自動車産業が新しい時代を迎えたことを一同に告げた。

マーケティングに関しては、多くの面でより大胆に、よりアグレッシブに動くべきではないだろうか。私はかねてから、GM全社としてセールス努力が足りないのではないかと感じていた。もとより、自動車業界全体が、主に技術畑の人材によって築き上げられてきたのは事実である。だが、いまこそ、営業・セールスの重要性に目覚めるべきだろう。

その後、「GMは動きが鈍い」というのが私の杞憂だったことがはっきりした。アメリカン・フットボールの監督が、最強チームの力を見くびっていたようなものである。「高品質車を適正な価格で提供する」とのスローガンは、より優れた車種を提供していくという基本方針を表したもので、一九二一年の製品ポリシーにも通じている。これに沿って、事業部ごとに強力なディーラー組織を設ける必要があった。熱意のあるディーラーを戦略的に育成して、新車・中古車の販売をとおして健全な利益を上げてもらうことが欠かせなかった。詳しくは後の章に譲りたい。

以上のように、すべては首尾一貫している。方針を決めてから歩を進めたところ、目の前の霧が晴れ、すべてがうまくいくようになった。製品についての方針は、たゆまぬ改善を続けていくということだった。一九二五年に〈K型シボレー〉を改良したのは、すでに述べたとおりである。同じ年、〈シボレー〉向けに六気筒エンジンの開発にも着手している。二六年にはキャデラック事業部が業界に先駆けて、スタイリングを独立の機能として重視するようになった。二七年から二八年にかけては、〈シボレー〉のスタイリングを改めた。二八年、〈シボレー〉に四輪ブレーキを取り入れるとともに、エンジンの六気筒化に備えてホイールベースを四インチほど長くした。ところが、新型エンジンの導入は二九年にずれ込み、フォードが先に四気筒〈A型〉を世に出した。

一九二五年七月二九日のセールス委員会に話を戻すと、この席上、年次モデルチェンジを議論の俎上に載せはしたが、正式な取り組みとするのは極力避けるようにしていた。この時の議事録は『年次モデルチェンジと継続的な製品改善』というタイトルで残されている。一九二〇年代の議事録として、唯一私自身の手元にあったものだ。その内容は読者の参考になるかもしれない。

スローン：モデルチェンジを毎年繰り返すのは、さまざまなリスクが伴う。このため、誰一人として前向きになれずにいる。どうしたものだろうか。

グラント（シボレー事業部長）：私も反対です。毎年決まった時期まで待ってから改良するというのは、いかがなものでしょう。時期を限定してしまうのではなく、絶えず努力していくべきだと思いますが。

スローン：もちろん、それが望ましいケースもあるだろう。しかし、ボディ自体を頻繁に変えるのは、実際問題として無理ではないだろうか。

グラント：「モデルチェンジは年に一度」という発想には断固反対です。細かい改良は、あえて宣言するまでもなく常に実施すべきですから。では、全面改良やボディの入れ替えはどうか。これは、新しいモデルと位置づけるべきでしょうが、「年に一度」とするのがよいとは思いません。フルモデルチェンジは、一年七カ月後、あるいは二年後でもよいわけですよね。すべてのターゲットを八月一日に据える必要はありません。もっとも、ダッジのように一つのモデルを頑固に守り続けるのもうなずけませんが。

スローン：たしかに、それではこの業界は発展しない。マイナー・チェンジはいつでもできるが、いずれは新しいモデルに替えなければならない。いかに抗おうと、早晩そうせざるを得なくなるものだ。単一モデルにこだわって成功したのはダッジとフォードのみだが、フォードはまさに進退きわまって新しいモデルを投入しようとしている。ダッジもやむなく、一九二三年初めに方針を改めている。三一州での新車登録状況によれば、相当な苦戦を強いられていたようだ。現在は、すべての自動車メーカーが同じ立場になったといえる。GMは、あまりに容易にモデルチェンジを繰り返してきたきらいがあるが、それというのも、製品が安定していなかったからだろう。

グラント：少し混乱が見られたようです。素晴らしい車種を投入したのにそれを十分に活かせない、というのでは困ります。しかし、毎年必ずモデルチェンジをするというのも、いかがなものか。必要な時にモデルチェンジをし、その後は新モデルを最大限に活かせるように、宣伝・広告に力を入れるべきでしょう。既存モデルにしがみついている会社は、自分たちの墓穴を掘っているのだと思います。製品ライン、ボディとも、時とともに変化していくものでしょう。

マクノートン（キャデラック事業部のゼネラル・セールス・マネジャー）：当事業部では、〈キャデラック〉ブランドに人々の注目を引きたいと考えています。新しいモデルにも特に名称は与えずに、「〈キャデラック〉の新ライン」としたいのです。ここ三、四カ月ほどでしょうか、〈V－65〉の新型はいつ出るのか、といった問い合わせが寄せられていますが、対外的には、新型には名称をつけないとの方針を貫きたいと考えています。モデル名ではなく、〈キャデラック〉のブランド名を宣伝する予定です。

スローン：いうまでもなく、フィッシャー・ボディ側の事情もある。すべてのダイス（金型）を一時期につくるのはまず不可能だろう。

グラント：モデルチェンジについての方針は、変えるべきだと思います。八月一日にこだわらずに、有利なタイミングを見計らって市場に投入するのです。仮に二つの事業部が新モデルを出すのであれば、八月一日に揃える必然性はないでしょう。一方については、昨年の〈シボレー〉のように、一月一日発売のほうがよいと思います。

スローン：いや、八月一日の線を譲ることはできまい。このタイミングを外すと、売れ時を逃すことになる。どれほど遅らせたとしても、一一月一日が限度だろう。一月一日は何としても避けるべきだ。昨年の〈シボレー〉のようにやむを得ない事情があれば別だが。

グラント：現状を見たかぎりでは、今年も一月一日で悪くないように思われますが、来年はこのタイミングは絶対に避けるべきでしょう。在庫がありませんから。

エディンス（オールズ事業部のゼネラル・セールス・マネジャー）：一二月一日までに新モデルの生産に入れば、春先の需要を十分に満たせるでしょう。ですが、一月一日から二月一日までは工場が対応できません。他方、他社が八月一日に照準を合わせてくれれば、当社は顧客を奪われ、大きな打撃を受けます。

スローン：理屈から考えて、新モデル投入時期として現実的なのは八月一日から九月一日の間のみだろう。それ以前であれば、春からの売れ行きに水を差すことになる。一方、一一月一日に設定すれば、ディーラーが大量の在庫を抱え、困難に直面するだろう。オフシーズンに何とか在庫を一掃しなければならなくなる。

グラント：では、これまでの方針に従うということでいかがでしょう。ただし、大胆なモデルチェンジはできるかぎり避けたいと思います。従来の原則を貫きながら、弾力的な運用をするのです。

実際には、GMは一九二三年以降毎年モデルチェンジを重ねていった。しかし、以上の議論のとおり、二五年当時は今日とは違って、年次モデルチェンジを正式な方針として掲げていたわけではない。いつの時期から既定路線になったのかは定かではない。徐々に方針として形づくられていったのだろう。年ごとに改良を行い、モデルチェンジの必要性を認識するようになった結果、必然的に定期化というかたちに落ち着いたのだろう。おそらく三〇年代のことだと考えられる。それと並行して「年次モデルチェンジ」が意識されるようになった。当時ヘンリー・フォードはすでに老境にさしかかっており、この新しいコンセプトには関心を示さなかったようだ。一九二八年発売の〈A型フォード〉は、当時としては小型で洗練された車種だったが、ここにも「モデルチェンジをしない実用車」というコンセプトが表れていた。

フォードが新モデルの不足によって工場を閉鎖していた間、私は心の中でこう考えていた。フォード、GMの方針はいずれも将来にわたって生き続けるだろう。フォードは、従来の発想に沿いながらも、最新トレンドに合った車種を生み出していくだろう――。一九二七年当時私は、フォード流の発想が淘汰されるとは思ってもみなかった。「どこまでも製品改良を重ねていく」というGMのポリシーによって、〈シボレー〉は販売を伸ばしていたが、〈シボレー〉の勢いにも増してGMの企業力が高まっているとは、考えていなかったのである。

（原注1）本文に示したのは乗用車のみの台数である。トラックなどを含めた総生産台数は、一九一九年から二九年にかけて以下のように推移している：一九〇万、二二〇万、一六〇万、二五〇万、四〇〇万、三六〇万、四三〇万、四三〇万、三四〇万、四四〇万、五三〇万。

第10章 方針の立案

POLICY CREATION

自動車市場の新しい変化

変貌を続けた自動車市場も、一九二九年にはほぼ一定の姿に落ち着いた。現代の経済史上でもきわめて重要なこの年、ヘンリー・フォードは依然として旧来の考え方に固執していた。新車〈A型フォード〉からもそれが見て取れた。そこへクライスラーが彗星のように現れて、底知れぬエネルギー、そしてGMに似た製品ポリシーでフォードに対抗した。一九二九年、アメリカ製の乗用車・トラック販売台数は合計五〇〇万台。そのうち実に二〇〇万台近くをフォードが占めていたが、これは偶然にすぎなかった。長期的なトレンドではなく、打ち上げ花火のようなものだった。

GMは、もはや一九二〇年のような〝寄り合い所帯〟ではなく、求心力のある効果的な組織へと生まれ変わっていた。「分権制を取りながら全体の調整を図っていく」というマネジメント哲学は、適切に機能していた。財務コントロールも定着して、絶えず創造的な手法が生み出されていた。製品ラインは、多様性を重んじたデュラントの思想を受け継ぎながら、一九二一年の製品ポリシーにほぼ沿って価格帯別に棲み分けていた。さらに付言しておくべきは、GM車の輸出台数は過去最高に達していたが、その一方で海外生産にも着手し、一九二五年にイギリス、二九年にはドイツにそれぞれ現地工場を開設した点である。これらすべてが当時の経済トレンドを反映していた。そしていうまでもなく、GMも経済トレンドのいくつかには影響を及ぼしていたはずである。GMの発展は、自動車業界にとどまらずアメリカのさまざまな大企業に影響を与えた。他社はGMの手法を研究し、採用した。とりわけ事業部制と財務コントロールを大いに模倣した。

私は歴史家ではないので、当時の一般的な出来事ではなく、GMの発展を中心に引き続き述べていきたい。

一九三〇年代初めの大恐慌期、売上げは減少したが、GMのあり方は変わらなかった。ただ一つの例外は、売上げが減少したため、全社の結束を強める必要性が高まったことである。どれほど困難な変化にもスピーディに対応し、高いコスト効率を実現しなければならなかった。このような必要性から、GMは再び組織構造を改め、それによって今日まで続く組織の土台をつくり終えた。実のところ、一九二九年一〇月に株価が暴落する以前から、将来に備えて改革に着手していたのだが、その時点ではいまだ明確な見通しを持っていたわけではない。

改革の一つとして、〈シボレー〉が華々しい成功を収めていたため、私はそのマネジメント手法の利点を全社で共有したいと考え、シボレー事業部の面々を戦略ポストに抜擢した。二九年五月九日にグラントとハントを本社バイス・プレジデントに据え、おのおのセールスとエンジニアリングを任せた。併せてデルコ－レミー事業部のC・E・ウィルソンをやはりバイス・プレジデントに登用して、製造を委ねた。その数年後には、クヌドセン（シボレー事業部長）をエグゼクティブ・バイス・プレジデントに任命して、乗用車、トラック、ボディの製造オペレーションを統括してもらうことにした。いわばこの時期、経営陣の世代交代が進み、全社に新風を吹き込んだのである。

ただし、財務部門とケッタリング率いる研究部門を除けば、本社スタッフ組織はさほど充実しておらず、全社委員

FRB（連邦準備理事会）工業生産インデックス——1920-29年
季節調整済み、1923-25年を100とする

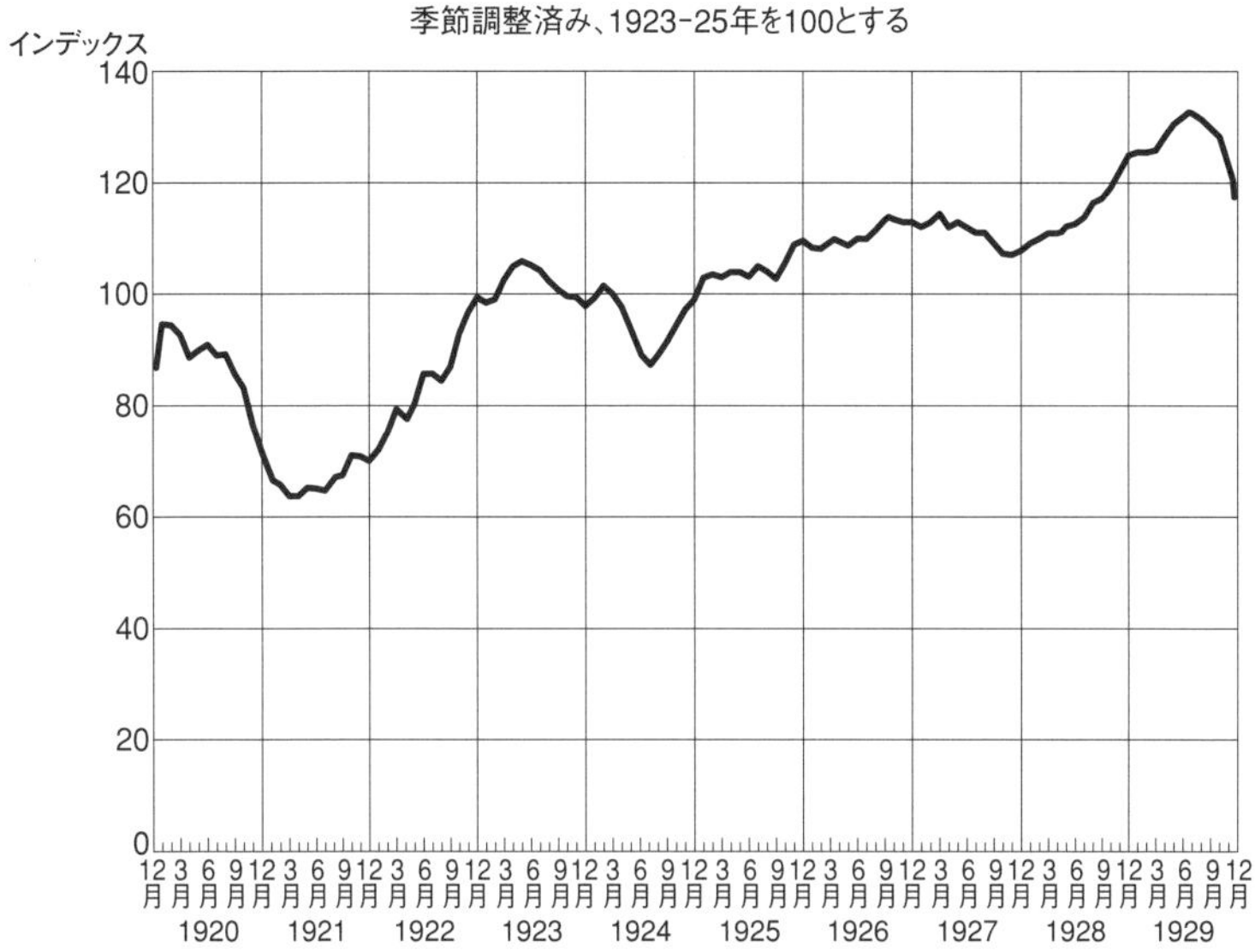

出典：「工業生産——1957-59年ベース」（連邦準備理事会）
※1923-25年を100としてインデックスを改めてある

会と連携しながら業務を進めていた。高度な技術プロジェクトを推進する際には、特命の「製品研究グループ」を設置して製造事業部の管轄下に置いた。このような状況のなか、前記のような経営陣の登用を契機に、本社スタッフ部門の刷新が進められた。やがてスタッフ部門は全社委員会の役割を踏襲し、今日のように充実した役割を果たすようになる。その詳しい経緯は後の章に譲るとして、ここではGMが全社の結束を強めていったプロセスに焦点を当てていきたい。

一九二九年の春から夏に季節が変わろうとする頃、アメリカはかつてない好況にわき返っていた。その後、工業生産高の急減にもかかわらず株価は伸び続け、一〇月の大暴落を迎えるわけだが（上図参照）、七月一八日の時点で私は経営委員会に対して、GMがどこまで変化に適応できるか不安であると述べ、全社の求心力を強めるためにみずから努力する決意を示した。

（前略）これまでに、数多くの建設的なプランや方針が提案されたにもかかわらず、実行されずに終わっている。こ

れは、既定路線を守ろうとの判断によるのかもしれないが、同時に私たちの弱さでもある。人間は一般に、変化に抗おうとする傾向があり、当社の経営陣もアイデアの売り込みばかりに時間をかけ、変革を強く推進してこなかった責めを負うべきだろう。正すべき点があるのを知りながら、有効な手を打たずに対応を先延ばしにしてきたことについても同様である。

したがって私は以前から、全社の求心力を高めるために、よりわかりやすい、効果的な仕組みが必要だと考えてきた。言葉を換えれば、変革への抵抗を乗り越え、社の前進を促すだけのエネルギーに欠けていたといえる。発展の足取りが鈍かったのはそのためだ。いまこのような矛盾を絶ち切らなければ、市場での地位を高めるのはおろか、守ることすらできないだろう。これ以上待つわけにはいかない。競争は激しさを増し、課題は日々困難の度を深めるばかりである。私が伝えたいのは、日常業務を改善すべきというよりもむしろ、全社の経営原理、さらにはそれを実行するための方針を見直さなければならないということだ。加えて、組織を細部にわたって見直し、より高い成果が上がられるように変えなければならない。(後略)

一九二九年一〇月四日——株価大暴落の直前——、私は経営委員会に宛てた文書の中で、拡大の時期が終わった旨を告げ、新しい経営方針を示した。

いまこそ、関係者すべてに真剣な注意を促したい。以下に述べるのは重要このうえない問題である。過去何年間にもわたって需要が好調であったため、工場その他はフル稼働を続けてきた。これは国内外を問わず、GMグループ全体に当てはまる。そのうえ、製品にも大幅な変更があったため、一部の工場設備は根本的に刷新され、事実上すべての工場・設備に何らかの変更が加えられた。したがって経営陣は、平素からの課題のほかに、生産施設の拡大、オペレーション効果の維持などに忙殺された。

このプロセスでは投資額も多額にのぼった。そしてそれ以上に多くの金額を、これまでにない新しい試みのために投じてきた。これらはすべて有益で、成果の面からも高く評価できる。従来の大方針から高い成果が上がり、過去から現在に至るまでGMは市場で大幅な躍進を遂げてきた。この傾向は今後も続くだろうと、私は確信している。

前述の点を振り返ったのは、方向性を改めるべき時が訪れたと考えるからだ。少なくとも短期的には、経営の舵を切り直す必要があるだろう。いま注力すべきは、効率アップと経費削減をとおして収益力を高めることではないだろうか。過去数年間は、より優れた車種をより多く生産することに精力を注いできた。絶えず価値の向上を目指してきた。製品向上への努力は今後も怠ってはならないが、それ以上に価格と価値の関係を慎重に検討して、これまで拡大や前進に傾けてきたエネルギーを、効率化に振り向けなければならない。

もとより、今後は生産施設を拡大しなくてよいという意味ではない。最先端の技術をベースに、適切な価格で優れた製品を提供していれば、業績や事業規模は拡大を続けていくだろう。その半面、ここ数年と同じペースを維持するのは不可能である。GMも業界全体と同じトレンドをたどると見るべきだろう。私はけっして、支出が軽々しく行われてきたと述べているのではない。たしかに注意は払われてきた。しかし今後は、全事業部、全子会社が、これまで事業の拡大と発展に注いできたエネルギーを、収益性アップのために傾け、全力を尽くさなければならないのである。工場や設備の拡大にも増して、収益性が重要になるのだ。なお、ここでいう「費用」は、製造費にとどまらず、販売原価全体を指している。

いうまでもなくこのプログラムは、GMグループ全体として取り組むべきである。私自身が時代遅れの考えに染まってはいけないので、ブラッドレー、グラント、ハント、ウィルソンの諸氏には、スタッフ部門の視点から、全般的なトレンドを調査してほしい。その際には、各事業部、各子会社の関連部門とも協力するように。具体的な方法は、作業を進めるうちに見えてくるだろう。このように足並みを揃えて努力を重ねていけば、より好ましい結果が得られるに違いない。

以上と同様の考え方から、新規プロジェクトについてはこれまで以上に慎重に精査し、妥当性を十分に検証しなければならない。現行の組織では、バイス・プレジデントのC・E・ウィルソンがプロジェクトの予備審査を担当している。そこで子会社を含めた各組織は、事業拡大が必要だと考えたら、プロジェクトを開始する前にまずウィルソン氏に相談されたい。念押しをすれば、以上述べてきた内容は、生産施設の拡大・新設案件のうちですでに承認済みのものに関しては当てはまらない。

その後、私の考え方は楽観的過ぎたことが明らかになる。それというのも、ほどなく経済状態が誰も予測していなかったほど悪化し、その危機を乗り切れるかどうかが焦点となったのだ。まったく予兆がなかったわけではないが、それにしても経済の悪化はあまりに急激だった。GMの売上げは一九二九年から三〇年にかけて、一五億ドルから九億八三〇〇億ドルへと、およそ三分の二に減少した。

一九三〇年の決算を振り返って私は、アニュアル・レポートにこう記した。「大恐慌は世界の主要消費国すべてを大きな経済混乱に陥れています。調整を試みようにも、事実上は不可能であるといわざるを得ません。重要な事業活動に携わる企業はほぼいずれの国でも、大恐慌の影響で業績を悪化させています。その結果、経営・方針の面で異例の諸問題が生まれ、株主の皆様の利益を守るためには、積極的かつ効果的な対処が求められています。社会からの信任、すなわち信用度、そして業績を維持するためには、すべての問題を徹底的に分析する必要があります（後略）」

こうして分析が始められた。

GMのような企業の経営者は、極限的な状況に置かれるとどのような姿勢を示すのだろうか。その臨場感のようなものに、読者の皆さんも関心があるかもしれない。一九三一年一月九日、私は業務執行委員会に次の書簡を送った。

木曜日の委員会に欠席したメンバーのために、また出席メンバーに記憶を新たにしてもらうために、この文書をしたためている。次回の委員会では、各メンバーに「業務手順、方針、発想などの面で昨年度はどのような問題があったか、何を解決しなければならないか、一九三一年度には何を試みるべきか」に関して意見を述べてもらい、それを主要テーマとして議論を進めたい。

年度当初は、気持ちのうえでも、また実際上も、このようなことを考えるよい機会である。当然ながら、ここで取り上げようとしているのは実務の詳細よりもむしろ、幅広い原理原則や考え方である。意図を十分に汲んでもらえるように、これまでの覚え書きをもとに私自身の考えを紹介しておきたい。

1　人材に厚みを持たせるべきであるにもかかわらず、これまで二の足を踏んできた。この課題は誰もが認識していながら、あまりにも長く腰を上げずにきた。ここで改めなければならない。後になってみれば、なぜここまで放置してきたのか、いぶかしく感じるはずだ。

2　GMは事実データの収集力に定評があるが、必要なデータをすべて手に入れているわけではない。事実に基づかないまま議論をすることも少なくない。この悪弊は解消すべきだろう。全メンバーに事実データを示し、各人が判断を下せる環境を用意してからでなければ、重要な事項に関して決定を下してはならない。それが守れなければ、業務執行委員会はみずからに対して、また全社に対して公正であるとはいえない。責任をまっとうしているとはいえないのである。

3　私たちは深く考えることを怠ってきたようだ。これも改めなければならない。難題は積み重なるばかりで、しかもタイムリミットは迫ってくる。会議が長引けば、疲労感にさいなまれる。これにさまざまな要因が重なると、判断が狂い、ミスを犯してしまう。無計画あるいは軽率に何かを始めるよりは、たとえ事業チャンスを逃すことになったとしても、動かずにいるほうが安心ではないだろうか。チャンスはいずれまた訪れるに違いない。長い目で見れば、問題に徹底的に向き合うことが利益につながるはずである。

以上、私が何を期待しているかをよりよく知ってもらうために、自分自身の考えを述べた。ぜひ全員が貴重な意見を出してほしい。

状況の厳しさと比べると、穏やかな文面ではないだろうか。しかし、各企業、各職業、そして各集団にはそれぞれの流儀があり、独特の言葉の使い方や表現がある。GMの経営陣は、この文面から私の意図を汲み取ってくれた。あらゆる問題を熟考しなければならないと悟ってくれたのだ。以後半年の間、私のデスクには、ありとあらゆる問題に関するメモが洪水のように押し寄せ続けた。意見もさまざまだった。プラット、ムーニー、クヌドセンの三名は、GMは中央によるコントロールを強めすぎたと考えていた。プラットが一九三一年一月一二日付で記している。

GMの業務手順や方針が持つ最大の問題点は、業務執行委員会の姿勢にあるのではないでしょうか。業務執行委員会は、各事業部の細かい問題を取り上げ、議論しています。各事業部に対して、方針策定や問題点の特定を促すことも、その解決策に関して委員会のチェックと承認を求めるように指導することもありません。

近年、業務執行委員会の施策や行動からは、意識的にそうしているのかどうかはわかりませんが、事業部を統制しすぎているとの印象を受けます。逆が本来のあり方ではないでしょうか。主導権は事業部が持つべきです。委員会の使命は、各事業部長が実際にイニシアティブを取っているかどうか、目を光らせることではないでしょうか。みずから主導権を握ろうとするのではなく。

もう一点提案があります。どこかに問題点があるようであれば、それが誰に関するものであっても、議論の俎上に載せて率直に意見を戦わせるべきでしょう。

諮問委員会の設置

たしかに、深刻な不況の影響で中央による統制が行き過ぎていた。これは正さなければならなかった。

他方、スタッフ部門を統率するウィルソン、グラント、ハントらは、プラットとは対照的な考えを持っていた。三人はそれぞれ、組織間の結束を強めるべきだと主張して、具体案を示してきた。ウィルソンは、最も先進的な事業部の製造活動を基準に据えて、その組織、機械設備、工程などをすべての事業部に倣わせるべきだとの意見だった。グラントからは、セールスとゼネラル・マネジメントに関して、似たような提案が寄せられた。ただし、どうすれば分権化を保ちながらその提案内容を実現できるのかについては、名案が浮かばないという。「少なくとも当面のところは、解決策は一つのみではないでしょうか。強い意志、忍耐、販売能力などが求められます」。ハントはいかにも技術者らしい具体的な表現で、ボディの共有化を可能なかぎり推し進めること、技術研究の成果を製品に活かすことを提案した。後者はすぐにでも実現できる内容だった。ブラッドレーは、業務執行委員会に関して「議論の準備が十分ではない」と指摘して、小委員会を設けてルーチン業務を任せてはどうかといったアイデアを出した。

私は、両者の主張にそれぞれ傾聴すべき点があると考えた。かつてのジレンマが再び頭をもたげていた。新しい状況に対応するために、全社の調整を促す必要があったが、その一方で、経営トップが個別事業部の問題に干渉するのは避けなければならなかった。

一九三一年六月一九日、私は初めての試みとして、複数の諮問委員会を設置した。その提案はこのような書き出しになっている。「グループ・エグゼクティブに助言をするために、諮問委員会を設置する。目的は、可能なかぎり幅広い事実データと意見を集めて、業務執行委員会への勧告や委員会に示さないものも含めた業務方針を、社内の枠を集めた建設的なものにすることだ」

この提案の意義は、経営陣、スタッフ組織、各事業部の交流を活発化させて、より広範なテーマに関して、定期的に意見を交わせるようにしようとしているところにある。それでいながら、事業部に勝る権限をスタッフに与えているわけではない。一部には、この施策を契機にスタッフ組織が事業部に指示を出すようになるのではないか、との懸念があったが、そのようなことが起きる必然性はなく、現在も起きていない。

各諮問委員会のメンバーは一九三一年に決められたが、その年の末には、組織上の問題を幅広く議論できる状況ではなくなっていた。アメリカ、そして世界が大恐慌の淵に沈みゆくなか、社の生き残りをかけて思い切った緊急対策を打たなければならなかったのだ。アメリカ、カナダの自動車産業も苦境に陥った。一九二九年は乗用車・トラックの総生産台数がおよそ五六〇万台、小売販売額が五一億ドルだったが、三二年にはそれぞれ一四〇万台、一一億ドルへと激減していた。第一次世界大戦中の一九一八年以降で最悪の記録である。

これまでの章で述べてきたように、GMは財務と業務オペレーションのコントロールを強化していたため、一九二〇～二一年とは違って、経営破綻の瀬戸際に立たされなかった。業績全般が段階的に後退していき、賃金や給与も減額となったが、いかなる局面でも秩序は保たれていた。アメリカ、カナダの工場出荷台数は一九二九年のおよそ一九〇万台に対して、三二年は五二万六〇〇〇台だった（乗用車・トラック合計）。減少率は実に七二％。固定費用の高さを考えると、すさまじい打撃である。それでも他社に比べれば、GMの受けた痛手は小さかった。事実、GMの市場シェアは二九年の三四%から三二年——景気が最も冷え込んだ年——には三八%へと上昇している。利益は二億四八〇〇万ドルから一六万五〇〇〇ドルへと縮小したが、からくも黒字を保つことができた。これは、主に財務コントロールの恩恵だといえるだろう。一九三二年、工場の操業率は三〇%を下回っていた。

コスト削減に向けては、購買、設計、生産、販売といった諸活動での全社協調を大胆に進めた。この時に行った変革の一部は、後々まで大きな効果を及ぼした。購買と生産の面では、部品を緻密に分類して、事業部間で数多くの部品を共有できるようにした。わけても特筆に値するのは、三タイプの基本ボディだけですべての車種に対応できるようにしたことである。販売費の削減は難航をきわめ、打開策として抜本的な変革が行われた。一九三二年三月、業務執行委員会は三日間をかけて集中議論した後に、二一年策定の製品ポリシーを大幅に改めるという勇断を下した。内容はこうである。〈シボレー〉と〈ポンティアック〉の製造を一本化して、クヌドセンの管轄下に置く。〈ビュイック〉と〈オールズモビル〉に関しても類似の措置を取る。セールス面では、〈ビュイック〉〈オールズモビル〉〈ポンティアック〉を束ねて新設のB・O・P社に販売を委ねることとし、各ディーラーに複数の車種を卸す——。マネジメントの切り口から見るかぎり、一年半の間、GMの自動車事業部は五から三に減っていたのである。

不況の深刻さと、それによる社の窮状に直面して私は、当時のマネジメント体制ではたして適切に対応できるかどうか、思いをめぐらすようになった。事業の拡大・縮小を意識的に調節できるのだろうか。社内の調和を図りながら、方針策定と実行を明確に線引きしておくことはできるのか。従来のように製品ラインを五つに戻した場合、各ラインをどのようにして関連づければよいのか。大恐慌のような強大な力に揺り動かされては、企業としては混乱を避けようがない。一九三三年一一月、私は再び新しい方針について考えを書き記すようになった。「方針」というテーマについて、基本中の基本と向き合おうとした。

GMの組織は全体として、きわめて重要な局面を迎えているようだ。なぜなら規模だけにとどまらず、事業の性質が、目まぐるしい変化にさらされているからである。自動車業界の企業や人は、他の大多数の業界に比べてスピーディに行動する力が劣っているのではないだろうか。将来を見据えて分析すると、GMが繁栄できるかどうか、あるいは市場での地位を維持できるかどうかは、ひとえに戦略立案の力量にかかっている。GMは、激しい変化を予測し、迅速に対応できるように、戦略を磨かなければならない。関心のあるさまざまな分野に今後、各機能部門を巻き込みながら乗り出して、変化に迅速に対応しなければならない。

方針を実行するにあたっては、コストを抑え、高い効果を目指さなければならない。この点の重要性をけっして軽んじるつもりはない。ただ、方針を策定するフェーズを重視しなければならないと、強く訴えたいのである。なぜなら、このフェーズで賢明な判断を下さないことには、実行体制がどれほど優れていようとも、効果的な働きは期待できないのだ。言い添えるなら、将来に向けてGMは、積極的な方針立案を心がけなくてはならない。競争力、収益力ともに、維持するのは困難になっていくだろう。これまでのように意思決定に時間をかける余裕はない。トレンドが変化して我々の事業に影響を及ぼしている以上、何をなすべきかを速やかに判断しなければならない。（後略）

このメモを記した大きな目的は、「戦略立案のみに集中する」という経営委員会の使命を改めて確認することだった。私はまた、こうも書いた。「（経営委員会は）すべての事業部に、あるいは事業部間の問題に、率直さと熱意を持って対応すべきである」。私は、これを効果的に実現するためには、経営委員会メンバーを本社上層部に絞り、事業部の代表者を除外すべきだと考えた。その場合には、どのようにして各事業部の情報を吸い上げるかが課題となるため、その対策も提案した。「経営委員会メンバーが十分な知識や情報を得られるように、方策を考えなければならない。委員会には単に賢明な判断を下すだけでなく、独自に賢明な判断を下すことが求められているのだから」

経営委員会は、以前から名実ともに経営の最高機関だったが、ミーティングは業務執行委員会との合同で行われ、意思決定には実務サイドの代表者も携わっていたため、戦略の立案と遂行を隔てる境界が曖昧になっていた。そこで何よりもまず、経営委員会を実務サイドから切り離して、高い独立性のもとで意思決定できるようにしなければならなかった。

独自に判断を下す体制を整えることは、ことのほか大きな意義を持っていた。自動車市場は変化していた。自動車事業を旧来の五事業部体制に戻せば（私はそうすべきだと考えていた）、経営上新たな課題が浮上するに違いなかった。

当時の状況を振り返っておきたい。一九三三年の段階では、低価格車が販売台数ベースで全市場の七三％にまで伸びていた（二六年には五二％だった）。したがって、GMは全市場の二七％に向けて四車種を揃えながら、七三％の低価格市場に向けては一車種しか投入していなかったわけだ。ブラウンは、経済性の観点から三事業部体制を擁護していた。私は、たとえコストを押し上げたとしても五事業部制に戻すべきだと考えていた。販売台数が増えれば、コストの増加分は相殺できるはずだった。一九三四年一月四日の財務委員会に提出したレポートに私は、販売方針に関する以前からの信念を再び示した（その一部はすでに別の場で表明していた）。全社の方針として採用されたその内容をここに引用する。

GMの自動車製品ラインに関する基本構想

当委員会の一部メンバーは記憶しているだろうが、ピエール・S・デュポンは、社長就任直後にグループを立ち上げて、自動車製品に関わる非常に重要なテーマを検討させた。製品に関してはそれまで、定見やポリシーと呼べるものはなかった。各事業部が別々に――つまり横の連携をまったく取らないまま――製品を開発していたのである。しかし、事業部間の連携と一定の協力を実現すべきだとの考えが広まり、具体的内容を詰めるために検討グループが設けられたのだ。その結論は一九二一年四月六日の経営委員会で了承されている。あれから一三年が経過しようとしている（後略）。

※「検討」とは、一九二一年に策定された製品ポリシーの素案作成を指している。

私は一九二一年から三四年にかけて自動車がどのように進化したか、記録にしたためた。競争激化による危機感もあったが、自動車の価値が外観、スタイル、技術品質、価格、評判など一定のファクターによって決まると気づいたからである。私の印象では、メーカーや車種による差異は縮まってきているようだった。最新技術はどの企業でも入手できるため、将来的には技術の差だけでは買い手の心をとらえられなくなると考えた。この点は見込み違いだったが、全般的には私の予想は的中して、買い手の嗜好、なかんずくスタイリング面での嗜好に合わせることに重点が移っていった。

買い手の嗜好には幅がある。多くの人々が、隣人とは違う車種に乗りたいと考えているだろう。自動車を設計するうえでは、デザインと技術の両面で妥協を余儀なくされる。理想形を実現するのは不可能なのだ。製品の売れ行きは往々にして、比較的些細な機能によって決まるものである。買い手が、より重要な機能に関心を持っているにもかかわらずである。これから自動車を購入しようとする人々は、さまざまな機能の重みを測りかねるものだ。買い手はまた、ディーラーとの個人的なつながりに大きく影響され、善きにつけ悪しきにつけ、一部のディーラーに悪感情を抱く場合がある。GMは販売台数シェアで業界の四五%、つまりほぼ二台に一台を占めており、前述のような問題に大きな責任を負っている。

このような状況のもと、新規顧客を獲得するのは容易ではなく、既存顧客をひとたび失うと埋め合わせをするのは困難である。市場シェア四五%の重みは大きい。五%とはわけが違う。技術と製造の両面から考えると、基本的に同じ製造設備・機器を用いながら、二つの車種――価格・重量はほぼ同じだが外観がまったく異なり、技術的特徴にもある程度開きのある二つの車種を製造するのは、一〇〇%可能だろう。狭い価格帯に多くの車種がひしめき合っている実情を踏まえると、前述の点を含めて数多くの事柄を考え合わせて、全車種を同じ組織に委ねたほうがよいのだろうか。あるいは①顧客の嗜好に幅がある、②優れた技術アイデアを単一車種にすべて盛り込むことはできない、③ディーラーの影響力を軽視してはならない、といった点を重んじるべきなのだろうか。(後略)

このような疑問に答えるために私は、販売方針を示した。

（前略）全販売台数の八〇％ないし九〇％以上を占める低価格車の分野では、複数のセールスポイントが求められるだろう。当社の利益を考えるならば、基本のデザインそのものにバリエーションを持たせて、できるかぎり多くの買い手に幅広くアピールすべきである。このような考えを私は、自動車の製造、流通がともに複雑だということを理解しながら述べているつもりだ。単一の車種ですべての人を引き付けられればよいが、残念ながら現状ではそれはかなわない。

自動車市場は大きな可能性を秘めているため、当然だが、多数のディーラーが同じ市場で同じ製品を販売しようとしのぎを削っている。そこで、車種別に取り扱いディーラーを限定して、多彩な車種の多彩な魅力によって顧客の数を増やすのが得策だろう。

具体的に説明したい。ある市場にGM車を扱うディーラーがX社あるとしよう。このX社すべてが同一の車種を販売するのでは、士気を削ぐことになるだろう。むしろ、一部の製品は重なるにせよ、主軸とする製品はディーラーごとに変えて、あるディーラーは〈シボレー〉を、別のディーラーは他の車種を扱う、とするのが望ましいに違いない。

以上のように多数の理由から、私はかなり以前（一九二一年）に策定した製品ポリシーを大幅に改めるべきだと考えている。低価格セグメントに売上げが集中している現状を踏まえて、このセグメントでのプレゼンス拡大を目指す必要がある。その際に何よりも重視すべきは、バラエティをどこまでも広げて、あらゆる嗜好に応えることである。それが多くの顧客にアピールする最も近道だろう。

ポリシーと管理の分離

この提案に沿って競争の激しい低価格市場に多彩な車種を投入して、各事業部で販売努力をするためには、新しいかたちの協調が求められた。協調が進めば進むほど、戦略面でさまざまな問題が持ち上がってきた。そこで、戦略の立案と実行をより厳密に分ける必要が生まれた。同じ部品を用いる事業部は、共同プログラムを推進しなければならないため、独自路線を突き進むわけにはいかず、誰かがプログラムを調整する必要があった。調整が進むにつれて、戦略上の課題が積み重なっていたが、それらは従来であれば実行部隊が扱っていたものだった。私は常々感じているのだが、戦略と実行は峻別しておかなくてはならない。この境界が曖昧では、何を事業部の権限とすべきかをめぐって、分権化された組織が混乱から抜け出せなくなる。まさに戦略が問われていた。幅広い解決策が求められていた。やがてその解決策が編み出され、今日までGMの意思決定プロセスを支えてきた。私が一九三四年一〇月に経営委員会へ示した提案の中から、その解決策を紹介したい。

ご存じのように、方針を立案するのは本社あるいは事業部、子会社である。他方、統治委員会から方針が提出されれば、本社が承認あるいは決裁することになる。どこが立案した戦略であっても、承認を下す者はそれが現在、そして将来の事業にどのようなインパクトを与えるか、熟知していなければならない。GMの業務オペレーションに関する事柄のように、重要な影響を持ち得る方針に関しては、あらゆる考え方と事実を視野に入れながら、あらゆる角度から検討を加えなければならない。軽率に判断を下すと、事業の危機を招いたり、発展を阻んだりしかねない。

やや哲学的な議論を展開してきたのは、なぜこれまでと比べてより幅広い視点から方針を策定すべきか、その理由を示すためである。

ここでは二つの新原則を定めたい。

1　建設的で進歩的な方針を掲げることは、事業の発展と安定にとってこのうえなく重要である。

2　GMにおいては、方針の策定を可能なかぎり実行から切り離すべきである。

このようにして、方針策定を担う組織として複数の「ポリシーグループ」が設置された。ポリシーグループはエンジニアリング・ポリシーグループ、流通ポリシーグループなど、大多数が業務上の機能を名称に冠していた。後には海外ポリシーグループも設置されている。メンバーは社長以下の経営陣と、当該機能を担当する本社スタッフで構成され、各グループは方針案を作成して業務方針委員会に提案するのを使命としていた。事業部長は方針の遂行をその任務としているため、ポリシーグループからは意識的に除外されていた。ポリシーグループは事業部に指示を与える権限、方針を決定する権限などは持たなかったが、経営陣のほとんどが参加していたため、勧告を行えば各機能分野の統治委員会から承認されるのが通常だった。ポリシーグループは、一九三四年から三七年にかけてエンジニアリング、流通分野で試行的に運営された。三七年には他の領域にも広げられるとともに、正式の制度として取り入れられた。(原注1)この仕組みはいわば、私が一九一九年から二〇年にかけて『組織についての考察』で示したマネジメント方針――分権制を採用しながら全体の調整を図る――をより洗練させたものだといえる。

現在ＧＭには九つのポリシーグループがあり、大きく二つのカテゴリーに分けられる。第一のカテゴリーは、エンジニアリング、流通、研究、人事、広報といった機能別、第二のカテゴリーは海外市場、カナダ市場、エンジン全般、家電製品といった事業別である。機能別のポリシーグループは、関連の本社スタッフから支援を受けながら活動する。一例としてエンジニアリング・ポリシーグループは、エンジニアリング・スタッフ部門と、バイス・プレジデントを介して連携している。事業別のポリシーグループは、当該事業のグループ・エグゼクティブの後押しを受ける。

これら多彩なグループのメンバーは、ＧＭの頂点にあって多大な影響力を行使する人々である。会長とＣＥＯは、三つを除くすべてのグループに、社長は二つを除くすべてのグループにそれぞれ名前を連ねている。流通、エンジニアリング、研究、人事、広報の各ポリシーグループには、経営委員会メンバーほかの経営陣が加わっている。すなわち、各グループのメンバーを集めると、ＧＭの経営陣がすべて揃うのだ。このようにしてポリシーグループは、スタッフとラインを結びつけ、方針案を策定し、経営判断の下地をつくるうえで大きな役割を果たしている。

方針策定へのニーズに応じて、ポリシーグループの活動内容も変わってくる。エンジニアリング・ポリシーグループは、定期的にミーティングを開いて新製品プログラムを練っている。（原注2）これらの活動に関して、事業部長は、ポリシーグループと緊密に連絡を取り合う。場合によっては他の事業部長とも力を合わせる。機能部門をとおしてその目的を果たすこともある。しかしすでに述べたように、事業部長はグループのメンバーではない。ポリシーグループは方針の策定を、事業部長は実行をそれぞれ担っているからだ。

エンジニアリング・ポリシーグループによる新モデルの開発状況からは、ポリシーグループの活動ぶりが十分に伝わってくるだろう。製品開発は、事業部長が事業部内のエンジニアリング部門と協力しながら始めることになっている。もちろん、セールス部門が伝える市場からも影響を受けるはずであるし、他事業部とニーズを調整するのも重要である。二五年ないし三〇年ほど前には、各事業部は個々に製品開発プログラムを推進しており、足並みを揃えようとの努力はほとんど見られなかった。しかしその後、緊密な調整が求められるようになってきた。製品開発は一事業部では完結せず、他の多数の事業部と深く結びついているため、全社的な視点が欠かせない。新製品のアイデアが生まれてから実を結ぶまでには、今日では通常二年ほどかかる。先進的な技術コンセプトに基づいている場合には、さらに長い期間を要するだろう。その間には無数の変更が生じる。したがって開発期間中は、各事業部のエンジニアリング部門、本社スタイリング部門、フィッシャー・ボディ事業部、そしておそらくアクセサリー事業部などと、絶えず密接にコミュニケーションを取らなければならない。これら部門はすべて、同一の問題に関心を払い、協働を進めているからである。そこで本社エンジニアリング部門が、事業部と歩調を取りながら必要な調整作業を進めていく。エンジニアリング・ポリシーグループの使命は、このようなプロセスで何か問題が生じた場合に、それを取り上げること、いわば調整役を果たすことである。エンジニアリング・ポリシーグループの決定は、基本的には経営委員会の承認を得られる。経営委員会のメンバーはプロセス全体に関わっているのだから。

繰り返しになるが、大恐慌の到来によって複数の製品ラインを連携させる必要が高まり、協調型の新しいマネジメント体制が生み出された。一九三七年にポリシーグループが制度として確立されたため、『組織についての考察』（一九一九～二〇年）が描いたとおりのマネジメント体制がついに完成した。

同じ一九三七年、私は「方針の立案と実行は分離すべきである」という長年の信念を、全社委員会の運営に、より忠実に反映させたいと考えるようになった。まずこの年の初めに、経営委員会と財務委員会に代えて、方針の策定と実行を担う委員会をそれぞれ設けるべきだと提案した。長い議論の後、五月にこの案が採用され、経営・財務両委員会の廃止と方針策定委員会、業務管理委員会の新設が決まった。策定委員会は、いうまでもなく取締役会メンバーのみで構成され、経営のトップ、財務のトップ、社外取締役を一堂に集めていた。業務管理委員会のほうは、もっぱら各事業部のトップによって構成されていた。

方針策定委員会は財務委員会の役割をすべて引き継いだうえに、方針策定全般を担うこととなった。一九三七年から四一年にかけてこの委員会は、数々の重要な分野で社の針路を定めた。労使関係の方向性を定め、流通面、とりわけディーラーとの関係に関して多数の政策を決めた。国際情勢が不安定さを増すなか、海外子会社の戦略についても多大な時間を割くようになっていった。そして第二次世界大戦の足音が近づくにつれて、方針策定委員会は原材料・部品の不足、政府への対応といった問題に忙殺された。政府から軍用機エンジン、戦車などの製造を要請されたため、その民需への影響をも検討しなければならなかった。

第二次世界大戦による変更

一九四一年一二月に合衆国が第二次世界大戦に参戦すると、ＧＭも緊急時への対応を迫られた。軍需への即応を最優先させるために、四二年一月五日に戦時緊急委員会を設置して、方針策定委員会メンバーを中心に六名の委員を選任した。ミーティングは原則として週に一回だったが、それ以外にも臨時に開催されることがあった。この年の四月までは、戦時緊急委員会がGMを動かしていたといってよいだろう。この間に限っては、方針策定、業務管理両委員会は、戦時緊急委員会の活動を追認するにとどまった。五月には軍需生産が軌道に乗ったのを受けて、戦時緊急委員会を廃止、業務管理委員会（全事業部長、グループ・バイス・プレジデントで構成）を戦時管理委員会へと改めた。以後二、三年は戦時管理委員会がGMの舵取り役を果たした。大戦への対応が整い、生産がほぼ一〇〇％軍事関連で占められていたからである。打ち出される諸方針も、生産に伴う技術問題を別にすると、すべてが政府の諸機関への対応に関するものだった。

一九四五年に大戦が終結すると、方針策定委員会が再びその存在意義を発揮するようになり、戦後プランが練られた。平和産業への再転換と戦後処理がきわめて重要であったため、事業運営に関わるものも含めて、ほとんどすべての課題が方針策定委員会にのしかかってきた。このような過大負担に対処するために、全社委員会の構成や役割を問い直すことになった。

方針の策定と実行を切り離すためには、方針は単一の組織が定めるのが本来のあり方だろう。しかし、当時の新しい状況のもとでは、二つの大きな障害があった。第一に、事業活動の量的拡大と複雑化によって、財務、実務の責任が間違いなく広く重くなっていた。第二に、経験豊富な社外取締役に、財務・経営両委員会のために十分な時間を割いてもらうのは難しかった。そこで一九四六年には方針策定委員会を解散して、経営、財務二つの委員会を復活させた。ただし名称はそれぞれ経営方針委員会、財務方針委員会とした。さらに五八年にはかつての経営委員会、財務委員会という呼称に戻すとともに、定員枠を拡大して両委員会の兼務者を増やした。

ここまで、GMの方針策定形態に多くの紙幅を費やしてきた。以下では、企業の最高機関である取締役会の役割がどうあるべきか、私なりの信念を述べたい。GMの取締役会も、主に諸委員会での活動をとおして、大企業一般の取締役会と同様の機能を果たしている。ＧＭには取締役のみで構成される委員会が四つほどあり、事業のマネジメントその他に関して取締役会と同等の権限を与えられている。その四委員会とは、

財務委員会
経営委員会
ボーナス・給与委員会
監査委員会

である。このうち方針策定の中核を担う財務、経営両委員会について詳しく説明したい。財務委員会のメンバーは大多数が実務からは距離をおいている。なかには、私のように以前に実務を指揮していた者、当初から取締役として経営に参画している者などが含まれる。他方、経営委員会のメンバーは全員がマネジメントに積極的に関わっている。両委員会とも方針の策定に専念し、実行面には関与しない。ともに、取締役会から軌道を修正されることがある。

財務委員会は、主としてＧＭの〝金庫番〟の役目を果たしている。定款に沿って財務方針を定め、業務を指揮し、資金の割り当てすべて、さらには新規事業への参入について可否を判断する権限を有している。経営委員会による草案をもとに価格政策や価格決定方式を検討、承認するのも財務委員会の役割である。社内のニーズを満たすだけの資本があるかどうか、十分なＲＯＩを達成しているかどうかの判断を担うほか、取締役会に配当額を提案する。

経営委員会は事業政策を立案する。方針案がポリシーグループによって作成されるのはすでに述べた。ポリシーグループの使命は、事業部その他の業務が円滑に進むように下地をつくることである。だが、実際に方針を決定するのは経営委員会の役割だ。予算要求案はこの委員会の監督下で準備され、財務委員会に提出される。ただし実効上は財務委員会は、一〇〇万ドル以下の支出については経営委員会の承認に任せている。

ＧＭの取締役会は月に一度の開催を原則としていたが、特別な理由によって臨時に開かれる場合もある。取締役会

は折に触れて各委員会のメンバーを選定する。上層部の人事、さらには株式配当額の決定と公表、追加株式の発行など、取締役会の議決を要する事項を取り扱う。

加えて、私の経験からは、GMの取締役会は独特の役割を果たしている。これはきわめて重要性が高く、いわば〝監査〟のようなものである。通常の財務監査とは異なり、全社の活動に絶えず目を光らせるのだ。GMは大規模な組織で、あらゆる分野が高い専門性を持っている。このため、最高レベルの判断や決定を要する技術的な事柄すべてについて、各取締役に深い知識や経験を期待するのは無理というものだ。社外取締役には時間的な制約もあるだろう。課題はあまりに多種多様かつ複雑で、けっして尽きることがない。それでも取締役会は、たとえ技術的な問題に直接対処できないとしても、結果責任を負うことはできるはずであるし、またそうすべきである。GMの取締役会は、事前には事業予測を参考にして、また事後にはレポートその他のデータを検討して、さまざまな問題に対処する。そして必要があれば、適切な措置を講じるのである。

この目的のために、取締役会は全社とその活動に関して全般的な資料やデータを受け取る。経営・財務両委員会からは月次レポートが、他の委員会からも定期レポートが提出される。スクリーンを用いたビジュアル・プレゼンテーションによって、財務、統計、競争の観点からすべての重要問題が検証され、短期的な予測も行われる。補足説明、産業見通しの概要説明なども行われる。加えて、事業サイドから各分野の概況が口頭で報告される。バイス・プレジデント、各事業の責任者などが、改まったプレゼンテーションによって定期的に担当分野の動向を説明する。取締役たちは質問を投げかけ、説明を待つ。この〝監査〟機能はGMにとって、また株主にとって何ものにも代え難い価値を持っている。GMの取締役は、充実した情報を手にし、あらゆる変化に賢明に対処している。この点でGMは他のすべての企業に勝っているだろう。

（原注1）巻末の付録に、一九三七年と一九六三年の組織図を掲載してある。
（原注2）エンジニアリング・ポリシーグループのメンバーは次のとおりである。
エンジニアリング担当バイス・プレジデント（ＶＰ）（グループの議長を務める）
会長兼ＣＥＯ
社長
スタッフ部門のエグゼクティブ・バイス・プレジデント（ＥＶＰ）
財務担当ＥＶＰ
自動車・部品事業部担当ＥＶＰ
その他事業部のＥＶＰ
スタイリング、流通、研究、製造担当のＶＰ
自動車・トラックグループ、ボディ・組立事業部グループ、アクセサリー・グループ、デイトン、家電製品、エンジン・グループのＥＶＰおよびＶＰ
全一五名のうち、八名が経営委員会メンバー、四名が財務委員会メンバーである（経営委員は全員が両グループ・メンバーを兼ねている）。

第11章

財務面での成長

FINANCIAL GROWTH

成長は何によって達成されたか

ＧＭは高い成長力を持った企業である。これまで述べてきた内容は、この一点に集約されるだろう。設立まもない時期こそ、自動車産業全体の成長スピードについて行けなかったが、一九一八年以降は、主として新経営陣による多様な施策が功を奏して、業界平均をしのぐスピードで成長を遂げ、トップメーカーの地位を占めるまでになった。リーディング・カンパニーとして業界への貢献も果たしてきたと自負している。社員、株主、ディーラー、消費者、サプライヤー、そして政府にも少なからず貢献してきた。ＧＭの発展はこれらすべての関係者に利益をもたらしてきたが、この章では主に株主との関係に焦点を当てながら財務面での成長を振り返っていく。

ＧＭは所有者にどのように奉仕してきたのか。それを知るには、何よりも財務報告書をひもとくことだろう。そこには、資金がどのように調達され、現在までどのように活かされてきたかが示されている。

GMの株主は、事業の成功によって多大な金銭的利益を得てきた。創業以来、GMの利益はおよそ三分の二が配当金として分配されている。産業界を見渡しても、きわめて高い水準である。株主はGMの成長を後押しし、そのために必要な資金を提供するために、多大な再投資を行ってきた。このため、やむを得ないことではあるが、生産施設を拡大したり、多額の運転資本を要したりした時期には、配当額はけっして十分とはいえなかった。すなわち株主は、リターンが約束されていない状況でリスクを引き受け、創業まもない時期には低いリターンに耐えてくれた。当時、金融業界は概して、GMを含む自動車産業の現状と将来性に悲観的だった。事実、自動車メーカーの多くが、成功への情熱を持っていたにもかかわらず、すでに市場から消え、株主に損失を残した。したがって、GMの株主が得てきた金銭的リターンについては、不確実な将来への投資という視点からとらえることが欠かせないのである。

GMの歴史を財務の視点から振り返ると、大きく三つの時期に分けられるだろう。

第一期（一九〇八～二九年）　長期拡大期
第二期（一九三〇～四五年）　大恐慌と第二次世界大戦
第三期（一九四五年～）　戦後の再拡大期

もっとも、詳しく見ていけば、それぞれの時期がさらに拡大、縮小、安定といったサイクルから成り立っている。すでに述べたように、GMの設立者ウィリアム・S・デュラントは一九〇八年から翌年にかけてビュイック、キャデラック、そして部品メーカー数社を中心とした多数の企業を統合した。そのための資金調達をめぐって氏は深刻な問題に直面し、一九一〇年には一時経営の実権を奪われる。このようにして、デュラントが事業を急拡大した後、銀行団が堅実路線によって経営を立て直したため、一九一〇年から一五年にかけては縮小と安定の時期となった。この間、事業はわずかに成長したが、業界平均には及ばなかった。続く一九一六年から二〇年まで、とりわけ一八年以降、復権したデュラントが、デュポン社からの出資を後ろ盾に、ラスコブと二人三脚で再び拡大路線を取った。この際には、借入や株式発行などさまざまな資金調達手法が用いられた。

一九一八～二〇年　事業拡大期

一九一八年から二〇年までの三年間で、GMは二億一五〇〇万ドルの設備投資を行っている。子会社への投資（六五〇〇億ドル超）を合わせると、この間の投資総額は二億八〇〇〇万ドルを超えている。これは当時としてはとてつもない金額だった。なぜなら、一九一八年一月一日時点でGMの総資産はおよそ一億三五〇〇万ドル、工場の総資産価値は四〇〇〇万ドルにすぎなかったのである。一九二〇年末には総資産は五億七五〇〇万ドル、すなわち一九一七年末の四倍以上に、また工場の価値はおよそ二億五〇〇〇万ドルへと六倍超に膨らんでいた。

一部には、サムソン・トラクターの買収のような失敗例もあったが、この拡大路線はデュラントの退陣後も投資の指針であり続けた。一九二〇年度のアニュアル・レポートから一節を引きたい。

当社経営陣は、自動車との関連が薄い活動――すなわち成果物の大多数が自動車以外に用いられる生産活動――に従事するのは、賢明な選択ではないと考えてきました。たとえば、タイヤはごく一部が自動車メーカー向けに出荷されるのみで、大多数が自動車オーナーに取り換え用として販売されています。鋼板その他の鋼製品も、自動車業界で用いられるのは全体のわずかにすぎません。したがって、このような分野には投資を控えてきました。この方針を貫いた結果、GMは乗用車、トラック、トラクターの製造に直接関わる分野のみで事業を行い、関連の薄い業界には投資しておりません。

一九一八年から二〇年にかけて多大な設備投資をしたため、二〇年代にはそれまでと異なったかたちで事業が拡大した。一八年初めの段階では、GMは乗用車四事業部――ビュイック、キャデラック、オークランド、オールズ――

とトラック事業部を擁するのみで、低価格市場向けの小型車については生産施設を持っていなかった。照明装置、点火装置、ローラーベアリング、ボールベアリングなどの部品や付属品については提携サプライヤーも、研究組織も有していなかった。ところが二〇年には乗用車とトラックの販売数は合計三九万三〇〇〇台と、一八年（二〇万五〇〇〇台）の二倍に迫る勢いだった。生産能力も一八年初めの二二万三〇〇〇台（年間ベース）から二一年には七五万台へと拡大している。この拡大分のほとんどが、大衆向け低価格車〈シボレー〉の生産に振り向けられた。ほかに、電気機器、ラジエーター、減摩ベアリング、ホイールリム、ステアリング、トランスミッション、エンジン、車軸、オープン・ボディなどの生産施設を充実させ、フィッシャー・ボディ・コーポレーションに出資して、当時普及し始めていたクローズド・ボディについても調達の道をつけていた。研究部門も設けていた。

もとより、これだけの拡大を利益のみで賄えるはずはなかった。自動車産業はいまだ揺籃期にあり、GMも生産量の拡大に向けて下地づくりをしていた。シボレーとユナイテッド・モーターズの買収、フィッシャー・ボディへの六〇％出資には、GM株式が用いられた。しかし、関連の支出はほとんどを現金で賄ったため、資本市場から調達しなければならなかった。一九一八年一二月三一日、取締役会はさらなる拡大に向けて、普通株式二四万株をデュポン社に売却すると決めた。これによってGMは二九〇〇万ドル近くを手にした。一九一九年五月には、ドミニック・アンド・ドミニック（ニューヨーク）とレアド・アンド・カンパニー（ウィルミントン）によるシンジケート団を結成して、年利六％の優先社債を発行した。この時、デュラントが引き受け企業に向けて書いている。

当社は多大な追加資金を必要としています。市場機会を逃さないため……（中略）……また利益を上げながら事業を拡大していくためです。最も地に足の着いた調達方法は、社債を追加発行することだろうと判断いたしました。……加えて、可能なかぎり多くの方々に当社の繁栄に関心を持っていただくことが、事業の性質上も大いにプラスだと考えております。このような事情から、現在のリバティ・ローン・キャンペーンが終了した後、額面総額五〇〇〇万ドルの社債を発行して、より多くの皆様に購入いただけるよう引き続き願っております。

貴社が、この社債を販売するためにシンジケート団を結成して、額面総額三〇〇〇万ドルの社債を引き受けて下さるのであれば、さらに額面二〇〇〇万ドル相当の社債について一部または全部の引き受けをお願いしたく……。（後略）

一九一九年七月二日に引受シンジケートは解散された。その時までに発行された社債は三〇〇〇万ドルのみ、GMが調達したのは二五〇〇万ドルにとどまった。二〇〇〇万ドル相当の追加発行は、棚上げされたままで終わった。

以上だけでは、設備投資、運転資本ともに十分にはカバーできなかった。とりわけ資材・部品の購入費用は、設備投資額をも上回るペースで増えていた。そこで一九二〇年初めに再び大規模な資金調達に踏み切って、利回り六％の優先社債を保有する投資家に、七％の新規発行社債を二口ずつを上限として販売することにした。支払い方法は①全額現金、②半額を現金で、残りを利回り六％の優先株式あるいは社債による、の二通りであった。デュラントは株主にこう訴えた。

慎重に将来を見据えますと、GMがリーディング・カンパニーとしての地位を維持するためには、莫大な投資が欠かせません。そのための資金は利益だけでは賄えず、従来の利回り六％ではなく、七％の上位社債を発行して調達するのが望ましいと思われます。これは当社にチャンスとメリットを同時にもたらすでしょう。チャンスというのは、上位社債を――現在のように割り引くのではなく――額面を上回る価格で発行できる点です。メリットは、上位社債を保有する方々に、きわめて好条件で新規発行の社債（利回り七％）をご購入いただける点です。

この新規発行は思わしい成果を上げられなかった。新規発行を契機に投資コミュニティに、「GMは社内の諸問題を解決する力を失っているのではないか」といった懸念が広がったのである。デュラントとラスコブは八五〇〇万ドルを調達したいと考えていたが、実際の調達額はわずか一一〇〇万ドルにとどまった。やむなくデュポン社に支援を要請して、一九二〇年夏に六〇〇〇万ドル超の普通株式を発行し、その直後には銀行団から八〇〇〇万ドル超の融資を受けた。

このようにしてGMは、一九一八年一月一日から一九二〇年一二月三一日までの三年間で、使用資本を三億一六〇〇万ドルほど増やすことができた。（原注1）このうち五四〇〇万ドルは利益の再投資による（五八〇〇万ドルの株主配当金を支払った後に、これだけの再投資を行った）。他の増額分はほとんどが新規証券の発行によるもので、その目的は現金の調達、あるいは資産購入の原資調達であった。

一九一八年初めから二〇年末にかけて、使用資本増加額三億一六〇〇万ドルに対して、設備投資と連結子会社への投資は合計二億八〇〇〇万ドルだった。（原注2）運転資本は著しく増加しており、その大半を占める在庫は四七〇〇万ドルから一億六五〇〇万ドルへと膨れ上がっていた。

一九二一～二二年　事業縮小期

一九一八年、一九年、二〇年と拡大期が続いた後、二一年と二二年は事業が縮小した。二二年の末には銀行からの借入れはすべて返済を終え、在庫や工場の価値は低めに評価し直した。すべてが平常に戻った時には、年間に七五万台の乗用車とトラックを生産する能力があったが、二二年の販売台数は四五万七〇〇〇台にとどまった。

一九二三〜二五年　飛躍への準備

一九二三年、自動車業界は全体として生産量を増やし始めた。だがGMでは、二五年までは生産能力が大規模に拡大されることはなかった。なぜなら、すでにデュラントとラスコブによって、生産量をかなりの程度増やせる準備がなされていたのである。二五年の販売数は乗用車・トラック合計で八三万六〇〇〇台と、二二年の四五万七〇〇〇台を八三％も上回っていたが、二三年から二五年までの設備投資額は合計で六〇〇〇万ドルにも満たず、他方で減価償却額は五〇〇〇万ドルに迫っていた。種々のコントロールが功を奏したため、販売が拡大したにもかかわらず、在庫は二三年初めの一億一七〇〇万ドルから二五年末には一億一二〇〇万ドルへと五〇〇万ドルほど抑制できた。同じ期間に正味運転資本は五五〇〇万ドル伸び（＋四四％）、売上高は六億九八〇〇万ドルから七億三五〇〇万ドルへ、純利益は七二〇〇万ドルから一億一六〇〇万ドルへとそれぞれ増加している。このように、より多くの台数をより効率的に生産できるようになったため、一九二三年から二五年にかけての合計純利益は二億四〇〇〇万ドルに達した。このうち一億一二〇〇万ドルを普通株式の保有者に、二二〇〇万ドルを優先株式の保有者にそれぞれ還元した。合計一億三四〇〇万ドル、純利益の五六％が配当に充てられたことになる。

一九二六〜二九年　新たな拡大期

売上げの急伸を受けて、一九二五年には設備投資の追加が求められるようになっていた。一九二六年から二九年までGMは再び事業を拡大していった。拡大路線が正しかったことは、すぐに証明された。二六年の販売台数は、過去最高だった二五年の実績をさらに五〇%近くも上回って、一二三万五〇〇〇台に達したのである（乗用車・トラック合計）。この時期には従来とは異なり、拡大のための資金を利益、減価償却引当金、株式の新規発行によって手当てした。この四年間を総括すると、非連結子会社と自動車以外の事業部への投資が一億二一〇〇万ドル、設備投資が三億二五〇〇万ドルそれぞれ増加している。後者には、一九二六年に買収したフィッシャー・ボディ・コーポレーションへの投資が含まれている。

拡大路線に乗って、GMはさまざまな分野で生産能力を拡充した。自動車分野では主に〈シボレー〉の生産可能台数を上乗せし、〈シボレー〉は四年間で販売台数を二倍近くに伸ばしている。新車種の〈ポンティアック〉の生産能力も充実させた。自動車組立可能台数が増えたのを受けて、アクセサリー事業部の供給能力も拡大した。部品についても同様である。販売流通業務のテコ入れにも乗り出して、海外でも組立工場や倉庫を増設した。最終消費者に製品が届きやすくしたのである。二五年にはイギリスの小規模な自動車会社ボクスホール・モーターズを買収し、二九年にはより大規模なアダム・オペル（ドイツ）に八〇%ほど出資した。自動車以外の分野では、フリジデアー事業部などの拡大を進めたほか、航空機関連事業、ディーゼル事業などへも投資した。

要約すると、一九二六年一月一日から二九年一二月三一日までに、工場の価値は総額で二億七八〇〇万ドルから六億一〇〇〇万ドルへと二倍以上に増え、非連結子会社と自動車以外の事業部への投資は八七〇〇万ドルから二億七〇〇万ドルへとおよそ二・五倍に跳ね上がった。総資産は七億四〇〇万ドルから一三億ドルへとアップしている。販売数は一二〇万台から一九〇万台へ、売上高は一一億ドルから一五億ドルへそれぞれ伸びている。

財務と経営を効果的にコントロールできたため、事実上この拡大をすべて利益と減価償却によって支え、なおかつ純利益の三分の二近くを配当として株主に還元できた。社外からの資金調達は、一九二七年に優先株式二五〇〇万ドル相当を配当率七%で発行したのみで、他はすべて留保利益を用いている。もっとも、二六年にフィッシャー・ボディの残余資産すべてをGMの普通株式六六万四七二〇株で買い取った際には、その一部に充当するために六三万八四〇一株を新規発行している。純利益は二六年一億八六〇〇万ドル、二八年二億七六〇〇万ドル（それまでの過去最高）、二九年二億四八〇〇万ドルと推移している。以上、二六年から二九年までの四年間の合計利益は九億四六〇〇万ドル、うち五億九六〇〇万ドル（六三％）が株主に支払われ、残り三億五〇〇〇万ドルが事業に再投資された。この期間の減価償却引当は計一億一五〇〇万ドルであった。

一九二二年を基準として、一九二三年から二九年まで――前記二つの時期全体――を総括すると次のようになる。

アメリカ・カナダでの乗用車・トラック販売台数は、一九二二年から二九年にかけて四五万七〇〇〇台から一八九万九〇〇〇台へと四倍に、売上高は四億六四〇〇万ドルから一五億四〇〇〇万ドルへと三倍以上に増大した。かつては在庫の膨張にブレーキをかけられずにいたが、この時期には生産量と売上高が目覚ましく拡大したにもかかわらず、在庫はわずか六〇％の伸びにとどまっている（正味運転資本は一九二二年一二月三一日の一億二五〇〇万ドルから、二九年末には二億四八〇〇万ドルへと上積みされ、そのうち現金と短期証券は二八〇〇万ドルから一億二七〇〇万ドルへ伸びている）。工場の総価値は二億五五〇〇万ドルから六億一〇〇〇万ドルへ増え、使用資本は四億五〇〇〇万ドルから九億五四〇〇万ドルへと二倍以上となった。七年間の総利益は一一億八六〇〇万ドル。うち七億三〇〇〇万ドル（六二％）が株主に還元され、四億五六〇〇万ドルが内部に留保された。

一九三〇年代　大恐慌と復興

一九三〇年代は大恐慌とともに幕を開けた。中盤は安定・拡大の時期だったが、末期になると第二次世界大戦参戦の前夜という時代状況が、自動車業界にも影響を及ぼした。

大恐慌は一九三〇年から三四年まで続き、GMの業績も縮小した。恐慌そのものは一九二〇年から二一年にかけての不況よりも深刻だったが、以前とは異なって、業績が悪化しても大きな混乱は生じなかった。配当金を減らさざるを得ない年もあったが、損失を計上することも、配当を見合わせることもなかった。一九三一、三二の両年は、業績が良好だった年度の内部留保を取り崩して、利益を上回る配当金を出した。

一九三〇年代をとおしては、純利益の九一%に当たる額を配当に充てた。景気全般が低迷していたため、リターンを得られそうな投資案件が少なく、余剰資金が生じていたのである。

経済状態が最も深刻だったのは、いうまでもなく株価暴落後の三年間である。すでに述べたとおり、一九二九年から三二年にかけて、北米の自動車生産台数は五六〇万から実に一四〇万へと七五%も激減した。売上高への打撃はなおのこと大きく、小売ベースで五一億ドルから一一億ドルへと七八%の減少幅を記録した。そのようななかでも、GMは三年間の合計で二億四八〇〇万ドルの利益を計上し、これに九五〇〇万ドルを上乗せして、三億四三〇〇万ドルの配当を支払っている。配当が利益を上回る逆転現象が起きたにもかかわらず、正味運転資本の減少は二六〇〇万ドルにとどまり、現金預金と短期証券に至っては四五〇〇万ドルも増えている(+三六%)。資産の流動性がきわめて高くなっていたのだ。

この時期、多くの耐久消費財メーカーが倒産したり、その瀬戸際に追い詰められたりしたというのに、なぜGMは際立った業績を上げられたのだろうか。けっして、鋭い先見性を持ち合わせていたわけではない。GMも社会全般の例に漏れず、大恐慌の到来を予測してはいなかった。おそらく、これまで述べてきた内容から導かれる結論は、GMが環境変化に迅速に対応する力を身につけていた、ということだろう。これこそが、財務、経営のコントロールがもたらした最大の成果だと考えられる。

売上高が減少に転じるとすみやかに対策を打ったため、つまり売上高の減少幅に合わせて在庫を抑制し、コストを制御したため、損失を出さずにすんだ。売上高は一九二九年から三二年にかけて、一五億四〇〇万ドルから四億三二〇〇万ドルへと七一%も減少しているが、在庫も六〇%、額にして一億一三〇〇万ドル抑制されている。売上高が一〇億ドル以上も減ったことを受けて、三二年の純利益は二億四八〇〇万ドルにとどまったが、六三〇〇万ドルを配当に充て、一六万五〇〇〇ドルを社内に留保することができた。繰り返しになるが、三〇年代初めには多大な設備投資は必要ではなかった。三〇年から三四年までの五年間で設備投資は総額八一〇〇万ドル、三二年に至ってはわずか五〇〇万ドルである。加えてこの間に、余剰の工場や生産設備を一部操業休止にして、後に必要が生じた際に部分的に操業を再開した。

一九三五年には、北米の工場出荷台数は一五〇万台超にまで回復した。三三年以降三年間で三倍近くに伸び、それまで最高だった二九年の八〇%にまで戻したのである。三六年には二九年の水準に迫り、三七年には一九二万八〇〇〇台を出荷して新たな記録を打ち立てた。他方、三七年は純利益が一億九六〇〇万ドルと伸び悩み、二九年の二億四八〇〇万ドル、三六年の二億三八〇〇万ドルに及ばなかった。三七年の利益が低迷したのは、年初に六週間のストライキが敢行されたこと、コストが上昇したことによる。この年の平均時間給は対前年度比で二〇%増、二九年との比較では二八%もアップしていた。それでも設備投資負担が軽かったため、配当額は三六年に記録的な二億二〇〇〇万ドル、三七年にも一億七〇〇〇万ドルに達した。この両年は、純利益の八五%を配当に回している。

このように出荷と生産が急激に回復したことで、生産施設が再び不足するようになった。そこで前述のように、操業停止していた工場設備の一部——最新の製品や技術に対応できるもの——を再稼働させた。新設の必要も生じていた。三五年に生産量が急拡大したため、国内外の工場設備を対象に大規模な調査を行い、将来の予想販売台数を賄えるかどうかを検討した。一九三五年度のアニュアル・レポートに、私自身がこう記している。

自動車業界では、絶えず速いペースで生産手法が進歩しており、モデルチェンジも頻繁に行われています。このため、生産設備を短期間に更改せざるを得ません。もとより、機械や工具の更改は、次年度の予想販売量を視野に入れながら実施しています。改めて述べるまでもなく、大恐慌の数年間は、生産設備を削減いたしました。生産能力をめぐっては、新たな制約も生まれています。多彩な市場をカバーするために、モデル数を増やすことが欠かせないのです。製品スタイルの変化や最新技術への対応などによって、生産が複雑になっている点も、見逃せない影響を生んでいます。

併せて重要なのが、種々の進歩によって、業界全体として時間給労働者の数が減少しているうえに、大恐慌によってその流れに拍車がかかっていることです。……やむを得ない事情によるにせよ、労働時間の減少によって、前年度までの生産水準を維持できませんでした。生産能力が低下したわけです。

こうしてGMは、一九三五年に製造施設を再編、整備、拡張するための支出を決定した。その総額は五〇〇〇万ドルを超えた。

生産と販売は急速に拡大を続けていた。そこで私たちは再び調査を行って、当時の生産能力で将来の需要を満たせるかどうかを確かめた。生産能力に影響を及ぼす三つの要因には、とりわけ大きな注意を払った。

①労働時間短縮への流れ
②業務効率が低下する可能性
③労使対立を引き金に生産が一時的にストップするおそれ

②と③は一九三七年に現実のものとなった。

これらの要因が響いて、シボレー事業部では生産能力が不足していた。過去三年間にわたって需要を満たせずにいたのである（一九三五、三六の両年、〈シボレー〉ブランドの乗用車・トラックは一〇〇万台超が生産されている）。シボレーほど深刻ではないにせよ、ほかにもいくつかの事業部で生産能力が足りなくなっていた。加えて、ゼネラル・エンジン・グループと家電製品グループで新製品の開発が進められていたため、それを活かすためには生産能力の拡充が欠かせなかった。このような不足は一部の事業部のみの問題ではなかった。事業部ごとにばらつきが生じていたのではなく、全社的に生産能力を抜本的に増強することが求められていた。そこで、設備の近代化や更改のための支出に加えて、新設備のために六〇〇〇億ドルを超える支出を決めた。拡大プランが完了したのは一九三八年である。

景気は、一九三七年下期から三八年上期にかけて著しく失速し、その後比較的速い回復を見せ始めた。アメリカ国内での自動車消費も、景気全般とほぼ同じ傾向をたどった。三九年上期は足踏みしたが、下期に入ると回復を始め、ヨーロッパが戦争に突入すると回復の足取りはさらに速まった。

一九三〇年代全体を振り返ってみると、GMは新規設備に総額三億四六〇〇万ドルを投じている。投資に消極的な風潮にあっては高額とも受け取れたが、GMの二〇年代に比べると縮小している。減価償却引当は、投資総額を四六〇〇万ドルほど上回っていた。株式配当は二〇年代の七億九七〇〇万ドルから一一億九一〇〇万ドル（利益の九一％）に上昇したが、流動比率は低下していない。一九三〇年一月一日から三九年一二月三一日までの間に、正味運転資本は二億四八〇〇万ドルから四億三四〇〇万ドルに、現金預金と短期証券も一億二七〇〇万ドルから二億九〇〇〇万ドルに増えている。使用資本も九億五四〇〇万ドルから一〇億六六〇〇万ドルへとわずかに増加した。

一九四〇〜四五年　第二次世界大戦

続く六年間、GMは膨大な需要に直面したが、おそらく、アメリカ企業の大多数と同じように見事にその需要に応えたといってよいだろう。第二次世界大戦の火ぶたが切られると、GMはすかさずアメリカ最大の自動車メーカーから、アメリカ最大の軍需企業へと転換した。そして大戦の終結とともに、速やかに平時の生産体制に戻った。いずれも、効果的なマネジメント手法と充実したプランニングによって可能となったのである。

実は一九四〇年には、乗用車とトラックの生産台数は三二%ほど伸びている。軍事計画によって、購買力が全般的に刺激されたためである。この年GMの軍需生産は七五〇〇万ドルのみであったが（ちなみに民需生産は一七億ドルに達している）、年末に近づくにつれて受注が急増して、四一年一月末にはアメリカ政府と連合国政府からの軍需受注は六億八三〇〇万ドルとなっていた。四一年の軍需生産は四億ドルを超え（民需生産は二〇億ドル）、真珠湾攻撃の前後には日産二〇〇万ドルに達していた。

アメリカが第二次大戦に参戦した後は、GMも全社を挙げての量産体制で総力戦を支えた。一九四二年、軍需生産は一九億ドルに伸び、民需生産は三億五二〇〇万ドルに減少した。四三年にはエンジニアリングと生産の機能をフル回転させて、三七億ドルの軍需生産をこなした。そして四四年、さらにわずかに伸びて戦時中のピーク、三八億ドルに達する。金額ベースでは三%の伸びだが、量では一五%ほども増えている。これは、受注量の拡大に伴って値下げを敢行したためである。一九四五年五月八日、ヨーロッパで連合国軍が勝利を収めると軍需注文がキャンセルされたため、部分的に平時体制への復旧を行い、対日勝利後は全面的な復旧を図った。したがって、四五年には軍需生産は二億五〇〇〇万ドルに減り、民需生産は五億七九〇〇万ドルへと心持ち上向いた。GMの軍需生産は累計で一二五億ドルに迫った。これだけの膨大な量を生産するために、私たちは既存設備をできるかぎり利用し、改造し、場合によっては拡張も行った。そのコストは四〇年から四四年までで一億三〇〇〇万ドルを超えている。加えて、六億五〇〇〇万ドル相当の政府施設でも生産に従事した。

第二次大戦中は、利益、配当金ともに十分とはいえなかった。売上高は三九年が一三億七七〇〇万ドル、四四年が四二億六二〇〇万ドルと伸びを見せたが、利益は増えていない。参戦当初、利益制限法が設けられるかなり以前から、GMは軍事事業の税引前利益率を抑制していた。一九四一年の段階では市場競争は機能していたが、それでも軍需ビジネスの利益率を民需の半分に抑えたのである。可能なかぎり固定価格で受注して、コストが低ければ価格も引き下げようとした。このため四〇年から四五年にかけて、一七億六六九〇万ドルの売上げに対して利益は一〇億七〇〇〇万ドル、うち八億一八〇〇万ドルを配当金として株主に支払った。配当額は、四〇年と四一年には額面一〇ドルの株式に対して三・七五ドルを支払ったが、四二、四三年は二ドルに下がり、四四、四五年は三ドルだった。

一九四〇年から四四年にかけて、純利益の七七％を株主に還元したが、戦時中の物資欠乏と施策の優先順位のゆえに、生産設備を通常のスケジュールで更改できなかったため、流動比率は著しく高まった。この間の設備投資額は二億二二〇〇万ドルと、減価償却額を下回っている。このようにして、一九四〇年一月一日から一九四四年一二月三一日にかけて、正味運転資本は四億三四〇〇万ドルから九億三三〇〇万ドルへ、現金預金と短期証券は二億九〇〇〇万ドルから五億九七〇〇万ドルへそれぞれ増えている。四五年には設備投資を一億一四〇〇万ドルという記録的な水準に引き上げた。この年、正味運転資本は七億七五〇〇万ドルへ、現金預金と短期証券は三億七八〇〇万ドルへと減少している。

この四五年をもって、財務面から見たＧＭの一時代が終わった。この時代、景気循環と投資判断が、時として独立に、しかし多くの場合互いに関係しながら、財務に影響を及ぼした。続いて新しい時代、長期的な拡大の時代が始まり、今日まで続くことになる。話を前に進めるに先立って、いくつかの点を補足しておきたい。

財務上の戦略的課題は、事業を遂行しながら、さまざまな要素をどのように最適化させていくかという点にある。これに関しては、裁量や主観的判断の余地が大きい。しかし一般論として、借入れを行うと株主へのリターンを増やせるが、リスクも高まるといえるだろう。おそらく誰もが同意してくれると思うが、デュラントとラスコブはともに、旺盛な支出意欲を持ち、借入れを行うことへの抵抗感が薄かった。デュラントはこうした考え方をＧＭに過度に持ち込み、一九一八年から二〇年にかけて事業拡大路線をひた走った。その後六年間はさらなる拡大は必要なかったほどである。だが、仮に経営コントロールや財務コントロールが充実していたなら、あのような拡大路線を取りながらも危機を防げたのではないだろうか。一九二〇年の不況によってデュラントは苦境に陥ったが、それは負債を抱えていたからにほかならない。

ＧＭは一九二一年から四六年まで長期負債を避けた。私自身は借入れを好まない。おそらく個人的な経験が影響しているのだろう。とはいえこの間、ＧＭが「借入れをしない」という明確な方針を掲げていたわけではなく、借入れに頼る必要がなかったというのが実際のところである。二六年までは支出そのものが少なく、以後二九年までは、妥当な配当を支払いながら、なおかつ利益を再投資に回すことができた。言葉を換えれば、事業が好調であったため手元資金だけで成長できたのである。ただし例外として、二〇年代に銀行から短期の借入れを行っている。三〇年代は景気後退期であったため、そもそも借入れをするべきかどうかといった問題は生じなかった。大戦中は政府をとおして一〇億ドルの融資枠設定を受け、売掛金や在庫を担保に資金を調達できるようになったが、実際の借入額は最高でも一億ドルと少なく、すべて一年以内に返済した。

戦後は、流動比率が高かったにもかかわらず、財務面でのさまざまな課題に再び直面することとなった。多額の設備投資を行うために、株式発行と借入れの両方によって追加資本を手に入れる必要が生まれたのだ。

一九四六〜六三年　第二次世界大戦後

一九四六年から六三年までの一七年間で、設備投資は総額七〇億ドルを突破した。これは四六年時点での工場価値と比べて何と七倍近くに当たる。とはいえ、戦後はインフレが亢進したこともあって、生産機械や建設のコストが膨れ上がり、支出の相当部分を占めたため、物理的な規模が七倍になったわけではない。この一七年間に正味運転資本は、七億七五〇〇万ドルから三五億二八〇〇万ドルへと二七億五三〇〇万ドルほど増大した。工場投資の六一％、四三億ドルは減価償却引当金を充当した。残りは必然的に、利益を再投資するか新たに資本を調達する――あるいは両者を併用する――ことになった。同じ期間の利益は総額一二五億ドルにのぼり、その三六％に当たる四五億ドルが内部に留保された。事業上の必要から、以前よりも大きな比率となっている。それでもなお、事業拡大計画を遂行するために、二〇年代初頭以降、ごく小規模な事例を除けば初めて、市場から資本を調達することになった。調達総額は八億四六五〇万ドル。うち二億二五〇〇万ドルを一九六二年末までに返済した。三億五〇〇〇万ドル相当の普通株式も発行して、一九五五年から六二年までの社員福利厚生プログラムに充てた。利益の再投資と株式の新規発行によって、使用資本は一三億五一〇〇万ドルから六八億五一〇〇万ドルへと伸びている。

戦後の成長に向けては、戦争が終わるはるか以前から壮大なプランを立てていた。一九四三年に私は、全米製造業協会で「挑戦（ザ・チャレンジ）」と題した講演を行い、このプランについて述べている。講演の中で私が主張したのは、戦争が終われば堰を切ったように需要が噴出すると考えられるため、大胆なプランを立てておかなければならない、ということである。戦後不況を予測する多くのエコノミストに反論するとともに、「私にとってこれは、単なる論争の対象ではなく、いかに投資判断を下すかという問題だ」と言い添えた。事は緊急を要するというのが社内の認識だった。ひとたび戦争が終わったら、できるかぎり速やかに平時体制に復旧して、消費者のニーズに応え、雇用を創出し、株主への義務を果たさなければならなかった。そのすべてがチャンスに満ちていた。そこで社内では、長期的な需要見通しを立て始めていた。景気全般の動向、消費者需要、社の生産能力、財務力などをにらみながら、五年から一〇年後の事業を予測したのである。

私はこの調査をもとに戦後プランを発表して、五億ドルの支出が必要であると訴えた。この金額が大きな波紋を呼び、多数の意見が寄せられた。五億ドルという規模は、二〇年代、あるいは三〇年代の設備投資をはるかにしのぎ、一九四四年末時点の工場設備を七五％も上回る額だったのである。

プランの概要を一九四四年度のアニュアル・レポートから引用しておきたい。

（前略）平時のGM製品である乗用車・トラックその他を製造するために、工場や製造機械を整えなくてはなりません。そのためには、戦時中に売却した機械類の埋め合わせとして、新しいものを購入する必要があります。機械類の近代化、戦時中に酷使したツール類の更改なども求められます。戦後のニーズを見据えながら、設備を拡張することも欠かせないでしょう。これらすべてを、短期的見通しと長期的見通しのバランスを取りながら進めなければなりません。（後略）

このように、GMは大戦終結の二年前にすでに、乗用車とトラックの大量生産を再開できる日のために準備を始めていたのだ。事業部別に詳しい拡大プランを設け、戦前から取引のあった数千ものサプライヤーや請負業者——その多くからは軍需生産にも協力を得た——と新たな関係を築けるようにプランも設けていた。たとえば、戦前のサプライヤーに対して可能なかぎり、「戦争の行方次第ではあるが、民需の製品をできるだけ早く発注したい」という旨を伝えるようにしていた。こうすれば、サプライヤーの側でも戦後へ向けたプランを用意しておき、短期間で体制を立て直せる。

戦後プランを作成した段階では、すべてのコストを利益、減価償却費、その他の余剰金でカバーできると想定していた。一九四一年から四三年にかけて、生産設備を戦時対応に改めた際には、平時対応に戻すために七六〇〇万ドルの準備金を積み立てた。この金額でコストをカバーできるとの見通しからだった。そのほかにも、新しい工場や設備を購入できる日のために、多大な流動資産を蓄えてあった。このため、一九四四年末には九億三〇〇万ドルの正味運転資本があり、そのうちの五億九七〇〇万ドルが現金預金と短期証券で占められていた。

戦後の事業拡大コストに関する予測は、建設コストや資本財価格が上昇したことを考え合わせると、驚くほど正確だった。復旧コスト八三〇〇万ドルに対して、準備金は七六〇〇万ドルほど積み立ててあった。一九四七年には第一次の拡大プログラムが完了したのだが、四五年からそれまでの設備投資総額は五億八八〇〇万ドルだった。比較までに、予想では五億ドルだった。

他方、運転資本に関しては予想額が低すぎた。運転資本のニーズが膨らんだのは、事業を拡大しただけでなく、インフレが急激に進んだためである。第二次大戦前の一九三五年から三九年にかけては、年末の運転資本は平均で三億六六〇〇万ドル、在庫は同二億二七〇〇万ドルだった。戦後の五年間（一九四六〜五〇年）には、それぞれ一〇億九〇〇〇万ドル、七億二八〇〇万ドルへと増えている。

四五年の年の瀬には、工場の大多数が全米自動車労働組合（ＵＡＷ）のストライキによって閉鎖状態に追い込まれ、全社の現金預金と短期証券は二億一九〇〇万ドル減少して三億七八〇〇万ドルとなった。ストライキは一九四六年三月一三日に終息したが、この時には流動資産はいっそう目減りしていた。一部の工場ではその後も六〇日ほど労使対立が尾を引いた。他産業のストライキによる余波で資材が不足したため、社内の労使問題が解決した後も生産量は伸び悩んだ。この結果、戦争直後の復興期には、異常なほどの過熱需要が見られたにもかかわらず、十分な利益を上げられなかった。一九四六年の利益はわずか八七五〇万ドル。これに二一四〇万ドルを上乗せした額を配当金として支払った。

ストライキが決着する以前から、ＧＭは追加資本が必要になりそうだと判断して、資金調達方法に関する調査・研究を進めていた。一九四六年中盤には、年利回り二・五％の二〇年債と三〇年債を発行して、保険会社八社から合計で一億二五〇〇万ドルを調達した。他の方法も検討はしたが、私募債を発行して、長期資金を持つ機関投資家から調達するのが、最も低コストで迅速だと判断した。私募発行の交渉は速やかにまとまった。公募とは違って手続き期間が短く、有価証券届出書などを提出する必要もなかった。

一億二五〇〇万ドルは一九四六年八月一日に入金され、GMは資本ニーズの高まりにきわめて柔軟に応えられるようになった。それでもなお、財務方針委員会は長期資金が必要であると考えていた。そこで、八月五日に一億二五〇〇万ドルの優先株式を発行する方針を固め、引受企業との条件交渉をブラッドレーに任せた。委員会は、さらに別の方法による資金調達をも念頭に置いていた。一案として、任意償還の優先株式を発行するのがよいだろうとの結論に達した。ところが現実には、かなりの好条件のものを除くと、市場はこちらが期待したほどの反応を見せず、私たちは発行規模を一億ドルに減らす道を選んだ。額面三・七五ドルの優先株式を一〇〇万株発行すると決めたのである。売出し日は一一月二七日。GMは割引額と引受手数料を差し引いた九八〇〇万ドルを手にした。このようにして、ほぼ二〇年ぶりの株式公募を無事に終えることができた。

戦後の復興期には経営資源が逼迫していた。事実、一九四六年には二億二三〇〇万ドルの資本を新たに調達したにもかかわらず、正味運転資本が七〇〇万ドル、現金預金と短期証券が四二〇〇万ドル、それぞれ減少している。仮に市場から資本を調達していなかったなら、正味運転資本の減少幅は二億三〇〇万ドルに達していたことになる。

さて、資本の増強を終え、あとは以前から描いていた事業拡大の青写真をもとに、前進するのみだった。一九四八年には北米の工場出荷台数が二一四万六〇〇〇と、戦前のピークである一九四一年の実績に迫った。純利益も四億四〇〇〇万ドルに伸び、一九四七年の二億八八〇〇万ドル、四六年の八八〇〇万ドルを上回った。四九年には、景気低迷を跳ね返して過去最高の販売台数を達成し、利益率もアップしたため、純利益は六億五六〇〇万ドルに達した。この時期、在庫回転率も目覚ましく向上している。売上高が一〇億ドル増えたにもかかわらず、在庫は六五〇〇万ドル減少したのだ。事業拡大プログラムが完了していたため、設備投資は比較的少なく、四八年、四九年合計で二億七三〇〇万ドルと減価償却引当をわずかに六四〇〇万ドル上回るだけであった。こうして資金ポジションが急速に改善したため、四九年一二月に一億二五〇〇万ドルの優先株式を償還して、負債を一掃することにした。流動資産も増やし、多額の配当金を支払えた。

次に事業が飛躍的に拡大したのは、朝鮮戦争の勃発時である。その時すでにGMは、「終戦時には、戦争中に満たされなかった需要が爆発するだろう」と予期していた。そこで自動車市場の将来性について検討に検討を重ねたうえで、生産能力を大幅に拡張する必要があると判断し、新工場の建設に踏み切った。この工場は当初は軍需生産に用いる予定だったが、いずれ民需に対応することも想定していた。私自身の見解と提案内容を、財務方針委員会に宛てた一九五〇年一一月一七日付の文書から引用したい。

1　今後一〇年間の需要動向を定量的に予測しておく必要がある。この作業はすでに進めており、五年を経過した時点で見直しをすべきだろう。国の武装準備が進めば平時生産を圧迫するため、需要が行き場を失い、後から一気に押し寄せることになる。この点を特に考慮しなければならない。

2　生産増大の必要量が定まったなら、それに対応するために広範な基本計画を立てなければならない。最良の方法や手段についても言及すべきだろう。製品カテゴリーもすべてをカバーするのが望ましい。各カテゴリーについて、それぞれの将来性を見据えながら予測を立てるのだ。この基本プランは、追加の事実データを入手できた時点で肉づけしていく。（後略）

3　いずれ、戦争準備のために生産設備を提供するようにと、当局から要請があるだろう。これを基本プランに組み入れておけば、その時々の事情に応じて速やかにかつ効率的に実行できる。基本プランとの関係を長い目で考えた場合に、より望ましいのであれば、新工場の建設には内部資本を用いるべきだろう。加速減価償却や高税率などを考え合わせれば、内部資本を用いるのがよりいっそう好ましいといえる。設備の転用は避けるべきである。生産能力を拡大しておくべきなのだ。

実際にGMは、生産工場を拡大していった。一九五〇年から五三年までの四年間に、新規の工場と生産設備に合計一二億七九〇〇万ドルを投じ、うちおよそ三分の一を軍需生産に振り向けた。ただし、超過利潤税を課せられたこと、軍需生産に関しては通常よりも利益率を抑えていたことなどが重なって、利益は減少した。以上をまとめると、四年間でGMは純利益の六一%に相当する一六億ドルを配当に充て、八億七一〇〇万ドルを事業に再投資した。この再投資額と減価償却費五億六三〇〇万ドルの合計は、設備投資総額一二億七九〇〇万ドルをわずか一億五五〇〇万ドル上回るにすぎなかった。すなわち他の支出、たとえば鋼鉄のサプライヤーへの前払い金、軍需生産向けの機械整備などには一億五五〇〇万ドルしか充てられなかったのである。物価の上昇も資本構造に影響を及ぼした。一九四九年一二月三一日から五三年一二月三一日にかけて、売上高の七六%アップを受けて資本需要が増えたが、正味運転資本はわずかながら減少している。

一九五四年の初め、すでに内部資本が逼迫していたが、GMは将来に向けて設備投資を行うと発表した。二年間で一〇億ドルを投じるという内容で、自動車市場の拡大に応えられるように生産設備を拡充し、併せて既存設備を近代化するのを目的としていた。そのほかにも、オートマティック・トランスミッション、パワーステアリング、パワーブレーキ、V8エンジンなどを生産するために多額の設備投資を行った。

以上のように大規模な設備投資を進めたこと、物価が上昇していたことによって、新たな資本調達が避けられなくなっていた。利益の大部分を配当に回すためには、それが不可欠だった。一九五三年を終えようとする頃、財務方針委員会はこの問題を検討して、社債を発行すべきだと判断した。しかし一九四六年とは異なって、保険会社などの機関投資家に余剰資金はなかった。それどころか、しばらく先まで資金供給の予定が埋まっていた。そこで私たちは公開市場に活路を求め、一九五三年一二月に利回り三・二五%、二五年もの社債を三億ドル発行して、引受手数料その他の差し引き後で二億九八五〇万ドルを手にした。社債発行はこの時も大成功に終わった。

それでも資金需要は十分には満たされていなかった。五五年一月に入ると、工場投資計画が一〇億ドルから一五億ドルに、後にさらに二〇億ドルへと積み増しされた。将来の資金需要を分析した結果、再度資本調達を行う必要があると判断された。当時の社長カーティスが上院銀行・通貨委員会で述べている。

GMが先ごろ、社外からさらなる資金を調達すると決めましたのは、今後の資金ニーズを読んでのことです。分析に当たりましては、経済のトレンドを予測し、競争の激しい自動車産業が今後どのような方向に進むかも見通しました。その結果、三億ドルないし三億五〇〇〇万ドルの長期資金が求められるとの結論に至ったのであります。これだけの額を手当てしてこそ、GMはアメリカ合衆国とともに発展を続け、増大する製品需要に応え、なおかつ適切な配当水準を維持できるのです。

このようにして一九五五年二月、四三八万六八三株を額面五ドルで新規発行して、普通株式の保有者に二〇株に一株の比率で割り当てることにした。応募価格は七五ドル。申込み期日には価格は九六・八七五ドルに跳ね上がってい た。引受シンジケート団は三三〇社で構成されていたが、引受比率はわずか一二・八％にとどまった。この調達によって、引受手数料その他を差し引いた三億二五〇〇万ドルがGMにもたらされた。過去最高（当時）の普通株式発行は華々しい成功のうちに幕を閉じた。「規模が大きすぎてリスクが高い」という多くの専門家による事前予測を裏切って、GMによる市場評価が正しかったと証明されたのである。

株式と社債の発行に支えられて、GMは事業拡大をプランどおりに進めながら、多額の配当金によって株主に応えることができた。一九五四年から五六年にかけての事業拡大期に、新規の工場設備に二二億五三〇〇万ドルを投じて、その価値総額を二九億一二〇〇万ドルから五〇億七三〇〇万ドルへと七四％も増やしている。減価償却引当金は八億七四〇〇万ドル、配当金は一六億二〇〇〇万ドル（利益の五七％）、事業への再投資額は一二億二二〇〇万ドルとなっている。未曾有の設備投資を行ったにもかかわらず、正味運転資本は五億一〇〇〇万ドルほど増加し、現金預金と短期証券の合計額は、納税に充てる分を除いても、三億六七〇〇万ドルから六億七二〇〇万ドルへとほぼ倍増している。流動資産は五七年にはさらに増える。この年、事業拡大プランの完了に伴って設備投資が急減した一方、減価償却引当が伸び続けていたのである。

大規模な事業拡大を終えて、GMの財務体質はかつてないほど強化されていた。一九五七年から六二年にかけては、二度の不況（五八年と六一年）に見舞われはしたが、六二年には創業以来最高の売上高と利益を達成できた。この時期の出来事を振り返ると、GMが財務面でどれほど高い健全性を身につけていたか、改めて感銘を受けずにはいられない。景気が後退した五八年、GMがアメリカで生産した乗用車・トラックの売上高は対前年度比二二％の減少となったが、その急激な影響に耐えて利益は大幅な減少を免れた。この年の一株当たり利益は二・二二ドルと、前年度の二・九九ドルに比して二七％減にとどまった。このような成果を上げられたのは、チャンスを逃さない効果的な財務コントロール制度を有していたからである。それは何年もの歳月をかけて築き上げたものだった。

五八年から六二年にかけての設備投資は、海外プロジェクト分も含めて二三億ドルにのぼった。これは五四年から五六年にかけての事業拡大期に匹敵する金額だったが、国内分は減価償却費で賄えた。ドイツでは借入れに依存した。この四年間の合計配当額は三三億ドル、利益の六九％に当たる。正味運転資本は一七億ドルに増えた。

戦後を概観すると、GMは株主に十分な利益をもたらしたといえるだろう。工場設備は合計で六倍以上に増え（一九四六年一月一日の一〇億一二〇〇万ドルから、六二年一二月三一日には七一億八七〇〇万ドルに増加）、その分を利益と減価償却引当金でカバーしたうえに、純利益の六四％に当たる七九億五一〇〇万ドルを株主に還元したのである。一九四五年と六二年を比べると、一株当たりの配当額（株式分割を調整後）は五〇セントから三ドルへ、株価は一二・五八ドルから五八・一三ドルへと伸びている。

GMの財務について述べるのは、成長の歴史をたどるということである。製品・サービス、人材、物理資産、財務資産――すべてが増加した。ゼネラルモーターズ・コーポレーションが一九一七年八月一日に現在の社名に変わってから（それまでの正式社名は「ゼネラルモーターズ・カンパニー」である）六二年一二月三一日までに、社員数は二万五〇〇〇人から六〇万人超に、三〇〇〇人に満たなかった株主は一〇〇万人超にまで増加した。乗用車とトラックの販売台数も伸びている。一九一八年と六二年を比べると北米産が二〇万五〇〇〇台から四四九万一〇〇〇台へ増え、六二年には海外生産分も合計七四万七〇〇〇台を売り上げている。売上額は二億七〇〇〇万ドルから一四六億ドルへとさらに著しく伸長している。総資産は一億三四〇〇万ドルから九二億ドルへと増えている。アメリカ経済においてGMがどれほど大きな位置を占めてきたか、おわかりいただけただろう。

もとより事業体の価値は、売上高や資産の成長のみでなく、株主の投資に対する利益率によって評価されるべきである。リスクにさらされるのは株主の資本だからだ。ビジネスを私企業の論理で進めることによってまず利益を得るのは株主である。これまでのデータに示されているように、GMは株主に対して胸を張ってよいだろう。社員、顧客、ディーラー、サプライヤー、地域社会への義務も十分に果たしてきた。

財務面での成長に関して私自身はどのように考えているか、その哲学を一九三八年度のアニュアル・レポートから引用したい。

経済上の必要から、また発展のプロセスに従って、各業界とも拡大の一途をたどってきました。製品やサービスをより便利に、より安く提供するためのたゆまぬ努力に支えられて、市場が絶えず拡大していくのです。このような発展には、大量生産の分野で業務プロセスの統合が進んでいるという事実が影響を及ぼしています。発展はどういった効果を生み出すかといいますと、必要な資本が常に増え続けていくということです。

GMの財務もこうした道筋を経て成長を遂げてきた。一九一七年にはおよそ一億ドルだった総使用資本は、今日では六九億ドル前後にまで増えている。これを主に利益の再投資によって実現し、過度の負債は避けてきた。資本が六八億ドル増加しているが、このうち八億ドルが資本市場から調達されている。六億ドルは株式の新規発行によって調達されたもので、うち二億五〇〇〇万ドルを他社の買収に、三億五〇〇〇万ドルを社員の福利厚生プログラムにそれ

年度	優先株式配当金（ドル）	普通株主に帰属する利益（ドル）	普通株式配当金 金額（ドル）	普通株式配当金 利益に占める比率（%）	留保利益（ドル）	普通株式1株当たりの 利益（ドル）	普通株式1株当たりの 配当（%）
1917#	491,890	13,802,592	2,294,199	16.6	11,508,393	0.15	0.02
1918	1,920,467	12,905,063	11,237,310	87.1	1,667,753	0.07	0.10
1919	4,212,513	55,792,971	17,324,541	31.1	38,468,430	0.30	0.10
1920	5,620,426	32,129,949	17,893,289	55.7	14,236,660	0.14	0.09
1921	6,310,010	(44,990,780)	20,468,276	-	(65,459,056)	(0.19)	0.09
1922	6,429,228	48,045,265	10,177,117	21.2	37,868,148	0.21	0.04
1923	6,887,371	65,121,584	24,772,026	38.0	40,349,558	0.28	0.11
1924	7,272,637	44,350,853	25,030,632	56.4	19,320,221	0.19	0.11
1925	7,639,991	108,376,286	61,935,221	57.1	46,441,065	0.47	0.27
1926	7,645,287	178,585,895	103,930,993	58.2	74,654,902	0.73	0.42
1927	9,109,330	225,995,496	134,836,081	59.7	91,159,415	0.87	0.52
1928	9,404,756	267,063,352	165,300,002	61.9	101,763,350	1.02	0.63
1929	9,478,681	238,803,587	156,600,007	65.6	82,203,580	0.91	0.60
1930	9,538,660	141,560,332	130,500,002	92.2	11,060,330	0.54	0.50
1931	9,375,899	87,501,208	130,500,001	149.1	(42,998,793)	0.34	0.50
1932	9,206,387	(9,041,408)	53,993,330	-	(63,034,738)	(0.03)	0.21
1933	9,178,845	74,034,831	53,826,355	72.7	20,208,476	0.29	0.21
1934	9,178,220	85,590,911	64,443,490	75.3	21,147,421	0.33	0.25
1935	9,178,220	158,048,290	96,476,748	61.0	61,571,542	0.61	0.38
1936	9,178,220	229,304,205	192,903,299	84.1	36,400,906	0.89	0.75
1937	9,178,220	187,258,378	160,549,861	85.7	26,708,517	0.73	0.63
1938	9,178,220	93,011,787	64,386,421	69.2	28,625,366	0.36	0.25
1939	9,943,072	173,347,150	150,319,682	86.7	23,027,468	0.67	0.58
1940	9,178,220	186,443,501	161,864,924	86.8	24,578,577	0.72	0.63
1941	9,178,220	192,474,288	162,608,296	84.5	29,865,992	0.74	0.63
1942	9,178,220	154,473,368	86,992,295	56.3	67,481,073	0.59	0.33
1943	9,178,220	140,601,868	87,106,758	62.0	53,495,110	0.54	0.33
1944	9,178,220	161,817,645	132,063,371	81.6	29,754,274	0.61	0.50
1945	9,178,220	179,089,895	132,066,520	73.7	47,023,375	0.68	0.50
1946	9,782,407	77,743,904	99,158,674	127.5	(21,414,770)	0.29	0.38
1947	12,928,310	275,063,063	132,167,487	48.0	142,895,576	1.04	0.50
1948	12,928,315	427,519,409	197,845,688	46.3	229,673,721	1.62	0.75
1949	12,928,316	643,505,916	351,380,264	54.6	292,125,652	2.44	1.33
1950	12,928,315	821,115,724	526,111,783	64.1	295,003,941	3.12	2.00
1951	12,928,313	493,271,247	350,249,851	71.0	143,021,396	1.88	1.33
1952	12,928,313	545,792,866	349,041,039	64.0	196,751,827	2.08	1.33
1953	12,928,312	585,191,166	348,760,514	59.6	236,430,652	2.24	1.33
1954	12,928,309	793,045,588	436,507,196	55.0	356,538,392	3.03	1.67
1955	12,928,305	1,176,548,777	592,245,497	50.3	584,303,280	4.30	2.17
1956	12,928,302	834,467,800	552,853,282	66.3	281,614,518	3.02	2.00
1957	12,928,300	830,664,135	555,453,812	66.9	275,210,323	2.99	2.00
1958	12,928,298	620,699,778	558,940,800	90.1	61,758,978	2.22	2.00
1959	12,928,296	860,171,853	561,838,126	65.3	298,333,727	3.06	2.00
1960	12,928,293	946,114,196	564,190,599	59.6	381,923,597	3.35	2.00
1961	12,928,292	879,893,152	707,383,013	80.4	172,510,139	3.11	2.50
1962	12,928,290	1,446,149,160	850,465,125	58.8	595,684,035	5.10	3.00

#1917年8月1日から12月31日までの5カ月間。
（　）は損失を意味する。

ゼネラルモーターズ　売上高、純利益、配当額の推移

年度	乗用車・トラック販売台数（北米市場）	純売上高（ドル）	税引前純利益 金額（ドル）	税引前純利益 対売上高比率（%）	国内外の法人所得税*（ドル）	税引前純利益 金額（ドル）	税引前純利益 対売上高比率（%）
1917#	86,921	96,295,741	17,143,056	17.80	2,848,574	14,294,482	14.84
1918	205,326	269,796,829	34,939,078	12.95	20,113,548	14,825,530	5.50
1919	391,738	509,676,694	90,005,484	17.66	30,000,000	60,005,484	11.77
1920	393,075	567,320,603	41,644,375	7.34	3,894,000	37,750,375	6.65
1921	214,799	304,487,243	(38,680,770)	(12.70)	-	(38,680,770)	(12.70)
1922	456,763	463,706,733	60,724,493	13.10	6,250,000	54,474,493	11.75
1923	798,555	698,038,947	80,143,955	11.48	8,135,000	72,008,955	10.32
1924	587,341	568,007,459	57,350,490	10.10	5,727,000	51,623,490	9.09
1925	835,902	734,592,592	129,928,277	17.69	13,912,000	116,016,277	15.79
1926	1,234,850	1,058,153,338	212,066,121	20.04	25,834,939	186,231,182	17.60
1927	1,562,748	1,269,519,673	269,573,585	21.23	34,468,759	235,104,826	18.52
1928	1,810,806	1,459,762,906	309,817,468	21.22	33,349,360	276,468,108	18.94
1929	1,899,267	1,504,404,472	276,403,176	18.37	28,120,908	248,282,268	16.50
1930	1,158,293	983,375,137	167,227,693	17.01	16,128,701	151,098,992	15.37
1931	1,033,518	808,840,723	111,219,791	13.75	14,342,684	96,877,107	11.98
1932	525,727	432,311,868	449,690	0.10	284,711	164,979	0. 04
1933	802,104	569,010,542	95,431,456	16.77	12,217,780	83,213,676	14.62
1934	1,128,326	862,672,670	110,181,088	12.77	15,411,957	94,769,131	10.99
1935	1,564,252	1,155,641,511	196,692,407	17.02	29,465,897	167,226,510	14.47
1936	1,866,589	1,439,289,940	282,090,052	19.60	43,607,627	238,482,425	16.57
1937	1,927,833	1,606,789,841	245,543,733	15.28	49,107,135	196,436,598	12.23
1938	1,108,901	1,066,973,000	130,190,341	12.20	28,000,334	102,190,007	9.58
1939	1,542,545	1,376,828,337	228,142,412	16.57	44,852,190	183,290,222	13.31
1940	2,025,213	1,794,936,642	320,649,462	17.86	125,027,741	195,621,721	10.90
1941	2,257,018	2,436,800,977	489,644,851	20.09	287,992,343	201,652,508	8.28
1942	301,490	2,250,548,859	260,727,633	11.59	97,076,045	163,651,588	7.27
1943	152,546	3,796,115,800	398,700,782	10.50	248,920,694	149,780,088	3.95
1944	278,539	4,262,249,472	435,409,021	10.22	264,413,156	170,995,865	4.01
1945	275,573	3,127,934,888	212,535,893	6.79	24,267,778	188,268,115	6.02
1946	1,175,448	1,962,502,289	43,300,083	2.21	(44,226,228)	87,526,311	4.46
1947	1,930,918	3,815,159,163	554,005,405	14.52	266,014,032	287,991,373	7.55
1948	2,146,305	4,701,770,340	801,417,975	17.05	360,970,251	440,447,724	9.37
1949	2,764,397	5,700,835,141	1,124,834,936	19.73	468,400,704	656,434,232	11.51
1950	3,812,163	7,531,086,846	1,811,660,763	24.06	977,616,724	834,044,039	11.07
1951	3,016,486	7,465,554,851	1,488,717,641	19.94	982,518,081	506,199,560	6.78
1952	2,434,160	7,549,154,419	1,502,178,604	19.90	943,457,425	558,721,179	7.40
1953	3,495,999	10,027,985,482	1,652,647,924	16.48	1,054,528,446	598,119,478	5.96
1954	3,449,764	9,823,526,291	1,644,959,366	16.75	838,985,469	805,973,897	8.20
1955	4,638,046	12,443,277,420	2,542,827,439	20.44	1,353,350,357	1,189,477,082	9.56
1956	3,692,722	10,796,442,575	1,741,414,610	16.13	894,018,508	847,396,102	7.85
1957	3,418,500	10,989,813,178	1,648,712,588	15.00	805,120,153	843,592,435	7.68
1958	2,712,870	9,521,965,629	1,115,428,076	11.71	481,800,000	633,628,076	6.65
1959	3,140,233	11,233,057,200	1,792,200,149	15.95	919,100,000	873,100,149	7.77
1960	3,889,734	12,735,999,681	2,037,542,489	16.00	1,078,500,000	959,042,489	7.53
1961	3,346,719	11,395,916,826	1,768,021,444	15.51	875,200,000	892,821,444	7.83
1962	4,491,447	14,640,240,799	2,934,477,450	20.04	1,475,400,000	1,459,077,450	9.97

＃1917年8月1日から12月31日までの5カ月間。
＊1917年から1920年までは特別引当金を含む。（　）は損失を意味する。

ぞれ用いた。残り五四億ドル近くは利益の再投資によるものだが、一部の成長企業とは違って、配当金を削らずに再投資を進めてきた。一九一七年からの四五年間で配当総額は一〇八億ドルに迫っている。利益の六七％を株主に還元した計算になる。

資本がこれほど増加したのは、ＧＭが発展を遂げてきたからこそである。競争を基本とした経済のもとで、ＧＭは合理的に行動してきた。私がこれまでＧＭのマネジメント手法を詳しく紹介してきたのも、この事実を伝えたかったからである。こうしてＧＭは優れた企業へと成長してきたのだ。アメリカが経験してきたような目覚ましい経済成長はチャンスをもたらすが、同時に、高い志を持った者に大きな課題を突きつけている。ＧＭは、有用な製品を社会に送り出すことで、日々その事業成果を示してきた。この成果が評価されれば、喜ばしいかぎりである。

（原注１）使用資本とは、株式や社債の保有者から投資を受けた総額を指す。普通株式・優先株式の発行、借入れ、払込み剰余金（資本剰余金）、利益剰余金などを源泉とし、主に運転資本と固定資本に投下する。
（原注２）正味運転資本とは、流動資産（現金預金、短期証券、売掛金、棚卸資産）から流動負債（買掛金、税金、その他）を差し引いたものである。

第II部

第12章 自動車の進化

EVOLUTION OF THE AUTOMOBILE

自動車の進歩

自動車産業の黎明期、エンジニアや発明家たちは何よりもまず信頼性の向上を目指していた。無事に目的地に着いて、また戻って来ることができるようにしたいと願っていたのだ。素晴らしいアイデアが次々と生み出されたが、その多くは馬と手綱に逆戻りして、後には苦笑いが残った。自動車を発展させるには多額の資金が必要とされたが、アメリカの自動車愛好者はその要請に応じてくれた。自分だけの乗り物を手に入れたいという熱い思いから、信頼性のいかんを問わずに自動車を購入し、業界に多大な資本をもたらしてくれた。それが実験や生産に用いられたのである。買い手からこれほど大きな恩恵を受けてきた業界が、ほかにどれだけあるだろうか。二〇年の間に、道路の整備状況と比べて自動車の信頼性は十分に高まっていった。人類の歴史上でも特筆すべき発明成果、すなわち自動化されたプライベートな乗り物（自動車）は、生活の一部として浸透し、誰にとっても身近になっていた。

一九二〇年以降、自動車技術は目覚ましく進歩したが、最初の二〇年に生み出された原型が今日まで受け継がれている。自動車の原動力となっているのは、依然としてガソリン・エンジンである。エンジンの中心では、シリンダー内部のピストンが混合気（ガソリンと空気の混合ガス）の燃焼によって動いている。混合気にはスパークプラグが一定の間隔で点火している。ピストンの推進力はトランスミッションを介してクランクシャフトに伝わり、後輪を駆動する。スプリングとタイヤは路面からの衝撃を和らげ、ブレーキは車輪に減速力を加えることで車両を停止させる。

とはいえ、一九二〇年以降、自動車のあらゆる部分が目覚ましく改良されてきた。エンジン効率は飛躍的に高まっており、一定の燃料消費量で、より大きなパワーをよりスムーズに生み出すようになった。燃料自体にも大きな改良が加えられた。トランスミッションは複雑な進化のプロセスを経て、現在では全面的に自動化されている。サスペンション、そしてタイヤも同様に進化を遂げ、四〇年前には想像すらできなかったほど快適な走行性を実現している。補助電源を用いてブレーキやステアリングのパワーを強め、ウィンドウ、シート、ラジオアンテナなどを自動操作することもできる。一〇〇％スティール製のボディは、さまざまなオプション・カラーを選択でき、ウィンドウには安全ガラスが用いられている。自動車が進歩するにつれて、日常生活におけるその重要性も目覚ましく高まり、よりよい道路、よりよいハイウェイへの要望も大きくなった。仮に一九二〇年代初めに、道路が今日のように整備されていたなら、自動車はどこまで進歩していただろうか。

いうまでもなく、一九二〇年の一般的な自動車は、今日のドライバーにとってはおよそ満足のいかない代物だった。エンジンは四気筒。クランクシャフト、コンロッド、ピストンは平衡が取れなかった。ブレーキは二輪ブレーキで後輪にしかきかず、前輪部にはサスペンションは設けられていなかった。トランスミッションはスライディング・ギア式で、エンジン馬力も十分ではなかった。走行中に大きな振動に見舞われることも珍しくなかった。ブレーキを踏むと車体が旋回し、横滑りする場合もある。走行性は滑らかとは言い難く、クラッチはきしむ。ギアシフト時にはしばしば耳障りな音が響く。馬力が小さいため、急な坂を上る時には絶えずギアをシフトさせなければならなかった。それでもたいていは、目的地にたどり着いてまた戻って来るには事足りた。遠くまで高速で走ることはできなかったため、多くの欠点を抱えていたにもかかわらず、幸いにも深刻なトラブルには至らなかった。当時の自動車は環境にある程度適合していた。主要なパーツも適度に調和が取れていた。ただし、全体としての統合度や効率は高くなかった。

自動車を開発するうえでの課題は、いかに効率を高めていくかという点にあった。これは少なからず、製品としての統合度を向上させるということを意味した。自動車は、五十余年前には部品や機構を簡単に組み合わせただけだったが、今日ではきわめて複雑な仕組みを持ち、統合度も高まっている。機械技術の進歩によって近年ようやく、高い性能、操作性、快適性を兼ね備えた近代的自動車が誕生したのだ。

GMの研究所と技術陣は、過去五〇年間にわたって自動車の進歩に大きく貢献し、今日でも技術革新の最前線を走っている。GMが、そして自動車業界全体がどれほど重要な役割を果たしてきたか、そのすべてを語り尽くすことはできない。そのためにはもう一冊本を書く必要があるだろう。ここでは、互いに関連する特筆すべき事例をいくつか紹介するにとどめたい。

燃料とエンジンの進歩

自動車工学にとっては今日まで、燃料とエンジンの相性をいかに最適化するかが最重要の課題であり続けている。ピストン式エンジンをどれだけ効率よく動かせるか、すなわち一定の燃料からどれだけの馬力を引き出せるかは、圧縮にかかっている。圧縮の仕組みは複雑ではないが、一般の読者のために少し説明しておいたほうがよいだろう。ピストンはエンジン・シリンダーの内部を上下に動く。最低部では霧状の混合気を満たされ、最高部に到達すると混合気が圧縮・点火され、燃焼を始める。すると燃焼によって膨張したガスがピストンを押し下げる。この動力がクランクシャフトに伝わり、車輪を駆動する。圧縮率はピストンが下降しきった時と上昇した時のシリンダーの容量比、簡単に表せば圧縮前後の燃料の容積比だといえる。一九二〇年代初めには、圧縮比は平均でおよそ四対一であった。

すでに述べたように、エンジンの大きさを変えずにその効率と馬力を高めるには、圧縮比を向上させればよかった。しかし、事は容易ではなかった。エンジン・ノックという深刻な問題が生じたからだ。混合気の圧力でピストンを押し下げるためには、燃焼がゆるやかでなければならなかった。燃焼スピードが速くいわば異常燃焼が起きると、ピストンの動きが鈍くなって、パワーを十分に活かせない。エンジン・ノックが起きると、動力が弱まるだけでなく、急激な力が加わることでエンジン部品が損傷し、エンジン自体にダメージが及ぶ。

高圧縮を実現するためには、エンジン・ノックを防ぐ方法を探し出す必要があったのだが、そもそも原因が定かではなかった。自動車が実用化されて間もない時期に、点火のタイミングを調整すればノッキングを減らせることがわかったため、何年もの間、大多数の自動車に手動の点火調整レバーがついていた。運転者はそれを用いて、走行条件に応じて点火のタイミングを調整した。坂を上る時には、エンジンに大きな負担がかかるため、点火のタイミングを遅らせてノッキングを防ぐのであった。

GM社内でエンジン・ノックという重要な問題を研究し、偉大なブレークスルーによって解決策をもたらしたのは、チャールズ・F・ケッタリングである。ケッタリングは長い間、点火（イグニション）や燃料に幅広い関心を寄せていた。ピストン式エンジンを搭載した自動車や飛行機が広く運用されているのは、ケッタリングがアンチノック性のガソリンを開発したからである。彼は早くからこの分野に造詣が深く、解決策を考案した時にはGM研究部門の責任者を務めていた。解決の切り札となったのは、ガソリンにテトラエチル鉛を加えたエチルガソリンである。

第一次世界大戦の前後まで、ノッキングの原因は点火が早く燃焼が進みすぎることだと考えられていた。だが第一次大戦後には、「フュエルノック」（燃料ノック）という別の現象が知られるようになる。このフュエルノックは、点火タイミングを変えずに燃料の条件のみを改めることで減らしたり、取り除いたりできた。このプロジェクトの功労者に故トーマス・ミジリー・ジュニアがいる。ミジリーはデイトン・エンジニアリング・ラボラトリーズでケッタリングを補佐した後、一九二〇年代初めにGMリサーチ・コーポレーションで燃料部門の長となった。ミジリーと親交の深かったロバート・E・ウィルソン博士（スタンダード石油インディアナの元会長）が述べている。

（前略）ミジリーが鮮やかに証明してみせたのは、かつての常識に反して、ノッキングは必ずしも過早発火によってもたらされるのではなく、燃料の化学的特質に起因していたという事実である。ミジリーの指摘によれば、彼がGMの研究所で生成したシクロヘキサン、さらにベンゼンは、ガソリンよりもノッキングを引き起こしにくく、ガソリンは灯油（ケロシン）に比べればノッキングが少ないということだった。

彼は会うと必ずといってよいほど、ノッキングやそれを防ぐためのメカニズムに関して新しい理論を披露するのだが、私はいつも疑っていた。彼の理論は実験によって次々と否定されたが、どの一つを取っても刺激的で、しばしば貴重な発見を導いた。とりわけ印象的な事例を紹介したい。彼は早い時期に、ガソリンよりも灯油のほうがノッキングを起こしやすい事実を証明しようとした。両者の揮発性が明らかに異なっている点に着目して、「灯油は燃焼が始まってからもほとんどが粒状に残り、一気に蒸発するため、異常燃焼を引き起こすのだろう」と仮説を立てた。そのうえで、この仮説が正しければ、「灯油に染色を施すことによって、内燃室からの放射熱を吸収させ、蒸発を早められるのではないか」と考えた。

物理に詳しい人であればおそらく、机上での計算をとおしてこの理論が成り立たないとの結論に至っていたに違いない。だが幸いにも、機械エンジニアである彼にとっては、計算よりも実験のほうが容易であった。すかさず貯蔵室に向かい、油溶性の染料を探したが、例によって探し物は見つからなかった。すると、フレッド・チェースがヨウ素なら油溶性で灯油に色づけできるはずだと述べたため、ミジリーはすぐに多量のヨウ素を灯油に溶かして、圧縮率の比較的高いエンジンで試してみた。するとノッキングは解消され、ミジリーは大きな喜びに浸った。

彼はさっそくデイトンに指示して、油溶性の染料を可能なかぎり集めさせた。そしてその日の午後、何種類もの染料で立て続けに実験したのだが、まったく成果が上がらない。そこで打開策として無色透明のヨウ素化合物をガソリンに加えたところ、ノッキングは起きなくなった。このように最初の理論は空振りに終わったが、その失敗をバネにして彼は化学に目覚めた。実際、続く数年間は化学のありとあらゆる分野を飽くことなく探究し、実験結果を理論的に説明しようとした。この努力の中から新しいアンチノック剤が生み出されたのである……。

当時彼はアニリンを用いることができないか、とりわけ熱心に研究していた。新しいアンチノック剤を発見した時は常にそうなのだが、製造方法の改善とコスト低減を進め、経済性を高めなくてはならなかった。自身が最初に生成したエチル化合物、すなわちヨウ化エチルにも期待を寄せていた。ヨウ素が豊富に入手できさえすれば……。

一九二二年一月にニューヨークで、自動車技術者協会の年次総会が開かれた。その会場で彼は、何やら秘密でもありげな興奮した面持ちで、小さな試験管に入ったテトラエチル鉛を私に見せた。そして、「これですべてが解決する」といったのである。その液体は、以前に試したいかなる化合物よりも効率性に優れており、それまでの難題とはいっさい無縁のようだという。もちろんその時はまだ、有毒性や廃棄上の問題などには気づいていなかった。

このようにして、ケッタリング、ミジリー、GMリサーチ・コーポレーションが何年にもわたって試行錯誤を重ねた結果、大きな発明がもたらされた。とはいえ、発明を成し遂げても、すぐに市場に送り出せるわけではなかった。端的に説明したい。一九二四年八月、テトラエチル鉛をアンチノック剤として販売する目的で、エチルガソリン・コーポレーションという新会社が設立された。GMとスタンダード石油ニュージャージーが五〇%ずつ出資した合弁会社で、当初はデュポン社に製品製造を委託していた。新会社がすべての製品を自社製造するようになるのは、一九四八年のことである。

テトラエチル鉛の発明は、高圧縮エンジンの開発に向けた長い道のりの一歩にすぎなかった。テトラエチル鉛には燃料の品質を高める効果があったが、一九二〇年代の初頭には肝心の燃料品質にきわめて大きなばらつきが見られた。それどころか、燃料を比較してガソリンエンジンへの利用価値を測るための方法すら、編み出されていなかったのである。

ＧＭはこのような状況を調査して、燃料のアンチノック性――エンジンの側から見ればその燃料を用いて高圧縮を実現できるかどうかという可能性――を測定する方法を開発した。「オクタン価」による燃料の分類を試みたのだ。オクタンはノッキングをほとんど発生させない。そこで当時は、「オクタン価＝一〇〇」といえば、事実上、理想的な燃料を意味した。エチルガソリン・コーポレーションのグラハム・エドガー博士が一九二六年にオクタン価の概念にたどりつくと、ケッタリング以下の研究エンジニアたちが単気筒・可変圧エンジンを開発して、オクタン価を基準に燃料の品質を測定できるようにした。可変圧の原理を応用したテスト用エンジンは、後に自動車業界、石油業界に普及していった。

オクタン価を高めるには、いうまでもなくテトラエチル鉛を添加すればよい。だがもう一つ、原油の精製方法を改善するという方法があった。原油には炭化水素が含まれるが、これを分解・除去する方法が著しく進歩して、原油一バレル当たりのガソリン生産量と、テトラエチル鉛を添加する前のオクタン価の両方が高まっている。この裏にもまた、劇的な研究ストーリーが秘められており、ケッタリングとその同僚たちがパイオニアとして偉業を成し遂げた。ガソリンスタンドで販売されるガソリンのオクタン価は一九二〇年代初めには五〇から五五であったが、今日では九五、あるいは一〇〇を超えるものまで現れている（航空機燃料のオクタン価はさらに高い）。これによって燃費、ひいては石油資源の使用効率が飛躍的に高まった。(原注1)

ノッキングを解消するためには、さらにエンジンの設計を工夫するという方法があった。今日ではよく知られているように、燃料が燃えると、燃焼室の内部では複雑な衝撃波が生まれる。この衝撃波によって燃料温度が急激に上昇してノッキングの原因となるのだが、燃焼ヘッドの形状をさまざまに変えてみたところ、ノッキングを最小限に抑え、圧縮比を最大化する形状が見つかった。

話題が逸れるが、ここで燃料とは無関係なエンジン設計の問題に触れたい。これは高馬力エンジンの開発を妨げていた深刻な問題だが、GMエンジニア陣の大きな貢献によって解決への道が開かれた。車体の振動は絶えず不快感の源となっていたが、速度や馬力が向上するにつれていっそう深刻化した。そして、エンジン内部で回転、往復運動をする部品のバランスがうまく取れず、悩ましい振動を生み出し、自動車の進歩そのものにマイナス効果を及ぼした。

主な振動源は「エンジンの背骨」、すなわちクランクシャフトだった。クランクシャフトのバランスが失われていると、エンジンや車体の全体に影響する。GMリサーチ・コーポレーションは一九二〇年代初めにエンジン・バランスの研究に着手して、クランクシャフト用のバランシング・マシンを開発した。その機械は、一九二四年式〈キャデラック〉のエンジン生産に最初に用いられた。いまでこそ全世界で数百種類が導入されているが、当初はGMの独壇場で、当社はエンジン・バランスの分野を長くリードした。先進的製品に関して通常そうしているように、この製品もまた他のエンジン・メーカーに販売した。エンジン・バランスを改善できたのはきわめて大きな前進だった。車体全体の損傷を減らし、GM製全エンジンの馬力とスピードを高めるための突破口を開いたのだ。

ノッキングの研究を深めていくと、高圧縮エンジンが夢から現実へと近づいてきた。一九二〇年代初めに四対一だった圧縮比が、今日では一〇対一を超えるまでに改善している。燃料とエンジンは追いつ追われつの進歩を続けている。高圧縮エンジンはよりよい燃料を必要とし、燃料の品質が向上すれば、それが刺激となってエンジン効率が上がっていく。石油業界も、自動車技術者の強い要望を受けて、広い用途に向けてオクタン価を高め続けていった。この取り組みを助けるために、GMはテスト用として数多くの高圧縮エンジンを石油業界に提供した。

以上のように、テトラエチル鉛と高オクタン価燃料の開発を契機として、エンジンが長期にわたって進歩を続けてきたのだ。

トランスミッションの発展

広く知られるように、トランスミッションはエンジンの動力を車輪に伝達する役割を担っている。それには、エンジンと車輪のスピード調整も含まれる。エンジンが生み出す動力の大きさは、さまざまな要因によって決まるが、とりわけクランクシャフトの回転スピードが大きな意味を持っている。馬力の小さい昔の自動車に乗ったことのある人は皆、坂道を上る際にこのことに気づいたはずである。ギアを低速に入れて、エンジンの回転数を急速に上げなければ、坂を上れなかったのだ。一九二〇年代には当時主流だった三速ギアでギアチェンジをすると、運転者にかなりの腕がないかぎり騒音が避けられなかった。

ＧＭリサーチ・コーポレーションにとって、トランスミッションをいかに進歩させていくかは、一九二〇年の創設以来、研究、議論上の大きな課題だった。当初はもっぱら、各種の電気式トランスミッションに力を入れた。エンジニアの多くが電気分野の専門家だったからだ。電気式駆動装置が開発され、その一種がしばらくの間ＧＭ製のバスに搭載されていた。電気式トランスミッションは、自動車産業の黎明期に一部乗用車──〈コロンビア〉〈オーウェン・マグネティック〉など──に採用されたが、やがて大型車を中心に用いられるようになった。ＧＭ製のディーゼル機関車にも、この特殊なトランスミッションが採用されている。

一九二三年以降、研究部門は電気式に代えて、種々のオートマティック・トランスミッション（ＡＴ）を乗用車に用いたいと考えるようになった。検討対象は無段階変速式と段階変速式である。前者は段階数の限られた標準的なトランスミッションとは異なって、さまざまな速度を任意に選べるもの、後者はいくつかのスピードの中から自動的に一つを選ぶ仕組みである。二〇年代半ばには早くも、タービンホイール付きの水力式トランスミッションも検討の俎上に載せられていた。つまりATの開発に向けて、主な一般原理はすべて深く検討したのだ。ATが商用化される一五年以上も前のことである。

二〇年代末には、GMはシンクロメッシュ・ギアシフトを開発した。これによって、一般の運転者が軋み音に悩まされることなくギアを変えられるようになった。

この画期的な開発成果は一九二八年に〈キャデラック〉に応用され、他の事業部のエンジニアも同じ原理を用いるようになった。マンシー・プロダクツ事業部では、さらに研究を重ねて大量生産を実現した。こうして三二年には、大衆車〈シボレー〉に至るまですべての車種にシンクロメッシュ・ギアシフトが採用された。

二八年、リサーチ・ラボラトリーズはATの理想形に関して見解を統一した。無段式にスティール・オン・スティール摩擦駆動を組み合わせた方式で、ボールベアリングと類似の原理に基づいていた。当時はまだ全社的なエンジニアリング組織がなかったため、ビュイック事業部に開発が委ねられた。製造と試験を何度も重ねた後、三二年に、遂にこのタイプのトランスミッションを生産ラインに乗せることが決まった。ところが、あらゆる努力を傾けたにもかかわらず、問題点を完全には取り除けなかった。結局、テスト車での実験は数多く行ったのだが、商用化には至らずに終わった。無段式トランスミッションの問題点を解決しようとするなかから、私たちは実に多くのことを学んだ。それは否定しようのない事実だが、スティール・オン・スティール・タイプは解決策とはなり得なかった。私はコスト負担が大きすぎると判断して、この方式の採用を見送った。

その後も研究部門、エンジニアリング部門のスタッフは、各種のATについて研究を続けた。そして一九三四年、キャデラック事業部のエンジニア陣が遂に路上テストにこぎつけた。これが、乗用車向けATの実用化第一号、〈ハイドラマティック〉である。この近代的なATを開発した設計グループは、三四年末に本社エンジニアリング部門に転属となり、トランスミッション開発グループと命名された。このグループが力を注いだのは、無段式ではなく段階変速式であったが、今日のATと同じくトルクに応じて自動変速する仕組みを取っていた（「トルク」とは、エンジンからドライブシャフトに伝達される回転力を指す）。トランスミッション開発グループはまた、さまざまなサイズの〈ハイドラマティック〉を生産して、GM各車種に向けて多彩な馬力や重量に対応できるようにした。

パイロット製品が用意され、テストの後に〈オールズモビル〉（旧〈オールズ〉）のエンジニアに引き継がれた。三五年から三六年にかけては、さまざまな試作機を用いてテスト走行が重ねられ、その総距離はアメリカの東海岸から西海岸に到達するほどだった。三七年になると、セミ・オートマティック・トランスミッションを搭載した〈オールズモビル〉と〈ビュイック〉（ともに一九三八年式）が完成した（セミ・オートマティックとは段階変速式で、マニュアル操作と自動操作を組み合わせたものである）。ともにビュイック事業部で製造したもので、発車、停止時には依然としてメイン・クラッチを必要とした。だが、トランスミッションに流体継手を組み込めば、クラッチとペダルが不要になることがわかった。これと全面AT制御を組み合わせて〈ハイドラマティック〉トランスミッションが実現し、新設のデトロイト・トランスミッション事業部によって生産された。三九年一〇月の発表をへて、四〇年式〈オールズモビル〉に搭載された。次いでキャデラック事業部が四一年式〈キャデラック〉にこれを取り入れた。

この間に別タイプのATが、GMCトラック・アンド・コーチのエンジニア陣によって開発されていた。閉回路、流体タービン式のトルク・コンバーターである。ブレードホイールがエンジンの回転力で駆動されると、ホイールの刃の角度によって流体が次のホイールのほうへと移動するため、ドライブシャフトを介して動力が伝達されていくのだ。流体の動きを制御するために、補助のブレードホイールを追加する場合もある。エンジンとドライブシャフトのスピード差――スピード比――を調整するのである。流体トルク・コンバーターではこの比率が段階的にではなく穏やかに変化するため、乗り手が気づくことがない。きわめてスムーズな走行性が実現するのである。

GM製の流体トルク・コンバーターは当初、ヨーロッパで開発されたが、後にアメリカのバス運用基準に適したタイプが開発された。一九三七年にGMがこれをバスに採用すると、またたくまに普及した。第二次世界大戦への参戦前夜に当たる一九四一年一〇月トランスミッション開発グループは流体トルク・コンバーターを乗用車に搭載しようと、課題の克服に努めていた。

乗用車向けATの先進的な研究は、アメリカが第二次大戦に参戦すると一時棚上げせざるを得なかったが、ATには巨大新市場が生まれていた。一般のドライバーにとってATのメリットは、利便性と操作性を高める点であった。運転の際に神経を使わなければならない問題が一つ減ったのである。他方、バス、トラック、トラクター、戦車、近代戦に用いられる大型車両などに関しては、ATはスムーズな運転を助ける役目を果たした。すでに一九三八年の段階で、軍部のエンジニアから「〈M3〉戦車、〈M4〉戦車などの大型車両向けにATを開発してもらえないか」と強い要請があった。当時、戦車には操作用レバーがついていたのだが、レバーをいったん手放さなければギアチェンジができない場合があった。これでは一時的にせよ、戦車の動きを制御できなくなる。そのうえ、ギアチェンジの間は急激に減速して、停止するおそれもあった。敵にとって格好の静止標的となってしまうのだ。

トランスミッション開発グループは、戦車用に耐久性の高い〈ハイドラマティック〉を設計した。しかし、より大型の銃砲や大量の武器を運べるように、さらに重量のかさむ戦車を製造する計画があったため、GMではそのような戦車に流体トルク・コンバーターを搭載することを検討した。参戦直後に試作品を完成させ、エンジンの回転速度と車両の走行スピードの比を変える際にも、車両のコントロールを失わずにすむようにした。このタイプのトランスミッションを、GMの各事業部は第二次大戦中に大量に生産した。

トランスミッション開発グループはまた、戦車向けに特別仕様のトランスミッション・ステアリング・システムを設計した。クロス・ドライブと呼ばれるシステムで、五〇トンを超える大型戦車のステアリング、ブレーキ、ATを比較的容易に、しかも正確に操作できた。これは砲車、水陸両様貨車、一般の軍用貨車など、超重量級の車両に用いられた。ＧＭは戦後もこの分野の製品研究を続けた。

大戦の終結とともに、本社エンジニアリング部門は流体トルク・コンバーターを乗用車に転用しようと、調査研究に邁進した。その成果は、一九四八年式〈ビュイック・ダイナフロー〉、五〇年式〈シボレー・パワーグライド〉として結実した。〈ダイナフロー〉は、流体トルク・コンバーターを搭載した量産乗用車の第一号である。

このようにして、研究開発に長い歳月を費やした結果、ＧＭは〈ハイドラマティック〉と流体トルク・コンバーターという二種類のフルＡＴを一般市場向けに提供できるようになった。低価格車用にも、経済的、効率的な生産が可能となったのだ。すべてのＧＭ車でＡＴが利用できるようになると、買い手はすぐにそれを歓迎し、快く上乗せ価格を支払ってくれた。他の自動車メーカーもすかさず追随した――一部にはＧＭ製のＡＴを搭載した車種もあった。一九六二モデルイヤーには、アメリカで販売された全乗用車（ＧＭ製を含む）のおよそ七四％がＡＴ車であった。ＧＭ車だけを取り上げると、ＡＴ車の比率は〈シボレー〉六七％、〈ポンティアック〉九一％、〈ビュイック〉九五％、〈オールズモビル〉九七％、〈キャデラック〉一〇〇％となっている。この年、自動車産業全体ではおよそ五〇〇万台のＡＴ車が販売され、うち約二七〇万台がＧＭ車だった。ＡＴはオプション機能ながら、アメリカ製自動車に十分に浸透していた。

タイヤとサスペンションの改善

いかにすれば、よりスムーズで柔らかい乗り心地を実現できるのか。これは自動車産業始まって以来、最も複雑なエンジニアリング課題であり続けている。自動車は馬車よりもはるかにスピードが出るため、路面の凹凸が乗り手に強く伝わる傾向があった。エンジンの振動によっても、快適性が損なわれていた。そこで、運転者や同乗者を衝撃や振動から守らなければならず、このニーズはスピードの向上とともに大きくなっていった。

基本的なアプローチは、タイヤを改善することであった。初期の自動車にはソリッドタイヤが用いられていた。ほどなく空気タイヤに取って代わられたが、当時はゴム、構造ともに欠点が多く、長時間の走行時には、嘆くべきことに途中でタイヤを換えなければならなかった。

一九二〇年代初めには、タイヤ会社は製品の構造、化学的性質、ゴムの硬化、素材の選択などについて深い知識を持っていた。タイヤは著しく進化し、エンジニアたちは低圧タイヤ——車輪の下で柔らかで弾性に富んだクッションの役目を果たすタイヤ——の実用化に思いを馳せるようになった。ただし、操作性や走行性をはじめとして、数多くの課題を克服しなければならなかった。エンジニアたちは、フロントエンドの不安定性、接地面の磨耗、方向転換時の軋み、急ブレーキ時のハンドル操作、さらにはタイヤと車輪の回転量がわずかにずれたために車輪が上下動するといった奇妙な現象、などに対処しなければならなかった。このような問題がクローズアップされたのは、自動車が長時間にわたって高速走行するようになってからである。

近代的な低圧タイヤを開発するうえでは、GMのエンジニア陣が重要な貢献をした。条件をさまざまに変えながら路上テストを重ねたのである。技術委員会は、当初からタイヤ業界と緊密に連携しながらタイヤサイズの標準化、望ましい種類、トレッド、セクションなどの規格化などを推し進めた。研究に基づくGMの提案が取り入れられ、年々、より優れたより安全なタイヤが生み出されてきた。

快適な走行を実現するためには、車輪と車台をつなぐサスペンションを改善するというアプローチもあったが、これは技術的にいっそう複雑な問題を伴った。

私は何度目かの海外出張で、ヨーロッパ車のある技術的特徴に目を引かれた——前輪の独立サスペンションである。当時のアメリカ車にはない技術で、この原理を取り入れれば、快適性が大幅に向上するのは間違いなかった。

フランスを訪れた際には、アンドレ・デュボネというエンジニアと知己を得た。デュボネは独立サスペンションの分野で豊富な研究経験を有し、関連特許も取得していた。私はデュボネを伴ってアメリカへ戻り、GMのエンジニア陣に引き合わせた。

これとはまったく別に、ローレンス・P・フィッシャー（キャデラック事業部長：当時）がロールスロイスからモーリス・オリーというエンジニアを引き抜いていた。オリーもまた、快適な走行性の実現に意欲を持っていた。そのオリーが、私宛ての手紙に独立サスペンションの開発経緯をまとめてくれた。以下、彼の言葉を借りながら開発ストーリーを紹介していきたい。

GMで独立サスペンションを開発した経緯をお知りになりたいとのこと。……あらかじめぜひご了解いただきたい点があります。この手紙には私の思いがあまりに強く込められているため、独立サスペンションをあたかも私一人で開発したかのような印象をお持ちになるかもしれませんが、事実はけっしてそうではありません。ヘンリー・クレーン、アーネスト・シーホルム（〈キャデラック〉のチーフ・エンジニア）、チャールズ・ケッタリングの各氏、さらにはキャデラック、ビュイック両事業部の数々のエンジニア、彼らの力に負うところが大きいのです。L・P・フィッシャー氏の忍耐と、絶え間ないサポートにも感謝しております。氏からはかつて、一台の実験カーに二五億ドルも費やしたのは社内で私だけだとお叱りを受けました。

覚えておいででしょうか。私がロールスロイスからGMに移ってキャデラック事業部にお世話になったのは一九三〇年一一月です。率直なところ、〈ロールスロイス〉への注目度の高さには驚かされました。折しも、一台の〈ロールスロイス〉がGMプルービング・グラウンド（実験用施設）で画期的なテストを終えて、検査のために解体されたところでした……。

ロールスロイスではそれまで数年にわたって、快適性を高めるために粉骨砕身の努力を重ねていました。それといいますのも、イギリスの道路条件では快適に走行できると思われた自動車が、他国に輸出されると大いに問題ありとされたのです。道路の整備が進んだアメリカにおいてもです。そこで私たちも気づき始めたのですが、アメリカでは路面の質に問題があるのではなく、起伏が異なっていたのです。

改善に向けては実にさまざまな取り組みをしました。空中に吊るした自動車を前後に振動させて、慣性モーメント、車台フレームや車体の堅牢性などを測定し、実車でサスペンション・レートを調べたこともありました。ロールスロイスは、実用的なライドメーター（走行性の測定器）の開発に先駆けていました。実に簡便なもので、一定の距離を速度をさまざまに変えながら走行して、ふたのない容器の水がどの程度減っているかを調べるのです。

これら手法の一部は一九三〇年にキャデラック事業部に紹介しましたので、キャデラックでもすぐに自動車を振動させたり、サスペンション・レートを測定したりするようになりました。ロールスロイスに倣って「バンプリグ」をつくって（第一号はデトロイトでつくりました）、停止している車で仮想走行を実現したこともあります。

一九三二年の初めには「Ｋ２リグ」を設けました。……これは七人乗りのリムジンで、重りを動かすことによって前輪、後輪サスペンションの相対的なゆがみや車両全体の慣性モーメントを測定しました。走行性を測定するための機器は搭載していませんでした。成果を確認するために、ヘンリー・クレーンのアドバイスを受けながら、どれが最高の乗り心地かを自問したものです。

これが最良の方法でした。なぜなら、何が最高の乗り心地であるか、当時は――そして今日でも――わかっていませんでしたが、この車両を一日走行させるだけで、根本的な改善をいくつも施すことができました。新鮮な印象をもとに直接、乗り心地を比較できたのです。

独立サスペンションが何としても必要だと考えるようになったのは、この頃、つまり一九三二年の初めでした。Ｋ２リグを使った実験結果が明確に物語っていたとおり、前輪に後輪よりも柔軟なサスペンションを用いると、かつてない水平感のある乗り心地が実現しました。けれども、ご存じのように、従来の車軸に柔軟性の高いサスペンションを組み合わせると、振動のせいでひどく安定性が失われたのです。……操作性も全体として安定しませんでした……。

そこでＫ２リグを用いた試験の次には、実験用のキャデラックを二台用意し、それぞれに異なった前輪サスペンションを取りつけました。……（一方はデュボネ氏の考案したもの、他方は私どもで開発した〈ウィッシュボーン〉です。）後輪にも独立サスペンションを用いました。できるだけ早く旧式の後輪車軸を取り除かなければいけないと考えていましたので（すでに何年も先延ばしになっていますが……）。

これらの車両に多数のエンジニアが乗って試験したところ、乗り心地や操作性を飛躍的に向上できたことが判明しました。

もっとも、例によってさまざまなトラブルにも遭いました。何よりの頭痛の種はステアリング操作で、とりわけ〈ウィッシュボーン〉サスペンションを用いた際には振動が絶えませんでした。

ステアリングの設計は何度も見直さなければなりませんでした。

三三年三月にはようやく、本格的なデモンストレーションの準備が整いました。三月上旬に技術委員会メンバーがキャデラック・エンジニアリング・ビルに集まって、二台の実験用車両と〈ビュイック〉に試乗しました。〈ビュイック〉は、前輪に独立サスペンションに代えて無段式トランスミッションをつけたものです……。

思い起こせば、貴方とグラント氏は〈ウィッシュボーン〉サスペンションを搭載した車に乗り、私はアーネスト・シーホルムとともに別の車でお供をしました。リバールージュで信号待ちの際に隣から様子をうかがうと、後部座席の貴方はセールス担当バイス・プレジデントのディック・グラントに朗らかに笑いかけ、掌を上下左右に動かしておいででした。キャデラックの工場からわずか二マイルほど走行しただけで、安定した乗り心地にご満足いただけたのです！

目的地のモンローに着いて、三台に分乗して工場に戻った後、技術委員会の面々が話し合いを持たれました。私はシーホルムとともに控えの席にすわり、神妙に祈っておりました。新しいサスペンションを搭載した〈キャデラック〉を、他事業部よりも一年早く市場に送り出せるようにと。

たしか、冒頭にエンジニアリング担当バイス・プレジデントのO・E・ハント氏が、新型ATの感想をグラント氏にお尋ねになりました。

三三年三月のことですから、ご承知のようにアメリカでは銀行が正常に機能しておらず、農場を持つ人々は、その日の食べ物に困らない分だけ少なくとも恵まれていました。このような状況でしたから、グラント氏の見解はむしろ当然だったでしょう。氏はATのために価格を一〇〇ドル上げる案に反対しました。〈ビュイック〉の買い手にとって、ATは必須の機能ではないというのです。「とはいえ、」と氏は続けました。「一五ドルを余計に支払うことで、先ほどのような乗り心地が得られるのなら、私だったら何とか工面しようとするでしょう」

〈ビュイック〉のチーフ・エンジニア、ダッチ・バウアーは新型前輪サスペンションの開発をすでに命じていましたし、〈オールズモビル〉〈ポンティアック〉のエンジニア陣も一一月にはニューヨークで披露したいと意気込んでいるようでした。

最後に〈シボレー〉の事業部長だったビル・クヌドセン氏が単刀直入に「〈シボレー〉だけが後れを取るわけにはいかない」

と述べました。するとハント氏が説得を試みたのです。「アメリカでは芯なし研削盤を入手するのが難しい。〈シボレー〉用にコイルバネの針金を研削するのは無理ではないか」というのです。クヌドセン氏は譲りませんでした。「機械業界はこの数年、不振に悩まされてきましたが、いくら何でも来年は景気が上向くでしょう」。実際にシボレー事業部は、三四年式モデルにデュボネ氏が開発したサスペンションを搭載して、一一月のニューヨーク・モーターショーで発表しました。〈ポンティアック〉がこれに追随し、他の三事業部はウィッシュボーン・サスペンションを採用しました。

この時の会議の模様は、私の脳裏に鮮やかに刻まれています。アメリカ企業の経営を目の当たりにしたのですから。当時の状況を考えますと、何百万ドルものコストを投じるのは、並々ならぬ勇気の要ることでした。それが私には新鮮だったのです。いまでも、ケッタリング氏の一言が耳に残っています。「ATの採用を見送ったら、GMに明日はないだろう」

このようにしてGMは、同時期に二種類の前輪サスペンションを採用したのである。その後、ウィッシュボーン・タイプの改良が進むと、こちらのほうが低コストで容易に製造でき、トラブルも少ないことが明らかになった。ほどなく、すべての車種がウィッシュボーン・タイプで統一された。

新塗料の開発

今日のアメリカで昼間の明るい陽射しのなか、上空から町を見下ろすと、ある光景に目を引きつけられる。一つひとつの駐車場が、まるで宝石のように光り輝いているのだ。色彩は実に豊かで、光沢もけっして褪せないように思われる。

時代は変わったものである。一九二〇年代の初め、フォード、ダッジ、オーバーランド、GMなどはいずれも、量産車の塗装には黒のエナメルのみを用いていた。評判は一様に芳しくなかった。馬車業界の慣行がほぼそのまま自動車業界に受け継がれていた。最初の二五年間、自動車の塗装には馬車用のペンキやニスが用いられていたのである。馬車の塗装は長持ちしたが、自動車ではすぐに剥げ落ちる事例があったため、買い手はいぶかしく感じていた。原因はもちろん、両者の仕組みが大きく異なっていたからだ。自動車は、馬車よりもはるかに過酷な条件のもとで役割を果たさなければならない。悪天候の中を走行することもある。加えて、エンジンの熱によって各部が激しい温度変化にさらされるため、塗装がひどく傷みやすいのだ。

私たちは夢見ていた――あらゆる天候に耐えられる塗料を開発できたら、どれほど素晴らしいだろうか。速乾性に優れた塗料が生まれれば、生産スケジュールを大幅に短縮し、コストも削減できるだろうとも考えた。

当時、外装の仕上げには塗料とニスを用い、多大な手間隙をかけていた。気温や湿度などによって幅があったが、二週間から四週間の期間を要していた。すでにお気づきだと思うが、これは在庫面で深刻な問題を引き起こしていた。

これらの問題に対処するために、各社は一時、エナメルを塗ってオーブンで乾燥させる手法を試みた。〈ダッジ・ブラザーズ〉のオープン・カーなどもこの手法でつくられ、塗料、ニスはいっさい使われていなかった。エナメルの種類はギルソナイトと呼ばれるもので、非常に持ちがよかった。しかし、この手法は長く用いられなかった。より効果的で低コストの解決策が見出されたのである。

一九二〇年七月四日のことである。意図したというよりも、偶然の産物と考えるべきだろう。デュポン社の研究室である化学反応に注目が集まり、それがニトロセルロース・ラカー――後の〈デュコ〉――の開発へとつながった。これを用いるとさまざまな色素を溶かし、鮮やかな色調に仕上げられた。その後、三年をかけて実験・開発を進め、種々の問題点を解決していった。ケッタリング率いるGMリサーチ・コーポレーションが、デュポン社の研究部門と共同プロジェクトを推進したのである。GM社内では二一年に塗料・エナメル委員会が設けられ（皮肉なことに、塗料、エナメルともほどなくその使命を終えることになった）、〈デュコ〉で塗装したボディが一九二三年に生産ラインに乗せられた。一九二四年式の〈トゥルーブルー・オークランド〉（藍色のオークランド）である。

新しいタイプの塗料〈デュコ〉は、一九二五年には広く自動車各社に向けて発売された。しかし解決すべき問題が残されていたため、その後もデュポン社とGMの研究部門は共同研究を続け、重要な成果として下塗りを開発した。それというのも、当初〈デュコ〉は粘着性に乏しく、金属面から剥がれ落ちてしまうことがあったのだ。さらに、〈デュコ〉を生成するには天然樹脂が欠かせなかったが、その量には限りがあり、入手量が変動した。やがて合成樹脂が開発され、天然資源に頼る必要がなくなった。

塗料やニスの時代から黒以外の外装を選ぶことは可能だったが、価格が張り、選択肢も限られていた。しかし〈デュコ〉が開発されると、コストが下がり、適度な価格で多彩な色を利用できるようになったため、ボディカラーとスタイリングは新時代を迎えた。そのうえ、〈デュコ〉は乾きが速かったため、大量生産を実現するうえでの最大のボトルネックが解消され、カラーボディの生産ペースが飛躍的に速まった。塗料とニスの時代には二ないし四週間もかかっていた工程が、今日ではわずか八時間（一シフト）で完了するのだ。

製品の保管スペースだけを取っても、目覚ましい削減効果が上がっている。塗装仕上げに平均三週間をかけていた当時は、日産一〇〇〇台を実現するためには一万八〇〇〇台もの仕掛品を保管するスペース、すなわち二〇エーカーの屋内スペースが求められていた。現在のように日産一万五〇〇〇台を超えていたなら、どれほどの倉庫スペースが必要だったことか……。

一九二〇年代にニトロセルロース・ラカーが導入されて以降、製品改良と利用コストの低減を目指して日々研鑽が重ねられてきた。五八年にGMは、アクリル樹脂を原材料とした新しい塗料を開発した。これもまた、樹脂メーカーと共同で八年にもわたって研究を続けた成果である。アクリル樹脂はニトロセルロース・ラカーよりもさらに長持ちし、美しい色調を生み出す。

ＧＭが中心となって自動車を発展させた事例は、けっして以上にとどまらない。一九二〇年代にはクランクケースに換気機能を設け、エンジン劣化の主原因を一つ取り除いた。五九年にはクランクケースの内部換気を実現して、大気汚染の緩和に一役買っている。この技術は六二年に業界全体に公開した。四輪ブレーキ、油圧ブレーキの開発は、自動車の安全性と利用効果を高めた。四輪ブレーキはＧＭのみの研究開発成果ではないが、ＧＭはその改善と量産化に力を尽くし、自社製造に向けては専門の事業部を設けて体制の充実を図った。ほかにもパワーブレーキ、パワーステアリング、カーエアコンをはじめ、自動車の発展に無数の貢献をしてきた。数千に及ぶＧＭの研究者、エンジニアなどは、創意工夫と根気強い努力によって、実に多大な成果をもたらしてきた。皆、プロフェッショナルとしての関心を傾けて、効率的で快適な個人輸送手段の実現に尽くしてきたのだ。

（原注1）ＧＭは一九六二年にエチルガソリン・コーポレーションでの役割を終えた。この年、ＧＭとデュポン社がともに、エチル社の株式をアルビマール・ペーパー・マニュファクチャリング・コーポレーション（バージニア州リッチモンド）に売却したのである。これによってＧＭは、その方針に沿って一〇〇％保有以外の子会社・関連会社をすべて処分し、全事業を自社あるいは一〇〇％子会社をとおして行うようになった。

第13章

年次モデルチェンジ

THE ANNUAL MODEL CHANGE

モデルチェンジのプロセス

自動車を年ごとにモデルチェンジするのは、アメリカではもはやごく自然な慣行と見なされている。したがって、大多数の人は想像したことがないだろうが、これが実現するまでには大きな経営努力があった。GMの自動車設計手順は、国内の一般乗用車と、海外生産車、注文生産車とでは大きく異なっている。

私たちは製品に価格競争力を持たせ、消費者ニーズを満たしながら、毎年、技術、スタイリングの両面を改良していかなくてはならない。そのうえ、車種ごとの個性を大切にしつつも、スタイリング面で「GMらしさ」を醸し出さなければならない。価格面での棲み分けも忘れるわけにはいかない。そこで、自社のコストと他社の価格を、生産に入るかなり以前から予測しておく必要がある。

GMでは新しいモデルを創造する仕事に、生産担当者のほかにも何千もの人々が携わっている。スタイル・アーティスト、スタイル・エンジニア、研究者、財務やマーケティングのスペシャリスト、各事業部の技術スタッフ、本社の重役や技術専門家、そしていうまでもなく社外のサプライヤーなどがある。これだけ幅広い活動を調整するのは、複雑きわまりない問題を伴う。

新モデルの投入が決まってからそれがディーラーのショールームに並ぶまでには、平均で二年ほどを要する。通常、この二年間にどのような順序で市場投入への準備を進めるかは、主にボディ生産の都合をもとに決められる。一般に、ボディには毎年大幅な変更が加えられ、最も多くの時間が割かれる。もとより、車台の各パーツにも絶えず手が加えられてはいるが、フレーム、エンジン、トランスミッション、前輪サスペンション、後輪サスペンションなどすべてを一時期に変更するのは稀なのだ。

おおむね、新モデル開発の一年目に技術、スタイリングの基本線を定め、二年目には本格生産に向けて技術面の詰めを行っていく。いずれの作業も、期間を大幅に短縮するのはきわめて難しい。スタイリングの基本コンセプトを十分な時間をかけずに決めると、消費者に受け入れられない製品を抱え込んでしまうおそれが大きくなる。生産準備を短期間にすまそうとすれば、莫大な時間外勤務手当てを支払い、在庫問題を生じ、悪くすると生産開始時期を遅らせかねない。この最後の点は、新モデルの発表時期の遅れ、販売機会の喪失にもつながる危険がある。

他方、開発期間を長引かせるのも賢明とはいえない。理屈のうえでは当然、三年前あるいは五年前からモデルチェンジの計画を練っておくのは可能だ。実際、おおまかな構想はその時期から温められている。とはいえ実際上は問題がある。検討段階では、発売時の市場がどうなっているか、雲をつかむようなものなのだ。現状のように開発期間が二年であっても、やはり市場予測の精度を高めるのは至難の業である。問題点を次のように説明すればよいだろうか。GMをはじめ各自動車メーカーは、新製品の開発に何百万ドルもを投じなければならないが、実際に市場に投入できるのは相当な期間をへてからである。その間に消費者の嗜好、収入水準、支出習慣などがすべて、急速に変化しないともかぎらない。言い添えれば、新モデルを最初に構想した時点では、それが「ふさわしい」のかどうか確信できない。消費者にデザイン図を示したり、アンケートを行ったりしても、そこから市場の反応を正確に導けることは多くはない。買い手は、新モデルの実物を目にするまでは、購入意欲をそそられるかどうかを判断できない。これは自動車のマーケティング・リサーチが背負う宿命ともいえる。それでもメーカー側は、市場に投入する以上は何としても売らなくてはならない。莫大な資金をすでに投じているからだ。自動車メーカーはすべて、消費者の反応に意表を突かれた経験があるはずだ。にもかかわらず物事の道理として、新モデルを市場に送り出すためには、事前のプランづくりと調整が欠かせない。

これはある意味で特殊な調整で、何年ものプランニング経験をとおして進歩してきたものだ。GMが一九二一年から二二年にかけて破滅の瀬戸際に追いやられたのは、社内調整のメカニズムが確立されておらず、新モデルの開発に当たってマネジャー・グループ間の協働がうまく機能しなかったからである。この苦い経験の後、私たちは徐々に新モデル開発のための制度と手法を設けていった。新モデルの生産手順をマニュアルにまとめたのは、たしか一九三五年が初めてだった。その目的は次のとおりである。

①必要なデータを揃える方法を明確に秩序立てて示し、新モデルの位置づけを実用面、財務面、技術面から評価できるようにする。

②開発承認から生産までの進捗度合いを関係者すべてに明らかにする。

新製品の承認手順は一九四六年に大幅に改められ、現在でも小幅の変更が折に触れて行われている。ただし、このようにして文書化された手順は、新モデル開発のタイムテーブルとは異なる。

新モデルの開発期間は平均で二年だと述べたが、これは発売の二年前にゼロからスタートするという意味ではない。たとえばスタイリングの担当部門は、遠い将来までを視野に入れながら、たゆまずに新しいデザインを試している。

このため、常に多数のデザイン構想が日の目を見るのを待っており、その中にはきわめて伝統的なものから、革新的なものまで含まれている。それだけではない。各事業部では、車台を中心に、多彩な新機能を間断なく開発している。その一部はリサーチ・ラボラトリーズ、本社エンジニアリング部門、アクセサリー事業部から自動車事業部に引き継がれ、改良のうえ、商用モデルへの搭載が決められる。あるいは、事業部の技術現場や研究部門でアイデアが芽生え、育まれたものもあるだろう。

　通常、新モデルについて最初の会議を開く頃には、すでに何回も非公式の相談が重ねられているものだ。たとえば、各自動車事業部の上層部とスタイリング部門は、過去の生産プログラムについて長所、短所双方を振り返り、顧客調査レポートや市場分析に目を通し、新車のサイズやスタイリング・コンセプトなどについて話し合う。テーマの一部については、本社エンジニアリング部門、フィッシャー・ボディ事業部、経営陣などとも相談するだろう。

　将来のモデルをめぐっては、常に何らかの重要な業務が進められてはいるが、社内の大勢が新モデルの開発が始まると意識するのは、エンジニアリング・ポリシーグループによって会議が招集された時である。覚えておいでかもしれないが、これは経営委員会の直轄下にあるグループで、メンバーは会長、社長ほか、本社の主要重役で構成されている。議長を務めるのは本社エンジニアリング部門担当のバイス・プレジデントである。このグループは全社方針の策定を使命としているため、各自動車事業部やフィッシャー・ボディのトップはメンバーに含まれていない。ただし、議題に応じて、関連する事業部のトップやエンジニアに出席を求める例は珍しくない。

　この最初の会議では、スタイリングや技術の観点から新モデル開発プランの大筋を定める。すなわち、外観やサイズの大枠を決め、スタイリングや各部位の開発の方向性を見出すのだ。シートの幅はどの程度が望ましいか。ヘッドルームとレッグルームの広さは。全長、全幅、全高は……といった事項を詰めていく。スタイリング部門が実寸大のデザイン図を示し、出席者は外観、サイズ、車内のゆとりなどについてイメージをつかむ。デザイン図のほかにも、

「シーティング・バック」という内装の実物大模型を用意する。これを用いると、ドアを開けたときの内側の様子、車内の見通し、ゆとり感、シートの位置などが確認できる。各人が、スタイリング担当者のイメージを視覚的に確認できるのだ。

スタイリング・スタッフはこの〝キックオフ・ミーティング〟での議論を受けて、実物大のスタイル画、クレイ模型、シーティング・バックを車種ごとに何種類も製作していく。併せて、目的を一〇〇％達成できるように、また機械類の準備や製造面での要求に十分に応えられるように、ミーティングの後何カ月にもわたって、各自動車事業部やフィッシャー・ボディ事業部と緊密に連携しながら仕事を進めなければならない。各車種の基本デザインを決めるのは、原則としてスタイリング・スタッフの仕事である。言い換えれば、セダン、クーペ、ハードトップ、ステーションワゴン、コンバーティブルの基本デザインを、おおむねこの順序で練り上げていくのだ。各事業部のスタイリング部門にはスタジオが設けられており、そこで車種ごとの個性や特徴が生み出されていく。〈シボレー〉と〈ポンティアック〉にそれぞれの「風貌」があるのも、こうした努力の賜物である。

開発プログラムが始まってからの数カ月間、さまざまなクレイ模型の作成、改良が絶えず繰り返され、その都度、全体のスタイリングに合わせて座席の配置も変えられる。その際には、スケッチや小型クレイモデルが参考にされることも少なくない。いずれも、より新しく魅力的なコンセプトを実現するために、用意されるのだ。

この間、自動車事業部やフィッシャー・ボディ事業部のエンジニアリング部門は、本社スタイリング部門と絶えず協力しながら、ホイールベース、地上高、トレッドなど車台各部の寸法や、エンジンや駆動装置の必要スペースなどを決めていく。これら基本条件が決まって初めて、スタイリング部門は新モデルのコンセプトを固められる。

こうして、エンジニアリング・ポリシーグループの初会合からおよそ二カ月後には、実物大のクレイ模型とシーティング・バックを用いてセダンのスタイリングが提案される。スタイリングの完成度は高く、すでにフィッシャー・

ボディを含む関連事業部の承認が得られているはずだ。以後、ポリシーグループの会合は少なくとも月に一回のペースで開かれ、セダン以外のスタイリングが順次提案される。ただし、提案順に承認が下されるとはかぎらない。検討と修正の期間が四、五カ月間ほど続いた後、クーペがセダンよりも先に承認されるということも十分にあり得る。いずれにせよ、遅くとも生産開始の一八カ月前には、ポリシーグループによってセダンのクレイ模型が承認されていなくてはならない。このプロセスをへてようやく、スタイリング部門がフィッシャー・ボディ事業部にデザイン図を示し始めるのだ。

この後、スタイリング部門は外装（エクステリア）のプラスティック模型を作成する。これはスタイリング・コンセプトを確認するための低コストで効果的な方法だ。クレイ模型は実物よりも重々しい印象が避けられないが、プラスティック製では光の反射具合まで完成車に模すことができる。窓枠にガラスをはめ、クロムの装飾を施せば、完成車にどこまでも近づいていく。

新モデルのコストは、生産開始のおよそ一八カ月前にはある程度の見通しがつく。サイズと予想重量が判明しているため、それをもとにフィッシャー・ボディが生産・エンジニアリングのコスト（金型、治具、機械装置などのコスト）を見積もり始めているのだ。フィッシャー・ボディは通常、エンジニアリング・ポリシーグループがクレイ模型を承認する以前からすでに、コスト見積もりに着手している。この段階に入ると、機能別にコストと顧客へのアピール度を比較して、必要があればデザインを変更できる。近年、機械関連のコストが心持ち下がっているのは、構造上の特徴やインナーパネルの規格化を部分的に推進しているからである。

エンジニアリング・ポリシーグループ、フィッシャー・ボディ事業部、自動車事業部によってクレイ模型、当初のプラスティック模型が――しばしば修正のうえで――承認されると、スタイリング部門はそれまでよりもはるかに精巧なプラスティック模型を作成し始める。ここに至ると、模型といえども見たところは隅々まで完成品と同じである。

初期にはこれは、モトラマショーへの出展車や試作車を短期間に低コストでつくるために用いたが、後には生産前の最終確認のみに使うようになった。強化プラスティックが開発される以前は、スタイリング模型を完成させるには木材と金属を使って一二ないし一四週間ほどもかかった。強化プラスティックを利用すると四、五週間ですみ、機械類や金型の準備に多くの期間を費やせるようになった。

基本設計から細部設計へ、そして生産へ

続く六カ月ほどは、きわめて複雑な調整を進めなければならない。プラスティックの最終模型がつくられている間、スタイリング部門は主なシートメタル表面、さらにドアハンドル、鋳造など細かい部分の設計図を自動車事業部やフィッシャー・ボディに提出する。フィッシャー・ボディは、それを受けて可能なかぎり速やかに生産用機械の設計を進める。まずカウル、ドアパネル、フロア、ルーフ（天井）など、大型で複雑な部分から始め、小さくシンプルなものへと移っていく。

そして生産開始のおよそ一二カ月前、強化プラスティック製の最終模型をもとに、エンジニアリング・ポリシーグループが設計・デザインに最終承認を下すと、フィッシャー・ボディは機械類の設計を固め、その製造に入る。ここでいう承認とは、製品ライン全体の生産にゴーサインが出されたことを意味する。これ以降は、各事業部がスタイリング部門と直接連携しながら、詳細を煮詰めていく。ボディの鋳造、内外装、ダッシュボード、そしてもちろん、各スタイリング・スタジオによるフロント、サイド、リアの設計などを詰めていくのだ。これら詳細はエンジニアリング・ポリシーグループにも説明のうえ、承認を求める。これと並行して、各事業部は試験用の車台を手作業でつくり、車台の詳細設計図をフィッシャー・ボディに提示する。

このように、何か大きな問題がないかぎり、ディーラーのショールームに製品が並ぶ一年前には、主な方針はすべて固まっているのだ。エンジニアリング・ポリシーグループ、フィッシャー・ボディ事業部、スタイリング部門、各自動車事業部の代表者はすでに精巧なプラスティック模型の精査を終えている。新型モデルは正式に承認されたも同然なのだ。これ以降に大幅な変更を加えると、多大なコストをかけて金型をつくり直さなければならず、さまざまな機械類の追加コストが生じ、多くの時間が失われる。煎じ詰めれば、生産とその準備に過剰なコストがかかるということだ。

とはいえ、時にはやむを得ない事情によって、途中変更を余儀なくされる場合もある。開発二年目の見直しで、深刻な問題点が明らかになるケースがあるのだ。この時期になると、事業部のトップや経営陣は新モデルがショールームに勢揃いした姿を思い描きながら、既存のGM車やライバル車と比べる。すると、デザイン図、クレイ模型、初期のプラスティック模型では問題ないと思われた設計に、手を入れなければならないとの判断に至る可能性がある。これは十分に考えられることだ。この時期の軌道修正はたしかに多大なコストを要する。しかし、魅力に欠けたモデルを市場に送り出して売上げ機会を失うよりは、安上がりではないだろうか。GMも、このような思い切った決断を一度ならず迫られてきた。

さて、新モデルの開発に着手して一年が過ぎ、公表まで一年を残すのみとなった時点での状況を要約しておきたい。スタイリング部門はすでに、新モデルの基本を決めるという仕事を成し遂げている。数々の強化プラスティック製模型が、新車さながらに完成している。シート、ダッシュボード、内装、新素材などの準備が進められている。装飾の素材、色調などはいまだ決めなくてよい。発売時期が迫ってから、その時のトレンドに合わせるためである。フィッシャー・ボディ事業部では、技術面の設計、金型その他の生産ツールの設計を急ピッチで進めている。事業部では車台のエンジニアリングが最終局面を迎え、試作車がテスト開始を待つばかりとなっている。フィッシャー・ボディ事業部と自動車事業部は、これ以後さらに連携を強め、十分に足並みを揃えながらボディと車台を完成させなければならない。

生産用ツールの製造も機が熟したといえる。各事業部のトップは生産プログラムの最終案を、エンジニアリング・ポリシーグループ経由で社長に提出する。そこには、新モデルの性能面での特徴、寸法、推定重量、推定コスト（工場の改善、機械、治具を含む）などが記載される。ポリシーグループではそれをもとに再度、競合他社の現行モデルと比較し、コストに見合った魅力ある製品かどうかを見極める。社長、会長以下、ポリシーグループのメンバーは、あらゆる角度からプログラムを検討する。生産プログラムが了承されると、各事業部はグループ・エグゼクティブに予算の割当てを求め、続いて製造担当バイス・プレジデントに精査を、社長、業務管理委員会、経営委員会、財務委員会にそれぞれ承認を求める。これを終えると、生産用ツールの製造が始められる。

この段階になると、事業部のエンジニアリング部門が膨大な枚数の設計図を作成して、関連の各部門に配布する。メカニック部門では、それをもとに内製、社外調達のいずれかを判断する（事業部によってはこの判断を下すために委員会を設けている）。加工処理部門では、部品製造の詳しい手順を定める。標準化部門では、各作業の標準作業時間を設定する。コスト部門では人件費や資材費を細かく算定する。製造部門では、メカニック部門、プラント・エンジニアリング部門とともに、生産ラインの計画（どのような機械や器具を揃える必要があるか、それらをどこに設置するのか）、工場での準備内容などを練る。

並行して製品自体の生産準備も、サプライヤーの協力も得ながらかなりの程度まで進んでいるはずだ。新モデルに最終承認が下りるとすぐに、車輪、フレーム、タイヤなど数多くのサプライヤーと協議して、エンジニアリング、開発などに取りかかってもらう。生産プランの作成をGMが支援する場合もある。

販売開始の七、八カ月前には、フィッシャー・ボディ事業部がボディの試作第一号を完成させているはずだが、この時点ではまだ多くの部品は手づくりである。試作車の用意が整うとテストに着手できる。生産開始のおよそ三カ月前には通常、フィッシャー・ボディのパイロット・ラインで多数のボディを製造する。これには金型を用いるため、ボディの金型や生産用ツールを試験でき、生産現場の監督者の研修をも兼ねられるのだ。パイロット・ラインでつくったボディの多くは、試作の車台に取りつけられ、プルービング・グラウンドや事業部エンジニアリング部門でさらにテストされる。試作車は最終的にはセールス部門、広告部門によって、ディーラーへの事前お披露目など、販売促進に活用される。

本格生産が開始されるのは、発売のおよそ六週間前になってからである。新モデルが一般に公表される時には、いうまでもなく、工場はフル稼働しており、何千台もがすでにディーラーに引き渡し済みである。以上で新モデルの開発は完了だ。そしてこの時から、さらに一年後、二年後に発売が予定されるモデルの開発が本格軌道に乗せられるのである。

ここまで記してきたように、新モデルの開発は三つのフェーズに分けられる。

第一フェーズ――スタイリング：一年目の主眼である。

第二フェーズ――技術設計：ほぼ二年間をとおして継続され、大量生産が始まる直前に終了する。

第三フェーズ――機械・ツール類の準備：スタイリングが完了する以前から始まり、製品を形にするための多岐にわたる複雑な作業をすべて含む。

ポイントとなるのは、スケジュールの半分を消化した時点、すなわち新モデル開発プログラムが動き始めてから一年後だろう。この時点で新モデルが承認され、生産に向けて後戻りのきかない状態になるのだ。

以上が新モデルが生産されるまでの手順であり、実際にこの手順どおりに製品が生み出されている。とはいえ、青写真を描くそばから手直しを行っているのが現状だ。近年の競争環境では、二年未満で新モデルを市場に出さなければならない場合もある。同時に、競争のペースが速まっているため、GMをはじめ自動車メーカー各社は、デザインや技術の開発スピードを高める必要に迫られてきた。新モデルに新しい要素が多く盛り込まれていればいるほど、当然、設計や生産準備はこれまで以上に大きなプレッシャーにさらされる。

GMは、より新鮮でより優れた自動車を世に送り出そうと、たゆまぬ努力を続けている。新モデルを構想してから生産するまでの道のりは長く複雑で、莫大なコストを要する。しかしそれは、価値ある営みなのだ。年次モデルチェンジは、自動車産業の発展に欠かせないといってもよいだろう。「年次モデル」という言葉すら存在しなかった時代から今日まで、新モデルの開発をとおして自動車産業は発展を続けてきたのである。

第14章 技術スタッフ

THE TECHNICAL STAFFS

二万人のエンジニア

GMはエンジニアリングを柱とする会社である。金属を切断して付加価値を生み出すのだ。エンジニア、研究者は全社で一万九〇〇〇人。うち一万七〇〇〇人が事業部に、二〇〇〇人が本社に所属している。私を含めて経営陣の多くもエンジニア出身である。したがって私たちはごく当然に、GMの発展がテクノロジーの高度化と密接に結びついていること、テクノロジーを高度化させていくという努力に終わりがないことを絶えず念頭に置いてきた。一九二三年に技術委員会を設置した際にも、私はこの問題に関して「研究とエンジニアリングは、組織上、業務オペレーションと同じ重要性を与えられるべきだ」との方針を表明した。

産業界の研究・エンジニアリングを飽くことなく推し進めるのは、テクノロジーの進歩を加速させるためである。科学技術の最新成果を製品や製造に活かすため、開発から生産までの期間を短縮するためである。これらの目的を達するために、ＧＭではすでに何年も前から本社と事業部の機能を分けている。研究スタッフは一九二〇年代初めに、エンジニアリング・スタッフはそのおよそ一〇年後に、それぞれ一つの組織に集めた。今日では、本社の技術スタッフ部門はリサーチ・ラボラトリーズ、エンジニアリング部門、製造部門、スタイリング部門の四つとなっている。(原注1) これらは、デトロイト近郊に一億二五〇〇万ドルを投じて設けたＧＭテクニカルセンターに集約され、大学のような近代的な雰囲気の中で業務に当たっている。

地理的に近くに集めたのにはそれなりの理由がある。いずれも、幅広い科学技術を活かして創造的な業務を遂行しており、性格が似通っているのだ。加えて、関心の対象や活動内容も重なるため、調整が必要とされる。

研究活動

研究活動の進め方が現在のようなかたちに落ち着くまでには、さまざまな進化を経ている。ＧＭで研究らしい業務が始められたのは、実に五〇年近く前にさかのぼる。一九一一年、アーサー・Ｄ・リトルの助言をもとに、主に資材の分析や試験を行うために研究所を創設したのだ。とはいえ、研究活動の源流をなすのは、チャールズ・Ｆ・ケッタリングがＥ・Ａ・ディーズとともに一九〇九年に設けたデイトン・エンジニアリング・ラボラトリーズ・カンパニーである。ケッタリングはＧＭの一員となる以前に、自動車の技術発展に貢献する目的でこの組織を築いた。

改めて述べるまでもなく、ケッタリングはＧＭの研究を前進させるうえで卓越した役割を果たした。ＧＭグループに入る以前の一九一二年にはすでに、実用に適した電気式セルフスターターを開発して、自動車産業の歴史に新しいページを開いている。彼の会社の一つ、デイトン・エンジニアリング・ラボラトリーズはスターターの部品を調達して組み立てる事業を始め、研究組織としてだけでなくメーカーとしても成果を上げていた。その三年後には、電気式スターターを提供する企業は一八社にのぼっていた。デイトン・エンジニアリング・ラボラトリーズの頭文字をつなげて生まれたのが、著名な「デルコ」(Delco) である。デルコは一九一六年、私のいたハイアットとともにGM傘下に入り、その時から私はケッタリングと親しく交流するようになった。

ケッタリングはエンジニア、世界的な発明家、社会哲学者であるだけでなく、私の目にはセールスマンとしても超一流と映った。彼は関心と想像力の向くままに、多彩な分野の研究に多大な時間と努力を傾けた。一九一九年にGMの一員となる以前にすでに、エンジン内部の燃焼に関する偉大な研究を始めている。ケッタリングの会社はGMに買収され、二〇年には他の研究事業とともにGMリサーチ・コーポレーションを形成することになった。本拠地はオハイオ州モレーン。ケッタリングは社長に就任した。二五年にはリサーチ・コーポレーションはデイトンに移され、GMの研究活動がすべてケッタリングのもとで行われるようになった。ケッタリングが四七年に引退すると、オールズモビル出身のチャールズ・L・マキューンが後を継いだ。マキューンもまた卓抜なエンジニアである。最先端のエンジニアリング手法を取り入れて、五〇年代に退任するまでに多数の重要分野で高い成果を上げた。

一九五五年には、核科学者として名高いローレンス・R・ハフスタッドが研究担当のバイス・プレジデントに就任し、GMの研究活動は新たなフェーズを迎えた。もとよりハフスタッドは自動車エンジニアリング分野の経験は持っていなかった。それまで、この業界とのつながりはまったくなかったのである。そのハフスタッドを迎えたということは、リサーチ・ラボラトリーズの活動が、新しい、より幅広い分野の研究へと着実に重点を移しつつあることを映し出していた。

今日リサーチ・ラボラトリーズは、主に三分野で活動を展開している。第一にトラブルシューティングが挙げられる。専門知識を求められる問題が生じた際に、要請を受けて解決に乗り出すのだ。ギアの不快音を解消する、資材に欠陥が見つかった場合に鋳造を検証する、振動を減らす、といった役割を果たすのである。第二に、問題解決を契機として、エンジニアリング上の独創的な改善を行う。その対象はトランスミッション油、塗料、ベアリング、燃料などから、高度な応用研究、すなわち内燃、高圧縮エンジン、冷却剤、ディーゼル・エンジン、ガスタービン、フリーピストン・エンジン、アルミニウム・エンジン、金属・合金類、大気汚染などに及んでいる。第三に基礎研究にも大いに力を注いでいる。

近年における目を見張るような科学的成果は、多くの人々の心をとらえ、産業界全体が「大研究時代」に突入した。「研究」（リサーチ）という言葉は、産業界では多種多様な意味に用いられている。科学上の発明、高度エンジニアリング。従来のルーチン的な製品開発まで含む場合もあるが、それではあまりに広義にすぎるだろう。基礎研究と応用研究を区別したうえで研究活動を定義することには、常に難しさが伴ってきた。「基礎研究」がどの程度「基礎的な」内容を指すのかについて、誰もが納得する明確で客観的な基準を設けるのは不可能なのだ。唯一多くの人々が合意しているように見受けられるのは、基礎研究は知識そのものの追求を目指して行われるという点である。この意味では、アメリカの基礎研究はとうてい十分とはいえないだろう。

この問題は、主として大学や政府が解決に当たるべきものだ。近年では産業界の役割にも注目が集まっているが、基礎研究の主体はあくまでも大学であるべきだろう。大学には知を追い求めるための学問的視点、目的意識、伝統、雰囲気、才能があふれている。私自身の考え方は、アルフレッド・P・スローン財団に具現されている。これは、大学における物理科学分野の基礎研究を支援する目的で設けた財団で、そこで扱うのが基礎研究であることは、プロジェクトだけでなく個人の才能に投資している点にも表れている。財団の後押しを受けた人々は、それぞれの関心、希望、資質などに応じて、自由に研究分野を選べばよいのだ。

これもごく当然のことだが、大学では手の届かない特殊で高価な施設を必要とする基礎研究は、政府機関が扱うのが望ましい。標準化局（現国家規格機関）、より最近では原子力委員会、ＮＡＳＡ（航空宇宙局）などがこのような使命を担っている。

産業界の基礎研究への取り組み方には、みずから行う方法と、社外の研究機関に資金を提供するという二つの形態があり得る。私自身は、基礎研究の成果は産業界に知をもたらすという理由から、大学に寄付をするのが最も適切だと考えている。それが、産業界の自己利益につながる賢明な選択だろう。言葉を換えれば、産業界は、長い目で自分たちに利益をもたらすこのような施策に取り組むべきである。この考えには、株主や経営者諸氏も大筋の理解を示してくれるはずだ。

では、社内ではどの程度の基礎研究を行うべきなのだろうか。これは複雑な問題で、答えはいまだ見出されていない。企業はそれぞれの事業活動を推進している以上、具体的なプロジェクトを大きく離れるのは実際的ではないだろう。基礎研究は知識それ自体を探求するものであるという観点からは、企業がその主要な担い手となることはあり得ないと考えられる。

とはいえ、産業界が基礎研究に携わるべきではない、と主張しているわけではない。私はむしろ、企業もある程度は基礎分野の研究に取り組むべきだと考えている。ある種の歩み寄りが欠かせないのだ。研究者は主として知それ自体を追い求め、産業界は事業への応用を念頭に置きながら知を追求する。このような前提に立ちながらもやはり、たとえリスクがあろうとも、業界にとって有用と思われる分野の基礎研究に従事するのは、企業にとって理にかなっている。いわば科学の世界を探査するのだ。別の言い方をすれば、自社と共通の関心を持った研究者に——たとえ動機が異なっているとしても——雇用契約あるいは業務委託をとおして基礎研究を進めてもらうのは十分に理由がある。

たとえば、研究者がこのように表明することもあるだろう。「私にとって関心があるのは、各金属と合金の属性がどのような関係にあるのかということです。用途は問題ではありません。背後にある理由を知りたいのです」。この場合、合金メーカーはおよそ力にはなれないが、研究成果には関心を寄せるかもしれない。目指す地点に違いがないかぎり、企業と研究者が手を携えるのは合理的な選択だといえる。歩み寄りのポイントは動機ではなく、関心分野が重なっているかどうかにある。研究者にとっての「基礎研究」は、業界にとって「新たな事業を切り開くための研究」であるかもしれない。この種の基礎研究であれば、研究者の動機のいかんにかかわらず、十分な応用成果が期待できるため、企業にとっても推進する意味があるだろう。その際には、研究活動の幅を狭めないように、事業、学問両方のアプローチを用いるべきである。

ここで私の見解を要約しておきたい。第一に、基礎研究を「知の探求そのものを目指した研究」と定義した場合、それは大学が主体となって推進すべきである。第二に、産業界はそれを後押しする側に回るのが望ましい。第三に、業界全体に関わる幅広いテーマがあるなら、業界として基礎研究に携わることにも大きな意味があるだろう。昨今では、以前よりも短期間に有用な成果を得られるため、産業界による基礎研究も物理科学の担い手として重要性を増している。自社の研究者が名高い基礎研究成果を上げれば、研究組織、ひいては全社の士気や権威も高まるだろう。

エンジニアリング部門

エンジニアリング部門の役割は、リサーチ・ラボラトリーズと個別事業部のエンジニアリング活動を、中期的な観点から橋渡しすることである。主として新しいエンジニアリング概念やデザインを考案したり、その商用可能性を判断したりするのだ。

GMが「本社エンジニアリング部門」という名称の組織を設けたのは、一九三一年になってからだが、そこに集約されたさまざまな人材や業務は以前から存在しており、二〇年代初めに起源をさかのぼるものもある。ハントとクレーンが一九二四年から翌年にかけてシボレー事業部で〈ポンティアック〉の新型モデルを開発したが、これなどは本社スタッフ部門が具体的な目的のために臨機応変に協力した事例といえる。一九二三年の技術委員会発足も、エンジニアリング部門を実現へ近づける一歩であった。

当時、エンジニアリングの進め方や品質には、事業部ごとに大きな開きがあった。製品設計にも優れたもの、そうでないもの、両方があった。すでに述べたとおり、事業部間では十分な情報交換が行われておらず、それを促すための手段もなかった。これも繰り返しになるが、技術委員会が設けられたのは、研究部門、事業部のエンジニア、本社経営陣を一堂に集めて、この課題を克服するためである。銅冷式エンジンの苦い教訓から生み出され、エンジニアリング活動の調整に道をつけたのだ。製品テストの手法が編み出されたのも、委員会の貢献による。それまで、製品テストはもっぱら公道で行われていたため、担当者が仮に路肩に停車して仮眠を取り、その後に規定以上の速度で運転して走行距離を埋め合わせたとしても、裏づけを取るのは容易ではなかった。ある時など、ダンスホールの前にテスト用車両が停められているのをエンジニアが発見し、見ると走行距離の辻褄を合わせるためにエンジンがかけられたままになっていた、などということもあった。

テストの標準化と改善に向けた取り組みとしてけっして忘れられないのは、一九二四年のプルービング・グラウンド建設である。業界初の試みとして、外界から完全に遮断・防護された広大なテスト用空間を用意したのである。内部には多彩な道路環境が設けられていた。高速走行用の道路、さまざまな斜度の坂道、平坦な道、凹凸が続く道、さらには水に覆われた路面（激しい嵐の中ではこのような路面の上を走らなければならない）など、多様なニーズに対応する構想だった。プルービング・グラウンドでは、製品の完成前、完成後に条件をコントロールしたうえで車両テストを行うほか、他社製品についてもありとあらゆる角度からテストができるようになっていた。

プルービング・グラウンドの構想は社内の承認を得て、資金も手当てされた。次の課題は候補地選びだった。条件としてはさまざまな地形的特徴を備えていて、ランシング、フリント、ポンティアック、デトロイトからほぼ等距離であるのが望ましかった。ミシガン州は平坦な地形も手伝って、求める条件をすべて満たす土地は当初、容易には見つからなかった。だが有り難いことに、アメリカは全土がくまなく測量されており、ワシントンでそのデータを入手できた。ワシントンに赴いて地質調査部の地図をひもといたところ、ニーズに合いそうな土地の見当がついた。経営陣、各事業部のトップ、それに私が候補地を訪れ一日をかけてくまなく散策し、その合間には木陰でランチボックスを広げた。やがて、ミシガン州ミルフォードにある一一二五エーカーのその土地が望ましいとの結論に至った（現在では敷地面積は四〇一〇エーカーに拡大している）。

私は、部下のW・J・デイビッドソンにプルービング・グラウンドの建設を任せ、デイビッドソンは現地駐在の責任者としてF・M・ホールデンを指名した。ホールデンはほどなく、みずからの希望でオークランドへ赴任したため、プルービング・グラウンドの仕事はO・T・クロイザー（愛称ポップ）に引き継がれた。プロジェクトが成功したのはこの三名の貢献によるところが大きい。

まず土地の測量が行われ、次いで風が走行スピードに与える影響を検証するために直線コースが引かれた。道路の左右には安全ブロックが設けられたため、時速一〇〇マイルを超える高速走行が可能だった。エンジニアリング棟では、屋外テストと連動しながら屋内テストを進められるようになった。エンジニア向けに中央棟と諸施設も設けられた。やがて、事業部別に本部と駐車場が割り当てられ、それぞれの自律性を保ちながら製品テストを行えるようになった。たとえばシボレー事業部が、本社による製品テストと並行して、独自テストを行うことも可能となったのである。テストに従事する人々の宿泊・食事用にクラブハウスも併設された。宿やレストランのある町までは相当な距離があったのである。

当時、私自身も二週間に一度の割合でプルービング・グラウンドを訪れ、時には連泊しながら、GMや他社の自動車を技術的な観点から仔細に調べたものである。計画段階の製品についても、テストの模様を視察した。このようにプルービング・グラウンドは、私や同僚たちに、自動車業界のエンジニアリング動向に接するかけがえのない機会を提供してくれた。その後、アリゾナ州メサにはプルービング・グラウンドの砂漠版を、コロラド州マニトウスプリングス（パイクスピーク）には、山岳ドライブ用車両のテスト施設、駐車場、整備場などを用意した。

ご記憶かもしれないが、一九二〇年代に技術委員会は、全社のエンジニアリング手順を統一する業務の一環として、プルービング・グラウンドのいわば取締役会としての役割を果たしていた。加えて特許部門、新デバイス部門（社外から持ち込まれた技術機器を評価する部門）、海外エンジニアリング交渉部門といった本社組織の管理にも当たっていた。

ただし、技術委員会には専属のエンジニアリング・スタッフがいたわけではない。一九二〇年代には、全社の利益につながりそうな高度なエンジニアリングは、リサーチ・ラボラトリーズあるいは各事業部のエンジニアリング部門が推進していた。数年後には、各事業部に、長期的に見て重要な課題を委ねるようになった。一九二〇年代から存在したこれら事業部のエンジニアリング部門が、現在の本社エンジニアリング部門の源流となったのだ。もとよりそれらは最善の形態を取っていたわけではない。各事業部が責任を負うのは、あくまでもその事業部の製品だけだからである。いずれの事業部も、年ごとに新しいモデルを世に送り出さなければならなかったため、絶えず新たな問題に直面していた。そのような状況でさらに長期的なR&D業務を負わせれば、すでに大きな負担を抱えた組織は、十分に注意を払うことができない。この点を悟ったのが契機となって、本社に直轄のエンジニアリング部門を設けるという決断がなされた。

これはエンジニアリング分野での大きな前進だった。実現したのは一九二九年、シボレー事業部のO・E・ハントが本社バイス・プレジデントとしてエンジニアリングを統括するようになった時である。ハントはその後、私を引き継いで技術委員会の議長となって、全社が歩調を合わせて高度なエンジニアリングを進められるように、その旗振り役を務めてくれた。彼の指揮のもと、各事業部の高度エンジニアリング機能は本社に移管されていった。技術委員会の機能も徐々に他の組織に吸収されていった。

一例を挙げれば、特命製品研究グループが設けられ、一部の重要課題に対処することになった。具体的な使命を与えられたエンジニアによる、いわば「タスクフォース」である。特命製品研究グループは通常、いずれかの事業部に置かれていたが、本社機能を担っていたことに変わりはなく、活動資金も該当の本社予算から拠出されていた。まず経営上層部が、自動車がどのような方向に発展していこうとしているのか、その趨勢をとらえようと努める。続いて、有能なエンジニアを一本釣りして、その下に数人を配して具体的な任務を与える。最初に製品研究グループを設置したのは一九二九年、〈シボレー〉をイギリスのボクスホール向けに衣替えさせるのが目的だった。このグループは、ドイツのオペル向け自動車、さらには小型車の設計も手がけた。

後には、キャデラック事業部内にサスペンション研究グループ、トランスミッション研究グループが設けられ（後年オールズモビル事業部、GMCトラック・アンド・コーチ事業部も巻き込むことになる）、ビュイック事業部にはエンジン研究グループが誕生した。サスペンション研究グループは前輪サスペンションの開発に携わった。トランスミッション研究グループは乗用車向けに全自動〈ハイドラマティック〉トランスミッション、さらには大型商用車向けに関連製品を生み出した。エンジン研究グループも、多様なエンジン改良を成し遂げた。GMは歳月の経過とともに、各事業部に〝間借り〟していた製品研究グループの独り立ちを図り、エンジン、トランスミッション、サスペンション構造、さらには新しい自動車の設計、といった主要四分野の研究、試験に従事させた。そして最終的には、全社エンジニアリング部門に統合して、個々には「開発グループ」と呼んだ。それらが今日、エンジニアリング部門の骨格を成している。

本社エンジニアリング部門は、エンジニアリング担当のバイス・プレジデントを介してエンジニアリング・ポリシーグループと密接に結びついている。このバイス・プレジデントはエンジニアリング部門を指揮するほか、エンジニアリング・ポリシーグループの議長を務める。エンジニアリング・ポリシーグループは新型モデルの開発、エンジニアリング慣行の刷新など、重要な施策を監督する立場にあるため、各事業部のエンジニアリング業務との緊密な連携が欠かせないのだ。本社と事業部のエンジニアリング部門が互いの英知で高め合うのである。このような組織形態が取られているからこそ、エンジニアリングの最新動向をいち早くつかみ、現行製品に活かせるのだと、私は考えている。

本社製造スタッフ

GMのエンジニアリング活動は、①自動車それ自体、②製造プロセス、という二分野に分けて考えるのが自然だろう。製造スタッフ部門は、構想段階あるいはパイロット段階の技術を扱い、それらが問題解決に役立つとわかると、ツール、機械、手法などのかたちで製造現場に取り入れるのだ。主として、原材料が工場に届いてから完成品が出荷されるまでの多彩な活動を担うのである。具体的には、機械・ツール類の設計、工場レイアウトの決定、原材料の調達・保管、工場・機械類の維持・管理、労働時間や労働規則の策定・管理、作業方法の工学的改善（メソッド・エンジニアリング：ME）、原材料の有効活用、さらには製品の製造、最終組み立て、製品テストに向けた業務プロセスや機械の開発などだ。(原注2) 組織全体が目指すのは、製品品質の改善、生産性の向上、製造コストの低減である。

これらの活動を本社組織に一元化すべきだと思いついたのは、B・D・カンクルという重役であった。カンクルは一九四五年に、製品研究グループに相当する組織が製造分野でも必要だと考えたのだ。自動車製造は急速に複雑化しており、新しい素材、新しい機械、新しい手法をたゆまずに探求しなくてはならなかった。このため、製造プロセスを刷新する専門家集団が求められたのである。これはスタッフ機能とするのが自然で、個別事業部よりも本社に適していた。

製造スタッフ部門の業務といえば、製造開発課のプロセス・エンジニアリング業務が中心で、オートメーション化をいかに進めるかを主要な課題としている。プロセス・エンジニアリングにとってオートメーション化はけっして避けられない課題なのだ。機械の自動化がある程度進むと、次は工場全体の自動化という構想が浮上してくる。これら全体が漠然と「オートメーション」と呼ばれるのだが、はたして実現可能なのか、SF的な絵空事にすぎないのか、判別に苦しむことも少なくない。いずれにせよオートメーション化に関しては、GMでは本社製造スタッフ部門が大きな役割を果たすだろうが、どの程度まで推し進めるかは難しい問題で、本社の最高戦略機関が判断を下さなくてはならない。製造スタッフ部門を含めてGMはこれまでのところ、他のメーカーに比べてやや慎重な姿勢を取っている。世の中ではオートメーションが広く称賛されているが、我々の経験からはオートメーション化は必ずしも改善を意味しないのだ。

このテーマに関しては、広い視野に立った優れた論文がある。一九五八年のGMエンジニアリング・科学教育者会議で紹介されたもので、執筆者は当時業務プロセスの開発に携わっていたロバート・M・クリッチフィールドである。

この数年来、オートメーションが注目を集めている。思うに、その主張のほとんどは、多くの人々を混乱に陥れただけではないだろうか。エンジニアリング業務に携わる人々も含めて、オートメーションの真の意味を誤解するようになったのだ。ご案内のように、オートメーションはけっして新しい概念ではない。用語そのものは比較的新しいが、内容は半世紀以上前から製造の分野で唱えられており、おそらくその起源はイーライ・ホイットニーが独立戦争時にマスケット銃を開発したことにさかのぼるだろう。思い起こせばGMでも三五年前、つまり「オートメーション」という言葉が生まれるはるか以前に、ある種のトランスファーマシン（自動連続工作装置）などを用いて自動生産を実現していた。なぜ今日のような誤解が生じたかといえば、「手作業の繰り返しによってつくられているパーツや製品を大量生産するためには、オートメーションこそが解決策であるはずだ」との主張が世の中にあふれているからだろう。現実とあまりにかけ離れた議論ではないだろうか。生産プロセスを機械化すべきかどうかは、繰り返し作業の数だけで判断すべき問題ではおよそない。基本的な経済性についても十分に考慮しなくてはならない……。

経済的なソリューションとは、資本投資から最大のリターンをもたらす選択肢を意味する。もとより、仕様に沿って望ましい品質を確保することが前提となる。「人間と機械を最も効果的に活かす」という言葉の真意をとらえれば、業務プロセスやオペレーションが機械化されても、手作業が完全になくなるとはかぎらないのだ。

工場の完全オートメーション化は、興味深い構想ではあるし、不可能ではないかもしれない。しかし依然として、生産コストの低減、よりよい機械の開発、工場レイアウトや工場設計の改善など、すぐにでも取り組むべき課題が数多く残されている。これらすべての分野に大きく貢献しているのが、製造スタッフ部門なのである。

テクニカルセンター

一九五六年に完成したGMテクニカルセンターは、エレガントなたたずまいと、息をのむほど美しい眺望で知られる。エリエール・サーリネンとエーロ・サーリネンの手になる設計は、間違いなく他に類のないものだといえるだろう。デトロイトの北東、GMビルから一二マイルほどの位置に広がる九〇〇エーカーの敷地。中央には二二エーカーの人工湖があり、その三方を囲むようにして建物が林立している。北側にはリサーチ・ラボラトリーズ、東側には製造スタッフ部門とエンジニアリング・スタッフ部門。そして南側のスタイリング・スタッフ部門には、特徴的なドーム形の講堂があって、大勢が一堂に会して業務成果を披露し合うこともできる。テクニカルセンター全体では、今日では二七のビルがあり、総勢五〇〇〇名ほどの研究者、エンジニア、デザイナーなどが勤務している。センターの南と西はうっそうとした森に覆われているため、軒を接するようにして他の不動産が立ち並ぶ心配もなく、大学キャンパスのような独特の雰囲気が保たれている。

とはいえテクニカルセンターの使命は、改めて述べるまでもなく、GMの一組織として業務を遂行することだ。センターの真価は、単に外観がエレガントであるだけでなく、目覚ましい成果を上げている点にこそあるだろう。事実、一億二五〇〇万ドルの投資に優に見合った成果を上げているのだが、なぜそれほど価値があるのかを理解いただくためには、その由来に触れておかなければならない。

技術関連の施設が不備だというのは、第二次世界大戦が終結する前からすでに明らかだった。スタッフ部門はデトロイトの至る所に散在し、いずれもその場しのぎの施設をあてがわれていた。スタイリング部門はとりわけ恵まれない環境に置かれていて、これには私もひどく胸を痛めたものだ。なにしろその組立工場は、本社から何マイルも離れたフィッシャー・ボディの古いビルだったのである。隣にはやはりGMの施設があって、ディーゼル・エンジンなどの重工業に属する作業をしていたため、ハーリー・アールの部下たちは騒音に悩まされていた。そもそも、スペースが十分ではないという問題もあった。

第二次大戦中から、さまざまなスタッフ部門が戦後のために施設プランを設けていた。研究やエンジニアリングの施設をどのようにすべきかと頭を悩ませていたところ、技術関連のスタッフ部門を一箇所に集めてはどうかとの構想が生まれたのである。これには必然的に組織改編を伴った。私はケッタリングに宛てた一九四四年三月二九日付の書簡で、前記の変更と新しいスタッフ・センターの構想について相談した。

ケットへ

これまで私は、いくつかの問題がいずれGMの市場での地位に影を落とすのではないかと危惧してきた。そのうちの一つについて、意見をもらうわけにはいかないだろうか。

技術の発展がどれほど大きな意味を持つかは、改めて述べるまでもないだろう。私たちは、それこそがGMの将来を左右するとの認識で一致しているのだから。GMはこれまで何年にもわたって、理論と実践を見事に調和させながら研究活動を展開してきた。……私が不安視しているのは、この調和が今後も保たれるだろうか、という点なのだ。……あえて意見を述べるなら、一〇年後あるいは二〇年後には、GMの研究活動は現在よりもはるかに理論色を強めているだろう。「理論色」というのは……当社の事業に何らかのかたちで関係はしているが、通常のエンジニアリングの範疇には含まれないという意味だ。

いま私の念頭にあるのは、ケットが常々口にしてきた事柄だ。すなわち、研究成果が製品エンジニアリングに反映されるまでの期間を短縮する難しさと重要性である。

エンジニアリングの最新成果を製品に活かすために、この数年来、さまざまな施策を取り入れてきた。第一に、事業部のエンジニアリング部門に先端機器、たとえばシンクロメッシュ・トランスミッションの開発を委ねた。続いて、ご承知のように、エンジニアリング部門長の指揮のもとに製品研究グループを設置した。……これによって、エンジニアリング成果を実用レベルにまで発展させ、その後は状況に応じて設計や生産に活かせばよいのである……。

私の考えでは、エンジニアリング担当バイス・プレジデントのもとに本社スタッフ組織として……正規のエンジニアリング組織を設けて、自動車事業全般を担当させるべきだと……。

この組織はデトロイトの周辺、ただし郊外に置くべきだろう。プルービング・グラウンド(原注3)……プルービング・グラウンドは距離が離れすぎていて、連絡に不便だと思われる。……そのような組織は、先進的な研究成果を短期間に製品に応用することを使命として……。

……リサーチ・コーポレーションは理論と実践両方の研究を担っているが、これを変える必要は少しもなく……将来的に理論の比重が高まっていくのであれば、不都合を克服するために組織を設けて……。(後略)

この書簡を受けて、ケッタリングはある提案を寄せてくれた。研究部門を拡大して、機械類や見学用製造施設を除いたすべてを新しいロケーションに移すという内容だ。ケッタリングはその提案をO・E・ハントに提出し、ハントから私に伝えられた。私は一九四四年四月一三日付でハントに返事をしたためた。その要旨は以下のとおりである。

第一に、誰もが賛成してくれるだろうが、成果の大きさを考えれば、どれほどのコストがかかろうともけっして過大ではない。要するに、施設は何としても拡大しなければならないのだ。……市場に送り出すのは、技術面での信頼性、先進性にあふれた望ましい製品でなくてはならないのだ。

第二に、研究施設は間違いなく拡充すべきである。……現状では不備があるばかりか、立地も必要な成果をもたらすうえで好都合とはいえない。……現在の枠組みのままでさらなる投資をすることには、断固反対する。……このような理由から、新たに場所を探して、より良好な環境で業務ができるようにするのであれば、望ましいと……将来に向けて希望が持てるというものだ。

結びに私は、ケッタリングの提案を一部修正してはどうかと述べた。

どうだろう、新たに「ゼネラルモーターズ・テクニカルセンター」を設立しては。……このセンターには、ケッタリングのいう「幅広い研究活動」を担わせたい。ハーリー・アールのボディ・デザインなどを含むエンジニアリング活動と、現在デトロイトで進めている幅広い製品活動を組み合わせて……。（後略）

四四年の末には、この提案内容は十分に練られ、私は業務委員会に提案すれば了承を得られるだろうと自信を深めていた。この年一二月一三日の業務委員会の議事録を以下に引用する。

スローン社長から、技術力を高めるという社の方針に沿って、デトロイト郊外にテクニカルセンターを設ける計画が立案中であるとの報告があった。社長によれば、計画はいまだ完全ではなく、完成後に本委員会に提案するとのことだ。センターではリサーチ部門、アート・アンド・カラー部門の業務を行う予定である。エンジニアリング研究のための施設も設け、本社エンジニアリング部門が行っているのと同等の業務を実施する。すなわち、リサーチ部門の研究とも、事業部のエンジニアによる個々のエンジニアリング業務とも異なるのだ。

議長からの問いかけを受けて出席者たちは、テクニカルセンターの提案に強い賛意を示した。

大きな問題が残されていた。センターの立地場所をどこにするかである。いくらか議論をした後、密集地域を避ける、鉄道の便がよい、GMビルから二五～三〇分程度の場所とする、近隣に住宅地がある、などの条件が決まった。各部門が独立に活動を続ける旨も合意された。四四年一二月までには、種々の条件を満たす適切な土地が見つかり（それが現在の場所である）、デトロイトの北東、ワレン郡第九地区西側（ウエストハーフ）の大部分に当たる土地を購入した。関係者すべてが、理想的なロケーションだとの意見で一致した。

もう一つ問題があった。建築物としての美しさをどこまで追求するかである。ハーリー・アールは当初から、一流の建築家に依頼して比類ない建造物にすべきだと主張していた。何人かは、美観を尊重しすぎると運用に支障をきたすおそれがあるとして、社内で設計とプランニングを行うべきだとの意見だった。この議論が戦わされていた頃私は、デトロイトにあるエチルガソリン・コーポレーションの完成したばかりの研究所を訪れる機会があった。そしてその美しさに強く心を打たれ、アールの意見に傾いていったのだ。

美観を重視することに懸念を示す人々がいたと述べたが、その一人はラモント・デュポンだった。しごく当然だが、ラモント・デュポンは、自分の納得できない点があるかぎり、取締役としての使命をまっとうできないと考えていた。私は一九四五年五月八日付で彼に手紙を書き送り、社外の建築家に依頼するメリットを訴えた。一七日付の返信で、ラモント・デュポンは納得した旨を伝えてきた。返信の一部を引用しておきたい。

レイアウトと準備の進み具合をご説明いただき、その全体から、美観を整えたり、センターを「ドレスアップ」するのが、当初から重視されていたのだと伝わっていました。私は、技術面での結果を出すことのみを目的としたこの種のプロジェクトで、美観が果たして意味を持つのかどうか疑いを持っていました。このような考えから初めは、建築会社の設計について意見を述べたのです。私にはエンジニアリング会社、あるいはGMのエンジニアにレイアウトを考えてもらうほうが望ましいだろうとの思いがありましたので。

ですがいただいたお手紙から、美観を重んじるといっても、技術成果にマイナスの影響を及ぼそうというわけでも、コストを大幅に押し上げようというわけでもないのだとわかりました。この二点さえ確かめられれば、私がこのプロジェクトに関して抱いていた疑問はすべて氷解するのです。

私はアール本人に、適任の建築家を探すように伝えた。アールは有名大学の建築学研究室を訪れて、この分野に詳しい人々の意見を求めた。そしてやがて、誰もが同じ人物を推すことを知った。サーリネンとの出会いは必然だったのだ。

四五年七月にはサーリネンによる予備プラン、精巧なミニ模型、完成予想図などが用意された。二四日にテクニカルセンターの建設計画を発表したところ、マスコミで広く、好意的に取り上げられた。一〇月に入ると、建設予定地はほぼ平坦にならされ、周囲にはフェンスが張りめぐらされた。ところがその後、建設は予定よりも遅れた。この年の秋から翌四六年の三月にかけて、大規模な戦後ストライキが起きたのだ。加えて戦後の自動車ブームを受けて、テクニカルセンターよりも、あるいは他のどのような施設よりも、生産施設の拡充を優先させる必要に追われた。テクニカルセンターの建設は四九年に再開され、五六年に正式オープンにこぎつけた。私は満ち足りた思いでいる。優秀な技術者たちのために、この美しく機能的なセンターを設けたのは、正しく、そしてまた望ましい選択だった。

(原注1) 本社スタッフ部門の組織図は巻末の付録にまとめてある。
(原注2) 製造スタッフ部門は、不動産、工業写真、生産管理、調達といった分野の関連業務も担っている。
(原注3) ミシガン州ミルフォード。デトロイトの北西四二マイルに位置する。

第15章 スタイリング STYLING

技術重視からスタイル重視へ

近年、自動車市場ではスタイリングが輝きを放っているが、これはモデルが年ごとに進化し、自動車技術の水準が高まったことによる。スタイリング機能を本社組織に持たせるという試みに先鞭をつけたのはGMである。一九二〇年代末のことだ。二八年以降は、スタイリングとエンジニアリングが絶えず手を携えながら進歩を遂げ、近代的な〝GMスタイル〟を築き上げてきた。

自動車産業が産声を上げてからの三〇年間、すなわち二〇年代末までは、自動車の設計全般を取りしきっていたのはエンジニアだった。その様子について、O・E・ハントが私宛ての手紙で簡潔に述べている。

当初は、乗り心地ですらさほど重視されていませんでした。外観や経済性に至っては、ほとんど注目されず……。エンジニアリングに全力が注がれ、エンジニアが強い発言力を持つのが一般的でした。彼らは自分たちの設計が細部まで守られないと納得せず、不当なまでに頑迷な態度を示すことも珍しくありませんでした。製造が可能であるかどうか、時間・コスト面で保守に適しているかどうか、といった点は少しも考えなかったのです。広告やセールスにまで、どのような機能や特徴が望ましいかというエンジニアの発想が染みわたっていました。（後略）

一九二〇年代に入ると、開発エンジニアと生産エンジニアの間にある種の軋轢が生まれ、それが必然的に設計にも影響を及ぼした。生産エンジニアは、大量生産の準備を進める必要から、一度固まった設計が変更されることに難色を示した。設計変更は頭痛の種だったのである。ところが二〇年代半ばになると、製品エンジニアはセールス部門の影響力を感じ始める。そこで、従来どおり主としてエンジニアリングの視点を重んじながらも、市場動向に目を向けるようになった。その間、製品エンジニアは技術をきわめていき、ガソリン車に関するかぎり、単に優れているというだけでなく円熟の域にまで到達させた。このようにして今日ではその技術を、スタイリング上の課題を解決するのに大いに発揮している。消費者もそれを理解しており、各社が技術優位性を競うのを当然と受け止めている。購入車種は主に、スタイリングの違いに着目して選ぶほどなのだ。自動車の設計・デザインをファッションの視点からのみ論じるわけにはいかないが、それでも、パリ・ファッション界の「法則」が自動車業界にも波及しているというのはあながち過言ではないだろう。この趨勢を軽く見た企業は、苦境に陥るに違いない。

自動車業界の一角を占めるGMも、このような業界トレンド、さらには消費者の要望に合わせようと努めている。第二次世界大戦が終結した時、長い将来までを見通して、自動車の市場性を決めるのは重要性の高い順に外観、オートマティック・トランスミッション（AT）、高圧縮エンジンだろうと予測した。これまでのところ、この予測は当たっている。

各モデルのスタイリングをどの程度改めるべきかは、とりわけ繊細な問題である。新しいモデルには十分な新鮮さと魅力を持たせて需要を呼び起こすとともに、旧モデルをやや見劣りさせる必要がある。そのうえ規模の大きな中古車市場では、新旧モデルともに顧客満足を引き出せなくてはならない。製品ライン別の個性を保つことも忘れるわけにはいかない。外見から、〈シボレー〉〈ポンティアック〉〈オールズモビル〉〈ビュイック〉〈キャデラック〉を区別できなくてはならない。それぞれの市場で競争力のあるデザインを心がけるべきなのだ。スタイリング面でこのような複雑な要請を満たすには、高い技能と芸術性が求められる。GMは一四〇〇人を超えるスタイリング・スタッフを擁しており、皆、素晴らしい製品を市場に送り出すうえでこのうえなく大きな責任を担っている。

大量生産を行うためには、スタイリングに一定の制約を設けることが避けられない。新モデルを市場に投入するには莫大なコストを要し、年度によっては六億ドルを超えるため、各変更案のコスト見積もりが重要となる。GMでは、ボディコンセプトの基本を定めて、その主要パーツを規格化することで、設計変更に伴う機械類の更改コストを抑えている。大幅な設計変更を二、三年に一度にとどめて、やはり機械コストの低減を図っている。

設計に関するスタイリストの裁量にも、種々の制約がある。製品のスタイリングに当たっては、各自動車事業部、フィッシャー・ボディ事業部、本社エンジニアリング部門と連携を取り、エンジニアリング・ポリシーグループの意思決定全般に沿って進めなければならない。かつては、各事業部から少なからぬ技術的制約を受けていたが、今日では見栄えがより重視されている。エンジニアリング、生産の両部門はスタイリング部門の要請に合わせ、スタイリング部門のほうでも大量生産の要請に応えてきた。

アメリカ自動車産業の創成期、ほぼすべてのメーカーが長年、パーツ間に一定の関係を保っていた。ラジエーターは前車軸と同じ高さでなくてはならない。リアシートは後車軸の真上でなくてはならない。このようなきまりは当時、車高にも影響を及ぼした。車軸とボディの位置関係を変えようがなかったので、車高を高くせざるを得なかったのである。もっとも、オープン・カーが主体だった一九二〇年代中盤までは、これはほとんど問題にされなかったが。

オープン・カーが主流だった当時、デザインは十分に満足のいくレベルにまで洗練されていた。一九一九年には、全生産台数の九〇％がツーリング・カーとロードスターで占められており、前者は均整の取れたすっきりした外観を呈していた。なめらかなボディ表面。フラッシュドア（引き戸）。そして何より、長く高く掲げられた幌が大きな特徴だった。業界史を振り返ってみると、この時期の自動車は日常の移動あるいは業務の手段というよりも、スポーツや娯楽のための製品だったのである。大きな敵はいうまでもなく天候だった。ゴム製のコート、帽子、ひざかけなどさまざまな手段で悪天候をしのがなければならなかったのだ。そのような時代は二〇年も続いた。なぜだろうか、全天候型の車両デザインで雨や雪を遮断しようとの発想は、長い間生まれなかった。やがてクローズド・ボディが誕生して、今日のスタイリングが確立されることになる。

GMが一九二一年に定めた製品ポリシーでは、「販売上、スタイリングはきわめて重要な意味を持っている」と強調されている。ただし、私が実際にスタイリングを重視し始めたのは二六年、クローズド・ボディが主流となってからである。当時のクローズド・ボディは、見た目の美しさでは理想にはるかに及ばなかった。ごく初期の自動車は手づくりも同然で、馬車に倣った優雅なデザインを持ち味としていたが、そのような時代はすでに遠い過去となり、ほとんど忘れられていた。円熟味のあるオープン・カーも、ひどく時代遅れになっていた。新たに登場したクローズド・ボディは車高が高く、奇妙で垢抜けない機械だった。ドア幅が狭く、高い位置にあるボンネットよりもさらに上部にベルトライン（ウィンドウとボディ下部の間に入れたトリミングやライナー）があった。GM車の車高は一九二六年には一・八から一・九メートル、あるいはそれ以上もあった。ちなみに六三年現在では一・三から一・四五メートルほどである。当初はボディとフレームが重なっていなかったため、車幅も非常に狭く、二六年には一・六五から一・八メートルほどだった（六四年モデルでは全幅は二メートル程度なのだが）。当時の製品は全体として悪い出来ではなかったが、車高の高さが魅力を削いでいた。エンジン効率の向上に伴ってスピードも増したため、重心の高い車両は危険だった。

初期のクローズド・カーが外観に課題を残していた原因は、設計プロセスにあった。ボディの生産と、車台その他外観に影響するパーツの生産は、まったく別に進められていたのだ。ブランド別事業部が車台を設計・製造して、カウル、フェンダー、ランニングボード（踏み板）、フードなどを装着する。ボディはフィッシャー・ボディが単独で設計、製造し、ドア、ウィンドウ、シート、ルーフなどを取りつける。その後に、車台にボディを載せるのだ。完成車の外観からは、車台とボディが別個につくられたことが如実に見て取れた。

私はスタイリング計画を練る必要があると考え、全般的な意見を一九二六年七月八日、ハリー・H・バセット（ビュイック事業部長：当時）に宛ててしたためた。

ハリーへ

（前略）〈キャデラック〉を初めて手に入れた時に私は……小さなワイヤホイールを購入して車高と重心を下げようとしたものだ。こうすれば、他のどのような工夫を施すよりも、見栄えがよくなるはずではないか。いまだにわからないのは、我々自動車業界の人間はなぜこうした試みに後ろ向きなのかという点だ。クライスラーは、製品第一号を市場に出すにあたって、この点に最大限に神経を使った。クライスラーの成功は……その努力に負うところが大きいだろう。GMも、ゆるやかな足取りながらも着実に車高を低くしつつある。もとよりこれには機械的な特性も無関係ではないが、見栄えにも関係した問題なのだ。

改めて述べるまでもないが……スタイリングは売れ行きに大きく影響する。技術面での進歩を受けて、スタイリングが重要性を増しており、GM車は高い人気を誇っているため、スタイリングこそが社の将来に計り知れない影響を及ぼすだろう。ボディ・デザインについては、誰もが知っているとおり、フィッシャー・ボディの品質、目を見張るような技量、積極性はあらゆる点で抜きん出ており……。フィッシャー・ボディが実証するのは……。

これらすべてを考え合わせたうえで、やはり疑問を抱かずにはいられない――はたして、技能など技術面と同様に、デザインの美しさ、曲線美、色調の魅力、輪郭全体が先進的だといえるのだろうか。私はこの点を指摘したいのだ。これは基本中の基本ではないだろうか。
現在も、きわめて重要な製品ラインで外観の見直しが進められている。(後略)

引用部分の末尾に記した取り組みは、自動車スタイリングの歴史に残ることになる。ローレンス・P・フィッシャー――当時は〈キャデラック〉の事業部長――は、外観がいかに大きな意味を持つかという点で、私と考えを同じくしていた。彼はすでに、アメリカ国内のディーラーや代理店を何社か訪れていたが、その一社にカリフォルニア州ロサンゼルスのドン・リーの会社があった。ドン・リーは販売会社に加えて、ボディを注文生産する会社を所有しており、ハリウッドの映画スターやカリフォルニアの富裕層から特別注文を受けて、国内外で生産された車台向けにボディを製造していた。フィッシャーはそれら製品のスタイリングに感銘を受け、ボディの注文生産工場にも足を延ばした。その工場で、若いながらもチーフ・デザイナー兼ディレクターを務めていたのが、ハーリー・J・アールである。

アート・アンド・カラー部門の新設

ハーリー・アールは馬車メーカーの経営者一家に生まれ、スタンフォード大学に学んだ。父親の経営する馬車メーカーで実務を仕込まれたのだが、その会社がドン・リーに買収されたのである。ハーリー・アールの仕事の進め方は、フィッシャーにとってまったく新しいものだった。一例を示そう。その頃はさまざまな部品の型を取るのに木型を用い、金属部品をハンマーで打ちつけるのが一般的だったのだが、アールは粘土型を使っていた。そのうえ彼は、製品全体を設計し、ボディ、フード、フェンダー、ヘッドライト、ランニングボードなどの形を決め、それらを組み合わせて全体として調和の取れた美しい自動車を完成させていた。これもまた斬新な手法であった。フィッシャーの眼前でアールはフレームを切断・延長して、ホイールベースを伸ばした。こうして完成した独自のボディは長い全長と低い車高を特徴とし、数々の銀幕スターを虜にした。

これは実に意義深い出会いだった。フィッシャーがこの若者の才能に引かれたのが契機となって、一九二〇年代末から六〇年にかけて、五〇〇〇万台を超える自動車のスタイリングが方向づけられたのである。フィッシャーはアールを、「デトロイトへ来てキャデラック事業部で働かないか」と誘った。あるプロジェクトを念頭に置いてのことだった。〈キャデラック〉ファミリーにやや低価格だが質のよい新車種を設けようとしていたのである。私たちは、この種の製品市場は拡大しつつあると見ていた。自動車デザインに新しいコンセプトを吹き込みたいとの思いがあった。美的観点から各パーツを組み合わせ、鋭角部分に丸みを持たせ、輪郭全体の重心を下げるのだ。当時の注文生産車（カスタム・カー）に美しさでひけを取らない自動車を、大量生産しようと考えていたのである。

一九二六年初め、ハーリー・アールがデトロイトにやって来た。フィッシャーとキャデラック事業部のコンサルタントとして仕えるという特殊な条件のもとで、キャデラック事業部のボディ担当エンジニアとともに働いた。彼らが携わったのが、私がバセット宛ての手紙で触れた車種で、アールが参加した時点ではちょうど設計段階にあった。その車種〈ラ・サール〉は二七年三月に衝撃的なデビューを果たし、アメリカ自動車史にその名を残すことになった。大量生産でありながらスタイリングの粋を集めた自動車――その草分けとなったのが〈ラ・サール〉なのだ。スタイリングがいかに秀でているかは、二六年式の〈ビュイック〉セダンと比べるとよくわかる。〈ラ・サール〉のほうが全長が長く、重心が低く見えるのである。〈フライング・ウィング〉と呼ばれるフェンダーは旧来車種よりも横に張り出し、サイドウィンドウは位置や大きさが変えられ、ベルトラインも新しい形状になり、鋭角部分は丸みを与えられている。他の細かいデザインも含めて、全体が見事に調和していた。これこそ私たちが求めていたものだった。

私はアールの作品に衝撃を覚え、彼の才能を他の事業部にも活かしてもらおうと心に決めた。そして二七年六月二三日の経営委員会で、外観と色彩の調和を研究するために部門を新設したいと提案した。組織規模は五〇人。一〇人のデザイナー、さらには作業担当者と事務、総務スタッフの配置を予定した。アールにはこの新しいスタッフ部門——アート・アンド・カラー部門——のトップに就いてもらった。任務として期待したのは、量産車のボディ・デザイン全般を指揮するとともに、特別車のR＆Dを推進することである。この部門は本社一般スタッフ組織に組み込まれたが、予算はフィッシャー・ボディ事業部から出されていた。

私は各事業部がこの新設部門とうまく折り合っていくかどうかが気がかりで、アールにはフィッシャー（キャデラック事業部長）の大いなる支援と威光が必要だと考えた。加えて、CEOの私自身もアールに手を差し伸べた。当人からいわれて思い出したのだが、GMで本格的に仕事をするようになってまもないアールに、私は「ハーリー、しばらくは私一人のために仕事をするつもりでいるとよい。社内が君にどう接するかが見えてくるまでは」と述べたのだ。フィッシャーと私が後ろ盾となれば、アールの部門は各事業部から快く受け入れられるだろうと、私は期待していた。

アールにとって最初の課題は、プランの実現に向けてデザイナーを集めることだった。二七年当時、すでに自動車デザイナーは存在した。たとえばル・バロン（ニューヨーク）のレイ・ディートリッヒとラルフ・ロバーツは、二〇年代末にはそれぞれマレー・コーポレーション・オブ・アメリカとブリッグス・マニュファクチャリング・カンパニーの仕事をしていた。ロコモーティブ・カンパニー（コネティカット州ブリッジポート）にはR・P・ウィリアムズやリチャード・バークなどがいた。しかし、先進的な自動車デザインに精通した若手を引き抜こうにも、そのような人々のいる企業などほとんどなかった。

アート・アンド・カラー部門の設立からほどなくして、フィッシャーとアールはヨーロッパ出張に出かけ、当地の自動車デザインを視察した。あの頃のヨーロッパ市場には、機能、外観の両面でアメリカ車よりも優れた車種があふれていた。もちろん、生産台数は多くはなかったが。私は「国外からデザイナーを招けば、新設部門にとって大きな力になるのではないか」と思い至った。そこで二七年九月九日付で、その可能性を探ってはどうかとフィッシャーに伝えた。

ハーリー・アールとともに海を渡るのだから、現地の人材と接触して、アート・アンド・カラーの仕事に知恵を出してくれそうな人々を探してはどうだろうか。物の考え方をはじめとしてさまざまな違いがあるのだから現実ばなれしていると思うかもしれない。けれども、将来に向けての大きな課題は、車種ごとに、また年ごとにどのような違いを出していくかだろう。ハーリー・アールがこの分野で卓越した能力を持っていることは疑いようがないが、それでもなお、当社事業の可能性、重要性、規模を考えると、優秀な人材をできるかぎり数多く揃えておく必要があると……。（後略）

アールは折に触れて、ヨーロッパの自動車デザイナーをデトロイトのスタジオへ招いていた。それと並行して、何年もの歳月をかけて数多くのアメリカ人デザイナーを育てていった。外国車とアメリカのファミリーカーとでは、デザイン面の課題が大きく異なる。ヨーロッパ車は通常、トランクルームがあったとしてもきわめて狭く、二人乗りあるいは四人乗りだ。経済性も違う。ヨーロッパには馬力税があり、ガソリン税も高いため、エンジンの小型化と燃費の向上に力が入れられてきた。アメリカの大市場では、より大型で高馬力のエンジン、さらには大勢が乗れ、長旅にも十分な荷物を積める車両が求められている。このように基本的な用途に開きがあるため、アメリカとヨーロッパの自動車は外観が異なるのだ。

〈ラ・サール〉は一九二七年に市場から好意的に迎えられたが、アート・アンド・カラー部門への社内の反応は冷ややかだった。スタイリング担当者の発想が相当に革新的であるため、生産部門やエンジニアリング部門の上層部は戸惑いを覚えたのだ。セールス部門も懸念を抱いていた。「どの車種も外観が似通っていくのではないか？」。同年一二月五日にセールス部門のディレクター、B・G・コーザーが記している。「不安を感じている者が少なくありません。

アート・アンド・カラーの業務が一人の人物に牛耳られれば、ゆくゆくは、車種別の違いが見分けられなくなるのではないかと……」。私の返事はこうである。

（前略）新設のアート・アンド・カラー部門はいまだ完全には機能していない。もし私が自分なりの考え方でプログラムにできるかぎりの影響を及ぼすなら、芸術面で高い能力を備えた組織にするだろう。また、運営自体は誰か一人に任せてもよいのだが、さまざまなアイデアを培うために数多くの人員を配置するだろう。以前は、発想を多様化する重要性をトップが認識していなかった。アールはその重要性を非常によく理解している。自分一人で八ないし九もの製品ラインに毎年手を入れて、たゆまずによりよく、より美しく、よりユニークなものにしていくのは不可能だろうと考えている――少なくとも一人ではできないと。加えて、この部門に色調と内装をも担当させたいというのが私たちの構想だ。これまでは多くの取りこぼしがあった……過去には。

さらに、この部門の小型版とでもいえる組織を各事業部に設置して、絶えず競争が展開されるようにしたいと……。（後略）

この最後に触れた構想を試みたところ、実際的ではないと判明した。それでも私たちは、スタイリング部門に各事業部のスタジオを設けて、事業部別の体制を保った。

実のところ、アート・アンド・カラー部門が社内で受け入れられるうえで決定的な役割を果たしたのは、セールス部門であった。市場からは、「売れ行きを左右するのは見た目の善し悪しである」と明確に伝わってきていた。クライスラーは美しい色調をアピールして販売を伸ばし、GMもその戦略に倣うと成果が上がった。さらに、GMがアート・アンド・カラー部門を設けた一九二七年には、〈T型フォード〉が新車市場から消えている。〝伝説〟によれば、この〈T型フォード〉についてヘンリー・フォードは、「あらゆる色を用意しましょう。ただし黒であれば」と述べたという。すなわち、スタイリングが注目されるようになったこの時期は、時代の変わり目にあたっていたのである。

一九二七年九月二六日、私はウィリアム・A・フィッシャー（当時のフィッシャー・ボディ・コーポレーション社長）にこうしたためている。

　　煎じ詰めればGMの将来性は、いかに魅力あるボディを生み出せるか、すなわち装備の豪華さ、色調やフォルムの美しさ、他社との差別化などによって決まるだろう。

「ビューティ・パーラー」（アート・アンド・カラー部門は時としてこう呼ばれていた）は当初、社内の各組織から敬遠されていたが、そうした空気も徐々に消えていった。〈キャデラック〉以外では、O・E・ハントのもとで二八年式〈シボレー〉に「化粧」を施したのが初仕事となった。ハントの力添えを得て、アート・アンド・カラー部門は社内での権威を強めていった。

アート・アンド・カラー部門が全面的にスタイリングを担当した最初の車種は、一般の目には完全な失敗と映った。その車種二九年式〈ビュイック〉は、二八年七月の発売直後から「妊娠した〈ビュイック〉」と呼ばれるようになった。時代の最先端をいく技術が用いられていたのだが、二九年の販売台数が低迷したことから、このデザインでは受け入れられないと判断され、代わりのデザインが開発されるとすぐに市場から引き上げられた。元のデザインで議論の的になったのは、ベルトラインのすぐ下にあったわずかな膨らみである。その膨らみはフードのあたりから始まり、ボディの下部全体に及んでいた。実際に測定してみたところ、ベルトラインから三センチ少々外にせり出しているのだった。このデザインが疎んじられた事実からも、人々の嗜好は時代とともに変わるのだと見て取れる。近年では、七・五センチないし一四センチの膨らみは十分に受け入れられている。二九年の「妊娠した〈ビュイック〉」は、「デザインは劇的に変えるよりも、時間をかけて改めていったほうが高く評価される」ということを物語る、古典的な事例である。

アールは一九五四年にこの件を振り返って、みずからの美学をもとにこう述べている。

（前略）一九二九年式〈ビュイック〉は、ベルトラインを中心に両側にわずかにふくらみを持たせたデザインを、生産工程に引き継ぎました。ところが残念なことに、工場では作業上の都合から、サイドパネルの底を設計よりも内側に入れたのです。さらに、車高が予定よりも一三センチほど高くなったため、私が思い描いていたよりも曲線が両方向に引き伸ばされ、ハイライトラインの位置が無用にずれ、横にふくらんだ形状になってしまったのです。

当時スタイリング部門は、他部門と今日のように十分に連携していませんでしたから、私は完成品を目にして初めて前記のような事実を知ったのです。もちろんほぞを噛みましたが、すでに後の祭りで、消費者が哀れな〈ビュイック〉を「妊婦」と呼んで楽しむのをただ見ているほかありませんでした。

アート・アンド・カラー部門は長い間、デトロイトのGMビル別館に入っていた。大きな黒板の置かれた部屋が中枢の役割を果たしていた。フィッシャー・ボディや各ブランド別事業部の重役が出入りして、デザイナー、エンジニア、木工、クレイモデルの作成者などと意見を交わした。みな精力的かつ饒舌で、黒板に書かれた設計図を絶えず比べたり、指し示したりしていた。黒板は黒いベルベットのカーテンで縁取られ、白墨で描かれたボディラインをくっきりと浮き上がらせていた。

一九三〇年代初めにこの刺激あふれる場に集った面々は、シボレー事業部のクヌドセン、オークランド事業部（現ポンティアック事業部）のアルフレッド・R・グランシー、アービング・J・ロイター、オールズモビル事業部のダン・S・エディンス、ビュイック事業部のエドワード・T・ストロング、キャデラック事業部のフィッシャー、さらにはフィッシャー・ボディ事業部のフィッシャー兄弟らである。

スタイルの変化

私たちは皆、アート・アンド・カラー部門の〝ショールーム〟でウィンドウショッピングをしていたようなものである。アート・アンド・カラー部門は新しいデザインを提案し、アイデアスケッチを示し、進捗具合をアピールした。時が経つにつれて、そのアイデアは多くが実現可能と思われるようになった。社内でそのアイデアを買う人々が増えるにつれて、新たな事業部が顧客となった。さらに、女性デザイナーを採用して、女性の視点を取り入れるように努めた。おそらくGMはこの分野の草分けだろう。今日でも女性デザイナーの数で他社を圧倒している。

ハーリー・アールと彼の部門が直面した大きな課題は、スタイリングを改良するためにどのような道のりを選べばよいかということだった。スタイリングの最終形についてイメージないし理想があるのなら、年次モデルチェンジの際に少しずつその最終形に近づけていけばよい。革新的なスタイリングであっても、徐々に実現していけば、消費者の側でも受け入れへの準備ができる。二九年式の〈ビュイック〉や三四年式〈クライスラー〉〈極端な流線型をした〈エアフロー〉〉のような失敗は避けられるのだ。

ハーリー・アールは望ましいスタイリングとは何かについて、明確な考えの持ち主で、五四年にはこう述べている。「この二八年間私は、アメリカ車の全長を伸ばし、車高を低くしようと、熱心に取り組んできました。それが実現した車種もありますし、少なくとも見た目にはそのような印象を生むことに常に成功しています。私のバランス感覚からして、正方形よりも長方形のほうが魅力的だと思われるのです……」

この大枠の方針に加えて、種々の突出部をボディに組み込むという第二の方針がスタイリングの発展を促した。スタイリング部門の設立以来三五年間、アールとこの部門の主な成果はほぼ例外なく、スタイリングの進化に貢献してきた。一九三〇年代に私は、アート・アンド・カラー部門をスタイリング部門と改称した。自動車業界では今日、モデルの外観を「スタイリング」、デザイナーを「スタイリスト」と呼ぶのが一般的となっている。

一九三三年式〈シボレー〉はいわゆる「Aモデル」の先駆けで、スタイリング面で大きな進歩を示していた。ボディはさまざまな方向に広がっていた。依然として目についた不恰好な突出部や、車台の露出部を隠すためである。ガソリンタンクは「ビーバーの尾」（スタイリストの呼び名）によって覆われた。ラジエーターも外から見えないように、グリルの背後に配置された。三二年式では、従来のバイザーに代えてたわんだウィンドシールドがつけられた。続いて三三年式ではエプロンの高さが削られた（エプロンはドアの下部とランニングボードの間にあるパネルで、フレームをカバーする役目を果たしていたにすぎない）。仕上げにフェンダー・スカートを付加して、フェンダーの下の泥や汚れを見えなくした。

アールは車高を下げようと努力するなかで、エンジニアリング上の問題に突き当たった。一九二〇年代末のボディは今日とは異なって前輪と後輪の間に沈まず、車軸の上に載っていたため、車高が高く、ランニングボードやステップがなければ乗れなかった。アールはホイールベースを長くし、エンジンを前輪の後ろから前へ移すことによって、フレームとボディの位置を下げようとした。乗客が前輪の上ではなく前方に座れるようにするためだ。ところがボディを大幅に下げると、トランスミッションをどこに収めるかという問題が生じた。エンジニアたちからも反対の声が上がった。ボディを長くすると重量を増やし、エンジンの位置を変えると重量バランスが崩れるというのだ。これらすべてが、新たな難問として浮かび上がった。

さまざまな解決法が考えられた。一つは「ドロップ・フレーム」、すなわち前車軸と後車軸の間にフレームを沈める手法である。アート・アンド・カラー部門は効果的なデモンストレーションによって、ドロップ・フレーム方式を採用するとどれだけ車高が低くなるかを示した。ある時のデモではまず、〈キャデラック〉の車台とボディをステージ上で従来の方法で組み立てて見せた。その後、何人もの作業者が車台からボディを持ち上げ、車台フレームをアセチレントーチで切り離した。次に手早い作業でフレームを溶接すると、車高は優に七ないし八センチほど低くなった。そのフレームにボディを載せなおすと、ボディの位置が低くなったばかりか、見栄えが著しく改善した。

スタイリストたちはルーフにも問題点を見出していた。GM車のボディは当時、木のフレームにシートメタルを張りつけたものだったが、ルーフは例外だった。ルーフの中央部分は合成ゴムで覆われ、スティール製のサイドパネルとつなげられていた。ところがこのつなぎ部分に雨水、埃などが詰まって、ルーフが徐々に傷んでいった。潮風などにさらされるといっそう傷みが激しく、フィッシャー・ボディは保証サービスによる取り替え作業に追われていた。この「つぎはぎルーフ」は、見栄えの点でもおよそスタイリストたちの意に沿わなかった。

鉄鋼業界が近代的な高速ストリップミル（圧延装置）を完成させて、二メートル幅の鋼板が生産されると、継ぎ目のないスティール製ルーフが実現した。ところがこのイノベーションに社内で激しい反対が巻き起こった。古い時代を知る人々の一部が、スティール・ルーフがかつて太鼓を打つような音を出したのを覚えていたのだ。しかし、かつてのルーフが正方形の箱型だったのに対して、新しいデザインではルーフが大きく、側面はカーブしていたため、音の問題は軽減されていた。変更後のシルエットは、目指すスタイリングに沿っていた。

にもかかわらず新しいルーフは、関係重役の間に白熱した議論を引き起こした。ある事業部のチーフ・エンジニアが「不快音の原因になっている」とデザインを批判すると、他の重役が原因はデザインではなくエンジン内部の振動だと反論した。やがて先進的なアイデアが勝利して、一九三四年にはスティール・ルーフを用いた三五年式モデルが誕生した。今日広く知られる「タレットトップ」である。これは自動車のデザイン、安全性、製造手法といった分野での画期的な進歩だった。このようにして、ルーフ全体を巨大プレスで打ち抜けるようになった。

三〇年代初めになるとアート・アンド・カラー部門は、トランクをボディの一部に組み込んではどうかと提案した。

それまでは別造のトランクをラックにくくりつけていたのだから、大胆な発想転換だといえる。このアイデアは三二年式〈キャデラック〉など高級車に試みに採用され、その後三三年には量産車〈シボレー〉にも取り入れられた。ビルトイン（組み込み）タイプのトランクとそれを載せる長いデッキの登場は、大きな意義を持っていた。それらによって車の形状全体が変わり、全長が伸びただけでなく、目に見えて車高が低くなったのである。加えて、スペアタイヤの収納場所が生まれたため、車体の突出部がさらに一つ減った。この時も、スタイリング変更は一部の人々に不満をもたらした。なぜなら、トランク、ラック、タイヤカバーなどのアクセサリー事業が不要になるのが明らかだったのだ。きわめて収益性の高い事業だったが、進歩には犠牲が伴うものである。

長いデッキが最初に用いられたのは、一九三八年式の〈キャデラック60スペシャル〉だった。この車種は自動車の歴史上、重要な位置を占めている。先進的な機能と高価格を特徴とし、〈リンカーン・コンチネンタル〉（フォード製）などいわゆる「スペシャルカー」の先駆けとなった。近代的な量産車でランニングボードを不要としたのも、この〈キャデラック60スペシャル〉が最初である。他の突起部、さらにはランニングボードをなくしたことで、車体の幅を車輪のトレッドいっぱいにまで広げられるようになり、標準モデルでは六人まで乗車可能となった。セダンでありながらコンバーティブルのような形状をした初の車種で、この「ハードトップ」は一九四九年に〈ビュイック〉〈オールズモビル〉〈キャデラック〉が導入して大人気を博した。〈キャデラック60スペシャル〉は市場から温かく迎えられ、スタイリングに大きな金銭的価値があることを示した。人々はこれを購入するために、安い下取り価格で既存のマイカーを手放したのである。

デザイナーがバイス・プレジデントに就任

一九四〇年九月三日、ハーリー・アールがGMのバイス・プレジデントに任命された。スタイリングが重要性を増していたことを象徴する出来事である。スタイリストでこの地位にまでのぼり詰めたのはアールが初めてだった。それどころか、主要産業を見回しても、デザイナーがバイス・プレジデントに抜擢されたのはこの時が初めてではないだろうか。

第二次世界大戦期には、新型モデルの生産が中断したため、スタイリング部門は軍用車両にカモフラージュを施す業務に携わっていた。戦火が収まった折、すでに述べたとおり私たちは、消費者が重んじるのは第一にスタイリング、次いでオートマティック・トランスミッション、高圧縮エンジンの順だと判断した。ところが大戦直後の数年は全メーカーとも、戦時中に満たされずにいた多大な需要への対応を最優先させたため、デザイン面で大幅な変更は生じなかった。GMは戦前からスタイリング面で他社を大きくリードしていたため、その蓄積がこの時期に活きてきた。スタイリングの専門家を社内に迎えたのもGMが初めてで、他社が追随したのは何年も後である。戦後、フォードとクライスラーがスタイリング部門を設け、スタイリングと生産を統合するための体制も整えた。いずれもGMに類似した仕組みで、スタッフの中にはハーリー・アールのもとでスタイリングを学んだ人々もいた。アールとGMスタイリング部門が考案した作業の流れ、すなわちスケッチ、実物大の設計図、さまざまな大きさのミニチュアモデル、実物大のクレイモデル、強化プラスティックモデルなどを用いた作業の流れは、現在では業界全体で広く取り入れられている。

競争が激しくなるにつれて、スタイリングの重要性が高まっていった。一九四〇年代末までは、モデルチェンジは

四、五年おきが一般的で、その間は「化粧直し」をする程度だった。しかし、ボディスタイルを常に新鮮に保つのが望ましいとわかると、サイクルはさまざまにせよ、頻繁にモデルチェンジが行われるようになった。

実験車両の登場によっても、スタイリングの世代交代は早まった。その第一号〈Yジョブ〉は、スタイリング部門とビュイック事業部が三七年に製作した。実験車両は、スタイリングやエンジニアリング面での新しい発想を形にして、その有用性を検証するためのものだ。GMでは戦後、実験車両を一般に公開して、新発想への反応を確かめた。それら「ドリームカー」を目にした数十万人の反応からは、消費者が大胆なスタイリングやエンジニアリングを求め、受け入れようとしているのがうかがえた。

スタイリング部門が製作した実験車の中には、デザインがあまりに先進的で、長い歳月をへなければ実用化につながりそうもないものもあった。その一つ〈XP21ファイヤバードI〉はアメリカ初のガスタービン乗用車で、五四年にリサーチ・ラボラトリーズと共同製作された。

実際、一九四〇年代末から五〇年代にかけて、スタイリングの進化があまりに著しかったため、多くの人々の目には、時として「極端すぎる」と映ることもあった。およそ実用的ではないスタイリングも導入されたが、消費者の心をとらえたようだ。わけても戦後、最も印象的だったのは「テールフィン（尾ひれ）」である。これは四八年に〈キャデラック〉につけられ、当初こそ売れ行きが懸念されたが、以後、個性を競いながら大多数の車種に広がっていった。テールフィンの由来は、戦争中にハーリー・アールが空軍に所属する友人に誘われて、新型戦闘機を見学したことにさかのぼる。その一機〈P－38〉は双胴型で、アリソン・エンジンやテールフィンも左右両側についていた。アールはその姿を、配下のデザイナーにも見せたいと考えた。許可が下りてそれが実現すると、みな、アールと同じように感動を覚えた。そして数カ月後、製品スケッチにテールフィンが描かれていたのだ。

スポーツカー、ステーションワゴン、ハードトップなど、高価な特別車が重視されていったのも、特筆すべき新しい潮流だった。繁栄の時代が続いたため、一家で車を二台、あるいは三台と持てるようになったが、二台目以降は標準的なセダン以外を選ぶのが自然だろう。こうした事情に他の要因が加わって小型車の需要も増え、市場が上下両方向へ広がっていった。余暇への関心が高まったことを受けて、黎明期と同じように、レジャー用途の車にも注目が集まった。ハーリー・アールが述べている。「乗る都度くつろぎを感じる、そんな自動車を設計できるのです。車内で過ごす時間が、ちょっとしたバケーションに変わるのです」。今日、スタイリング部門は多彩な〝バケーション〟を企画している。同時にアメリカでは自動車は、陸上交通手段の要としてかつてない重要性を帯びつつあるのだ。

第16章 流通問題とディーラー制度

DISTRIBUTION AND THE DEALERS

ディーラー組織の確立

自動車市場が買い手市場から売り手市場へ、あるいはその逆に移行すると、その都度、業界が乱気流に飲み込まれ、メーカー、ディーラー両者を混乱に陥れる。そして変化に対応するために、何らかの調整が必要となる。その一部は常識的な事柄かもしれないが、歴史は二度とそのまま繰り返されることはないため、常に新しい要素への対応が求められる。自動車の流通やディーラー制度も、今日に至るまでその時々の要請に応えながら発展してきた。

ＧＭのＣＥＯだった当時、私はディーラーとの関係に大きな注意を払い、時としてはこの問題に没頭していた。これには理由がある。自動車の流通をめぐる近代的な諸問題が生まれたのは一九二〇年代で、その頃の経験から私は、この業界で安定した業績を上げ、繁栄を築き上げるためには、健全なディーラー組織の育成が欠かせないと学んでいたのだ。

ところが二〇年代初めの業界通念では、メーカーは製品、価格、広告、プロモーションに専念すべきで、流通に関わるその他諸問題はディーラーに任せておけばよいとされていた。ディーラーの役割を最小限にとどめようとする人々もいた。こうした人々は、顧客がディーラーのショールームに足を踏み入れる時には、すでにほぼ心が決まっているだろうと推察して、ディーラーと安定した関係を築くのをないがしろにした。個々のディーラーがいかに重要であるか、ディーラーが社内や市場でどれだけ複雑な問題を抱えているかは、メーカーには無関係だと見なされていたのだ。

だが私から見ると、アメリカだけで一万三七〇〇社以上のGM車ディーラー、およびおよそ二〇億ドルもの資本が安泰であるかどうかは、GMにとって大問題のはずである。流通分野のフランチャイズ制度は、業績がよく健全なディーラーを多数擁していてこそ、意味を持つのだ。私は、当事者すべてに利益をもたらすリレーションシップにのみ、関心を寄せてきた。私の信念では、全当事者がおのおのの責任を担い、それにふさわしい見返りを与えられるべきである。

自動車流通にディーラーが介在する意義は、大きく二つあるだろう。第一に、多くの業界と同じように、顧客とじかに接するのはディーラーである。ディーラーこそが取引の糸口をつかみ、契約にまでこぎつけるのだ。これに対してメーカーは、顧客ではなくディーラーとのみ接点を持つ。ただし例外として、広告、自動車ショーその他の手段によって、消費者全般に働きかけることもある。併せて私自身は、街やハイウェーを走る自動車それ自体が、消費者の心を動かすメッセージだと考えている。

第二に、自動車業界ではディーラー網はフランチャイズ制度のうえに成り立っている。フランチャイズ・ディーラーとはいったい何だろうか。アメリカの多種多様な小売形態を考えてみると、一つの典型として、町の雑貨店のような小売店が思い浮かぶだろう。そこでは、同一種類の製品を複数の企業から仕入れるなど多彩な品揃えをしていて、メーカーとは「従来からの買い手」として関係を有するにすぎない。もう一つの典型としてガソリンスタンドなどの系列店がある。特定メーカーの代理店を務め、子会社あるいは支店となっている場合もあるだろう。自動車のフランチャイズ・ディーラーとメーカーとの関係は、前記二タイプの中間的な形態だといえる。法律上は、フランチャイズ店はメーカーの代理店という位置づけではないが、地域社会からは特定メーカーの製品を取り扱っていることで知られている。一般的には、メーカーから特定地域を割り当てられて、セールスと顧客開拓を任されている。ただし、他地域での営業も可能で、逆に現在の営業地域に他ディーラーが参入してくる事態もあり得る。

各フランチャイズ店のオーナーは地元の実業家が多く、往々にして近隣者として顧客を招き入れ、自動車を販売し、サービスを提供する。自動車業界が慣例とするフランチャイズ流通制度は、地場のディーラーの人柄、人脈、評判などに依存している。GMのセールス手法は、自己資本を持つフランチャイズ・オーナーに支えられており、GMのほうでは、フランチャイズ権の供与をとおして、ディーラーに利益機会をもたらしているのだ。

このような関係では、ディーラー、メーカー双方に固有の権利と義務が発生する。両者は販売契約に署名し、そこには諸条件が示されている。言い換えれば、ディーラーとメーカーの関係はフランチャイズ制度によってつかさどられているのだ。ディーラーは資本、事業の拠点、適切な数のセールスマン、サービス技術者などを手配する。担当地域で顧客を開拓し、パーツの在庫を揃えて販売することが期待されている。そしてその見返りに、メーカーからほぼ独占的な販売権を委ねられるのだ。ディーラーは全体として、メーカーが製造して商標をつけた製品を販売する権利を持ち、メーカーのマーチャンダイジングによってその販売活動を後押しされる。メーカーは望ましい製品を市場に送り出すために、多額の投資を行って、年次モデルチェンジのために機械類を準備したり、研究・エンジニアリング活動を進めたりしている。フランチャイズ制度の特徴は、メーカーがディーラーに手厚く多彩な支援を行うことにある。これは技術的な支援のほか、ディーラーの事業全般、すなわち販売、サービス、広告、経営、ディーラー向けの工場研修などにまで及び、ディーラーの全業務を後押ししている。

自動車は、人々が日々商品棚から選んで購入するような製品とは異なって、複雑な技術に支えられている。一般の人々にとっては、大きな買い物である。買い手はおそらく、毎日運転しようと考えているだろうが、技術的な知識は皆無あるいはそれに近いだろう。そこでサービスや整備についてはディーラーに頼らざるを得ないのだ。

このためディーラーは自動車を展示・販売するための施設や組織に多大な投資をするだけでなく（通常の小売店であればこれだけ行っていればよい）、製品の寿命が続くかぎりアフターサービスを行えるように施設、組織を充実させておかなくてはならない。さらに、新車を一台販売する都度、平均で一、二台の中古車を下取りし、整備のうえ販売しなければならない。一度下取りした車について、再度下取りを求められる場合もあるのだ。

ディーラーとメーカーは、事業に伴う通常のリスクに加えて、自動車事業に特有のリスクを負っている。ディーラーは販売やサービスを目的とした施設に、メーカーは生産施設にそれぞれ投資するのだ。後者には、技術開発コストや、毎年発生する高額の設備費などが含まれる。ディーラーの命運は、メーカーがどれだけ魅力ある製品をつくれるか、メーカーの命運はディーラーがどれだけ効率的に製品の販売、サービスを行えるかに、それぞれかかっている。

安易な販売から強力な販売へ

製品を経済的に流通させるとともに、安定したディーラー網を築き上げる。流通分野のこの二つの目標を達成するには、何年にもわたって知恵を絞り、汗を流さなければならなかった。というのも問題が複雑であったうえに、状況に応じてある程度変化していたのだ。また、解決策がすぐに導かれるとはかぎらなかった。ある時点で満足のいく方針や慣行であっても、その後の状況にふさわしいとはかぎらなかった。ディーラーとの関係でも、折々にいわば「新モデル」を生み出していく必要があるのだろう。

一九二〇年以前には、主として卸売代理店が自動車流通を担い、その業務をディーラーに委託していた。時の経過とともに、メーカーは一般に、市場開拓力の強化を目指して卸売り機能を自社に吸収していき、他方でディーラーは小売り機能を担い続けた。

自動車業界はなぜこのような流通形態を選んだのか、という疑問が生じるかもしれない。その答えは一つには、メーカーが製品販売にひどく苦労したからではないだろうか。一九二〇年代に中古車の下取りが広がると、自動車販売は単なる販売提案よりも、むしろ取引提案としての性質を強めていった。メーカーがみずから、何千もの販売組織を運営・管理するのは難しい。販売活動は、伝統的なマネジメント体制を持った組織には容易には馴染まないのだ。こうして、フランチャイズ・ディーラーという組織形態のもとで、自動車の流通が進むこととなったのだ。

一九二三年から二九年にかけては、新車の需要が横ばいだったため、当然ながら自動車業界の軸足は生産から流通へと移った。これは販売の最前線にとって、ソフト路線からハード路線への転換を意味した。ディーラーはまったく新しい課題に直面したのだ。

このような状況に対処するため、一九二〇年代初めから三〇年代初めにかけて、私はみずからディーラーを訪問するのを習慣とした。列車の個室をオフィスにしつらえて、数名の部下とともにアメリカの都市という都市をほぼくまなくめぐり、日に五から一〇ほどのディーラーを訪問した。ディーラーの店に足を踏み入れ、オフィスのデスクで差し向かいで話を聞き、GMへの意見や不満、製品の特徴、企業方針、需要のトレンド、将来見通し、その他事業上の関心事項について尋ねた。話の中身は詳しくメモを取り、出張から戻るとその中身を検討した。これを実践したのは、GMの担当部署がどれほど有能であっても、やはり私自身がディーラーと接することに、ことのほか大きな価値があると考えたからだ。加えて、私はCEOとして大枠の方針に主に関心を払っていた。ディーラー訪問には多大な時間と労力を要したが、私たちが流通現場の実情をほとんど知らなかったという当時の状況では、とりわけ大きな意味を持った。あの時学んだ事柄の多くは、後にディーラー制度に反映され、ディーラーとのコミュニケーションの場が委員会その他のかたちで設けられた。これによって、当初の目的は少なくとも部分的には達成されたといえる。

あのフィールド調査をとおして私は、一九二〇年代半ばから末にかけての歴史的な変化を肌で感じ取ることができた。ディーラーの収益性が悪化し、フランチャイズ権の魅力が衰えていたのである。何か対策を講じなければならないのは明らかだった。危機に瀕するディーラーのためだけでなく、GM全社のためにもである。すべての関係当事者のために、製品を確実に、そして経済的に流通させなければならなかった。

環境変化の波を受けて、ディーラーが窮地に追い込まれている。この点を私は、全米自動車担当編集者会議の面々に向けて訴えた。一九二七年九月二八日、ミシガン州ミルフォードのプルービング・グラウンドでの会議に関連したスピーチで、業界全体の過去の慣行についてこう述べたのだ。

（業界全体が）一つの発想にとらわれていました。工場は可能なかぎり生産台数を増やす。そしてセールス部門がディーラーにそれを「押しつけ」、卸売り代金を請求する。それがディーラーにとって経済的であるかどうか、すなわち、ディーラーが製品を支障なく販売できるかどうかにかかわらずです。これは間違いなく誤ったやり方です。自動車業界だけでなく、どのような業界であろうと、これは間違っています。原材料から製品をつくって消費者のもとに届けるスピードが速ければ速いほど、あるいはまた、「浮遊状態」にある製品が少なければ少ないほど、その業界は効率性と安定性が高いといえるでしょう。……ディーラーに過剰な仕入れを迫るようなことは、けっしてGMの方針に沿っておりません。もとより、モデルの切り替え時期には、時として（旧モデルの在庫一掃を）ディーラーに支援してもらわなければなりませんが、ディーラー各社はこれを承知してくださっており、拒絶された経験は一度としてありません。（後略）

一九二七年にこうした方針を表明したのを契機に、GMはディーラーとの新たな関係を切り開いた。その土台には、ディーラーとGMは共通の利益で結ばれ、互いに依存している、との認識があった。

自動車流通上の主な課題は、一九二〇年代、三〇年代に生まれ、以後も消えることはなかった。事業の性質と分かちがたく結びついているからだ。それらはおおまかに述べると、市場への浸透をいかに強めるか、モデル販売終了時にいかに在庫を一掃するか、ディーラーの収益性をどう高めていくか、メーカーとディーラーが互いに関係した、問題についてどのように双方向のコミュニケーションを取るか、などである。

私たちはいうまでもなく、市場に可能なかぎり効果的に浸透することを目指しており、そのためには最終的にはディーラーに頼らざるを得ないため、適正な規模のディーラーを適正な地域に適正な数だけ確保する必要があった。難しいのは地域の選択だった。一九二〇年代には私たちは、今日ほど市場知識を持っていなかった。そこでまず、各市場の経済状況や、人口、収入、過去の販売実績、景気循環、その他のポテンシャルを調べた。

これらの情報があれば、市場のポテンシャルをにらみながらディーラーを配置できた。人口数千人の地域では物事はシンプルだった。ディーラーが一社あれば、市場に浸透するために必要な施策をすべて実施できた。そしてGMとディーラーが協力しながら、調査結果をもとに、ディーラーの目標を定め、目標の達成度を見極められた。ところが、人口数百万以上の大規模な地域では、事は複雑だった。

そこで大規模な都市では、まず全域を対象として各車種のポテンシャルを調べた。次に地域を細分化して、それぞれのポテンシャルを探った。その情報をもとにして、主に市場ポテンシャルに沿ってディーラーを配置すればよかった。もとより各ディーラーは、市場規模にふさわしい資本、工場、管理機能、組織を持っている必要があった。

私は、以上で述べたのがディーラー、メーカー双方に根本的な優位性をもたらす合理的な手法だと考えている。繰り返しになるが、ディーラーは地域のスペシャリストで、土地柄や住民特性に一番通じている。顧客にとっても、サービスなどさまざまな点を考慮すると、地元のディーラーと取引するのが便利である場合が多い。メーカーにとっても、流通上の諸問題を地域別に押さえられるというメリットがある。ディーラーに期待するのは、何よりもまず地元市場に目を向け、そこで高い業績を上げることである。

古いモデルの在庫をどうするか

新モデルを売りやすいように、いかに在庫損失を最小限に抑えながら旧モデルを処分するかは、売り手が優位の時期を除けば、自動車業界にとって永遠の課題である。この問題が最初にクローズアップされたのは、一九二〇年代末だった。その背後には、ディーラーが需要予測をもとに、三カ月前に仕入れ計画を示さなければならないという事情がある。GMでは、その計画をもとに生産台数を確定させる。これも生産の数カ月前には決めなければならないため、その後に状況が変わって需要が落ち込むと、膨大な在庫を処分する必要に迫られる。在庫が膨大であろうとなかろうと、いずれにしても何らかの対処が求められる。

二〇年代初めには、新モデルが発表された場合、ディーラーは手元在庫を自費で処分しなければならなかった。GMは十分な調査・検討をもとに、この費用をディーラーと分かち合うのが公平だとの判断に至った。私の記憶では、一九二〇年代後半には早くも、モデルイヤーの終了時に旧モデルの在庫一掃に伴う奨励金を支給していた。そして一九三〇年には、モデルイヤー終了時にディーラーの余剰在庫処分を支援する方針を固めた。従来から契約関係にあるディーラーには、新モデル発表時に新車在庫に対して奨励金を支給したのである。奨励金の対象となるのは、各ディーラーの取り扱い新車台数（これは販売代理契約に記載されている）の三％を超えた分である。金額はGMが決め、金額と算定根拠はその時々で異なった。現在では、新モデルの発表に伴っていずれかの車種が生産中止になる場合、ディーラーの新車在庫を対象に、正規価格の五％を補填している。

これは業界初の試みだったはずだ。このような制度に踏み切った裏には、不合理な価格低落からディーラーを守りたいという思いがあった。各事業部の上層部に対して、合理的な生産スケジュールを立てるように責任を負わせる狙いもあった。事情がどうあれ、過剰供給が生じたモデルイヤーについては、自動的に負担金を課すというペナルティを設けた。

年度ごとに生産量、販売量が変動するが、理屈のうえでは、新モデルが発表された時にディーラー在庫が解消されていれば、問題は解決したといえるだろう。だが現実にはそれは不可能であるし、望ましいともいえない。これに関しては、メーカー、ディーラー双方の立場からさまざまな理由が挙げられる。競争上は、毎月、可能なかぎり販売実績を押し上げなければならない。そしてモデルイヤーの終了時には、次期モデルを受け入れられるように、流通経路を空けておかなくてはならない。さらに、新モデルの発売当初は、新製品が十分に流通するまでの「つなぎ」として、旧モデルの在庫をある程度持っておくのが望ましい。以上のような理由から、この問題が完全に解消されることはけっしてないのである。

一九二〇年代にGMは、それまでとは比較にならないほど多くの経営データを入手できるようになったが、ディーラーの経営状態に関しては事実を示すデータを持っていなかった。これがディーラー問題を考えるうえでの障害となっていた。ディーラーが損失を出していたとしても、原因が新車、中古車、サービス、パーツ、あるいはそれ以外にあるのか、知る手立てがなかった。事実データがないことには、効果的な流通方針を実行できるはずがなかった。

私は、先に引用したプルービング・グラウンドでの発言で、この点にも触れている。


（前略）今日の自動車業界が直面する課題は何か、私なりの考えを述べ、GMとしてどのように取り組もうとしているかをご説明したいと思います。

　私は、アメリカのほぼすべての都市を訪れて、ディーラーに率直に懸念を伝えました。経営効率の比較的高いところも含めて、ディーラーの多くが十分な利益を得ていない現状に胸を痛めている、と述べたのです。どういうことか解説しましょう。GMのディーラーに関するかぎり、この二、三年で大幅に状況が好転したのは、手元のデータからたしかに読み取れます。けれども、GMの経営者である私は、原材料から製品をつくって最終消費者に届けるまで、あらゆるステップに注意を払わなくてはなりません。この一連のつながりはきわめて弱く、ディーラー全体の経営状態に関して強い不安を覚えずにはいられないのです。これが杞憂であればよいと願ってはいるのですが、ディーラーは非常に大きな責任を担っていますから、不安要因はすべて取り除かなくてはなりません。そして、GMが――すでに述べたとおり――自社の経営データを把握しているのと同じように、ディーラーもそれぞれの経営状態を知っておくべきでしょう。

　こう考えていくと、「適切な会計手法」という言葉が思い浮かびます。GMだけでなく他社のディーラーにも当てはまることですが、多くのディーラーが適切な会計手法を取り入れています。とはいえ、不適切な事例も見られますし、残念ながら会計らしい会計を行っていないディーラーも散見されます。会計手法を持っているところでも、十分に内容を詰めていないために、有効に使いこなせずにいます。言葉を換えれば、会計を実施しても、経営の真の状態が見えてこないということです。どこに隙があるのか、どのようにすれば改善できるのかがわからないのです。繰り返しになりますが、不確実性は取り除かなければなりません。不確実性と効率性には、北極と南極ほどの隔たりがあります。仮に私がディーラー組織に魔法をかけられるなら、すべてのディーラーに適切な会計手法を取り入れ、経営状態を把握できるようにし、事業に付随する数多くの細かい問題に賢明に対処できるようにするでしょう。それが実現すれば、私は多大な報奨を支払う用意がありますし、それは一〇〇％正当なことのはずです。GMがこれまでに行ってきた投資と比べても、最も価値あるものになるのではないでしょうか。

モーターズ・ホールディング事業部

こうした考え方に沿って、私たちは一九二七年に「モーターズ・アカウンティング・カンパニー」という組織を設け、全ディーラーに適用できる標準的な会計手法を考案し、スタッフを派遣してその導入を助け、監査の仕組みを確立した。後年、ディーラーが財務経験を積み、景気後退が厳しさを増すと、監査の手順を見直した。サンプリング手法による監査制度を設けて、ディーラー組織全体のクロス分析も可能にした。こうした目的のため今日でもGMは、およそ一三〇〇のディーラー（これは全ディーラーの約一〇％、販売台数ベースでは三〇％に当たる）の会計記録を、自社経費で定期的に監査している。加えて、全ディーラーの八三％――販売台数ベースでは九六％――から毎月、財務データの提出を受けている。コストのかかる大掛かりな施策だが、これによってGMの各事業部と本社が、流通システム全体、ディーラー各社ないし各ディーラー・グループについて詳しく知り、どこにアキレス腱があるか、どのような対策を講じればよいかを判断できる。さらにディーラー自身にとっても、自社の複雑な事業を鋭く分析したり、GMディーラー・グループ内での位置を分野ごとに把握したりするのが可能になる。この結果、しばしば弱点を早い時点で見つけて、大きな損失に至る前に是正できた。

もとより、危機がおのずと明らかになった例もある。一九二〇年代の末、GMは莫大な資本を投下して戦略的ディーラー数社を破産から救い、二〇万ドルの損失を被った。これに関してさまざまに考えをめぐらせ、一般に当てはまる事実として気づいたのは、GMはディーラーの経営を安定させて、浮き沈みを減らすだけでなく、有能だが資本に乏しい人材にディーラーへの道を開き、健全な経営を実現してもらうべきだという点だった。この考え方を実行に移したのは、アルバート・L・ディーン（GMACのバイス・プレジデント：当時）とドナルドソン・ブラウンである。

一九二九年六月にはモーターズ・ホールディング・コーポレーションが設立され、ディーンが初代社長に就任した。同社は三六年には本体に吸収され、モーターズ・ホールディング事業部（ＭＨ事業部）となった。この事業部は、ディーラーへの資金提供を使命とし、一時的には株主としての権利と義務をも負った。当初の割当予算は二五〇〇万ドルだった。試行運用を終えた時点で私たちは、「これこそ、流通分野でＧＭが生み出した最高のアイデアの一つだ」と自負していた。同時にその真価が、ディーラーを破産から救うという当初の意図よりもむしろ、有能な人材を――資本面だけでなく経営アドバイスやディーラー業務の研修などをとおして――支援する点にあることにも、私たちは目覚めた。

モーターズ・ホールディングはディーラーにふさわしい経営手法を開発し、その収益性を向上させた。優れた経営者を発掘して、適正な資本を注入し、十分な利益を上げられるように後押しをした。そしてやがてモーターズ・ホールディングの資本を引き上げ、独立を促すのである。

以上は私が第一線でＧＭの経営に携わっていた当時の状況だが、財務関係で多少の変更があったのを除いては、現在でも大枠は変わっていない。すなわち、まずディーラーになろうとする人が資本を投じ、次にモーターズ・ホールディングが、残りの必要額を提供するのである（今日ではディーラー側に、必要資本の少なくとも二五％を拠出してもらうのがきまりだ）。この契約が成立すると、ディーラーには給与に加えてボーナスを支給する。これはモーターズ・ホールディングが、投資リターンの一部を還元するもので、ＲＯＩが八％を超えた場合に超過額の五〇％をボーナスに充てた。資本関係を解消するまでは、モーターズ・ホールディングはディーラーの支配的議決権を持ち続けた。

後にボーナス制度にはさまざまな変更が加えられた。今日ではボーナスはディーラーの経営母体から各店舗に直接支払われていて、経営母体の直接費用という位置づけである。投資資本（社債も含む）から一五％を超えるリターンがあった場合、その超過分の三三・三％をボーナスに充てる仕組みだ。当初ディーラーは、このボーナスを全額用いて、モーターズ・ホールディングから株式を買い戻さなければならなかった。その後、所得税法との兼ね合いからこれが必ずしも現実的ではないと判明して、比率は五〇%に下げられた。希望があればもちろん、全額を買い戻しに充てるのも可能である。実際のところは、利益を上げるにつれて、オーナーは持ち株比率を高めている。結果的に、モーターズ・ホールディングの支援は非常に歓迎され、ディーラー側で資本関係を完全には解消しようとしないケースも見られた。

モーターズ・ホールディングは設立から一九六二年一二月三一日までの間に、北米でディーラー一八五〇社に合計一億五〇〇〇万ドル超を投じている。投資先はほとんどが乗用車ディーラーだ。このうち一三九三社はすでにモーターズ・ホールディングの資本を離れており、六二年末時点で残り四五七社への出資総額はおよそ三二〇〇万ドルとなっている。モーターズ・ホールディングから独立したディーラーのうち五六五社前後が一九六二年時点で経営を続けていて、その多くが輝かしい業績を上げている。すべての条件を満たしているが唯一資本力だけが足りないという企業も、モーターズ・ホールディングの支援制度を利用してディーラーとなり、やがて自主経営権を手に入れている。ごく平均的な投資額から始めて、億万の富を築いたディーラーもある。この制度はGMにも利益をもたらしてきた。

モーターズ・ホールディングの支援するディーラーは、同程度の潜在力を持った一般ディーラーと、売上高、純利益の両面でほぼ横並びの成果を上げている。施策の目的の一つは達成されたのだ。

モーターズ・ホールディングの北米での投資先一八五〇社中、業績低迷によって清算せざるを得なかったのはわずか一九八社である。このうち六二社は一九二九年から三五年までの不況期に、一三六社はそれ以後に清算されている。

モーターズ・ホールディングの投資先ディーラーがGMの新車販売全体に占める比率は、これまで最大でも六%にとどまっているが、それでもモーターズ・ホールディングが支援を始めた一九二九年以降、三〇〇万台以上を売り上げている。ボーナスを除いたディーラーの利益総額は、一億五〇〇〇万ドルを超える。

ＧＭはモーターズ・ホールディングの北米での投資枠を数次にわたって拡大し、一九五七年五月には四七〇〇万ドルに増額した。うち七〇〇万ドルが不動産への投資枠である。

ＧＭはモーターズ・ホールディングをとおしてディーラーと緊密に接してきたため、ディーラーの直面する課題をより明確に、また親身に理解できるようになった。モーターズ・ホールディングを設けたことで、小売市場の実情や消費者の嗜好についても知識を培ってきた。しかし、何にも増して意義深いのは、十分な経営力と資本力を備えた、強力なディーラー網を築き上げたという事実である。

私は、ＧＭは二つの面で北米企業の最先端を走っていたと考えている。一つは資本力の乏しい起業家に「用途限定の融資」を行ったこと、もう一つは小規模企業にリスク資本を提供する必要性がいかに大きいかを見抜いたことである。今日では他の自動車メーカー二社が類似の施策を取り入れている。フォードが一九五〇年から、クライスラーが五四年からそれぞれディーラー支援を始めたのだ。モーターズ・ホールディングの元事業部長、ハーバート・Ｍ・ゴールドの言葉を引いておきたい。「ライバル企業から模倣される。それこそ、ビジネスの世界での勲章だろう」

ＧＭディーラー・カウンシル

一九二〇年代の末に自動車メーカーとディーラーが最も必要としていたのは、よりよいコミュニケーションの手段、そして安定した契約関係である。もとよりＧＭは地域別にエグゼクティブを割り当てて、ディーラーと日々の問題について絶えず連絡を取り合っていた。だが、全社に関わる幅広い問題に関しては、より緊密な連携と情報交換をとおして、ディーラーと二人三脚で対処する必要があった。すでに述べたように、私は本社スタッフを伴ってしばしばディーラーを訪問していた。そのような折にも、ディーラーはＧＭの本社、事業部とじかに接する機会を大切にしているのだと、痛感させられた。併せて、時折訪問するだけでは十分でなく、何らかの仕組みが求められることも明らかだった。このようにして、ディーラー訪問を始めてほどなく、ディーラーの代表者をGMに招いて会議をしてはどうか、とのアイデアが生まれた。このアイデアは一九三四年に実現し、「GMディーラー・カウンシル」という重要でユニークな組織が設けられた。

ディーラー・カウンシルには当初、ディーラー側からは四八社が参加して、一二社ずつ四つの小委員会に分かれていた。GM側からは経営幹部が出席して、流通問題について定期的に話し合った。小委員会のメンバーは年ごとに入れ替えて、さまざまな製品事業部、地域、分野、資本系列に関係したディーラーが参加するように工夫した。ディーラーが持ち寄る意見や課題は実に多種多様だった。

ディーラー・カウンシルの議長は、当時社長だった私が務め、本社流通部門のバイス・プレジデントをはじめ、経営陣が出席していた。カウンシルの最初の仕事は、GMとディーラーとの関係改善に向けて大枠の方針を定めることで、これには長いプロセスを要した。会議ではあくまでも方針だけを論じて、実行面には触れなかった。

具体的には主に、ディーラーとの間で公平な販売契約を締結できるように、その土台となる方針を定めていった。この契約が成立したのを受けて、GMのフランチャイズ権は価値を高めた。近年ではこの制度のもとで、年間一八〇億ドルもの売上げが計上されている。

一九三七年九月一五日のディーラー・カウンシルで私は、それまでの会議での経験を振り返っている。

この三年間、ディーラー・カウンシルのさまざまな会議に出席してきました。これは私のキャリアをとおしてこのうえなく貴重な経験となっています。これらの機会をとおして得た皆さんとの個人的な触れ合い、そして友情は、何にもまして貴重なものです。私としましては、それが得られただけでも、この施策には大きな意味があったと思っております。そのうえ、このように興味深い問題を話し合う機会が生まれたのです。おかげさまで発想面で刺激を受け、GMの発展が速まったと確信しています。とりわけ感慨深いのは、皆さん一人ひとりが、諸問題に実に幅広いアプローチを見せてくださったことです。わけても、安易な便宜主義に陥らずに、根本的な解決を目指そうとする姿勢で皆さんが一致している点に、強く心を動かされずにはいられません。アメリカ全体が便宜主義に覆われている昨今ですから、特に心を引かれるのでしょう。カウンシルの基本的な姿勢は、第一回の会議から早くも私の胸に強く刻まれました。当時のアメリカは、ようやく恐慌から抜け出し始めたところでした。大多数の企業が多大な損失を抱えていました――ディーラーもその例外ではありません。このカウンシルでも当然、将来的に利益を得られるのかどうかが、主なテーマとされました。数多くの提案が出され、分析のうえで議論の俎上に載せられました。喜ばしいことに、インフレの波に乗ろうとするのではなく、経営を健全化する観点から「いかに利益を上げるか」という問題に取り組むということで、全員の意見が一致しました。価格を押し上げて非効率の〝つけ〟を顧客に転嫁するのではなく、効率を高めるための方策を見出そうというのです。その後の実績によって、あの判断は正しかったと証明されました。これは今後も変わらない真実でしょう。

私がこのカウンシルの議長として、会議の都度メンバーの皆さんに強く訴えようとしてきたのは、GMの上層部は、ディーラーとの関係をより望ましいものにするために、どのような問題にも積極的に、しかもできるかぎりスピーディかつ着実に対処していきたいと心から願っている、ということです。もちろん、GMのように大きな企業では、さまざまな部門に相談したり、意見を調整したりする必要がありますから、物事がはかばかしく進まないのはやむを得ない面もあります。一部のメンバーの方々、さらにはGMの取り組みに必ずしも詳しくない多くのディーラーが、「GMはもっとスピーディに動くべきだ」と考えておられるのではないかと、私は気にかけてまいりました。そのようにお考えになるのは、ごく当然だと思います。方針を短い言葉で示すのは容易です。しかし、その方針を秩序立てて実行するには、それもアメリカのように大きな国で、私どものように幅広く事業を展開する企業が実行するには、進化に似たプロセスを必要とします。革命のようにはいかず、忍耐が求められるのです。この点はどれほど強調しても、強調しすぎることはないでしょう。このような実務面での難しさに加えて、さらなる難題が控えています。何かを実施しようとする際に、特定の方法に合わせて、いかに大組織の物の見方を変えるかということです。誰もが知るとおり、発想を転換するのはきわめて難しいのです。

ディーラーとの販売契約は、事業パートナーとの協力関係のいわば先駆けとなった。実務面の詳細は何年もかけて練られてきており、複雑な内容も含んでいる。重要な条項の一部は、自動車業界に特有の問題を克服するために設けられた。

販売契約の解消はいうまでもなく、ディーラー、メーカー双方にとって深刻な問題である。仮にある地域のディーラーが、必要な業務を遂行していなかったらどうすべきだろうか。納得のいく業績を上げていなかったら、あるいは何らかの理由によって非効率であったなら、どのようにして改善すればよいのだろうか。忘れてはならないのは、ディーラーが一般に、多額の資本を事業に投じている点である。中古車、パーツ、ショールーム、看板などはすべてディーラーの所有下にあるのだ。

自動車産業の草創期には、ディーラーとのフランチャイズ契約を解除して、別のディーラーを指名するという慣行があった。契約を解除してそれで終わりだった。事業をいかに清算するかは、ディーラーだけの問題とされていたのだ。一九三〇年代には契約は通常、無期限で結ばれ、メーカー側からは九〇日前、ディーラー側からは三〇日前に通告すれば、無条件で解約できるとされていた。特定の事由があった場合にはメーカー側から一方的に解除できたが、その事由が正当であるかどうかは当然、法廷に決着が持ち込まれるのだった。

このような問題を考えるうえで、理解しておくべき問題がある。ディーラーは資産は売却できるが、フランチャイズ権は所有しているわけではないため、販売できないのである。したがって、自由度の高い条項を盛り込んで、契約解除（ディーラーの業務非効率を理由とする解約を含む）による損失からディーラーを保護するのが望ましい。GMは次のような方針を採用した。

・ディーラー手持ちの新車在庫すべてを、卸値と同額で買い取る。
・看板の一部と特殊ツールを引き取る。

・（一定時期より以前のモデルに対応したものは除いて）パーツを引き取る。
・ディーラーが他のディーラーに譲渡できないリース案件を有しており、清算に伴って損失を被った場合には、GMが損失の一部を肩代わりする。

GMは実質的に、抵当のついていない資産を買い取り、リース債務の一定額を負担していたのである。

一九四〇年に私たちは、販売シーズンがこれから始まろうという時期に、ディーラー契約が解除される事例がある、との不満を知った。その場合、かなりの期間にわたってきわめて薄利で事業を運営してきたディーラーが契約を解除され、これからが書き入れ時というタイミングで新規のディーラーが営業を開始するのだ。そこで私たちは販売契約に新しい条項を設けて、三カ月前までの通知によって無条件で契約を解除できる期間を、四月、五月、六月だけに限定した。効力が生じるのはそれぞれ七月、八月、九月である。一九四四年には期間限定の販売契約を結んで、「第二次世界大戦が終わり、平時生産に戻ってから二年後を契約期限とする」とした（実際には契約期間は三年以上に及んだが、これは後に一年に短縮されている。現在では、一年、三年、無期限の三種類の契約期間の中からディーラーが自由に選べるようになっている。いずれの場合も無条件の契約解除は認めていないが、契約期限が到来した後は更新の義務はない。

GMはさらに一九三八年一月に、「ディーラー・リレーションズ・ボード」というユニークな機関を設けた。これはある種の審査機関で、ディーラーから経営陣に直接苦情を訴える場だった。私が初代の議長を務め、他に三人の重役がメンバーとなっていた。時としては、朝から夕方までを費やしてディーラーの苦情に耳を傾けたものだ。ディーラー、事業部双方からレポートの提出を受けた後、GMとしてどう対処すべきか、意思決定を行った。ディーラー・リレーションズ・ボードの利点は、何よりも紛争の芽を摘めることだろう。このような機関があると、各事業部はディーラーに対して思慮深い公正な対応を心がける。なぜなら、ディーラーだけでなく各事業部も、経営陣の厳しい目にさらされるからである。

以下では、私自身が深い感慨を抱き、強く誇りに思うエピソードを紹介したい。時に一九四八年。すでにCEOを退いていた私は、ディーラー三社の代表者から訪問を受けた。GMのディーラー全社を代表して、私がディーラーの事業機会を広げたことに謝意を示したいというのだ。私が癌研究に関心を寄せているのを知って、それを支援するための基金を設けたいという。そして一年後、再び私のもとを訪れて、アルフレッド・P・スローン財団に一五二万五〇〇〇ドルを小切手で寄付してくれた。以後も財団へはディーラーからの寄付が寄せられている。これが「癌・医療研究のためのGMディーラー感謝基金」で、私はこの基金で主としてGMの普通株式を購入した。総額はすでに八七五万ドルを超え、年間で二五万ドル以上の投資収益が上がっている。

さてここで、記憶の糸を何本かたぐりよせ、今日の問題と結びつけてみたい。一九三九年から四一年にかけて、GMとディーラーは右肩上がりで業績を伸ばしていた。そこに第二次世界大戦が始まり、私たちすべての生活が大きく変わった。戦時中は生産がストップし、生産済みの新車は政府の統制下で販売された。ディーラー経営者の多くは軍隊のさまざまな部局で働き始め、一部は廃業の道を選んだ。軍需生産の下請けを始めたディーラーも皆無ではなかったが、経営を続けていたディーラーの多くにとって、事業の主体は中古車のサービスと下取りだった。戦時中にマイカーを良好な状態に保っておくべきだと多くの人々が考えたため、サービス業務は飛躍的に拡大した。GMも、政府統制の枠内でパーツを生産して、ディーラーに卸していた。こうしてディーラーは、アメリカの自動車輸送を支えるという建設的な仕事を担い続けたのである。

アメリカの参戦表明は、ディーラーを大きな不安に陥れた。参戦からほどなくして私は、ディーラーに特別メッセージを送り、彼らの組織と士気をいかに保とうとしているか、GMの方針をおおまかに説明した。その方針とは以下のとおりである。

①ディーラーから要望があれば、新車、パーツ、アクセサリー類を買い戻す（ただし無制限にではない）。これは軍隊への召集、あるいは販売契約の解除希望などを想定した救済措置である。
②ディーラーが廃業した場合、戦後、再契約の対象として優先的に検討する。条件は事業部とディーラーの合意による。
③戦争中も事業を継続したディーラーに対しては、平時生産に戻ってから二年間、新車を優遇条件で割り当てる。

第二次世界大戦後の混乱

戦時中にGMディーラーの数は減少した。一九四一年六月には一万七三六〇社だったが、四四年二月には一万三七九一社と、三五六九社も減った計算になる。ほとんどが小規模な市町村での廃業だった。営業を続けてはいても、戦後の人口移動によって地の利を失ってしまったディーラーもある。人口は都市部から周辺部へ、東部、中部から南東部、南西部、太平洋岸へと移動していた。GMでは以前からの流通方針に沿って、各地域の実情を調べ直した。すると地域によっては、複数のディーラーが並存しても、経営が成り立ちそうだった。そこで必要に応じて新規ディーラーの募集を続けたが、一九五六年から五七年末までは一時中止した。この間大都市でディーラー数が減少したなどいくつかの要因が重なって、一九六二年末の時点でGMの乗用車ディーラー総数はアメリカ全体で一万三七〇〇社と、自動車市場の拡大にもかかわらず四四年と同じ水準にとどまっていた。

ディーラーは減少していたが、自動車の普及台数は四一年の二一七〇万台から五八年には二四六〇万台へと増え、増加台数一三〇〇万台、率にして一一一％を記録した。普及台数はその後も伸び続け、一九六二年には二八七〇万台となっている。四一年に比べて一七〇〇万台増、伸び率は一四五％だ。ディーラーの平均販売台数は次のように推移した。第二次世界大戦前のピークである一九四一年、ディーラーの平均販売台数は一〇七だった。五五年には二二二台、六二年には二六九台へと伸び、それぞれ四一年と比べて一〇七％、一五一％増を記録した。

ディーラー当たりの普及台数は四一年には七一〇台だった。これがサービス業務の潜在的な対象台数である。この値は五八年には一六〇一台（一二五％増）、六二年には二〇九五台（一九五％増）となっている。(原注1) 六〇年以降のディーラーの平均売上高は、一九三九年から四一年までの平均の二・五倍にのぼっている（インフレ調整後）。純資産は二〇億ドルを超え、やはりインフレ調整後で四一年の二・七倍になっている。ここからも、各ディーラーが経済成長およびGMの成長に合わせてどのようにビジネスを拡大してきたかを、うかがい知ることができるだろう。

戦争が終結すると、直後から市場は大きく変貌した。戦時中に生産が抑制され、既存車の老朽化も進んでいたため、需要が満たされないまま蓄積しており、対処が求められた。しかし資材不足によって増産には限界があった。GMは顧客、ディーラー、工場が差し迫った問題に直面しつつあると気づいた。顧客は輸送手段を何とか手に入れようとしており、上乗せ価格を支払ったばかりか、多くが優先納車サービスを希望した。GMはディーラーへの製品割り当てに苦慮し、ディーラーは製品をいかに流通させるかに頭を悩ませた。

GMは一九四二年三月二日にディーラーへの製品割り当て方針を定めた。発表者である私の名前を冠して、「ザ・スローン・プラン」として知られている。このプランは一九四五年一〇月から四七年一〇月三一日まで実施され、公平さを保ちながら大きな満足を引き出した。内容は、各ディーラーに四一年の実績に基づいて製品を割り当てるというもので、「情実が働いている」との苦情を最小限に抑えることができた。このようにしてルールが生まれたのだが、そうでなければ収拾のつかない事態に陥っていただろう。

製品が不足していた時期には、市場では事実上、競争が働いていなかった。消費者は、GMの推奨小売価格よりもかなり高い価格を受け入れる用意があったため、ディーラーが常に独自に価格を決めていた。それでも需要があまりに膨らんだため、第二市場（灰色市場）が生まれるのが避けられず、買い手が新車を引き取ってディーラーを後にすると、最初の信号を過ぎる前に、誰かが――おそらくは中古車ディーラーが――近づいてくることも珍しくなかった。購入価格よりも相当に高い値で下取りすると持ちかけるのだった。このようにして戦後、自動車流通は新しい問題に直面したのである。

最も対処に窮したのは、製品の「横流し」である。これはフランチャイズ・ディーラーが、中古車取り扱い店に新車をまとめて売却するというものだ。横流しは、供給過剰の時期とともに、第二次大戦後のような供給不足の時期にも起きる。当時を振り返ると、一九五三年の下期になってようやく一部の製品ラインで供給が需要に追いつき始めた。「始めた」という点を強調したのは、多くのラインは五四年に入っても、また〈キャデラック〉に至っては五七年まで、供給不足を解消できなかったからである。

五〇年前後からは、フランチャイズ権の乱用やマーチャンダイジングの不備などが散見されるようになった。その一部はすでに戦前から見られたが、四〇年代にはやや下火になっていた。多くの慣行は、戦後の特別な状況を反映して生まれたものである。製品の横流しも戦前から一部の地域では行われていたが、法律や規制が目に見えて変化したために近年広まり、以前よりも悪質になった。

このいわば新しい法的環境は、四〇年代末に裁判所の法律解釈によって生まれ、後に司法省の支持を得て広まった。それによれば、販売契約の内容のうち、横流しと地域別排他営業権に関わる条項は、ディーラーの自由を過度に縛ると見なされるおそれがあった。GMは顧問弁護士から強く忠告されて、四九年にやむなく、これらの条項を削除することにした。私たちはディーラー制度に深刻な影響が及ぶだろうと予想したが、当時は供給不足であったため、実際にはほとんど影響が生じなかった。

一九五〇年上半期には、横流し問題が深刻化した。GMの新モデルは、ディーラーのもとに展示・販売用の台数が行き渡る前に、すでに横流し市場に並んでいたほどだ。GMはディーラーに、横流しを止めるように強く迫った。併せて販売契約に新条項を盛り込みたいと考えて、司法省にその適法性の判断を求めた。問題の条項とは、ディーラーに対して、製品を横流しするのではなくGMに戻すことを義務づけたものである。司法長官の判断はおおよそ次のような内容だった。「そのような条項が販売契約に盛り込まれた場合の合法性を判断するなら、司法省としてはGMに対して刑法上の措置を取らざるを得ない。なぜなら、反トラスト法への重大な挑戦だと思われるからだ」

このように、ディーラーから余剰製品を買い戻そうとの条項が退けられたため、GMは次に、ディーラーに以下のような通知を発した。「（一九五五モデルイヤーが終了するまでの期間、）正規のディーラーあるいは代理店が新車、中古車の余剰を抱えている場合、卸売り時と同等の価格でGMが買い戻す、あるいは他地域のディーラーへの転売を仲介する用意があります」。この目的は、ディーラーが在庫が過剰だと判断した場合には、正規チャネルで処分する道を開くことだった。だが、この制度を利用したのはごく一握りのディーラーにすぎなかった。理由は、余剰在庫がなかったか、あるいはわずかな利益のために横流しを企てていたかいずれかだろう。しかし私の考えでは、広い視点に立てば、横流しはディーラーの利益に反している。海賊業者に製品を横流ししていたのも、やはりフランチャイズ・ディーラーである。彼らの力を借りなければ、海賊業者は製品を入手できない。GMにできるのは、市場や競争の状況を正確に予測して、それに合わせて生産スケジュールを組むことだけだった。

GMは長年、さまざまな方法で製品横流しを阻止しようと努めてきたが、現実にはどうすることもできない事情があって、効果を上げられずにいる。それでも一九五〇年代の後半には横流しは激減した。私たちはフランチャイズ制度の有効性を信じており、優れたディーラーに利益機会をもたらしたいと考えてきた。だが、フランチャイズ制度を末永く繁栄させるためには、メーカーのみならずディーラーがその機会を大切にしなくてはならない。GMの「優秀ディーラープログラム」は、各営業地域を分析したうえでディーラーを設けることを土台とした制度で、一九二〇年代にリチャード・H・グラント（一世代前の偉大なセールス担当役員である）とウィリアム・ホーラー（やはりトップレベルのセールス役員）の発案で開始された。だが、このプログラムを土台として方針を立てるのは、現実を理想化してはいないだろうか。意義深い方針は往々にして、こちらのコントロールが及ばない外からの力によって変えざるを得なくなる。

もう一つ、時としてディーラーの健全経営を妨げ、顧客にとっても明らかに不公正な慣行が、根強くはびこっている。「価格吊り上げ」、すなわちメーカーの希望小売価格よりも店頭価格を高く設定するという慣行である。これを原資に充てれば、ディーラーは中古車を高価格で下取りできる。新車の販売価格を独自に設定できれば、下取りについても自由に好条件を提示できるのだ。この慣行は健全さに欠け、望ましいとはいえない。私はディーラーに対しても、折に触れてそう述べてきた。しかしこうした慣行を批判したところで、とりわけ権限がない場合には排除はできない。私たちは何とか廃止させようとしたが、推進派の力はあまりに強かった。最終的には、個々のディーラーが自主的に廃止しないかぎり、このような悪習は根絶できないとの結論に達した。

一九五八年には議会で新しい法案が通過して、自動車メーカーはディーラーへの新車出荷時に、ウィンドウガラスにラベルを貼るよう義務づけられた。ラベルには、メーカーによる希望小売価格の詳しい内訳が表示される。この法律によって、価格吊り上げという悪弊は事実上消えたといえるだろう。あらゆる事実がそのことを示している。

五四年から五八年にかけては、売り手市場から買い手市場へと風向きが変わり、猛烈な販売攻勢が見られたため、市場はさらに複雑さを増した。各当事者が努力すれば、このような変化をよりスムーズに進められただろう。新しい環境に適応するためにはさまざまな調整が必要だとアピールするうえでは世間の激しい抗議が追い風となったかもしれない。だが私の意見では、ディーラー、メーカー間で対等な協力関係を築くのに法律の力に頼るべきではない。それは両当事者の責任なのである。私たちは激しい競争のさなかにあり、ひとたび市場での地位を失うと、二度と元には戻れないかもしれない。

一九五五年、GMは最新の動向を調べて、新しい販売契約の草稿を作成した。実施に移したのは五六年三月一日である。ここではそのポイントのみを挙げておく。

・五年契約、一年契約、無期限のいずれかから契約期間を選ぶ（六二年には全ディーラーの九九・二％が「五年契約」を選択していた）。

・ディーラーが経営者の死亡その他の事由で業務を継続できなくなった場合は、後継者を指名できる。

・セールス実績の評価方法を詳しく明示。

・情勢に応じてディーラーの経営状態を改善するために取り組みを行う。

「五年間」といった長期の契約では、業績低迷の場合には九〇日前の通告によって解除できるとはいえ、流通状態を大きく左右する要因――人口移動、製品の潜在力、ディーラーの経営効率、経済情勢、競争など――を、通常は変化していくにもかかわらず、一定だと想定せざるを得ない。それらに関する方針がディーラーの業績や熱意にどのような影響を及ぼすかは、時をへて経験を積まないことには評価しようがない。

流通方針の変更で他に重要なものを挙げておきたい。地方裁判所の判事経験者を、中立的な立場の仲裁者としてディーラー・リレーションズ・ボードに招き、ディーラーが事業部判断に不満を持った場合にそれに耳を傾け、判断を下してもらった。地域別ディーラー・カウンシルのメンバー選定にも工夫をほどこした。ディーラーにまずエリアの代表者を選んでもらい、エリア代表者が地域の代表を選び、その中からさらに選び抜かれた人々に全国カウンシルのメンバーとなってもらうのだ。

GMカウンシル、すなわち現在のディーラー・アドバイザリー・カウンシル（社長への諮問機関）のメンバーは、ディーラーによる互選ではなく、すべてGMが指名してきた。この方法を選んだのは、五つの自動車事業部、さらにはトラック事業部を擁するというGMの特殊性ゆえに、互選ではあまりに複雑になりすぎるからだ。このカウンシルのメンバーは、ディーラーの規模、地域共同体の規模、地理的位置、各事業部と取引のあるディーラーの数などをもとに決められている。

これまで多くの施策を実施してきたが、いまだなすべきことは多々残されている。問題によっては、このまま解決せずに放置すれば、現行のフランチャイズ制度を崩壊させかねないものもある。しかし、フランチャイズ以外にどのような方法があるというのだろうか。私が思い浮かぶのは二つの方法のみ、すなわち自動車メーカーが傘下にディーラーを置くか、タバコと同じように誰にでも販売を認めるかである（後者の場合、サービス拠点はメーカーが運営する）。しかしこのどちらにも私自身は懐疑的である。私の考えるところ、自動車業界で長年にわたって繁栄してきたフランチャイズ制度こそが、メーカー、ディーラー、消費者すべてにとって最もふさわしいのだ。

（原注1）今日、GMの乗用車・トラックディーラーは技術者、セールスマン、他の社員を合計二七万五〇〇〇人雇用している（四一年には一九万人であった）。屋内の施設はセールスルーム、オフィス、サービスエリアを合わせて二億二七〇〇万フィートに達している（戦前は一億一七〇〇万フィート）。多くのディーラーは、ただ施設を拡大しただけではない。近代化あるいは改善に取り組むことで戦後、乗用車やトラックの機械面での複雑化にうまく対処してきたのだ。

戦後における自動車の劇的な普及、そして製品の技術的発展――オートマティック・トランスミッション、高圧縮エンジン、パワーステアリング、パワーブレーキ、エアコンディショニングなどの実用化――によって、優秀な技術者を養成する必要性が改めて認識されるようになった。一九五三年にGMは、ディーラーと実務面での協力を深めるという新しい方針を取り入れ、ディーラーのサービス、販売両分野の人材を育てるために、三〇のサービス・トレーニング・センターを常設した。センターには十分な機械設備と、特別の訓練を受けたインストラクターを配置して、技術者に修理、サービスの最新情報を提供してきた。技術者は収益への貢献度を高め、サービスの質も新しい状況に対応して改善されてきた。センターにはセールス担当者の訓練施設も併設されているほか、ディーラーとGMとの会議場所としても用いられている。一九六二年にはここで、種々の技術分野を合わせて一八万七〇〇〇人以上がのべ二五〇万人・時を超える研修を受けている。セールスその他、技術以外の分野では受講者はおよそ二六万人を数えた。

第17章 GMAC

GMAC

消費者金融の必要性

自動車産業の歴史になじみの薄い人は、なぜGMがアメリカ屈指の金融サービス企業を傘下に持ち、コンシューマー・ファイナンスの分野に進出したのか、いぶかしく思うかもしれない。

まず事実を述べたい。GMの子会社であるゼネラルモーターズ・アクセプタンス・コーポレーション（GMAC）はこの数年間で、アメリカでの自動車販売融資（推定額）の一六ないし一八％を取り扱ってきた。GMACはもっぱらGM車のディーラーと取引しながら、銀行、販売融資企業、信用組合、地方の融資機関と競争している。「競争している」と述べたのは、独占的な地位にあるわけではないからだ。GMディーラーは金融サービス企業を自由に選択でき、自動車の買い手もこれは同じである。GMACの年間売上高は顧客向け融資がおよそ四〇億ドル、法人向け、すなわちディーラー向けの仕入れ代金の融資が九〇億ドル前後となっている。

ＧＭがこの事業に参入したのは四〇年以上前、自動車を流通させるために融資の必要性が芽生えた頃にさかのぼる。自動車の大量生産を受けて、幅広いコンシューマー・ファイナンスが求められるようになったが、当時、銀行はあまり積極的ではなかった。銀行はこのニーズを無視した。いやむしろ、ニーズに応えるのを拒否したといえるかもしれない。このため、自動車業界が製品を広く普及させるためには、銀行以外からの融資を模索しなければならなかった。ＧＭＡＣが設立された一九一九年当時、全米ベースのコンシューマー・クレジット会社は一社として存在しなかった。しかし私が物心ついた頃には、いや聞かされたところではそれ以前から、住宅、家具、ミシン、ピアノ、その他、高価で現金購入には適さない品に関しては、売り手が分割払いを認めていた。銀行も、一部の顧客には同じ目的で融資を行っていたはずである。

このように、コンシューマー・ファイナンスの原理は新しいものではなかった。私の理解では、一九一〇年前後にモーリスプラン銀行が自動車購入者への融資を始め、以後、その慣行が広まっていった。だが一九一五年になっても依然として、自動車購入ローンは一般的ではなかった。この年私は、当時破竹の勢いだった自動車メーカー、ウィリス・オーバーランドの社長ジョン・Ｎ・ウィリスからギャランティー・セキュリティーズ・カンパニーの取締役への就任を誘われた。ギャランティーはウィリスその他の自動車を対象にローンを提供する企業で、この分野の草分け的存在として、融資機関の不在によって生み出された〝真空地帯〟を埋めようとしていた。私自身もこの時初めて割賦販売という仕組みを知った。しかし、いまだハイアットに籍を置いていて、当然ながら自動車の製造・販売と距離があった私は、ギャランティー社に深く関わることはなかった。ＧＭＡＣ設立の旗振り役となったのは、ＧＭ財務委員会議長（当時）のジョン・Ｊ・ラスコブだった。私は経営委員会のメンバーとして、その構想に賛成した。

ＧＭＡＣ設立の発表は、デュラントからＪ・エイモリー・ハスケル（ＧＭＡＣの初代社長）へ宛てた一九一九年三月一五日付の書簡を公開するというかたちを取った。その中でデュラントは次のように記している。

事業の規模が大きくなったため、融資の問題が浮上してきた。既存の銀行は、融資ニーズに対応するだけの弾力性を持たないようだ。

GM製品、とりわけ乗用車と商用車の需要が着実に伸びるに伴って、ディーラーは難題に直面してきた。セールス担当者の能力や製品の魅力が増すにつれて取引量が増大したが、融資が最も必要な時期にそれが得られないのである。

そこでGMはみずから問題解決に乗り出そうと、ゼネラルモーターズ・アクセプタンス・コーポレーション（GMAC）の設立を決めた。GMACの使命は、各地域の融資機関を補って、ディーラーの事業拡大を最大限に支援することだ。

ここで少し、銀行業と製造業のメンタリティが異なっていた点に触れておきたい。銀行家は自動車というと、レーシング界の伝説的英雄バーニー・オールドフィールドや、日曜日の遠出を思い浮かべていたのだろう。自動車をスポーツや娯楽の道具と見なし、鉄道以来の革命的な輸送手段であるとは考えていなかったのだ。そして、一般の人々への融資はリスクが大きいとして警戒の目を向けた。奢侈品の消費を促すものは何であれ倹約意識を削ぐとして、その購入のために融資することには倫理面での抵抗もあったようである。このため、自動車は現金販売が主体だった。

卸売業者やディーラーも、自己資本を顧客からの代金、銀行融資などで補い、独自に顧客へローンを提供する道を探らなければならなかった。このような初期の自動車ローンは、ディーラーが広い営業地域を割り当てられ、買い手から現金で支払いを受けていた時代には、うまく機能していた。ディーラーにとって、みずからの資金需要を満たすのはさほど難しくはなかったのである。ところが、事業規模が拡大を続けた一方で、メーカーからは依然として卸し代金を現金で即時に求められたため、割賦販売はもとより、仕入れ代金の調達すらままならなくなった。

こうして一九一五年――自動車産業が売上高ベースでアメリカ最大となる八年前――を迎えてもなお、融資を提供して自動車の流通を支えるのは銀行のみで、それもきわめて小規模にすぎなかった。自動車産業はみずからの手で融資の仕組みを設けるほかなかったのである。

今日では、ディーラーの仕入れ代金はほとんどが後日決済となっており、新車・中古車のおよそ三分の二が分割ローンによって購入されている。コンシューマー・クレジットへの不安が杞憂だったことが証明されたといえるだろう。GMACの例では、消費者向け分割ローン（自動車購入ローン）の焦げつきは、一九一九年から二九年にかけてわずか〇・三％前後にとどまっている（これはGMACの損失額で、ディーラー分は含んでいない）。この比率はその後じりじりと上昇して、三〇年に〇・五％、三一年に〇・六％、三二年に〇・八％超に達したが、三三年にはおよそ〇・二％へと低下している。このように、大恐慌のさなかですら、回収不能率は一％を超えなかった。この制度の安全性と購入者の誠実さには、目を見張るものがある。

製品の流通や販売を後押しするために融資制度を設けた当初は、大恐慌のような深刻な事態は想定しておらず、それに耐えられるかどうかも予想していなかった。しかし、リスクに通常の注意を払ってさえいれば、卸売業者、ディーラー、そして一般の買い手に融資を提供することによって、資金不足を克服して、自動車への需要を確実に押し上げられるだろうと確信していた。

GMACの仕事

GMACとその子会社は近年、北米にとどまらず数多くの国々で事業を展開している。設立当初からの変わらない使命として、ディーラーと卸売会社のクレジット・ニーズに応え、その新車、中古車販売を後押しするという事業に専念してきた。

GMACは卸売り、小売り両方を融資の対象としている。卸売プランによってディーラーには、担保荷物保管証その他の証明書と引き換えに製品を卸すようになった。ディーラーは卸し代金を支払った時点で製品の所有権を手に入れ、消費者に販売する。仮に代金支払いが遅れたり、契約条件が守られなかったりした場合には、GMACが製品を取り戻す権利を持っている。

一九一九年から六三年までにGMACの融資によって、四三〇〇万台超の新車、さらには他のGM製品が卸売業者やディーラーにわたっている。この同じ期間に、消費者に向けては新車二一〇〇万台、中古車二五〇〇万台、計四六〇〇万台の購入を支援している。

消費者向け融資は「GMACタイムペイメント・プラン」（分割ローンプラン）という名称で知られている。これは、ディーラーと買い手が結んだ自動車ローン契約をGMが買い取って、融資を実行するというものだ。だが、ディーラーからの融資要請をすべて引き受ける義務は負っておらず、ディーラー側も、GMACとの取引を義務づけられてはいない。双方があくまでも自主的に取引を行うのだ。GMACには、リスクが大きすぎると判断した場合には、融資引き受けを断る権利がある。ディーラーは自社の利益を考えて、GMACの競合と取引してもよい。GMACはディーラーから要請があり、すべての条件が満たされて初めて、融資を引き受ける。その場合、ローンの回収に当たるのはディーラーではなくGMACである。

アメリカ以外の国では、法律その他現地の環境に応じて、GMACの融資プランに手続き面、実行面で変更が加えられているケースがある。ただしそのような例外を除いては、消費者向け、ディーラー向けともに、アメリカでのプランが他国でも用いられている。その経験からは、慎重な融資によって自社製品の卸売販売、小売販売を後押しするという取り組みは、アメリカだけでなく海外でも功を奏しているといえるだろう。これまでの実績によれば、国内外を問わず、自動車購入者への融資はきわめてリスクの低いビジネスなのだ。

GMACの基本方針は一九一九年から二五年にかけて形成され、洗練されていった。当初の動機は主に二つ、①合理的な制度を設け、②顧客にとって妥当な水準に利率を抑えることだった。この事業から利益を上げるとともに、消費者を高利率から守りながら長期的な便益をもたらそうとしたのだ。

コンシューマー向け融資のリスクは、返済の滞り、担保差し押さえ、中古車市場などによって左右されていた。そこでカギを握るのが頭金と返済期間、借り手の返済能力、さらには、債務不履行によって取り戻した自動車に、未返済額に見合った価値が残っているかどうかなどだ。融資の保証者であるディーラーにとっては、いざという時に担保を取り戻して適正な価格で売却できることが重要となる。担保がなければ、ディーラーの財務負担はきわめて大きくなるだろう。

私たちは著名な経済学者E・R・A・セリグマン教授に研究資金を出して、数年におよぶローン研究に携わってもらった。その結果は心強いものだった。研究内容は『分割払いの経済学』（*The Economics of Installment Selling* 上下二巻、一九二七年刊行）に集大成され、この分野の代表的著作となった。銀行、ビジネスパーソン、一般の人々が分割ローンになじんでいったのは、この著作の影響によるのだと思う。

セリグマン教授が導き出した結論は、今日でこそ自明と受け止められているが、当時としてはまさに画期的だった。教授は、分割払いの制度があると、人々が倹約意識を高め、さらには倹約を実践できる、と説いたのである。需要の前倒し効果があるだけでなく、経済との相互作用をとおして購買力を高める、と述べている。さらには生産の平準化と増加を可能にするため、金融費用を上回るメリットが生じるのだともいう。

当初私たちは、ディーラーの財務負担はどの程度が妥当か、という問題に頭を悩ませていた。経験が乏しかったため、ディーラーが買い手の債務を全面的に保証した場合、リスクがどの程度にのぼるのか判断しかねたのだ。担保を差し押さえて売却しても、やはり損失を被るおそれがあるが、それだけでなく、買い手によるカモフラージュ、政府による没収などによって担保が失われたり、衝突事故によって一部あるいは全部が無価値になってしまったりする事例もあり得た。

一九二五年、ＧＭＡＣのバイス・プレジデント、Ａ・Ｌ・ディーンによる綿密な調査を踏まえ、ディーラーのリスクを軽減する方向で制度が改められた。改正後の制度では、「債務不履行から九〇日を経ても、担保車両を良好な状態で差し押さえられない場合には、ＧＭＡＣが損失をすべて引き受ける」とされた。併せて、ＧＭＡＣが受け取る融資手数料の一部をディーラーのために積み立て、差し押さえ車両の売却損を補填できるようにした。このようにして、仮にローンの焦げつきが原因でディーラーの売却益が減少しても、そのほとんどがカバーされた。

前記と並行して、ＧＭの子会社ゼネラル・エクスチェンジ・インシュアランス・コーポレーションが、火災、盗難、事故などを対象とした自動車保険を設けた。あくまでも車両そのものの損害を対象としており、一般損害賠償保険、財物損壊保険などとは異なる。これはディーラーにとって大きな意味を持っていた。それというのも、ローン提供の前提として車両に保険をかけることが求められていたのだが、当時は保険会社の審査が厳しく、自動車購入者が保険に加入できない事例も見受けられたのだ。ファイナンス企業が車両損害保険を提供するという発想は、若干の修正が加えられながらも、ファイナンス企業とディーラーの間に標準サービスとして定着していった。車両損害保険の業務は今日、ＧＭＡＣの子会社モーターズ・インシュアランス・コーポレーションに引き継がれている。

当時ファイナンス業界の一部には、買い手が債務を履行しなかった場合に、ディーラーの未払い金を免除するという慣行があった。この「ノンリコース」制度には、ディーラーが顧客の与信確認をおろそかにしがちだという欠点があった。またいうまでもなく、さまざまな理由によって営業コストが高くついていた。わけてもファイナンス企業は、差し押さえ車両をディーラーと同水準の価格で売却するわけにはいかなかった。金利を上げて、コストがかさんだ分を買い手に転嫁せざるを得なかったのだ。

ＧＭＡＣは当初、ノンリコース・ローンの導入には慎重だった。これにはいくつもの理由があった。一つには、前述のように消費者に高い負担を強いるからである。ＧＭＡＣは、分割払いに伴うディーラーの義務をすべて免除するのは、理にかなわないと判断した。担保車両の返還を義務づけるというGMACのプランこそが、消費者のコスト負担を可能なかぎり抑えながらディーラーを保護するための最良の選択だと考えたのだ。この考えが正しいことは実証されているが、後にGMACは競争圧力を受けて、ノンリコース・ローンの導入に踏み切った。

自動車価格を決めるうえでは、金融費用を無視するわけにはいかない。GMとGMACは長年、この事実を強く訴えてきた。GMACは、ローンの返済期間が不当に長く、頭金が不当に少ないと、金融費用が不必要に上昇してしまう点を指摘してきた。金融費用の過剰な上昇を避けるためにキャンペーンを推し進め、この活動ではGMACが中心的な役割を果たしてきたといっても、過言ではないだろう。〝ミスターGMAC〟とでも呼ぶべき存在に、一九一九年に入社して二九年から五四年まで二二年間社長を務めたジョン・J・シューマン・ジュニアがいるが、彼は強いリーダーシップを発揮して意義深い諸慣行を取り入れ、その人柄によっても組織に多大な影響を及ぼした。シューマンは、「誠実さ」と「公正な取引」という、時の検証に耐えた精神に導かれながら、けっして妥協せずにGMACの方針や慣行を発展させていった。

私は一九三七年度のアニュアル・レポートで、シューマンの方針を支持した。

（前略）消費者の皆様に、必要最小限の額を超えて不当に高い価格負担をお願いするのは、GMのサービス提供方針に反します。ディーラーはできるかぎり低い価格で適切なサービスを提供すべきだというのが、私どもの考え方です。

ここでのテーマに関連して、歴史が興味深い方向に流れていった事例を引きたい。一九三五年にGMACはいわゆる「六％プラン」を発表した。融資元本に対する年利を六％とするというのがその内容である。これは金融費用を計算する際の従来からの方法に倣っていて、他社の融資条件とも比較しやすいはずだった。実際には複利であるため、利子負担はもちろんこれよりも高くなるのだが、GMACは慣例に従って「六％」と広告した。こうすることで、金融負担の大きさを把握しやすくなり、多くの人に知ってもらえるだろうと考えたのだ。ところが他社はこれを好ましくないと受け止め、連邦取引委員会（FTC）に申し立てを行った。「不公正な取引慣行」によって、六％があたかも単利であるかのように消費者を惑わせている、というのがその主張だった。私は、「六％」が単利ではなく複利である旨は明示されていると考えていたが、FTCは「六％」を謳ってはならないとの判断を下した。これは高利の融資会社の肩を持ち、消費者の利益を損ねる判断ではないだろうか。

一九三八年になると政府は、「GMディーラーは、GMACの自動車ローンとの提携を強いられている」と、GM、GMACへの攻撃を始めた。GMはこれを否定し、当社の関心があくまでも消費者の利益を守り、ディーラーに低利政策を求めることだと主張した。

だが政府はインディアナ州サウスベントで、GM、GMAC、子会社二社、ならびに一八名の役員を刑事訴追した。この裁判は三九年秋の審理をへて、明らかに矛盾する異例の判決で幕を閉じた。個人をすべて無罪にしておきながら、法人四社に有罪を宣告したのである。その後政府はさらに、この時の四社を同じ事由で民事提訴した。司法省反トラスト局との長い法廷闘争をへて、五二年に私たちは同意審決に応じ、GM、GMACとディーラーの関係の大枠を定めた。以後、このルールに忠実に従ってきている。新しいルールのもとでもGMACは独立性を保ち、他の融資会社と競争している。

一九五五年の暮れ、私は多数の役員とともに、上院反トラスト・独占小委員会の公聴会に出席するよう要請を受け、ワシントンDCを訪れた。この公聴会は主に企業の「巨大さ」をテーマとして開かれ、GMACの市場での地位が時間をかけて議論された。GMACをGMから分離すべきだとの意見も出された。私は、小委員会のスタッフが作成したレポートの結論に目を釘づけにされた。「GMは自動車ローン会社を傘下に置いているため、他の自動車メーカーよりも有利な立場にある。したがって、GMACは分離すべきである」というのだ。

実に奇妙な理屈ではないだろうか。資金なら他社にも潤沢にあったはずである。GMACがGMに優位性をもたらしているとすれば、それは消費者との心のつながり、公平なリレーションシップである。併せて、喜ばしいことに、買い手とディーラーに経済的なサービスを提供することで、GMにも利益をもたらしてくれている。

比較的近い業界でも、多くの企業が販売融資会社に大きな価値を見出し、ゼネラル・エレクトリック（GE）がGEクレジットを、インターナショナル・ハーベスターがインターナショナル・ハーベスター・クレジットを設けている。GMが（あるいは他のいかなる企業であっても同じだが）消費者の利益になる販売・流通サービスから撤退すべきだとの考え方は、私にとっては衝撃的で、きわめて奇異に思える。消費者を重んじたGMACの先見的な事業活動と、「サービスの内容と価格の面で消費者に公正でなければならない」とする方針を、利己的に批判するのは、道理を外れているとしか考えられない。

GMACの社長チャールズ・G・ストラデッラが一九五五年にくだんの小委員会で述べた言葉は、まさに至言ではないだろうか。

> GMとの結びつきは、GMACに優位性をもたらしているかもしれません。ですが、この結びつきによって継続的なサービス、共通の利害、公正な取引が実現しており、そこから利益を得ているのはおそらくディーラーでしょう。GMACへの資金提供者も、資本の健全性、堅実な経営と財務方針によって利益を得ています。他方でこのような優位性は、土台にGMACの実績、健全な慣行を追求しようとする熱心な姿勢、GMとの結びつきがあるからこそ活きるのであって、そうでなければ利害関係者にとって有益ではないでしょう。

GMACはコンシューマー・ファイナンス事業の黎明期にその発展に寄与した。頭金の額や返済期間を、合理的で妥当な水準に落ち着かせるのに貢献した。貸出し利率を抑えるという方針は、徐々に法律に反映されていった。今日では全州の半数以上が、州法で利率の上限を定めている。全米に広まるのも遠い将来ではないだろう。上限利率が消費者の利益を考慮して低く抑えられているかぎり、このような州法の規定は望ましいというのが私の見方である。

分割払いの利率に上限を設け効果的に規制するのは、好ましいと思われる。しかし、ディーラーと買い手の取引に関わる他の条件、たとえば頭金の額や返済期間などは、国家存亡の危機でも起きないかぎりは規制すべきではないだろう。ただし、コンシューマー・クレジットが拡大しすぎるのが危険だということに、頓着せずにいるわけではない。これまでの実績からも明らかなように、GMACは頭金を不当に低く設定するのを防ぎ、返済期間を短く抑えることに絶えず関心を払ってきた。自動車産業が健全に発展するためには、堅実な融資が欠かせないだろうという点も言い添えておきたい。雀の涙ほどの頭金で長期のローンを借りようとする人が、十分な返済能力を持っているとは考えにくいのだ。

一九五五年の末、消費者ローンに関して各方面で大きな懸念が示された。消費者ローンが拡大しすぎているのではないか、頭金や返済期間の管理がなおざりにされているのではないか、というのだ。しかし私は、いずれの主張も事実に反すると考えている。むしろインフレを食い止めようとの狙いから、消費者ローンを規制すべきだとの声が盛んに上がったのが実情だろう。五六年一月の経済教書で、合衆国大統領が「一部の政府機関に消費者ローンを規制する権限を恒久的に与えれば、はたして他の経済安定化措置を支援する役割を果たせるだろうか」と問題提起をしている。大統領経済諮問委員会から、連邦準備理事会（ＦＲＢ）にも調査が依頼された。調査に協力して、私たちも他の多くの対象者と同様にアンケートに回答した。その中で私は、政府機関による恒常的な監視は不要だと述べ、その理由を書き添えた。「一般に消費者ローンに関しては、融資の当事者間で十分に自己規制を行えるはずである。ただし、議会によって特殊な事情が認められた場合、あるいは国家的危機に瀕して、大統領が何らかの措置が必要だと判断した場合はそのかぎりではない」。ＦＲＢは一九五七年に次のような声明を出している。「消費者ローン制度には不安定さも垣間見られるが、急速に成長するダイナミックな経済のもとで許容される範囲にとどまっている」「消費者ローンを平時から規制するための機関は不要だと考えられる」「信用貸しの拡大は経済の不安定化要因となり得るが、通常の金融政策と堅実な財政政策によってこれを抑制しておけば、多くの消費者の利益を守れるはずである」。まったくそのとおりではないだろうか。

GMACの場合には、おおむね、自動車関連のサービスを提供することによって、消費者の利益を守っているといえるだろう。消費者、ディーラー、GMにとって明らかに有益だと考えられるのだ。

第18章

海外事業

THE CORPORATION OVERSEAS

GMの海外進出

北米を除いた自由世界に目を転じると、乗用車・トラックの販売総数が一九六二年には七五〇万台超、六三年には八〇〇万台を突破した。GMは海外市場でも確かな地位を築いており、この両年の販売量はそれぞれ八五万五〇〇〇台、一一〇万台を記録している（六三年については推定）。海外事業部は大きく飛躍して、今日では資産一三億ドル超、従業員一三万五〇〇〇人ほどを擁するまでになっている。海外事業部は①二二カ国での製造、組み立て、物流、②北米からの製品輸出、③北米を除いた自由世界およそ一五〇カ国での販売・サービス業務を統括している。六三年の推定売上高は合計二三億ドルだ。

海外事業部はこの四〇年間、急速に事業を伸ばしてきたため、その足跡をただ振り返ったのでは、アメリカ国内で事業が伸びるのに応じて、海外でもごく自然に順調な歩みを見せてきたと思われるかもしれない。しかし実際には、海外展開はけっして自然の成り行きではなかった。私は先ごろ、GMの海外戦略がどのように形成されてきたかを示す数々の資料を読み返してみた。すると、海外戦略にまつわる長く陰影に富んだ歴史が脳裏によみがえり、それとともに、このような発展を導いた難しい判断の数々も思い出された。

海外市場はアメリカ市場を単に拡大したものとは違うのだ。海外事業部を立ち上げるに当たっては、スタート直後から大きな、しかも根本的な課題に直面せざるを得なかった。はたして海外にアメリカ車の市場があるのか、あるとすればどの程度の規模か、最も成長性が高いのはどの車種か、といった点を見極めなければならなかったのだ。海外にも生産拠点を設けるのか、あるいは輸出に特化するのかも決めなければならなかった。さらには、海外生産が必要だとの明確な結論に至った後は、子会社をゼロから立ち上げるのか、他社を買収して発展させるのか、といった問題が持ち上がった。各国での厳しい規制や税制などに対処する方法も見出さなくてはならなかった。海外事業を念頭に置いて、それに適した組織をつくる必要があったのだ。これらの課題すべてが、一九二〇年代に数年を費やして検討され、基本方針が固められていった。

今日ではGMは、二通りの方法で海外事業を展開している。アメリカの乗用車・トラックを輸出するかたわら、より小型の車両を海外生産しているのだ。一九六二年の実績では、北米からおよそ五万九〇〇〇台の乗用車・トラックが「シングルユニット・パック」（SUP）として輸出された。SUPとは完成車を指し、現地に届いた後はわずかな調整を施すだけですぐに走行が可能となる。加えて、四万六〇〇〇台分のCKD（Completely Knocked Down：完成車用組立部品）が輸出され、海外のGM工場で組み立てられた（CKDには通常、シートカバー、タイヤなど現地で調達できるパーツは含まない）。これらを合わせると、北米から一〇万五〇〇〇台を超えるGM車が輸出された計算になる。アメリカで入手できる全車種、全モデル、あらゆる自動車事業部の製品が海を渡ったのだ。

これとは別に、六二年にはおよそ七五万台が海外で設計・生産され、その数は六三年には一〇〇万台に達すると見られる。増加幅が著しいのは、〈オペル〉の新小型車が市場に投入されたからだ。海外の製造子会社は主に三社、ドイツのアダム・オペル、イギリスのボクスホール・モーターズ、オーストラリアのGMホールデンスだ。いずれも、アメリカの尺度で見ると小さめの自動車を製造している。海外ではほぼ例外なく、そちらのほうが主流なのだ。三社ともGMの一〇〇％子会社で、すでに輸出事業を大規模に手がけ、世界各地に製品を送り出している。近年ではブラジル、アルゼンチンにもGMの製造工場を設けた。ブラジルでは六二年に一万九〇〇〇台のトラックと輸送用車両を生産し、アルゼンチンではつい先ごろ、エンジンとスタンピングの生産を始めた。

GMの海外事業は現地の生産施設に大きく依存している。六二年には北米以外の海外生産分が、全販売台数の八％を占めていた。この比率は上昇してきており、海外生産子会社が大規模な拡大プログラムを完了したばかりであることも手伝って、今後もしばらくは伸び続けるだろう。他方、北米からの輸出は一九三〇年代とほぼ同じ水準にとどまっており、二〇年代末との比較では減少しているほどだ（ピークは二八年で、この年の北米からの総輸出台数はおよそ二九万台だった）。

アメリカ人はともすれば忘れてしまいがちだが、自動車市場にはいまだ大きな発展の余地が残されており、その可能性には限界などないようにすら思われる。大多数の国や地域では、自動車時代はようやく夜明けを迎えようとしているのだ。世界を見渡せば、道路が整備されている地域はごく一部にすぎない。西ヨーロッパの工業化が進んだ国ですら、自動車の利用面ではアメリカに大きく後れを取っている。アメリカでは三人に一人が自動車を所有しているのに対して、ECM（欧州共同市場）全域の平均は九人に一台にすぎない。今日、GM車の海外での販売台数は、一九二六年の国内販売台数とほぼ同じ水準なのである。

経済ナショナリズム

海外事業のあり方を手探りしていた時期に私たちは、経済ナショナリズムに起因するさまざまな問題に対処しなければならないと悟った。自動車産業が産声を上げて間もない当時から、ドルの準備高が少ない国々は、アメリカ車（およびアメリカ製品全般）に高い関税率と厳しい割り当て制限を課していた。多くの国々がこうしたナショナリズムに突き動かされて、たとえ国内市場が小さく自動車の一貫生産を効率よく実現できるとは思えない場合でも、現地生産を強く求めてくる。

一九二〇年、海外市場での乗用車・トラック販売台数は合計で約四二万にのぼり、その半数ほどが工業化の進んだヨーロッパ四カ国、すなわちイギリス、フランス、西ドイツ、イタリアに集中していた。西ヨーロッパには豊かな市場があったが、半面、そこへの浸透は困難をきわめた。なにしろ、前記四カ国は全販売台数の四分の三を域内で生産しており、アメリカからの強敵を排除しようと固く決意していたのだ。海外市場の残り半分は、発展途上の国々で占められており、地球全体に広がっていた。この「第二の市場」では、アメリカのメーカーの参入は概して容易だった。

海外事業を展開するにあたっては、国別の対応を心がけてはいたが、一九二〇年代に一定の型が生まれ始めた。私たちは徐々に、海外のマーケティング条件が主に二種類に分けられると気づいた。一つは西ヨーロッパに特有のものである。表面的には、ヨーロッパ大陸への輸出は順調に見えた。だがやがて少しずつ、ヨーロッパへの輸出・流通が長期的には経済ナショナリズムの脅威にさらされていることが明らかになってきた。私たちはヨーロッパでの輸出事業を全力で推進して、それを後押しするために数カ国に組立工場を設けた。組立工場は管理者や作業者に現地人を採用したため、進出先に根を下ろすのに役立った。加えて、進出国の供給状態に慣れるにつれて、タイヤ、ガラス、シートカバーなどを現地企業から調達するようになった。

言い換えれば、コスト面で折り合いがつけば、これらのパーツを除いた状態でアメリカから組み立て前の製品を輸出して、現地でパーツを取りつければよかった。この方法には、完成車を輸出するのと比べて、関税負担を抑えられるという利点もあった（今日ではアメリカで生産された製品はベルギー、デンマーク、スイスのGM工場で組み立てられている）。しかし私たちは、ヨーロッパで長く生き残るためには、現地生産に乗り出す必要があるとの確信を深めていった。エキスポート・カンパニーを率いていたジェームズ・D・ムーニーは、この説を一貫して熱心に主張していた。だがGM本体の経営委員会（当時の議長は私だった）は、一九二〇年代が終わろうとする頃まで、ヨーロッパでの生産に懐疑的だった。

ヨーロッパ以外の広い地域――そのほとんどは工業化が進んでいなかった――では、別の市場環境に迎えられた。現地生産は長い間、現実的な選択肢ではなかった。したがって、SUP、CKD両形態での輸出を中心とせざるを得なかった。現在でこそ南アメリカ、ペルー、メキシコ、ベネズエラ、オーストラリア、ニュージーランド、ウルグアイなど、ヨーロッパ以外でも現地組み立てを行っているが。

一九二五年以降、海外での販売台数は八倍以上に増えたが、GMの海外事業のあり方と海外マーケティングの基本戦略は二〇年代に確立していたといってよいだろう。

ヨーロッパに生産拠点を設けるに当たって、最初に浮上したのはフランスのシトロエンを買収するという案だった。シトロエンへの五〇％出資を目指して、一九一九年の夏から初秋にかけて数週間にわたって交渉を続けた。すでに述べたようにこの年、デュラントがヨーロッパの自動車産業を視察するために、経営幹部の一団を派遣した。その一団、すなわちハスケル団長、ケッタリング、モット、クライスラー、チャンピオン、そして私がシトロエンとの交渉に当たった。アンドレ・シトロエンは精力的で機転の利いた人物で、偶然にも自分の会社を売却することに乗り気だった。

けれども私たちは、フランスでの滞在を終える時点でもなお、はたしてこの買収が賢明な選択かどうか、確信を持てずにいた。いまでも覚えているのだが、アメリカへの帰途につく前日、私たちはオテル・クリヨンの一室で延々と議論を重ね、ようやく切り上げた時には窓の外が白み始めていた。

全員が大筋では買収に賛成だったが、いくつか具体的な障害があった。第一に、軍需面で大きな貢献のあった企業にアメリカ資本が入ることを、フランス政府が快く思っていなかった。第二に、私たちから見てシトロエンの工場は望ましいとはいえず、仮に出資すれば、初期投資をはるかに上回る運用経費が必要となるに違いなかった。さらには、シトロエンの当時の経営陣にも不安があった。あの晩の議論では、クライスラーと私のどちらかがフランスに赴任して、シトロエンの経営の舵を取るという案も出された。私自身はこの案に前向きではなく、「本国での経営すら盤石ではないのだから、シトロエンのために経営メンバーを派遣する余裕などない」と主張した。

私は時として考える。仮にクライスラーか私がGMからの派遣でシトロエンの経営を指揮していたら、自動車業界の歴史はどのように動いていたのだろうか——。当時、この業界は生まれてから日が浅く、途方もない勢いで拡大していたため、その将来はごく一握りのリーダーたちの肩にかかっていた。このため往々にして、産業の中心地にリーダーが集まるのではなく、リーダーのいる場所が中心地となった。いずれにせよ、アメリカへ向けて出航する数時間前になって私たちは、シトロエンの買収を見送った。後にミシュランがシトロエンを傘下に収め、良好な経営を続けている。GMは今日に至るまで一度も、フランスに生産子会社を設けていない。なぜか、タイミングと巡り合わせに恵まれなかったのだ。それでも、フリジデアー事業部はフランスで大規模に事業を展開しており、スパークプラグその他の部品生産をとおしても、GMはフランスの自動車産業で大きな役割を果たしている。

次に私たちは、イギリスでの現地生産の可能性を探った。一九二〇年代初めには、イギリス市場でアメリカ車が普及する見込みは薄いと見られていた。いわゆるマッケンナ関税によって、外国車の前に法外な関税障壁が立ちはだかったのだ。馬力に応じて車両登録税も課せられた。馬力の算出方法は、小さい内径と長いストロークを持った高速のエンジンに著しく有利で、ストロークがほぼ内径に等しいアメリカのエンジンには不利だった。保険料も登録税に比例して決められていたため、アメリカ車のオーナーは二重の負担を強いられた。車両登録税、保険料、駐車場代などを合わせると、一九二五年には、〈シボレー〉ツーリング・カーの持ち主は一週間におよそ一ポンドを負担していたことになる（これは年間およそ二五〇ドルに相当する）。これに通常の維持費用が加わるのだ。他方、イギリス製の〈オースチン〉の購入者は週に一一シリング（年間一三八ドル相当）の負担で済み、初期投資も低かった。

こうした事情によって、アメリカ車をイギリスに輸出するには高いハードルがあったのだが、イギリスのメーカーも困難に直面していた。二〇年代半ばには、多数の企業が自動車製造に乗り出していたが、合計台数は乗用車・トラックを合わせてもおよそ一六万台にすぎず、半面、デザインや価格帯は多岐にわたっていた。このためイギリスのメーカーは、アメリカ流の大量生産とは違って規模の利益をほとんど享受できずにいた。そのうえ価格はひどく抑えられていた。そこでGMが製造拠点を手に入れようとするに当たっては、長期的な視野に立つ必要があった。短期的に大きな利益を得ることはおよそ期待できなかったのだ。

最初に私たちは、オースチン社の買収を検討した。オースチンの生産量は一九二四年で一万二〇〇〇台近くと、当時のイギリスではかなり多かった。この買収案件については、GMエキスポート・カンパニー（現GM海外事業部）のバイス・プレジデントだったムーニー、私、そして他に数名が、二四年から翌年にかけて何回も話し合った。私たちの見たところ、オースチンはマッケンナ関税が一時免除されていた時期も含めて、台数、利益をともに伸ばしていた（マッケンナ関税は二四年八月初めから二五年六月末まで一時的に免除されていた）。ムーニーは二五年の春にオースチンの工場などを視察して、買収を勧める報告書を作成した。七月には視察団がイギリスに渡り、さらに深い検討を行った。メンバーにはフレッド・フィッシャー、ドナルドソン・ブラウン、ジョン・プラット、そしてもちろんムーニー自身も加わっていた。八月、視察団から私のもとに電報が届いた。

全員賛成。英社買収はGMエキスポート・カンパニーの利益になる。発行済み全普通株式が一〇〇万ポンド、優先株式一〇六万ポンド相当の配当として一三万三〇〇〇ポンド、計一一三万三〇〇〇ポンドを要す（五四九万五〇五〇ドル）。投資リターンは二〇％上。アメリカ本社の立場を強め、利益を増やす見通し。債務二〇〇万ポンドを差し引き、営業権六〇万ポンドを加味した後、総資産は一二六一万ドル上。全員賛成につき買収契約OKか。

私はその日のうちに返信した。

財務委員会、七月一八日に経営委員会の提案を承認。視察団全員、買収・価格水準に賛成、満足。契約願う。当地にて資産、価格判断できず。契約後、電報請う。適切な連絡する。当地すべて順調。幸運祈る。

この買収はしかし、合意にはこぎつけなかった。ここでは、交渉の過程でどのような障害が持ち上がったのか詳しくは述べない。一点だけ挙げるなら、当事者の間で資産の評価額に大きな開きがあったということだ。九月一一日、ムーニーから交渉決裂を知らせる電報が届いた。

振り返ってみれば、この知らせに実のところ私は胸をなでおろしていた。なぜならオースチンには、その六年前に検討したシトロエンと同じ短所があるように思えたのだ。工場施設は良好な状態とはいえず、経営力にも不安があった。そして私はこの時点でもまだ、GM自体にもオースチンの短所を補うだけの経営力がないと感じていた。事実、海外、そして国内で事業を拡大するにつれて、経営陣の力が分散していくのが、一九二〇年代をとおしてGMの頭痛の種だった。

読者の皆さんは、このような状況でなぜ私がそもそも視察団に買収の承認を与えたのか、首を傾げるかもしれない。煎じ詰めれば、私はいかなる時にも強制よりも協調によって経営を推し進めようとしていたのだ。多数の反対にあえば、往々にして自分の見解を撤回した。言い添えるなら、この買収案件に関わったGMの経営陣は皆、非凡な資質と強い信念の持ち主だった。社長として私は、彼らの判断を尊重すべきだと考えた。しかし返信電報に示されているとおり、私は彼らに明確な責任を負わせている。彼らはそれに応えなければならなかったはずである。

輸出か、現地生産か

オースチンの買収が白紙に戻ってほどなく、ボクスホールとの間で買収交渉を始めた。こちらはオースチンよりもはるかに規模が小さく、GM社内で大きな論争を引き起こすこともないまま、買収は二五年下半期に成立した。ボクスホール車は比較的高価で、サイズは〈ビュイック〉並みだった。年間販売数はわずか一五〇〇台。けっしてオースティンに代わる存在ではなかった。それどころか私は、この買収を海外製造の実験と見なしていたほどだ。わずか二五七万五二九一ドルの投資で、実に興味深い実験ができたのである。

買収後の数年間、ボクスホールは損失を出し続け、私たちは徐々に、イギリス市場でシェアを握るために小型車を開発しなければならないとの思いを強くしていった。ムーニーはこのプランを早く推し進めようと熱を入れていた。ムーニーはまた、ボクスホールを足がかりにして他国でも現地生産に乗り出したいと考えていた。私自身はあの頃、海外での事業についてムーニーほど明確な見通しを持ってはおらず、数年の間は焦らずに慎重に事を進め、その後に確たる方針を立てればよいと思っていた。

不思議なことに、これまで述べてきたようにGMは海外生産への関心を示し、ボクスホールを買収したが、にもかかわらず経営委員会は海外事業について具体的な方針を示していなかった。この問題について本格的に議論を始めたのは二八年である。この年一月、私は柔軟性を失いたくないと考えながらも、経営委員会に次のような草案を示した。

当社が利益を伸ばし、事業を拡大していくためには、海外製造に資本を用いるのが適切だと考える。これに関しては、自社製造、現地企業との提携、二つの道があり得るだろう。

ここで私は、海外製造が原則としては望ましいとの見解を示したのだ。この見解については、一月二六日の経営委員会で長時間にわたって議論が戦わされたが、具体的な結論には至らず、記録だけが残された。ここからも明らかなように、私たちは依然として方針を手探りしていた。この頃には、幅広い方針を模索しながらも、いくつかの個別案件に焦点が絞られていた。ボクスホールに投資を続けるべきか、あるいは不採算事業として清算すべきか。ヨーロッパでの自社製造は本当に必要なのだろうか。〈シボレー〉を改良して輸出すれば、果たしてヨーロッパ車と互角に戦えるだろうか。私たちはとりわけドイツ市場に関して、方向性を見出せずにいた。ドイツでの生産に踏み切る場合、ベルリンの組立工場を拡大して生産能力を持たせるべきだろうか、あるいは他のメーカーと組むべきだろうか。GMで海外事業に携わる面々、なかんずくムーニーは既存施設の拡大に傾いていたが、私としてはどちらかといえばドイツ企業との提携に前向きだった。当然ながら、いずれの案にもそれ相応の理由があった。

海外生産の問題は、三月二九日、さらには四月一二日の経営委員会でも議論が重ねられた。特に四月一二日には、イギリスとドイツで車両を小型化すべきかどうかが、話し合いの焦点となった。実のところこの件は、一九二八年の末までくすぶり続けることになる。一部には、海外事業は輸出にかぎり、現地生産は行うべきではないとの強い意見があった。その頃私は、ある提案に関心を引かれた。アメリカ国内に新しい組織を設けて、スモールボア〈シボレー〉

〈エンジンの内径が小さい〈シボレー〉〉の改造版を設計してはどうか、というのだ。この案では、イギリスやドイツの重い馬力税が免除される。私は、これが実現すれば、ボクスホールの新小型車開発も、ドイツでの現地生産も、必要なくなるだろうと感じた。あるいはどうしても現地生産が求められた場合、既存の設計を用いればよいことになる。海外に生産の場を広げるにせよそれを見送るにせよ、私としてはすべての当事者が納得する結論に到達してから前に進みたかった。

一九二八年六月四日の経営委員会で私は、ムーニーと個別に話し合いを持つように各メンバーに強く求めた。全員に明確な考えを持ってほしかったのだ。七月になると、ムーニーから長いメモが届いた。一連の問題すべてに関して、彼の見解が詳しくしたためられていた。その数週間後に私は、ムーニーのメモの内容を経営委員会に伝え、私自身の考えも言い添えた。対立点がどこにあったかを示し、議論の雰囲気を知ってもらうには、焦点のメモから一部を紹介するのが最も簡単だろう。

ムーニーはメモの冒頭で、エキスポート・カンパニーによる拡大路線を推し進めるべきだと述べていた。「エキスポート・カンパニーはこの五年で、売上高を二〇〇〇万ドルから二億五〇〇〇万ドルへと伸ばしてきた。……これからの課題は、二億五〇〇〇万ドルの売上高をできるかぎり短期間で五億ドルに押し上げることだろう。併せて、将来に向けてさらに売上高を高めるための手段を用意しなければならない……」

ムーニーはこうも記している。「海外市場で我々が最も安く販売できるのは〈シボレー〉だが、その価格はアメリカ国内よりも約七五％も割高だ。ところが海外市場の買い手の可処分所得は、アメリカの消費者の六〇％程度にとどまっている。したがって、海外市場では〈シボレー〉といえども大衆市場向けではなく、価格も比較的高い部類に属する」

ボクスホールを拡大すべきだとの持論についても、以下のような理由が挙げられていた。

①すでに製造計画に着手しており、新しいモデルを追加するとの提案もなされている。
②イギリスには大規模な流通網を設けてあり、それが現在でも拡大を続けている。ボクスホールへの投資も行っているため、これらを守る必要がある。
③大英帝国が北米を除く世界市場の三八%に及んでいる事実を踏まえて、イギリスを輸出拠点にすることを考えるべきだろう。

次いで議論のポイントはドイツでの事業の進め方に移り、ムーニーは以下のように持論を擁護した。

①ベルリンにすでに組立工場を持っている。
②オペル社を買収するのではなく、右記工場で製造を行うべきだとの提案をすでに出してある。
③ドイツの自動車産業は発展途上にあるため、このタイミングを逃さなければ、製造事業を成功へと導ける。
④投資済みの資産を守る必要がある。
⑤ドイツの国内市場には大きな可能性があるほか、近隣諸国への輸出も有望と考えられる。

ムーニーの主張にはうなずける点がいくつか含まれていたが、すでに述べたとおり、一部については私も率直なところ態度を決めかねていた。ドイツでの方針に関しては、ムーニーと私の意見には明らかに開きがあった。私自身の考えでは、仮にきわめて小さい車種、〈シボレー〉よりもはるかに小さい車種をつくるのであれば（コストが見合うことが前提だが）、オペルと提携するのが得策だった。私はそのほうが、馴染みの薄い国で独力で競争に打って出るよりも、有利なスタートを切れるはずだと感じていた。

ドイツ市場への進出

ドイツ市場進出の方針は、その後六カ月をへてようやく固まった。一九二八年一〇月、私はヨーロッパへ視察に赴いた。GM相談役のジョン・トーマス・スミス、そしてチャールズ・T・フィッシャーが同行した。私たちはヨーロッパ各国で輸出拠点と組立工場をめぐり、アダム・オペルへも訪れた。この訪問を契機に、私にはかつての関心がよみがえり、GMがオペルを買収するとしたらどのような条件があり得るかを話し合った。買収権は二九年四月一日まで有効とされ、買収の際には三〇〇〇万ドルを支払うという内容だった。

この件を私は二八年一一月九日の経営委員会で報告した。委員会はオペルの買収におおむね賛成してくれ、その資産内容をさらに詳しく調べることとなった。続く二二日の委員会では、そのために検討グループを設けると決まった。検討グループのメンバーは最終的にスミス（団長）、経理副部長アルバート・ブラッドレー、ビュイック事業部の製造責任者D・B・ダラム、工場設計および資材物流の専門家E・K・ウェナールンドの三人とされた。一行が出発する前、私はスミスに書簡を渡した。そこには私が状況をどう見ているか、彼ら三人は何を心に留めておくべきかをしたためてあった。

1　規制によってアメリカ車の輸出が高価格帯に限られ、規模の大きな市場は主に現地生産車によって占められる、あるいはその後の進展によっては、高価格帯にも同じような波が及ぶ、といった事態を想定しておく必要があるだろう。

2　現行〈シボレー〉をより簡素にした車種を設計・開発して、相当な低価格で販売した場合、ヨーロッパ大陸、イギリス、その他の国で大きな市場機会があるだろうか。

3　2が正しいと（市場機会があると）した場合、当面はさておき……ドイツの自動車産業が発展すれば、近い将来、コストの差よりもむしろ関税や輸入手数料が重みを持つようになるのではないか。とりわけ、馬力税というハンディキャップを考えに入れた場合、海外からの輸入がさらに難しくなるのではないか。

4　GMは、ヨーロッパ大陸やイギリスでの事業によって大きな組織、売上げ、利益を守りながら、同時に他の地域では、海外製造のために資本を投じて、そこから高いリターンを得て事業を続けることができるだろうか。

むすびには、以下のような一般的なアドバイスを記しておいた。

（前略）メンバーの一人ひとり、とりわけ団長であるあなたに伝えたいのは、先入観をいっさい持ってはならないという点です――あらゆる問題に「白紙」の状態で向き合い、検討すべきでしょう。偏った見方を捨て、事実をつかみ取ることだけを目指すのです。そこからどのような結論が導き出されようとも、この姿勢を貫いてください。これは現体制が動き始めて以後、資本投資や組織拡大を考える際にGMが最も重視してきた姿勢です。GMが海外での製造に乗り出せば、政財界に大きな反響を巻き起こすでしょうから、私たちは「建設的な取り組みを建設的な方法で行う」との評判を得られるかどうかの瀬戸際に立たされているのです。あなた方一行は、海外事業のあり方を探るうえで、全社に大きな責任を負っていることを忘れないでください。

視察団が出航したのは、一九二九年一月一日頃だったと思う。一月一八日、私は財務委員会でオペルの件、いやそれにとどまらず海外生産全般を取り上げた。委員会はおおむねオペルの買収に賛成で、以下を全員一致で決議した。

経営委員会の小委員会に対して、海外出張をして、ドイツのオペル・オートモービル・カンパニーの全株式を一億二五〇〇万マルクで買い取る案件を取りまとめる、ないしは見送る判断を下すように命じる。この件に関して、GMにとって最良と思われる行動を取る権利すべてを小委員会に委ねる。仮にオペルの経営陣に所有権を一部残す場合には、「将来的にGMが、当初の価格に未収利益を加えた金額で残りの株式を購入できる」との付帯条項を設けるべきである（GMがヨーロッパでの事業を拡大するプランを立てた場合に、このような選択肢を取ることになるかもしれない)。

以上からもわかるとおり、経営、財務両委員会は合意に達した。オペル買収の案件を任された小委員会には私のほかに、取締役兼経営・財務両委員会メンバーのフレッド・J・フィッシャーが名前を連ねていた。三月初旬、私たち二人はヨーロッパに渡り、パリで視察団と合流した。視察団からは三月八日付のレポートを渡された。オペルの視察結果を記したそのレポートは、すべてを網羅しており、結論も具体的で明快だった。社長である私に宛てた添え状には、「条件を多少変更したうえで、オペル社の買収権を行使することを、強くお勧めします」とあった。レポートの内容のうちこの判断に関連する部分を要約しておきたい。

①ドイツの自動車市場は、一九一一年のアメリカとほぼ同じ段階にある。

②ドイツは元来、製造立国といえ、豊富な石炭、鉄、熟練労働者に恵まれている。国内経済を発展させるためには、多くの製品を製造して輸出に振り向け、製造コストを低減させることが求められる。すなわち、ドイツの自動車市場で成功を手にするためには、ドイツに製造拠点を持つことが欠かせないのだ。

③アダム・オペルはドイツ最大の自動車メーカーである。低価格帯に参入しており、一九二八年には国産車の四四%を占めている(輸入車を含めた市場シェアは二六%)。

④オペルのリュッセルスハイム工場は、自動車製造にとって望ましい設備を整えている。建物の造りにも好感が持てる。機械類の七〇%はこの四年間に購入されたもので、機種の選択も適切だといえる。特殊な工具はほぼすべて減価償却が終わっている。工場は融通がききやすく、すぐにでも新しいモデルの生産に着手できる。質の高い労働力も潤沢に得られる。

⑤七三六の販売拠点を持ち、ドイツで最強のディーラー組織をなしている。

⑥有形資産（一八〇〇万ドル相当）に対して、営業権の償却に一二〇〇万ドルを引き当ててあり、妥当な水準といえるだろう。仮にGMがドイツに新工場を建設・整備しようとすれば、操業を軌道に乗せ、高効率と利益を達成するまでには、少なくとも二、三年はかかるに違いない。その頃には、オペルへの投資額のうち純資産を超えた分は回収できているだろう。

⑦買収をとおしてGMは、オペルのディーラー組織を傘下に収め、さらに、外国企業ではなくドイツ企業として操業できるのだ。

私とフィッシャーは、この充実したレポートを読んで、視察団の結論は妥当に違いないと判断した。そこで買収を承認しようと考え、オペルの本拠地であるリュッセルスハイムへ赴いた。わずかに契約内容を改め、最終的な合意では、GMは二五九六万七〇〇〇ドルでオペルの発行済み全株式の八〇%を取得することになった。残りの二〇%についても、七三九万五〇〇〇ドルで買い取る権利を手にした。オペル一族には、株式の二〇%を五年以内に一定の金額で売却する「プット」オプションが与えられたのだ。一族は一九三一年一〇月にこの権利を行使したため、GMは総額三三三六万二〇〇〇ドルでオペルを一〇〇%傘下に収めた。

オペルの経営はほぼ順調ではあったが、課題が皆無というわけではなかった。特に経営トップに問題が見受けられた。ディーラーにも難点があった。ディーラーの多くは手の込んだ整備工場を独自に設けて、スペア部品を生産していた。オペルは、部品の規格・共有化を進めていなかったため、顧客からスペア部品を求められると、ディーラーが車種に合った部品をつくらなければならなかったのだ。あるいは、工場から部品を入手して、調整を施すのだった。そのようなやり方は、アメリカのメーカーの目には不合理に映った。アメリカ・メーカーは、部品の共有を前提にした大量生産に慣れていた。私たちはオペルのやり方を改めることにした。

オペルの買収を機に、GMはドイツ市場で強い足場を得た。一九二八年の生産数はおよそ四万三〇〇〇台（乗用車・トラック合計）は、アメリカの尺度では多いとはいえなかったが、私たちは飛躍的な伸びを目指すと広く宣言した。買収が完了してまもなく、ヴィルヘルム・フォン・オペル（当時のオペル社長）が全ディーラーと代理店をフランクフルトに招いて、大規模な会議を催した。ドイツのほか、輸出先である周辺諸国からも、合計で五〇〇人から六〇〇人ほどが集まっただろうか。席上で私は、GMの方針を紹介した。ドイツは工業化が進んだ国だが、自動車生産にかぎってはアメリカよりもかなり低い水準にとどまっているとも述べた。オペルについては、いずれ年間生産台数を一五万台にまで伸ばせるはずだと打ち上げた。この発言がドイツ語に訳されると、会場には失笑が広がった。「現実が見えずに理想ばかりを唱えるアメリカ人が例によってたわごとを言っている」と受け取られたのだろう。ちなみに今日では、年間生産量は六五万台にまで伸びている。

オペルを買収した直後に私たちは、I・J・ロイターをマネジング・ディレクターとして送り込んだ。ロイターの前職はオールズ事業部長で、技術に詳しいほか、製造、販売の経験も有する実践肌の経営者だった。ドイツ系の家庭に生まれ育ったため、ドイツ語を流暢に操った。説得は難航したが、ロイターは最後はこの人事を受け入れてくれた。二九年九月、私とロイター、彼が部下として選んだ数名がリュッセルスハイムを訪れ、正式にロイターの任務が始まった。

ドイツでの事業展開はおおよそ私の考えどおりに進んだが、イギリスについては最終的にはムーニーの意見が通った。二九年には、ボクスホールをテコ入れするか、イギリス市場から撤退するか、道は二つに一つであることがはっきりしていた。「ボクスホールは小型車を生産すべきである」というムーニーの意見が採用され、三〇年に低価格の六気筒車が製品ラインに加わった。この年は、ボクスホールが初めて輸送用車両の市場に参入したという意味でも、節目に当たっていた。ボクスホールは、トラック分野では強い地位を築いたが、乗用車事業は低迷から抜け出せなかった。そこで私は三二年の初め、小委員会を設け、委員たちにイギリスに赴いて報告書を作成し、製品プランを立てるように求めた。アルバート・ブラッドレー（当時財務担当バイス・プレジデント）率いる小委員会は、「ボクスホールは現行車種の生産を中止して、小型軽量の六気筒乗用車、次いで四気筒乗用車を市場に投入すべきである」との提案を取りまとめた。「ライトシックス（軽量六気筒車）」は三三年に、馬力の小さい四気筒は三七年にそれぞれ発売された。小委員会の提案は、ボクスホールの方向性を決定づけたといえる。現在、ボクスホールは乗用車・トラック合計で年産を三九万五〇〇〇台にまで伸ばしている。

オペルの買収、ボクスホールのテコ入れをとおして、GM本体も重要な変化を経験した。国際的なメーカーへと脱皮して、世界のあらゆる地域に市場を求めるようになったのだ。状況の許すかぎり、製造、組み立て用の施設や組織を設けて、市場のニーズに応える心構えを身につけた。国際化に向けて、強い意志を固めたのだ。

二〇年代末にボクスホールとオペルを傘下に収めていたのは、GMにとって幸いだった。なぜなら、二九年に全世界が大恐慌に陥ったため、アメリカのメーカーの例に漏れず、GMの輸出も急減したからだ。二八年には二九万台だった北米からの輸出台数が、三二年には実に四万台へと落ち込んだ。その後、輸出量は回復に転じるが、海外生産の伸びがそれを上回った。三三年、ボクスホール、オペルの合計販売台数が、アメリカからのGM車の総輸出台数を初めて上回った。第二次大戦前に、輸出、現地生産を合わせた海外事業が最も活況だったのは一九三七年で、この年、北米からの輸出は一八万台、海外での生産・販売は一八万八〇〇〇台を数えた。

しかし第二次大戦の火ぶたが切られると、海外事業の先行きには当然、大きな暗雲が垂れ込めた。枢軸国側がいずれ敗れるだろうと予想しながらも、世界の政治・経済がどのような方向に進むかを確実に見通すことはできなかった。四二年、GMは私の発案で戦後計画ポリシーグループを設置して、世界政治の将来を予測したうえで、GMがどのように海外事業を展開すべきかを提言する、という重い任務を負わせた。このポリシーグループの議長は私自身が務めた。GMのバイス・プレジデント兼海外事業部長、エドワード・ライリーが、私とポリシーグループ全体のために、戦後の海外での政治・経済状況について、可能なかぎりの予測を取りまとめてくれた。その内容の大半は、私に宛てられた四三年二月二三日付の書簡に記されている。やや長くなるが、その一部を引用したい。戦時中にGMは、主にこの内容に沿って将来の海外事業について構想を練っていった。

（前略）私は確信しております。……この大戦が終われば、アメリカは第一次大戦の後よりもさらに国力を強めるでしょう。つまり、国内政治がどのような方向に進もうとも……アメリカはこれまで四半世紀にわたる歴史の教訓がありますから、二度と孤立主義を選ぶことはないはずです。アメリカの指導、介入、支援がない状況ではこれまで、国際情勢はアメリカの利益に反する道を歩んできましたし、再びそのような道を歩むでしょう。

イギリスに関してはすでに、現状から先行きを占えるように思われます。とりわけ、イギリス社会の中枢にいる人々は、生産効率を高めてコストを押し下げ、貿易国として世界市場で競争しようと強い決意をみなぎらせています。戦前は基幹産業がカルテルで守られていて、生産コストが高かったため、市場を保護する必要がありましたが、そのようなあり方とは決別しようというのです。

イギリスではもう一つ、「英連邦に発展と平和をもたらすためには、アメリカと政治面で緊密に連携することが欠かせない」との認識が芽生えつつあります。

……今日得られる情報によれば、ソビエト連邦では今後も、戦争など武力に頼った対外侵略よりも、平和的発展を目指す政治路線が主流であり続けるでしょう。

ソ連の影響力は西方すなわちヨーロッパだけでなく、南や東へも及びつつあります。ペルシャ、インド、中国、満州国、そして日本までもが、これまでにこの影響力を感じてきました。……ソ連は戦後も、あらゆる国や地域に影響力を及ぼそうとするでしょう。

社会、経済に関するロシア流の哲学は、これからも国境を越え続け、受容性を持った社会に広まり発展していくのではないでしょうか。このような哲学が広まるのを防ぐには、何よりも、それを受け入れる素地を失わせて、アメリカ的あるいはイギリス的な価値観に根差した生活のほうが人々にとってははるかにプラスだと示すことでしょう……。

以上のような考え方をまとめますと……おそらくソ連の西、南、東で境界線が引かれ、その内側ではロシア的な思想が主流を占めて、外側ではアメリカ的、イギリス的なものの見方が一般的になるのでしょう。

……過去の経験からは、戦後もロシアの影響を受け続ける地域は、当社の市場として望ましいとはいえないと思われます。

以上は知識に裏打ちされてはいても、暫定的な予測にすぎなかったのだが、全体としてかなり的を射ていた。戦争中に私たちの念頭にあった事柄をまとめると、「冷戦」の到来を見通していたといえるだろう。併せて私たちは、戦争が終われば、世界の広い地域でGMの海外事業が興隆するだろうと自信を持っていた。

ライリーのレポートをはじめ各種の資料を検討した後で、アルバート・ブラッドレー率いる海外ポリシーグループは、一九四三年六月に海外への事業拡大についての方針を決定した。このグループが抱えた大きな課題は、戦後に海外で大規模なメーカーを買収すべきかどうかだった。決定された方針では世界的な工業化へのトレンドに触れて、この流れが将来的に続き、さらに大きなうねりとなるだろうとしている。次いで、事業拠点を持つさまざまな国や地域でGMはこの流れを支え、みずからもそれに乗ると述べている。「ただし」と方針は続く。「戦前にまったく経験のない国で、乗用車やトラックの製造に必要な基礎条件が整うまでには、しばらく期間を要するだろう。オーストラリアは例外だが……」。言い換えれば、オーストラリアを別にすれば、戦争が終わった時点でGMは海外で大きな製造拠点を手に入れる意思はなかったのである。

戦後に起こった問題

戦後まもなく、オペルの工場に関して難問が持ち上がった。各工場は開戦直後にドイツ政府によって没収されていた。四二年には、オペルへの総投資額はおよそ三五〇〇万ドルに達していたが、敵国での資産についての財務省規則に基づいて、課税所得からの控除が認められた。だが、オペルへの出資や責任すべてが帳消しになったわけではない。戦争終結が近づくにつれて、GMは依然としてオペルの所有者と見なされているのだと、改めて思い起こさせられた。そしてまた、所有者である以上、資産への責任を果たすべきだと自覚させられた。

オペルの経営に再び実質的に関わっていくかどうかは、あの時点では白紙だった。工場がどのような状態にあるのかわからず、税負担の扱いも不明だった。この問題を探るために専門の委員会がGM社内に設けられ、四五年七月六日に海外製品グループに宛てて調査結果を報告している。

1 資産の現状について情報が得られず、オペルの株式を処分すべきかどうかについては、現時点では判断不能である。
2 株式を額面価格で売却しても、オペル資産の返還を受けた場合の税負担は減免されないだろう。
3 戦時中に失った財産の回復に関する法律は、回復財産に対する税率、課税の限度、回復時期、評価方法などをいっさい明確にしておらず……。（後略）

さらに状況を複雑にしたのが、ソ連政府が戦争賠償としてオペルの資産を引き渡すように求めていたという事実である。ある時期には、その要求が通りかねない雲行きだった。だが四五年の後半に戦火が収まると、アメリカ政府はこうした要求を断固はねつけた。ただし、オペル資産を戦争賠償として差し出すべきかどうかという議論に、GMはまったく関わらなかった。実際、一時私は、オペルから利益を得ることはもはや期待できないだろうと考えていた。四六年三月一日、私はライリーに宛てた書簡に次のように記している。

個人的には、正しいか正しくないかは別として、現状から見て取れるかぎりでは、利益を上げることを重んじるなら、GMが戦前と同程度の事業責任を果たすのが適切だとは思えません。……大きな努力が求められるでしょうが、あなたが示したように市場が小さいのであれば、その努力が報われるとは……。(後略)

私の結論はいかにも悲観的だ。残念だがそこには、戦争とそれによる荒廃が私の心に大きな影響を与えたことが示されている。そしてもちろん、オペルの状況がほとんど見えてこないという事実も、悲観的な見方に拍車をかけていた。GMはドイツのアメリカ占領地域に置かれた連合国軍政府と、二年間にわたって協議を続けた。アメリカ軍政府の長官ルーシャス・D・クレイからは、「できるだけ早くオペルの資産を取り戻せるように、力を貸そう」との言葉を寄せられた。クレイは、対処が遅れれば、ドイツ政府の任命する管財人の手に渡ってしまうと強調した。

一九四七年一一月二〇日、経営方針委員会が財務方針委員会に、「GMはオペルの経営に復帰するべきだ」と提言した。この提言は、海外ポリシーグループによる同じ見解を受けたものだった。

続く一二月一日、財務方針委員会はこの問題を検討して、オペルの実情を詳しく調べるために小委員会を設けた。当時の社長C・E・ウィルソンがメンバーを指名し、経験と能力を兼ね備えた経営者B・D・クンクルが議長となった。メンバーにはE・S・ホグルンド(海外事業担当)、フレデリック・G・ドナー(財務担当バイス・プレジデント)、ヘンリー・M・ホーガン(法律顧問)、海外での経験が長く、エンジニアリング、生産両方に通じたR・K・エバンス(バイス・プレジデント)などが顔を揃えた。

一行は二月一一日にニューヨークを発ち、三月一八日に帰着した。この間、オペルの財務状況をつぶさに調べ、ベルリン、フランクフルト、ウィスバーデンで軍政府の代表者に話を聞き、オペルの上層部、現地の主要サプライヤー、ドイツ政府の地域代表者、オペル労働組合の役員など多くのドイツ人とも意見を交わした。さらにイギリス、オランダ、ベルギー、スイスの財界人、銀行家、政府高官、ワシントンのアメリカ国務省、軍部などにも接触したうえで結論を出している。

検討委員会の調査結果は、一九四八年三月二六日に社長に提出された。貸借対照表（バランスシート）の体裁を取っていて、オペルの経営に復帰することによる利益と損失が示されていた。結論は「オペルの経営に戻るべきだ」とされていた。しかし四月五日の財務方針委員会で、これに異議が出された。議事録にはこう書かれている。

「西ドイツで事業を再開すべきかどうか」というテーマを検討するために社長が指名した特別検討委員会から、一九四八年三月二六日付でレポート（№五八〇）の提出を受ける。

当財務方針委員会の結論は、オペルをめぐる情勢はあまりに不透明であるため、現時点で経営に復帰するのは適切ではないというものだ。（後略）

海外ポリシーグループは翌四月六日に会議を持ち、前日に財務方針委員会が出した結論について話し合った。特別検討委員会から提出されたレポートについてさらに考えたところ、財務方針委員会が反対しているのは、オペルを取り巻く重要な状況について、多数のメンバーが不透明性を感じているからだとの見解に至った。そしてこの不透明性は、煎じ詰めていけばいくつかの基本的な問いに集約できると考えた。私は「何が不透明なのか、その大多数を明確に示して、短いメモにまとめれば、財務方針委員会に再考を促せるのではないか」と強く訴え、ライリーに、メモをつくるための基礎資料を揃えるように頼んだ。加えて、メモに十分な内容と効果が認められれば、私から財務方針委員会に追加レポートを提出して、この問題を再検討するように求める、と言明した。

ウィルソンは四月九日付で私に書簡を寄せ、その中で「財務方針委員会の決定以降、オペルのことが頭を離れない」と述べた。書簡の一節を引用する。

（前略）月曜日の財務方針委員会では、ドイツでの事業再開に賛成なのが私だけだと知って、驚かずにはいられませんでした。ドナー氏だけは例外で、自分がメンバーを務める特別検討委員会による全会一致の提言を支持したわけですが……。いずれにしましても、この問題をいつまでも放置しておくわけにはいきません。財務方針委員会で再び議論すべきでしょう。イタリアの総選挙が終わり、ウォルター・カーペンターとアルバート・ブラッドレーが議論と最終決定に加われるようになってからでは、遅いのではないでしょうか。（後略）

私は四月一四日付で返事をしたためた。

（前略）月曜日の会議では、ドナーと（おそらく）ブラッドレーを除いては、事業再開に賛成なのはご自身だけだと知って驚かれたとのこと。けれども、実際にはそうではありません。私も実は、すぐにでもドイツでの事業を再開したいと常に望んできました。現在でもその気持ちに変わりはありません。詳しい情報が揃っていて、その内容に全幅の信頼をおけたなら……。

財務方針委員会には、あなたの意見に沿って明確な方針を打ち出せればよいとの考えで臨み、そう強く訴えました。しかし、方針が打ち出せないので、反対に回らざるを得なかったのです……。

現状にはとても満足できない、というあなたの意見には同感です。月曜日の会議が終わった折にも、割り切れない思いがありました。火曜日の会議ではさらにその思いが募りました。だからこそ私は、月曜日に試みたのと同じように火曜日も、事業再開を導けるような提案を求めたのです。そのような提案がなされれば、財務方針委員会の決定を覆せると信じています。どちらにせよ、すべては委員会にかかっているのです。

その後私とライリーは何回も議論を重ね、不確実な点を解き明かし、海外事業部が経営の観点から受け入れてくれそうな条件を煮詰めていった。こうしたやりとりをもとに私はレポートを作成して、一九四八年四月二六日付で財務方針委員会に提出した。そのなかで重点を置いたのは、以下の諸点である。

1　これは一九二八年に財務委員会が直面した問題とは異なる。その点を理解しておくのが重要だ。ドイツで事業を展開するかどうか、という問題ではないのだ。GMはすでにドイツに進出している。この問題の本質は、GMの大方針の中でもきわめて重要な原則に関わっている。この点は後に触れるとして、ここでは具体的な説明を行いたい。一九二八年には、巨額の投資が絡む判断を迫られていた。海外で高度な製造オペレーションを完全にこなせるか、従来と無関係ではないが異なる製品ラインにどれだけの市場があるか、利益を得られるかどうかなど、さまざまな点が不明確だった。しかしいま私たちの目の前にあるのは、資本投下を要する問題ではない（後略）。

2　レポートに示されているのが、経済不況に近い状態であるのは間違いない——少なくとも、企業を発展させようとの立場から見れば。しかし、それはやむを得ないことではないだろうか。戦争の終結以来、ドイツの経済は絶えずこのような状態にあったのだ。企業を懸命に再建しようとする立場から見れば……。（後略）

3　GMが、自国のみで製造を行い、国内企業にとどまったまま他国に市場があれば輸出をするのか、国際的な企業として発展を続けるように運命づけられている（すなわち大きな市場機会のある国ではアメリカの製造諸部門の助けを得ながら、あるいは単独で現地製造を行う）のかは、二〇年代後半にすでに決められている。……私は、GMは好むと好まざるとにかかわらず、積極的にこの方針を実践すべきだと考えている。具体的な事例に関しては、問題はもっぱら、長期的な事業リスクに見合った利益が得られそうか否かという点に尽きるのではないだろうか。

私は以下のように具体的な提案をした。

1　財務方針委員会は四月五日の結論を見直し、レポートをもとにこの問題を再検討すべきである。

2　二年間を暫定期間として、この期間にかぎってオペルの経営再開を認める。以後は、その時の状況を考えながら、再び判断を下す。

3　項目4に挙げる条件のもとで、オペルの経営権を再び行使する。これら条件は、誰も、またどのような機関も保証するものではなく、また責任を負うものではない。もっぱら、二年の間に経営陣が「経営を続けるのが無益あるいは不可能だ」と判断した場合に備えて、撤退の条件としてあらかじめ定めておくものである。

項目4には、項目3で言及した諸条件を示した。

・GMはオペルに追加投資を行わず、信用供与枠を用いる。

・人材戦略と経営実務に関して、フリーハンドを得る。

・製品はもっぱら経営陣の管轄下に置き、価格について政府の承認を要する場合には、投下資本に対して適正な利益を確保する。

五月三日、財務方針委員会はオペルの案件を再び検討の俎上に載せた。その議事録は以下のとおりである。

アルフレッド・P・スローン・ジュニア氏から、一九四八年四月二六日付のレポート（№六〇六）が提出される。レポートには、「所定の条件のもとでオペルの事業運営を再開する」との議決を求める提言が盛られている。当委員会は、以下の諸点をもとに判断を下すべきだとの意見で一致した。

（1）GMはオペルに追加の資本投入は行わない（あるいはけっして投入を保証しない）。

（2）経営を再開しても、GMが連邦政府に支払う法人所得税には変動がない。

続いて、GMの法人税に関して幅広い議論が行われた。ホーガン、ドナー両氏から、「現時点でオペルの経営を再開しても、アメリカでの法人税支払いに関してGMに不利益が生じるおそれはないだろう」との意見が出される。動議への賛成をへて、以下の前提条件と結論が全員一致で採択された。

財務方針委員会の理解では、オペルの経営を再開するに当たって、GMは追加資本を拠出する義務を負わず、拠出を保証するものでもない。

併せて、当委員会の理解では、現時点でGMがオペルの経営を再開しても、連邦政府への法人税支払いに関して不利益を被るおそれはない。

以上の前提のもとで、次の諸点を議決した。
・財務方針委員会は経営方針委員会に対して、オペルの経営再開に異議を示さない旨を表明する。
・これらの判断に照らして、オペルの経営は経営方針委員会が適切と考える条件のもとで再開する。
・アルフレッド・P・スローン・ジュニアから提出された四月二六日付のレポート（No.六〇六）を経営方針委員会に送付する。

これでGMの立場は明確になった。GMの狙いは、①財務方針委員会の定めた枠内でオペルの経営を再開する、②アメリカ軍政府との間でオペルの資産凍結解除の交渉を進めるために、無数の重要事項を明らかにして、GMが再びオペルの舵を取るのを認めてもらうことである。最終的にこれらすべての目的が達せられ、一九四八年一一月一日、GMは次のように発表した。

GMは、本日をもってアダム・オペル（本社ドイツ・フランクフルト郊外リュッセルスハイム）の経営を再開したことを発表いたします。マネジング・ディレクターには、GM海外事業部の前ヨーロッパ地域担当マネジャー、エドワード・W・ズネクが就任しました。今週、GMアメリカから九人の取締役が選任され、取締役会長はエリス・S・ホグルンド（GM海外事業部副事業部長）が務める運びとなりました。

一九四九年には、オペルの販売台数は乗用車・トラック合わせて四万台に達した。その後も、西ドイツの産業全般が目覚ましい速さで復興するのと軌を一にしながら、オペルの販売台数も急拡大、五四年には戦前の記録を更新して、一六万五〇〇〇台近くを売り上げた。

オーストラリアへの進出

GMは、戦後まもなくオペルの経営再開を議論していたわけだが、それと並行してオーストラリアでメーカーを買収した。オーストラリアではすでに二〇年代初めに、進出の足がかりを得ていた。当時のオーストラリアではアメリカ車が圧倒的な人気を誇っており、売上シェアが九〇%を超えた年もあった。しかし政府は、アメリカからボディが流入するのを防ごうとした。ツーリング・カーのボディに課せられた関税は六〇ポンド。およそ三〇〇ドルに相当した。この関税は、船積みスペースの不足とお定まりの「国内産業の育成」を理由に第一次大戦時に設けられた。GMでは高い関税を避けるために、一九二三年にアデレードのホールデンス・モーター・ボディ・ビルダーズとボディの購入契約を結んだ。

ホールデンスは、もともと皮革製品のメーカーで、第一次大戦期に自動車ボディの生産を始めていた。GMはこの企業と結びつきを強め、二〇年代後半にはそのボディ製品をほぼ一手に購入していた。二六年にはGMオーストラリアを設立して、現地で組立工場の建設を始め、ディーラー組織も築き始めた。三一年、ホールデンスを完全買収してGMオーストラリアと合併すると、社名を「GMホールデンス」と定めた。GMホールデンスは多数の部品を製造するようになった。こうして第二次大戦が終わった時には、GMはオーストラリアで製造経験を積んでおり、ディーラー組織も出来あがっていたのだ。市場についても熟知していた。

ホールデンスに完成車の製造機能を持たせようと決断したのは、戦火が鎮まる以前だった。この章の前半で述べたように、海外ポリシーグループ（議長ブラッドレー）が一九四三年六月に採用した方針では、「GMが戦後、他国に大規模な製造拠点を設けるとしたら、考えられるのはおそらくオーストラリアだけだろう」としている。四四年九月には、海外ポリシーグループは、オーストラリアでの完全な現地生産が望ましいと判断した。これは時宜を得た判断だった。その年の一〇月、GMは他社や他機関とともに、オーストラリア政府から自動車生産についての提案を求められたのだ。私たちはすでに明確な考えを持っていたため、すぐにこの申し出を受けることができた。四四年一一月一日付で、海外ポリシーグループの承認のもとで業務執行委員会に提出されたレポートには、オーストラリアで現地生産を行うべきだとの主張が盛り込まれていた。具体的な指摘をいくつか引用しておきたい。

①当社は部分的にせよ現地生産を行っているため、全面的な現地生産に移行したとしても、規模を広げればすむ問題だといえる。
②オーストラリアは熟練労働者、安価な鉄鋼など、自動車製造の基礎的な経済条件が整っており、気候もよい。
③市場が関税によって保護されている以上、完成車の現地生産に踏み切らなければ、シェア低下は避けられない。

GMホールデンスの位置づけについては、一九四五年三月にオーストラリア政府との間で合意にこぎつけた。以後四六年にかけて、アメリカ国内のエンジニア、製造担当者およそ三〇人とその見習いをデトロイトに集めて、新しく製造業務を立ち上げるための準備説明を行った。このグループはアメリカを発つ前に、三台のプロトタイプ車を製造した。そして四六年秋、彼らとその家族——合計で七五人ほど——がカナディアン・パシフィックの特別チャーター列車でデトロイトを発ち、バンクーバーへ向かった。テスト用車両、必要な技術データ一式、数トンにも及ぶ設計図と資料、そして大いなる〝デトロイト魂〟を伴った旅である。一行は一二月にバンクーバーからチャーター船に乗り込み、オーストラリアへ渡った。オーストラリア市場へ第一号製品を送り出したのは一九四八年。一一二台が売れた。

その後生産量は五〇年に二万台、六二年に一三万三〇〇〇台へと伸び、現在では一七万五〇〇〇台の生産に耐えられるよう、設備拡大が進められている。

第19章

多角化：非自動車分野への進出

NONAUTOMOTIVE: DIESEL ELECTRIC LOCOMOTIVES, APPLIANCES, AVIATION

モーターに関連する事業

ＧＭは乗用車やトラックだけではなく、ディーゼル電気機関車、家電、航空機エンジン、ブルドーザーなどの耐久消費財を製造している。自動車以外の製品は、軍需関連を除いた売上げ全体のおよそ一〇％を占めている。しかし私たちは、多角化には常に一定の枠を設けてきた。「耐久消費財」以外は製造した経験がなく、ごく一部の例外を除けば、すべて自動車に関連した製品なのだ。デュラントですら、あれほどすさまじい勢いで事業拡大と多角化を進めたにもかかわらず、「ゼネラルモーターズ」という社名から想像しがたい分野への進出は、ほのめかしすらしなかった。

ここでは、自動車以外の製品について個々の歴史を振り返ろうとは思わない。本章ではむしろ、ディーゼル分野でのパイオニア的な取り組み、フリジデアー製品の開発、そして航空関連事業に絞って紹介していきたい。

自動車以外の事業について、一定のパターンに沿って話を進められればよいのだが、現実には偶然その他のファクターによる影響が避けられない。そもそもGMは、自動車の売れ行きが落ち込んだ場合に備えて、ごく自然に多角化に目を向けていた。ただし、基本計画に当たるものを設けたことはない。その時々に、異なった理由から他分野に進出してきており、いくつかの重大な局面では強運にも恵まれた。ディーゼル・エンジンの製造に参入したのは、ケッタリングが強い関心を寄せていたからだ。ケッタリングは一九一三年にはディーゼル動力の実験を行っていた。農業用の照明セットを製造したいと考え、それに適したエンジンを探していたのだ。ケッタリングは自分の興味関心に突き動かされて、GMを冷却装置の分野へも導いていった。とはいえこれから述べていくとおり、仮に他の状況に適していなかったなら、GMはほどなくフリジデアー事業から撤退していたに違いない。他方、航空分野に乗り出したのは、小型飛行機は自動車にとって見逃せない脅威だと考えたからである。

ぜひとも念頭に置いていただきたいのだが、GMが力を入れ始めた当初、これらはいずれも比較的新しい分野だった。当時のアメリカでは、主要鉄道路線に対応可能なディーゼル機関車は生まれていなかった。冷蔵庫はおよそ実用的とはいえず、飛行機の将来は未知数だった。言い換えれば、私たちが資金力と技術力を注いで行おうとしたのは、単に自動車以外の製品分野に支配力を及ぼすことではなかった。早い時期——実に四五年前——に新しい領域に足を踏み入れ、その発展に尽くそうと考えたのである。これら事業は拡大してきているが、近年ではGMはまったく新しい分野への新規参入は控えている。例外として、一九五三年にユークリッド・ロード・マシナリー・カンパニー（ブルドーザーのメーカー）を買収したほか、軍需生産にも携わっている。

ディーゼル電気機関車

GMは一九三〇年代初めに機関車製造を始めたが、細々とにすぎなかった。アメリカの鉄道会社は、ディーゼル機関車に大きな関心を寄せておらず、唯一の用途は車両入れ替え用だった。ところが一〇年もへないうちに、ディーゼル機関車の売上げは蒸気機関車を上回り、とりわけGMは他社の合計をしのぐほどの売上高を誇るようになった。エレクトロ・モーティブ事業部（EMD）はディーゼル革命を牽引し、鉄道業界の大幅なコスト削減を後押ししてきたため、機関車市場で大きな力を振るっている。

機関車の分野でこのように目覚ましい発展を遂げられたのは、主に二つの理由によると思う。第一に私たちは、鉄道での長距離輸送に適した軽量・高速エンジンを開発しようと、他社よりも粘り強く取り組んだ。第二に、自動車分野で用いていた製造、エンジニアリング、マーケティングの考え方を機関車分野に応用した。GMがディーゼル機関車の製造に乗り出すまでは、機関車はすべて注文生産だった。鉄道会社が実に細かく仕様を決めていたため、アメリカの機関車はどれもみな異なっていた。しかしGMでは参入まもない頃から、低価格で量産可能なモデルを標準として採用してはどうかと鉄道会社に提案していた。併せて、トン・マイル当たりの正味コストを蒸気機関車よりも抑えながら、高い性能を保証し、サービス組織を設けて標準取り換え部品を取り揃えることでそれを裏づけた。この施策は機関車産業に革命を起こし、そこでのGMの地位を揺るぎないものにした。

より小型で強力なディーゼル・エンジン

いうまでもなく、GMが関心を向けた時点では、ディーゼル・エンジンの原理はすでに世に知られていた。一八九二年にドイツの発明家ルドルフ・ディーゼルが最初の特許を取得して、九七年には一気筒二五馬力のディーゼル・エンジンを完成させている。その翌年には早くも、アメリカで二気筒六〇馬力が実現している。これら初期のディーゼル・エンジンにも、今日のディーゼル機関と大差ない圧縮点火の原理が用いられていた。

ここで、四サイクル・ディーゼル・エンジンの仕組みを説明しておきたい。ピストンは最初の吸引時に空気のみを取り入れ、次のストロークでは、吸い込んだ空気を一平方インチ当たり五〇〇ポンドほどに圧縮して、華氏一〇〇〇度前後の高温状態にする。この圧縮ストロークが終わる直前には、石油の微粒子が高圧力の内燃室に吹き入れられる。すると高温の空気によって、この燃料が点火されるのだ。ピストンの三回目、四回目のストロークでは、ガソリン・エンジンと同じようにパワーが生まれ、消費される。ただしディーゼル・エンジンでは、気化器（キャブレター）も電気点火装置も不要であるため、ガソリン・エンジンよりも構造がすっきりするとの利点がある。

このようにディーゼル・エンジンは、燃料をじかに動力源に変える。この意味で、蒸気を生み出すためだけに燃料を用いる蒸気エンジンとも、点火前に燃料を気化させるガソリン・エンジンとも異なっている。この両者と比べてディーゼル・エンジンは高効率で、実際、日常的に用いられる熱機関の中では最も熱効率が優れている。今日では石油を蒸留したものが用いられているが、過去には他の燃料も試された。ルドルフ・ディーゼルは、石炭を粉末にして使おうと試みたようだが、当初から技術者たちの反対にあい、結局はスコーリング（エンジン表面の損傷）を避けるために石油を選んだという。石炭粉末は後に、ルドルフ・ディーゼルの原案を実現しようとする人々によって試験的に用いられ、他の燃料も試みられた。だがいずれにしても、ディーゼル・エンジンの燃料としては石油が定着している。

ディーゼル・エンジンは効率の面できわめて優れていたにもかかわらず、何年もの間、ほとんど実用化されずにいた。なぜなら、ほぼ例外なくサイズが大きく、重く、動きが遅かったため、発電所、ポンプ、船などに用途がかぎられたのだ。一馬力当たりの重さは二〇〇から三〇〇ポンドもあり、この点が、小型でしかも馬力とスピードに優れたディーゼル・エンジンを生み出すうえでは、何より大きな障害となっていた。

すでに述べたとおり、ディーゼル・エンジンには原理的な新しさはなかった。言葉を添えるなら、GM製ディーゼル機関車にも、一つとして新しいコンセプトに基づく部品は用いられていなかった。欠けていたのは、障害を乗り越えてでも実用性を高めていこうとする想像力、積極性、資質であった。

ヨーロッパでは一九一〇年代からこのために努力が重ねられ、一九二〇年にはディーゼルの車両や機関車が運用されていた。三三年にはアメリカでも一部のディーゼル・メーカーが、入れ替え機関車向けにディーゼル・エンジンの量産を成し遂げた。入れ替え機関車は重いほうが望ましく、運用コストが蒸気機関車よりも低かったため、商用的にもある程度は成功したといえる。それでも、旅客あるいは貨物といった主要分野では重量、馬力、サイズの制約が厳しかったため、ディーゼル・エンジンの普及は進まなかった。GMのエンジニアにとっても、ディーゼル・エンジンの馬力当たり重量をいかに減らすかが最大の課題だった。

GMほどの組織規模になると、大きな施策に関して、功労者（失敗した場合は責任者）を一人に特定するのはまず不可能だろう。だがディーゼル・エンジンの開発全体に考えをめぐらすと、チャールズ・F・ケッタリングの存在が大きく浮かび上がってくる。GMリサーチ・コーポレーション（リサーチ・ラボラトリーズの前身）は、ケッタリングが厳しく目を光らせるなか、一九二一年には早くもディーゼル・エンジンの試験を行っていた。ケッタリングは二八年四月に、プライベート用にディーゼル・エンジン付きのヨットを購入し、以後はすっかりディーゼル・エンジンの虜になっていった。ケッタリングをよく知る人なら誰もがうなずくだろうが、ヨットに乗っている間、彼はデッキでくつろぐよりもエンジン・ルームで考えにふけることのほうが多かった。彼にはすでに、ディーゼル・エンジンから不必要な大きさと重さを取り除けるという確信があったのだ。

私自身もほぼ時を同じくして、GMの力でディーゼル・エンジンを進歩させられないかと考え始めていた。遠い日の記憶ではあるが、私はデトロイトのリサーチ・コーポレーションにふと立ち寄り、ケッタリングにこう問いかけたことがある。「ケット、いったいどうしたわけだろう。効率で優れているはずのディーゼル・エンジンが、なぜ広く使われていないのだろう」。返事はいかにも彼らしい言い回しだった。「エンジニアたちが納得するような働きをしていないからだろう」。私は言った。「なるほど――それもわかるが、我々はディーゼル・エンジンで稼いでいるんじゃないか。どういった働きをすればいいのだ？　それを聞かせてもらえれば、実現にふさわしい製造施設を探そう」。もちろん、「ディーゼル・エンジンで稼いでいる」というのは言葉のあやにすぎない。ケッタリングを組織として後押ししたい、というのが、そこに込めた私の思いだった。

一九二八年、ケッタリング以下リサーチ・ラボラトリーズのエンジニアたちは、当時各社が製造していたディーゼル・エンジンをあらゆる角度から試験した。その結果と、ディーゼルに関する最新の研究成果をもとにして、ケッタリングは二サイクルのディーゼル・エンジンによって問題が解決できると判断した。二サイクル・エンジンそのものはすでに開発されていた。ケッタリングの真骨頂はむしろ、ディーゼル・エンジンを小型化するためには、二サイクルの原理が最適だと見抜いた点にある。徹底的に検討がなされたにもかかわらず、二サイクルはそれまでは低速の大型エンジンにしか適さないと信じられていたのだ。

二サイクル・エンジンでは、新鮮な空気を吸入するのと同時に、燃焼ガスが消費される。四サイクル・エンジンの四回ごとに対して、二サイクルの場合には二回ごとに動力行程が訪れ、その結果、同じ馬力であっても重量が五分の一以下、サイズが六分の一以下に抑えられる。ところがサイズが小さくなったのはよいが、ゆゆしい問題がいくつか持ち上がった。何よりケッタリングたちが開発した二サイクル・エンジンでは、燃料噴射にきわめて高い正確性が必要とされた。具体的に説明しよう。リサーチ・ラボラトリーズは以下の条件を満たす部品を生産するように求められ、最後にはその使命をまっとうした。

・燃料噴射機の精密度は三〇〇〇万分の一ないし六〇〇〇万分の一インチ。
・噴射機の先端にあいた直径一万三〇〇〇分の一ないし一〇〇〇〇分の一インチの穴から、噴射ポンプに燃料を送り込んで、平方インチ当たり三万ポンドの圧力を生み出す。

二サイクル・エンジンには外づけポンプも欠かせない。これも頭痛の種だったが、リサーチ・ラボラトリーズは遂に必要な品を完成させた。小型軽量でなおかつ、大量の気体に三から六ポンドの圧力を加えられる機器がつくられたのである。

二社を買収する

一九三〇年代末には、二サイクル・エンジンは確かな実用性を備え、ケッタリングがディーゼル技術の分野で輝かしいブレークスルーを成し遂げたことが明らかになった。そして以前に彼に約束したとおり、製造施設を用意すべき時期が訪れていた。私たちは特殊な条件を満たす施設を探し求めた。やがて、ウィントン・エンジン・カンパニー、エレクトロ・モーティブ・エンジニアリング・カンパニー（ともにオハイオ州クリーブランド）という二社の買収を決めた。

ウィントンは大型のガソリン・エンジンのほか、主に船舶向けにディーゼル・エンジンを製造していた（ケッタリングのヨットに搭載された二機目のエンジンもウィントン製だった）。エレクトロ・モーティブのほうは、エンジニアリング、設計、販売に特化しており、製造施設は持っていなかった。両社はすでに一〇年近くにわたって互いに緊密な関係を保っており、主として短距離向けガス・電気車の設計・販売で高い名声を得ていた。ウィントンは二〇年代にはほぼ一貫して、この種の用途に適したエンジンを事業の柱としていた。だが、蒸気エンジンに比べてガソリン・エンジンの運用コスト面での優位性が失われ始め、二〇年代末にはガス・電気車を売り続けるのが難しくなった。この流れはウィントン社にも影響を与えずにはいなかった。

こうした状況のもと、ウィントンとエレクトロ・モーティブは二八年から二九年にかけて、鉄道用エンジンにディーゼルを応用できないかと真剣に考え始めた。しかし、エレクトロ・モーティブのハロルド・ハミルトン社長（当時）は、ケッタリングと同様に、燃料噴射の壁に突き当たった。ハミルトンもまた、小型のディーゼル・エンジンを開発しようとしていたが、その頃の技術では、一馬力当たり六〇ポンド前後が限界だった。ハミルトンの考えでは、機関車のエンジンは一馬力当たり二〇ポンド以下に抑えるべきで、クランクシャフトの回転数も一分間に八〇〇前後が必要とされた。

この仕様をほぼ満たせるディーゼル・エンジンが何種類かはあったが、彼は、鉄道向けに十分なパフォーマンスと信頼性を生み出すことはできないだろうと考えた。さらにハミルトンは、望ましいディーゼルを製造するためには、金属チューブとジョイントに、一平方インチ当たり六〇〇〇ポンドないし七〇〇〇ポンドもの圧力を受けた燃料を運べ、なおかつ耐久性がなくてはならないと見ていた。ウィントンにはここまで高い水準の冶金技術はなく、ハミルトンが業界を見渡しても、心当たりはなかった。彼は最終的に、自身の問題、そしてウィントンの問題を解決するには、一〇〇〇万ドルの投資が必要だと結論づけた——技術面での課題を解消するのに五〇〇万ドル、製造用の工場と機械におよそ五〇〇万ドルである。

ハミルトンとジョージ・W・コドリントン（ウィントン社長）はすぐに、銀行から融資を受けられる見込みはなく、鉄道業界にも出資は期待できないと悟った（鉄道会社、機関車メーカーともディーゼルにさほど関心を示さず、研究を行う意思はなかった）。ところがそのような折にケッタリングが、二艇目のヨット用としてウィントンにエンジンを発注したのが縁で、コドリントンと知己を得た。ケッタリングは、ウィントンのエンジニアたちが開発した新型噴射機に将来性を見出し、コドリントンが——しぶしぶながらも——その取りつけに同意したので、それだけの理由でエンジンの購入を決めた。ウィントンをGM傘下に迎えるというのが、誰の発案だったかはわからない。いずれにせよ、一九二九年の晩夏には正式に買収交渉が始まっていた。一〇月にはほぼ合意にこぎつけていたが、そこに株価の大暴落が起き、一時は水を差された。

にもかかわらず、私たちは一度として買収の意義を疑わなかった。一つには、二〇年代にアメリカの自動車産業が伸び悩み、将来性が不透明だったため、多角化には一定の枠を設けていたにせよ、納得のいきそうな機会があればおのずと関心を抱いたのだ。

一九二九年一〇月二一日、ジョン・L・プラット（当時バイス・プレジデント）が経営、財務両委員会に資料を提出して、その中でウィントンを買収すべきだと述べた。

これまでに、ウィントン・エンジン・カンパニー（オハイオ州クリーブランド）の買収について検討を進め、委員会の場でも過去何回かにわたって議論してきた。

我々の考えでは、アメリカでのディーゼル・エンジン開発は商用段階を迎えており、近い将来おそらく爆発的な伸びを見せ始めるだろう。ウィントン・エンジン・カンパニーは疑いなく、国内で卓越したディーゼル・エンジン・メーカーである……。

同社は有能な経営陣を擁しており、当面は人材面のてこ入れは必要ない。事業が我々の予想どおりに拡大を続けていけば、副事業部長あるいはセールス・マネジャーなどを派遣すべきとの判断に傾くかもしれないが……。

……ウィントンを買収すれば、当社がすでに持つエンジン関連の研究組織を活かして、ディーゼル・エンジン開発の最先端を歩むのに大いに役立つだろう。この事業は収益率もかなり高いと予想される。大多数のエンジニアたちの予想どおりに拡大していけば、ウィントン買収に関わる投資からはいずれ高いリターンが得られるはずである。（後略）

こうして一九三〇年六月、ウィントンがGMの傘下に入った。社長は引き続きコドリントンが務め、その後もウィントンは船舶向けの大型エンジンを主力製品としていた。(原注1) ウィントンの五カ月後には、エレクトロ・モーティブもGMグループに入り、やはり旧経営陣が引き続き舵取りに当たった。エレクトロ・モーティブの買収交渉が続けられている間、ハミルトンとケッタリングは、ディーゼル・エンジンの軽量化にまつわる課題を論じ続けていた。五五年には、ハミルトンが上院小委員会での証言で、ケッタリングがディーゼル・エンジンの開発に並々ならぬ情熱を燃やした様子を振り返っている。「(ケッタリングは) まるで水を得た魚のようでした」。自分がGMに引かれたのは、財務力、資本力だけが理由ではないとも述べている。「GMの強大さはそれだけにとどまりませんでした。……資本力の強い企業はほかにも多数ありましたが、いずれも課題に誠心誠意取り組もうとはしておらず、成功をつかみ取ろうとする勇気にも欠けました。少なくとも、私どもにはそのように見えました」

ウィントンとエレクトロ・モーティブは、しばらくの間、以前と同じように経営を続けていた。ハミルトンとケッタリングはともに、鉄道向けに商用に耐え得るディーゼル・エンジンを開発するには、長い期間を要すると覚悟していた。その間、ケッタリングのほうは、二サイクル・ディーゼル・エンジンの完成度を高めることに大きな努力を傾けていた。三二年になると彼は、六〇〇馬力前後の八気筒二サイクル・エンジンを開発できると自信を抱いていた。ケッタリングのエンジンは、六〇〇馬力級の既存四サイクル・エンジンよりも、とりわけ馬力当たり重量の面で優れたものになるはずだったため、おおいに開発の価値があると考えられた。

世界見本市での展示

その頃私たちは、三三年にシカゴで開催される「発展の世紀」という世界見本市への展示内容を検討していた。インパクトの強い内容にするため、組立ラインを会場に設置して、〈シボレー〉の製造を実演しようと考えていた。そのラインのために動力源が必要だったので、ケッタリングが提案した六〇〇馬力のディーゼル・エンジンを二機用いようと決めた。

最初にこの案が浮かんだ時には、エンジンの働きを実用環境下で時間をかけて見極めたい、との思いがあった。狙いは、ケッタリングの青写真に従えば、実用性の高い素晴らしいエンジンをつくれると証明することだった。予想だにしていなかったのだが、市場での用途はすぐに見つかった。そして展示用のエンジンが完成する以前に、早くも私たちの見通しとは一八〇度違う方向に事態が進んだ。

その大きな理由は、鉄道会社の社長――バーリントン社のラルフ・バッド――が突然ディーゼル・エンジンに関心を抱いたことにある。当時バッドは、軽量の流線型車両の構想を温めていて、魅力的な外観を持たせながら、運用コストは抑えたいと考えていた。一九三二年秋のある日、バッドはクリーブランドのハミルトンのもとに立ち寄り、そこでGMが進めるディーゼル・エンジンについて耳にするとともに、ケッタリングと引き合わされたのだ。バッドは希望の灯を見出して、心を躍らせた。

バッドはデトロイトに向かい、リサーチ・ラボラトリーズを訪れた。ケッタリングは彼にディーゼル・エンジンの試作機を披露したが、併せて八気筒はいまだ形になっておらず、機関車への利用を検討するまでには遠い道のりが残されている、と了解を求めた。世界見本市でエンジンを試す件も、話題にのぼった。

そしていよいよ見本市が幕を開け、ディーゼル・エンジンがガラスケース越しに人々の前にお目見えした。しかし、私たちはいまだ不安を捨てきれず、ディーゼル・エンジンがいわば展示の目玉だったにもかかわらず、広報担当者に厳しく緘口令をしいた。このためディーゼル・エンジンは、紹介されることもなくひっそりと置かれていただけだったが、少なくともバッドだけは見本市が終わるまでずっと、注意深くその様子を見守り続けていた。私たちの苦労も十分に察し、エンジニアが毎晩、翌日の展示に向けて整備に当たっているのも知っていた。ケッタリングの息子ユージーンの意見についても承知していた。メンテナンスを担当していたユージーンは、後に「問題なく動いていたのは計量棒だけだ」と語っているのだ。

それでもバッドは、〈バーリントン・ゼファー〉号に使いたいとして、ディーゼル・エンジンの開発を急ぐように強く求めてきた。そして三三年にユニオン・パシフィック社が流線型車両を発表すると、それまで以上に熱を入れるようになった。ユニオン・パシフィックが構想していたのは、三両という小規模の編成で、機関車を用いる予定はなかった。動力車は通常車両に組み込まれていた。動力源は一二気筒六〇〇馬力のガソリン・エンジンで、ウィントンの製品だった。ユニオン・パシフィックの新型車両には技術面でのイノベーションはまったく見られなかった。だがその写真は広く配布され、大好評を博した。突如として、国全体が流線型車両にわき立ったのである。これらの動きが重なって、バッドの熱い思いにさらに拍車がかかった。流線型車両を一日も早く走らせるという夢に燃えながらも、彼はディーゼル・エンジンを搭載したいとの気持ちを捨てていなかった。

私たちとしては、さらに一、二年をかけてケッタリングのエンジンから欠陥を取り除きたいと考えていたが、最後はバッドの熱意に押し切られた。こうして三三年六月、〈パイオニア・ゼファー〉号のために八気筒六〇〇馬力のディーゼル・エンジンを開発する意思を固めたのだ。翌三四年四月にはテスト走行が始められたが、私たちが恐れていたとおり、絶えず故障を繰り返していた。それでも欠陥は少しずつ解消され、六月にはバッドから〈ツィン・ゼファー〉号向けに二台の201AGMディーゼルの追加注文が寄せられた。他方ユニオン・パシフィックも、流線型車両が届くのをただ待っていたわけではなかった。すでに三三年六月末の時点でウィントンに、六両編成に寝台車用に一二気筒九〇〇馬力ディーゼル・エンジンを発注していた。続いて三四年二月には、〈シティ〉シリーズの旅客車両用に、一二〇〇馬力六機を発注した。

ディーゼル・エンジンを搭載した初期の流線型車両は、きわめて好評だった。〈バーリントン・ゼファー〉のテスト走行の光景はいまでも忘れない。平均時速七八マイルを実現して、デンバーを発ってからわずか一三時間一〇分後にシカゴに到着したのだ。ユニオン・パシフィックの〈シティ〉は、西海岸からシカゴへの所要時間を、六〇時間超から四〇時間以下へと縮めた。鉄道会社の運用コストは下がり、乗客からの評判は著しく高まった。バーリントン、ユニオン・パシフィック両社からGMへは、すぐに新たな要望が寄せられた。さらに馬力のあるエンジンを搭載して、車両の数を増やしたいというのだ。そこでGMは、三五年五月にユニオン・パシフィックに向けて、一二〇〇馬力ディーゼル・エンジンの出荷を始めた。バーリントンにも一二〇〇馬力エンジンを二機納めた。いずれの製品も、一二車両を牽引できるパワーを備えていた。

一九三四年初めのある日、私はケッタリングとハミルトンの訪問を受け、ディーゼル・エンジンについて話し合った。ハミルトンは鉄道業界の人々と折に触れて親しく交流しており、GMのディーゼル・エンジンが彼らの間で素晴らしい評判を呼んでいると教えてくれた。ハミルトンの話はそれだけではなかった。鉄道業界はGMに対して、動力車用エンジンにとどまらず、多目的ディーゼル機関車の製造を求め始めたというのだ。ケッタリングも、試作品の開発に取り組む意向があることをほのめかした。私はどの程度の資金が必要かと尋ねた。ケッタリングからは「五〇万ドル」との答えが返ってきた。私が新製品の開発に携わった経験をもとに、その程度の少額では無理だろうと諭すと、ケッタリングは屈託なく答えたものだ。「わかっている。けれど、それだけの資金額を投じれば、残りの資金も後からきっと出してくれるでしょう」。彼は開発資金を手にした。

とはいえ当時、GMは機関車製造に深く関わっていたわけではない。製造施設は、ウィントンの工場にエンジン製造設備があるのみで、それすらもやや時代遅れとなっていた。電気式トランスミッション、機関車本体については、生産体制はまったくなかったのだ。このため私たちは、三五年に入ってまもなく、イリノイ州ラグランジュに工場を建てることを決めた。当初この工場では機関車本体――運転室と台車――のみを生産し、エンジンは従来どおりウィントンから、それ以外の部品は社外のサプライヤーから調達していた。しかしこの工場は機関車の全パーツを生産、組み立てできるように設計されており、竣工直後から操業の拡大を始めた。三八年には、ラグランジュ工場は機関車全体の生産に用いられるようになった。

機関車の成功

以上述べてきたように、ＧＭは当初ディーゼル・エンジンを、もっぱら旅客機関車向けに製造していた。だが三〇年代の半ばにはハミルトン率いるグループが、入れ替え用のディーゼル機関車に高い収益性が見込めると判断した。この時期に他社が提供していた入れ替え用ディーゼル車は重量が一〇〇トン前後、価格も実に八万ドルだった。機関車は一般に、顧客からの仕様をもとに製造されていた。ハミルトンは、既成の入れ替え用ディーゼル機関車が顧客から受け入れられれば、価格は七万二〇〇〇ドルに抑えられると主張した。私たちはこれに意を強くして、入れ替え用車両の開発を決めた。確実な注文が舞い込んだ時には、すでに五〇車両の開発に着手していた。

この新しい方針を私たちがどれほど重んじていたかは、一九三五年一二月一二日付の書簡から読み取っていただけるだろう。プラットから私に送られてきたその書簡から、一節を引用したい。

何としても守るべき方針があります。エレクトロ・モーティブ・コーポレーションは、各鉄道会社の個別仕様に合わせてさまざまな製品をつくるのではなく、既製品を生産すべきなのです。少なくとも個別仕様に基づく受注を考えるのは、既製品を販売するという方針を試してからにすべきではないでしょうか。私はこれを強くお勧めしたいと考えております。

実際のところ、この問題はすぐに解決した。ＧＭは労せずして、当初生産した入れ替え用車両の買い手を見つけ、一九三六年五月に出荷を開始した。当初の利益率は高いとはいえなかったが、エレクトロ・モーティブの収益構造を変えるには十分だった。ハミルトンは鉄道会社に、生産規模が拡大して利益が増えた場合には、値下げを行うと約束していた。四三年に入ると戦時生産委員会から、「入れ替え用車両の生産を中止して、貨物機関車に全力を注ぐように」と命じられたが、それまでに生産した台数は累計で七六八台に達していた。四〇年一〇月には、当社の六〇〇馬力製品の価格は五万九七五〇ドルに下がっていた。

この間、旅客用機関車事業は速いペースで拡大していた。四〇年には、全米でおよそ一三〇台のGM製ディーゼル旅客機関車が運用されていた。他方、貨物機関車は三九年から生産を始めた。第二次大戦が始まってからしばらくは、海軍向けにLSTエンジンを生産するために、事実上、機関車の生産は中断していた。

ここまで読み進めた読者は、GMがディーゼル・エンジンで攻勢をかけている間、他の機関車メーカーは何をしていたのだろうかと、首を傾げているかもしれない。ごく一握りの例外を除いては、他社は頑なに蒸気力を用いていた。北米では一九四〇年以前にも、ディーゼル旅客機関車を開発しようとの試みがいくつかなされはしたが、いずれも試作段階にとどまり、本格生産には至らなかった（他社のディーゼル旅客機関車が商用化されたのは、ようやく四〇年になってからである）。ディーゼル貨物車の開発は、二〇年代末にあるグループが試みたのを別にすれば、第二次大戦後までGMが一手に扱っていた。いわば、入れ替え用車両を除けば、アメリカの鉄道用ディーゼル・エンジン市場はGMの独壇場だったのだ。上院小委員会は五五年に、GMが機関車市場に強引に乗り込んだと判断したが、これは他社がディーゼル・エンジンの可能性を見落としたという事実をないがしろにしている。ケッタリングが議会の調査会で述べているように、GMにとって最大の優位性は、他社がこちらの動きを「あまりに無謀だ」と見なしたために生まれたのだ。

だがそもそも、蒸気よりもディーゼルのほうが優れていることは、当初から明らかだった。ルドルフ・ディーゼルは一八九四年以降何回となく、ディーゼル・エンジンが鉄道に向いていると述べている。一九二〇年代末には、エンジニアリングや鉄道に関する刊行物が、ヨーロッパでディーゼル機関車がどのように運用され、どの程度のコストがかかっているか、詳しく報じていた。耳を傾けようとの気持ちが相手にありさえすれば私たちは、ディーゼルのほうが快適性、無塵性、スピードなどで勝っていて、燃料その他の運用コストを大幅に削減できるのだと十分に説明できた。鉄道会社は三〇年代に、あらゆる面で運用コストを抑えようとしていたため、熱心に聞き入ってくれた。しかし機関車メーカーは、ディーゼルを一時の流行にすぎないと軽視し続けた。これこそが原因で、顧客と強い絆を持ち、コスト・収益面で優位にあったはずの老舗メーカーが、あえなく新規参入者に敗れたのである。

その後アメリカでは、蒸気機関車の生産は輸出用に軸足を移していき、五〇年代半ばについに完全に中止された。現在も稼働しているのは一〇〇台にも満たない。電気機関車を除くと、新規購入は一〇〇％ディーゼル機関車で占められている。アメリカ鉄道産業で革命が成し遂げられたのはGMの力によるところが大きいのだ。

ディーゼル機関車事業は今後どういった方向に進むのだろうか。正確な見通しを述べるのは難しいが、アメリカの市場は縮小していくように見受けられる。全米各地で旅客鉄道サービスの打ち切りが相次いでおり、貨物輸送量も近年ではやや減少傾向にある。現在稼働しているディーゼル機関車は、三〇年代半ばの蒸気機関車数を六〇％ほども下回っているのだ。これは、ディーゼル・エンジンが低いコストで大きなパワーを生み出せることの表れでもあるが、同時に鉄道業界の低迷ぶりをも浮き彫りにしているだろう。

海外ではおよそ一〇万台の蒸気機関車が運用されているが、これらもいずれディーゼル電気、液体式ディーゼル、さらに電気機関車に取って代わられるだろう。ディーゼル電気機関車の海外での市場規模は、四万台前後と見られる。エレクトロ・モーティブ事業部は、この輸出需要に応えようと、高さや幅の制限にあった軽量の機関車を開発してきた。条件が整えば、国内の標準仕様機関車を海外へも販売してきた。GM製の機関車は、海外三七カ国――西半球がカナダを含めて九カ国、東半球が二八カ国――で四〇〇〇台以上が運用されている。

アメリカ国内では新規販売は落ち着き、むしろ取り換え、機種更改、整備などに主体が移っている。いわゆる「アップグレード市場」が重要性を増しているという事実は、私自身も十分に承知しているつもりだ。しかしやはりアメリカでは、ディーゼル化は完了したといえる。革命は成し遂げられたのだ。革命はいま、海外で進行しつつある。

フリジデアー事業

フリジデアー事業部は初期の頃、経営上層部からほとんど熱意を傾けられていなかったが、それにもかかわらず、四五年にわたってたゆまずに拡大を重ね、家電業界の主要プレーヤーへと成長してきた。現在フリジデアー事業部の製品ラインには、家庭用の電気冷蔵庫、食品用の冷凍庫、製氷機、自動洗濯機・乾燥機、電気調理器、温水ヒーター、食器洗い機、フード・ディスポーザー（生ゴミ粉砕機）、エアコンディショナー、商用洗濯機、ドライクリーニング機などが揃っている。小売店の数は全米でおよそ一万にのぼる。

GMが冷却装置の事業に足を踏み入れたのは、不思議な巡り合わせによる。一九一八年六月、当時の社長デュラントがデトロイトのガーディアン・フリジレーター・カンパニーを買収したのだ。これはデュラントの個人名による、個人資金での買収だった。正確な価格は五万六三六六・五〇ドル。この同じ価格でガーディアン社は、翌一九年五月にデュラントからGMに譲渡されたが、実に小さな事業体だった。この会社をデュラントはほどなく「フリジデアー・コーポレーション」と改称して、完成度の低い唯一の製品にも〈フリジデアー〉という名称をつけた。デュラントがなぜこの買収に乗り出したのか、その理由は私には計り知れないものがある。しかしデュラントは、改めて述べるまでもなく、尽きることのない情熱と好奇心の持ち主だった。ガーディアンの製品〝氷のいらない冷蔵庫〟がこの二つの資質に強く訴えかけたのは、想像に難くない。自動車だけでなくこうした分野でも将来の発展に関わっていこうとの姿勢には、頭が下がるばかりだ。

デュラントが現フリジデアー事業部を買収した当時、私自身はその事実を知らされていなかったが、ジョン・L・プラットによれば、この買収の陰にあったのは、新タイプの家電への情熱だけではなかったようだ。デュラントは第一次世界大戦の総動員体制のもと、当局から自動車事業が「重要ではない」と宣告されるのを恐れ、民間向け自動車事業に代わる「重要な」事業を探していたのだという。第一次大戦中には国を挙げて食糧の保存が図られたため、冷蔵庫メーカーはたしかに重要と見なされたかもしれない。しかし、政府は自動車生産を中止させようとはしなかった。そして買収から五カ月後の一八年一一月に大戦は終結した。

〈ガーディアン〉冷蔵庫を生み出したのは、デイトンの機械技術者アルフレッド・メロウズである。一九一五年のことで、その翌年にメロウズは、デトロイトにガーディアン・フリジレーター・カンパニーを設立して、製造・販売を手がけるようになる。だが、一九一六年四月一日から一九一八年二月二八日までに製造・販売したのはわずか三四台。それもすべてがデトロイト周辺の家庭に納められた。一七年の段階で工場には旋盤二台、ドリルプレス一台、セーパー一台、電動ノコギリ一台、手動の真空ポンプ一台があるのみだった。メロウズは冷蔵庫の製造だけでなく、据えつけや保守などもみずから行っていた。買い手と親しく接して、二、三週間に一度は各戸を訪問していた。

彼の会社を買収した後に実感したのは、初期の買い手は大多数が〈ガーディアン〉に満足している、ということだった。事実、サービス面で大きな問題があったにもかかわらず、顧客の多くがメロウズの会社に出資していた。もっとも、顧客としては満足していても、出資者としては心穏やかではなかったようだ。ガーディアンは、設立後の二三カ月間で一万九五八二ドルの損失を計上した。さらに、デュラントが買収するまでの三カ月間で一万四五八〇ドルを失い、損失額を三万四一六二ドルへと膨らませていた。独立企業としての存続期間をとおして、製造・販売した冷蔵庫は結局四〇台に満たなかった。株主が買収を喜んだのも、十分にうなずけるのだ。

ＧＭはフリジデアーを傘下に収めた後、デトロイトのノースウェイ工場に機械類を導入して、〈フリジデアー・モデルＡ〉の製造体制を整えた。旧〈ガーディアン〉を若干改造したモデルである。当初の狙いとは裏腹に、この製品は大量生産には適しておらず、その事実はすぐに明らかになった。〈モデルＡ〉、そしてその後数年間に生産された後継モデルは、ともに奢侈品だった。さらに悪いことに、頻繁に機能が停止するという欠陥を取り除けなかった。私たちは、デトロイト以外の地域にも販売とサービスのための組織を設けたが、ほとんど成果が上がらなかった。この種の製品には、ちょうどメロウズが一握りの顧客に手厚いサービスをしていたのと同じように、絶えずきめ細かいサービスを施すのが欠かせないと思われた。しかし、マスマーケット向けの製品にそうしたサービスを提供できないのは目に見えていた。およそ一年半後、私たちはフリジデアー事業からの撤退を真剣に考えるようになった。一九二一年二月九日に私のオフィスで行われたミーティングの模様から、出席者の心情が察せられるのではないだろうか。私の意見を要約した部分を議事録から引用したい。

フリジデアー・コーポレーション：所在地ミシガン州デトロイト。冷蔵庫を製造しているが、これまでのところ業績は思わしくない。何とか需要を生み出そうと、頻繁にモデル変更を重ねてきたが、成果にはつながっていない。各地に支店を開設したが、その後廃止している。（中略）累積損失額およそ一五二万ドル、在庫約一一〇万ドル――損失総額は二五〇万ドル前後にのぼる見通し。

当時は、GM全社が多額の資本を必要としていたため、いつまでも膨大な在庫を抱えて損失を出し続けるのは、許容できなかった。フリジデアー事業は中止されていても不思議ではなかったのだが、ある幸運に恵まれて、存続が決まったのだ。

フリジデアーを一事業部に

以前の章で述べたとおり、GMは一九一九年に、デイトンにあったケッタリングの会社群を買収している。ドメスティック・エンジニアリング・カンパニーとデイトン・メタル・プロダクツ・カンパニーもその一部だった。

ドメスティック・エンジニアリング・カンパニー――後に「デルコ・ライト・カンパニー」と改称――は家庭用照明機器のメーカーで、製品の大部分は農場に売られていた。

デイトン・メタル・プロダクツ・カンパニーのほうは軍需生産に携わっていた。戦争が終わって軍需が途絶えても社が存続していけるように、新たな製品分野を探っており、その一環として早くも一九一八年には冷蔵技術の研究を始めていた。

この二社は家電製品をいくつか手がけており、製品種類の拡大を考えていた。GMはほかにも、ケッタリング率いる冷蔵機器開発事業をすべて買収した。この組織はその後も暫定的にデイトンで研究業務を続け、一九二〇年六月一二日にGMリサーチ・コーポレーションへと改められた。こうしてGMは、冷蔵分野の卓越したエンジニアたち、さらには高い経営、販売手腕を持ったリチャード・H・グラントを迎え入れることができた。グラントは二〇年代初めから半ばにかけて、フリジデアー事業の成功に大きく貢献する。

以上のような条件をすべて考え合わせた結果、一九二一年の景気低迷、業績不振のなかで、私たちはフリジデアー事業の存続を決意したのだ。デイトンには研究基盤と組織があって、フリジデアー事業の製品開発を支えるに十分であるのは間違いなかった。デルコ・ライトは全米の広い地域に選り抜きのセールス部隊を擁していたし、余剰の設備を冷蔵庫製造に転用すればよかった。そこで、フリジデアー事業をデイトンに移してデルコ・ライトと統合し、以前よりも大規模な体制で、冷蔵庫事業を再出発させたのである。

この判断はみごとに当たった。それまでの多大な損失が買収後の二年間で着実に減っていき、二四年には初めて利益を計上した。その間、生産量は急伸している。一九二一年、ノースウェイ工場での生産量は一〇〇〇台をわずかに上回る程度だったが、デイトンへ移転後の初年度に当たる二二年には二一〇〇台前後を売り上げた。以後二三年から二五年にかけて、販売台数は四七〇〇、二万二〇〇、六万三五〇〇と推移し、二五年には草創期の業界でリーディング企業の地位を手にしていた。市場全体の半分以上を押さえていたはずである。二七年にはデルコ・ライトの社内にはどうにも収まり切らなくなったため、二八年一月に独立させた。それに先立って、工場のあったオハイオ州モレーン近くに一部を移転させてあった。そして一九三三年一二月、GMはフリジデアーを事業部にしたのだ。

私たちがテコ入れを決断した後、フリジデアーは設計、製造面で次々と革新性を発揮していった。これらの貢献がなければ、冷蔵庫の一般への普及は大幅に遅れていたといっても誇張ではないだろう。

繰り返しになるが、ガーディアンには元来、創業者のメロウズを除いては研究力のある人材はいなかった。デルコ・ライトに吸収された一九二一年ですら、エンジニア、模型職人、検査担当者などを合わせて二十数人のみの体制だった。フリジデアー事業の将来はひとえに、どれだけ高い能力を発揮できるかにかかっていると、私たちは考えた。R&D上のさまざまな問題を解決する能力、安全性、経済性、信頼性の高い製品を生み出す能力などである。こうして、R&Dに大きな努力を傾けるようになった。さっそく〈ガーディアン〉から、ブレインタンクや水冷式圧縮機――かさばりや故障の原因となっていた装置――を外して、代わりに延長コイルと二気筒空冷式圧縮機を取りつけた。それまでは、水分が冷蔵庫内に漏れ出して、食品を傷める場合があったが、これも、アスファルトとコルクの密封材を入れることで解決した。二七年には、キャビネットを一〇〇%陶器製にして、大幅な軽量化を図るとともに、外観も見違えるほど改めた。これらすべての取り組みによって、一九二〇年代、フリジデアー事業は大きく花開いた。値下げ努力も大いに功を奏した。二二年の木製〈B-9〉冷蔵庫は、ブレインタンクと水冷式圧縮機がついて総重量八三四ポンド、価格七一四ドルだった。これに対して、二六年の〈M-9フリジデアー〉はスティール製キャビネット、空冷式圧縮機、直接冷却コイルといった仕様で総重量三六二ポンド、価格四六八ドルを実現した。

一九一九年から二六年にかけては、もっぱらGMのみが冷蔵庫産業の発展に寄与し、その範囲はR&D、エンジニアリング、大量生産モデルの確立、流通・サービス手法などに及んだ。R&D面での最大の課題、そして業界への最大の貢献は、冷却剤にあった。実のところ一九二〇年代には、フリジデアー、主要他社はいずれも、健康に有害な冷却剤を用いていた。冷却剤から有毒ガスが発せられ、それを吸い込んだ人が死亡する事故まで起きていたのだ。このような理由から、冷蔵庫はキッチンではなく裏口に置かれることもあった。病院では一般に、使用すら見合わせていた。当社が最初に用いた冷却剤は二酸化硫黄だが、これについて私たちは安全性を信じていた。少なくとも、当時知り得るかぎりでは最も安全な冷却剤だった。鼻につく異臭によって、万一吸い込んでも危険を察知できる、というのが大きな理由である。しかし、いずれよりよい冷却剤を見つけ出す必要があるのは明らかだった。

一九二八年、ケッタリング（当時リサーチ・ラボラトリーズのディレクター）が冷却剤に関わる問題を解決しようと、本腰を入れ始めた。ケッタリングは、新しい冷却剤を探すという任務をかつての同僚であるトーマス・ミジリー・ジュニアに与えた。ミジリー、ケッタリングをはじめ、フリジデアーの幹部は会合を重ね、冷却剤に求められる要件を挙げた。

必須の要件

①沸点が適切なレベルである
②有害性がない
③引火性がない
④不快にならない程度に臭気性を持つ

望ましい要件

⑤潤滑油と混和しない
⑥コストが高くない

必須の要件を満たすのをあくまでも優先させ、そのうえ可能であれば「望ましい要件」を追求する、ということである。いずれにしても、四つの必須要件がすべて揃わないかぎり、電気冷蔵庫事業を一〇〇％成功と見なすことはできなかった。リサーチ・ラボラトリーズでは、ケッタリングの指揮のもと、手に入るすべての資料を研究して、前記の要件に合った化合物を探した。その結果、炭化水素にフッ素を混合させるという案が浮上した。ミジリーは一九二八年、同僚たち、とりわけA・L・ヘネ博士とともにデイトンの研究室にこもりきりで望ましい冷却剤を追い求めた。そしてほどなく、メタンガスから派生するクロロフルオロがよさそうだ、との確かな感触を得る。年末には、ジクロロジフルオメタン（フレオン-12）なら申し分ないはずだと見定めた。「望ましい要件」はいずれも満たせなかったが、「これ以上の冷却剤はない」という確信のもと、ミジリーたちはこの化合物の製造準備に着手した。一九二九年の秋から三〇年の初めにかけて、デイトンに工場が用意され、運用が始まった。

二九年秋には、フレオン-12について必要な知識はすべて手に入っていた。フリジデアー事業部の化学の専門家たちは、その物理的特性を研究し尽くしていたのだ。フレオン-12が冷蔵庫に利用されるさまざまな金属、合金類——高炭素鋼、低炭素鋼、アルミニウム、銅、モネルメタル、スズ、亜鉛、スズと鉛の合金など——と腐食作用を起こさないことも、確認済みだった。さらには各種の食品、生花、毛皮などへの影響も検証した。結果は満足のいくものだった。一九三〇年、全米化学協会の年次総会でミジリーは、フレオン-12に関する論文を報告し、引火性がないことを実演で示した。さらにはみずから吸い込んで、無害を証明してみせた。

すでに述べたとおり、フレオン-12は「望ましい要件」をどちらも満たしていなかった。価格に至っては相当に高かった。二酸化硫黄がポンド当たり六セントだったのに対して、フレオン-12のほうは一九三一年初めには六一セントもしていた。今日でも二酸化硫黄のほうが安価だが、その使用は保健局によって禁じられている。

私たちは、自社で開発した冷却剤が最も安全だと胸を張ることができた。そこで当初から他社にも提供を申し出た。こうして一九三〇年代半ばには、電気冷蔵庫用の冷却剤はほぼすべてフレオン-12に切り替わっていた。これを超える冷却剤は、今日に至るまで見つかっていない。

新しい家庭電化製品の開発

一九三二年前後には、フリジデアー事業部が高い成長性を持っていることは火を見るより明らかだった。二九年に通算一〇〇万台目に当たる〈フリジデアー〉を製造し、三年後にはその数は二二五万台にまで伸ばしていた。フレオン－一二の開発によって、冷蔵庫業界の繁栄をはばむものはすべて取り除かれた。フリジデアー、そして業界全体の前途が明るいことは疑いなかったが、フリジデアーの市場シェアがいくらか下がるのは避けようがないと思われた。二〇年代の終わりが近づくにつれて、新規参入が相次ぐ見通しとなった。先陣を切ったのは、いうまでもなくケルビネーター・コーポレーションである。ケルビネーターがこの業界に参入したのは一九一四年。家庭向けの機械式冷蔵庫を、初めて商業ベースに乗る規模で生産した。二七年にはGEとノージが、三〇年にはウエスチングハウスがそれぞれ参入している。フリジデアー事業部の市場シェアは、一九二〇年代には五〇％を超えていたが、四〇年（第二次大戦の影響で民需生産が規制される直前）には二〇ないし二五％へと低下していた。しかし、シェアの低下とは裏腹に、台数自体は伸びていた。出荷台数で比べると、二九年が三〇万台、四〇年が六二万台である。

二六年から三五年にかけては、マーケティング面での優位性を多くの他社に奪われた。フリジデアーが冷蔵庫だけに力を注ぐのを横目に、他社はラジオ、電気調理器、洗濯機、アイロン、食器洗い機などを売り出していった。〈フリジデアー〉製品ラインには三七年に電気調理器が、その数年後にはウィンドウタイプの室内空調機が加わった。だがこれだけでは、劣勢を跳ね返すには十分ではなかった。それはむしろ当然だった。マイホームのオーナーや住宅のデベロッパーが家電を揃える際には、すべての製品を扱うメーカーを選ぶものだ。

GMは〈フリジデアー〉製品ラインを充実できないまま、第二次世界大戦を迎えた。すでに一九三五年には、プラットが「フリジデアーは空調機分野に積極的に打って出るべきではないか」と述べていたのだが、この提案は賛同を得ずに葬り去られていた。

しかし、戦争中にフリジデアー事業部の将来見通しを検討したところ、一部家電のみを扱うのは現実的ではないとの結論に達した。戦前に行った代理店への調査も、この結論を強く裏づけていた。「フリジデアー事業部は、冷蔵庫以外にも家電製品を製造すべきだと思いますか?」との質問には、九九%が「イエス」と答えている。代理店が主に要望していたのは、上位から順に自動洗濯機、フリーザー付き冷蔵庫、旧来型の洗濯機、食品用フリーザー、ガスレンジ、アイロンである。

これらのほとんどは、戦後になって製品ラインに組み込まれた。販売開始年はそれぞれ以下のとおりである。

家庭用フリーザー	一九四七年
全自動洗濯機	一九四七年
乾燥機	一九四七年
自動製氷機	一九五〇年
食器洗い機	一九五五年
ウォールオーブン	一九五五年
可搬タイプのクッキングユニット	一九五五年
組み込みタイプのクッキングユニット	一九五六年

これらの取り組みと並行して、当初からの製品である冷蔵庫についても、一歩ずつ拡張や改善を施していき、やがてはあたかも違う種類の製品のように生まれ変わった。三〇年代初めには、五立方タイプが主流で、外観がけっしてよいとはいえないうえ、冷蔵スペースに比べてとにかく大きかった。現在では冷蔵容量は一〇立方から一九立方が中

心となっている。スタイルも美しく、霜取りは自動化されている。しかもフリーザー付きだ。冷蔵庫はかつてと比べて、間違いなく格段に魅力ある製品となっている。これら詳しいデータは、ノースウエスタン大学のM・L・バースタイン教授による調査を引用したものだ。教授は、「五五年の冷蔵庫価格は、実質ベースで三一年のわずか二三％である」と述べている。進歩あるいは発展とは、まさにこのようなことを指しているのではないだろうか。

航空機

GMは航空産業とさまざまな関わりを持っている。中心はいうまでもなく軍需向けで、連邦政府との契約のもとで進めてきた。受注が集中したのは第二次世界大戦期と、その後の冷戦期だ。とはいえ軍需だけがすべてではない。多くの読者にとっては意外だろうが、GMははるか以前から民間航空機製造に参入しようと、熱心な取り組みをしていた。ベンディックス航空、ノースアメリカン航空、トランスワールド航空、イースタン航空が今日の地位を築くうえでは、GMがいかばかりかの貢献をしている。

GMは一九二九年に初めて航空機分野に足を踏み入れ、高額の投資を二件、少額の投資を一件している。新生のベンディックス航空に二四％、フォッカー・エアクラフトに四〇％の出資をしたのだ。投資額は合計で二三〇〇万ドル。さらに、アリソン・エンジニアリングの株式をすべて買い取った。こちらはわずか五九万二〇〇〇ドルで、参入計画に占める位置づけは大きくなかった。

将来性ある航空機

二九年に航空業界に参入したのには、興味深い背景があった。はじめに述べておくと、GMはけっして「まったくの新参者」ではなかった。第一次大戦中には、ビュイック、キャデラック両事業部が足並みを揃えながら、フォード、パッカード、リンカーン、マーモンなど他社と伍して、政府向けにかの有名な〈リバティー〉エンジンを製造していた。二五〇〇機以上を製造し、一九一八年に戦火がやんだ時には一万機を超える注文が寄せられていた。エンジニアリングの視点からは、当時のエンジンは自動車向けと航空機向けで大きな違いはなかったため、私たちは自動車業界での経験を大いに活かして、輝かしい生産成果を上げたのだ。一九一九年にはデイトン・ライト・エアプレーンをも買収して、戦争中に三三〇〇の航空機を製造した。GM傘下に入る前のフィッシャー・ボディも、軍用航空機のメーカーとして忘れてはならない存在だった。

　一九二〇年代に入ると、航空分野がアメリカ産業の成長頭になるだろうと、徐々に明らかになってきた。とりわけ二七年にリンドバーグがあの劇的な飛行を成し遂げてからは、一般の人々が飛行機の虜となり、すぐに第二、第三の「奇跡」（ミラクル）が生まれるだろうとの期待が広がった。私たちも同じ思いだった。自動車メーカーであるGMは、航空機の用途としてある可能性を思い描いていた。二〇年代末には、日々の生活の中で乗れるファミリー向け小型飛行機《フリバー》の開発について、社内で盛んに議論を繰り返したものだ。もとより、既存の機種よりもはるかに安全性を高め、価格を抑えることが必須の条件だった。だが、奇跡が奇跡を呼ぶにつれて、少なくとも実現の可能性はあるだろうと、確信が深まっていった。開発に乗り出せば、航空業界に多大な影響、予想もつかない影響を及ぼすと思われた。そこで私たちは、足場として業界での存在感を高めておくべきだと考えたのだが、二九年の時点では、ベンディックス、フォッカーともに事業部として吸収する予定はなかった。出資を決意したのはあくまで、航空分野の発展にじかに関わり続けるためである。こうした趣旨は、一九二九年度のアニュアル・レポートにも簡潔に記されている。

（前略）GMが航空機事業との絆を築こうとするに当たって、私どもがどのような考えに立っていたかを示したいと思います。

航空機業界と自動車業界がエンジニアリング面で近い関係にあることから、技術その他の組織に、航空機輸送に関わる具体的な問題との接点を持ってもらうべきだろうと考えたのです。航空機の将来については、現在のところは断言できそうもありません。航空機産業とのつながりをとおしてGMは、事実を十分に踏まえたうえで、業界の発展状況を見極め、今後への方針を決めることになるでしょう。

ノースアメリカン航空との関係

引用部分にも示されているように、一九二九年にはまだ、自動車と飛行機のエンジニアリング技術はきわめて似通っていた。今日よりもはるかに似通っていたのだ。このため、航空関連企業の買収をとおしてGMは、自動車業界にそのまま役立つ貴重な技術情報を得ることができた。とりわけベンディックスは、自動車関連機器に関わる貴重な特許を保有・管理していた。付属品には、自動車部品——ブレーキ、キャブレター、エンジンの始動装置など——が含まれていた。ベンディックスは技術スタッフも非常に優秀だった。これが理由で、出資先としての魅力が大いに高まったほどである。ベンディックス、フォッカー両社に投資した後、GMがこの両社に最も大きく貢献したのは、組織とマネジメントの分野だった。

GMは七七八万二〇〇〇ドルを投じて、フォッカーの株式を四〇％取得した。当時フォッカーは、ニュージャージー州ハズブルックハイツとウェストバージニア州グレンデールに小さな工場を賃借していた。航空機設計の第一人者、オランダ人のアンソニー・H・G・フォッカーが、GMが出資する少し前に、アメリカでの製造権を活かす目的で設立したのがフォッカー社で、その飛行機は、草創期の航空業界でひときわ異彩を放っていた。最初のアメリカ大陸ノンストップ横断飛行、バードの北極横断飛行、アメリカからハワイへの処女飛行といった歴史的偉業を陰で支えたのがフォッカー製飛行機だった。私たちが買収した時、フォッカーはアメリカ政府向けの軍用機製造を事業の柱にしていたが、商用の旅客航空輸送にも携わっていた。買収直後に大きな損失を出したため、私たちはマネジメントに問題があると考え、アンソニー・フォッカーにその旨を伝えた。彼はそれを否定したが、何度か意見を交わした後、経営から退いてオランダに戻った。以後私たちが針路を決め、同社は大きく変貌していった。

さて、これから述べるのは企業間のきわめて複雑な関係で、私にはこれを簡潔に説明することができない。最初に私たちは、社名を「フォッカー・エアクラフト・コーポレーション・オブ・アメリカ」から「ゼネラル航空機製造」に改め、メリーランド州ダンドークに工場を借りてそこに事業を集約した。三三年四月にはさらに重要な一歩を踏み出した。ゼネラル航空とノースアメリカン航空を統合し、ゼネラル航空の全資産をノースアメリカンの普通株式約一五〇万株と交換したのだ。次いでゼネラル航空を清算して、同社が保有していたノースアメリカン株を株主に分配した。これに加えて、公開市場で自社勘定で株式を購入したため、GMは三三年末にノースアメリカン株の三〇%近くを保有していた。

ノースアメリカンは二八年に持ち株会社として設立されていた。ゼネラル航空との統合以前から、航空機メーカー数社に大規模な投資をしていたが、主な関心は航空輸送に向けられていて、イースタン航空（一〇〇%）、トランスコンチネンタル（二六・七%）、ウェスタン・エア・エクスプレス（五・三%）に出資していた。ウェスタン・エア・エクスプレスには、ゼネラル航空も三六・六%ほど出資していた。したがってノースアメリカンはやがて、ウェスタン・エア・エクスプレス株を四一・九%保有するようになったのである。さらに、ウェスタン・エア・エクスプレスとトランスコンチネンタルは、トランスコンチネンタル・アンド・ウェスタン航空（現トランスワールド航空〈TWA〉）に四七・五%ずつ出資していた。つまり、GMはノースアメリカンに三〇%出資し、ノースアメリカンがTWAに三三%出資していたのだ。こうしてノースアメリカンは、TWAの大陸横断航路と、傘下にあったイースタン航空の東海岸航路を連携させられるようになった。

一九三四年には航空郵便法によって、航空機メーカーが――直接にせよ子会社経由にせよ――航空会社の株式を保有することが禁じられた。これを受けてノースアメリカンがTWA株を株主に分配したため、GMも全ノースアメリカン株の一三％を保有した。これは三五年に売却している。

ノースアメリカンはある時期、イースタン航空を事業部化していたが、三八年三月にこれを売却している。GMはノースアメリカンの筆頭株主として、数名の取締役を派遣していた。ノースアメリカンがウォール街の企業とイースタンの売却交渉を進めていたある日、私のもとに一本の電話が入った。第一次大戦の空の英雄、エディ・リッケンバッカーからだった。彼は以前からイースタン航空の経営に積極的に関わってきており、これを機に支配的経営権を取得したいと考えていた。「ところがその機会を与えられない」。こう不満を口にすると彼は、私に仲介役を依頼してきたのである。

私は、かねてからエディの経営手腕を高く評価していたこともあって、それ相応の権利を持ってほしいと願わずにはいられなかった。効率的な経営を実現してくれるだろうとの期待もあった。私は「何ができるか考えてみましょう」と返事をした。翌朝調べてみると、GMによるイースタン株の売却は完了していないとわかった。私はエディのために売却の先延ばしを手配した。エディは三〇日の猶予期間内に買収資金を調達することになった。

ところが、資金の手当ては難しかったようで、無理もないのだが、期限が近づくにつれてエディは焦りを募らせていった。そして期限がいよいよ迫った土曜日。自宅で就寝しようとする私のもとに、エディから電話があった。数分でよいから訪問させてもらえないか、という。エディは姿を見せると、資金調達のメドはほぼ立っているが、あと少し猶予が必要となりそうだ、期限を数日延ばしてもらえないか、という。私が「ご心配なく」と応じると、エディは元気を取り戻して帰っていった。だが実際には、期限の延長は不要だった。翌朝、支援者がエディのもとを訪れて、取引の準備が整った旨を告げたのだ。こうして、関係者全員が大いに満足するかたちで、ノースアメリカンはイースタン航空を売却した。

三四年の航空郵便法を受けて、ノースアメリカンは持ち株会社へと改組され、製造事業はすべて、カリフォルニア州イングルウッドの新工場に集約された。続く数年間は、軍用機の開発に力を入れて、注目すべき成果を上げている。三〇年代末には軍用機設計のコンペで勝利を重ね、航空機製造のリーディング企業として地歩を固めていった。

このような初期の開発努力を経て、第二次世界大戦ではノースアメリカンの機種が多数出撃した。とりわけ勇名を馳せたのが〈P-51ムスタング〉戦闘機で、連合国軍の戦闘機として最も高い評価を得たといっても過言ではないだろう。ドゥーリトル将軍が東京大空襲に使った〈B-25ミッチェル〉も、ノースアメリカン製である。誰もが知っているであろう〈AT-6テキサン〉訓練機は、空海両軍の基地に標準機として配備され、他の連合国にも広く採用された。

ところでこの〈AT-6〉からは、ノースアメリカンへのGMの影響力が見て取れる。自動車製造を専門とする私たちは、ごく自然に製品の規格化を計画した。そうすればおのずと規模の利益が生まれるからだ。ノースアメリカンは、このマーケティング方針に合いそうな機種を探し始めた。白羽の矢を立てられたのが、高性能のこの訓練機だった。〈AT-6〉は戦前からすでに主力機種となっていた。

GMは三三年以降、四八年に資本関係を解消するまで、一貫してノースアメリカンに取締役を派遣していた。この間、とりわけ出資直後は、取締役を介して経営管理上のアドバイスを惜しみなく提供した。こうした取り組みをとおして、経営の効率化、体系化を後押ししてきたと自負している。わけても大きかったのは、組織、財務、生産、コスト管理といった分野での貢献だろう。三九年の時点で、自動車メーカーに匹敵する生産体制やコスト管理体制を築いていたのは、航空機メーカーではノースアメリカンだけだった。

GM出身の経営者たち

GMの経営手法がノースアメリカンとベンディックスに継承されたのは、アーンスト・R・ブリーチの功績によるところが大きい。ブリーチは財務畑の出身だが（二九年から三三年までGMの財務副部長を務めていた）、ノースアメリカンに移るとほどなく経営実務に手腕を発揮し始め、三三年から四二年まで会長の座にあった。この間ノースアメリカンは、持ち株会社から大メーカーへと変貌していった。ブリーチは、三七年以降はベンディックスの取締役を兼任した。私は常々、彼には経営者としての高い資質があると考え、GM社内で適切なポストがないか探していた。ウィリアム・S・クヌドセン（GMのエグゼクティブ・バイス・プレジデント、後に社長に就任）からは、「ブリーチは財務に向いている」として反対されたが、三七年にようやく、ブリーチを家電製品担当のグループ・バイス・プレジデントに就任させることができた。ブリーチは、ノースアメリカンの会長、ベンディックスの取締役を兼務しながら、この重責を見事に果たしてくれた。

そして四二年、ベンディックスの社長に就任し、その職務に専念した。ベンディックスでも、戦争中をとおしてその資質をいかんなく発揮し、私の期待に十二分に応えてくれた。ところが、よく知られているとおり、彼のキャリアはその後皮肉な方向へと進む。GMでの華々しい活躍ぶりが、ヘンリー・フォード二世の目に留まったのだ。ブリーチは四六年にフォード・モーターを再興するという任務を引き受け、近代化後のフォードにGMの経営・財務手法を取り入れていった。

ブリーチはノースアメリカンの会長だった当時、ダグラス・エアクラフトのチーフ・エンジニア、J・H・キンデルバーガー（愛称「ダッチ」）を引き抜き、実務の責任者に据えた。キンデルバーガーは、三四年末にノースアメリカンの社長兼CEOに選任されている。そのエンジニアとしての才能には目を見張るものがあり、航空機の設計・製造に高い技術力を発揮した。経営者としても頭角を現していき、「低コストで優れた軍用機を製造できる人物」として広く知られる存在となった。とはいえ、ノースアメリカン入りするまでは経営については素人も同然で、それを自覚していたため、当初はGM出身の取締役にアドバイスを求めていた。ブリーチとキンデルバーガーにヘンリー・M・ホーガン（GMのアシスタント・ゼネラル・カウンシル）を加えた三人が、いわば非公式の経営委員会を形成して、取締役会から次の取締役会までの合間に持ち上がった重要な問題を、折に触れて話し合っていた。ブリーチとホーガンはアルバート・ブラッドレーやC・E・ウィルソンにも状況を報告していた。ブラッドレーとウィルソンは、GMの役員としての任務をこなす傍らで、関連会社への投資にも共同で責任を負っていたのだ。

GMはベンディックスとの間でも、ノースアメリカンと同じような関係を保ち、二九年から三七年にかけて、ウィルソンとブラッドレーを取締役として派遣した。この期間をとおしてブラッドレーはベンディックスの財務委員会の議長も務めていた。三七年には、他業務の負担が大きくなったため、両名とも取締役を退任し、ブリーチとA・C・アンダーソン（GMの財務責任者）が後を引き継いだ。GM出身の取締役たちはベンディックスの経営に深く関わり、私の見るところ、経営効果を高めるのに寄与した。組織改編を推し進め、事業部への自律性の付与、全社の調整などを実現していった。また、マルコム・ファーガソンを引き立て、サウスベンド自動車工場のゼネラル・マネジャーの地位に就けている。ファーガソンは後に、ベンディックスの社長にまで上り詰めた人物だ。

三〇年代末、ノースアメリカン、ベンディックス両社について、GMは見通しを大きく変えていた。そもそも航空機メーカーに投資したのは、いずれ小型飛行機《フリバー》が登場して自動車と競合するだろう、との予想からだったが、歳月とともにその可能性は萎んでいった。ファミリー向け飛行機が世に出されることはなく、それどころか、景気後退期には航空業界全体の拡大が足踏みした。ノースアメリカンとベンディックスは成長を続けたが、最も有望なのは軍需向けだと判明した。四〇年、両社とも年間売上高およそ四〇〇〇万ドルだったが、その大部分は軍事関連の政府受注だった。軍需生産がピークを迎えた四四年の売上高は、ノースアメリカンが七億ドル前後、ベンディックスは八億ドルを超えた。この巨額を前にして、私たちはファミリー向け小型機への関心がいかに的外れだったかを思い知らされたのだ。

アリソン・エンジニアリングの買収

ここで、二九年に買収したアリソン・エンジニアリングに話を移したい。こちらも、ノースアメリカン、ベンディックスに劣らず、輝かしい成長の歴史を刻んできた。すでに述べたとおり、アリソンの場合には、買収は即断即決で五九万二〇〇〇ドルを支払ったのみで、私たちの尺度では小規模な会社だった。二九年で社員は二〇〇人足らず。製造用スペースもわずかに五万平方フィートだった。航空業界への参入に際して大きな役割は期待していなかった。ところがその後の経緯によってアリソンは、GMと航空業界をつなぐ架け橋として、なくてはならない存在となっていった。

買収時、アリソンは創業一四年目だった。初期から航空機製造に携わっていたわけではなく、インディアナ・スピードウェイでレーシングカーの整備を助けるのが主な事業内容だった。設立者のジェームズ・A・アリソンは、徐々に有能なメカニックやエンジニアを集め、船舶用エンジン、ボートや飛行機向けの減速装置などを生産するようになった。二〇年代初めには、第一次大戦で活躍したリバティー戦闘機のエンジン改良を受注するというチャンスにも恵まれた。リバティーのエンジンはそれまで、クランクシャフト、連接棒のベアリングなどが絶えず故障に見舞われ、耐用年数がきわめて短かったのだ。併せてアリソンは、スチール製シェルの内外に鉛青銅を鋳込むための優れた方法を考案して、耐用性の高いコネクティングロッド（連接棒）・ベアリングを開発した。このような下地があったため、アリソンのベアリングは評判を呼び、世界中で高馬力エンジンに幅広く用いられている。このベアリングの生産と、リバティー用エンジンの改良が、二〇年代をとおしてアリソンの事業の柱であり続けた。

二八年、ジェームズ・アリソンの死とともにアリソン社は売りに出された。「インディアナポリスで事業を続けられること」というのが条件だった。数社が接触したが、この条件を受け入れる買い手は現れなかった。幸運なことに、C・E・ウィルソンはデルコ・レミー事業部（インディアナ州アンダーソン）の長を務めていた頃、アリソンをよく知るようになっていた。そして、アリソンの貴重な技術力がGMにとって有用だと見抜いていた。私たちには、アリソン社をインディアナ州から動かす必要はなく、ウィルソンの勧めに従って二九年の初めに買収を決めた。ジェームズ・アリソンのもとで社長兼チーフ・エンジニアを務めていたノーマン・H・ギルマンに、引き続き事業部長として事業を率いてもらった。

三〇年代に入ってまもなく、アリソンはあるプロジェクトに着手する。これが後に、軍事面で実に大きな意義を持つことになる。ギルマンの発案で始まった〈V－1710〉エンジンプロジェクトである。ギルマンは当時の軍用機向けエンジンをすべて丹念に研究し、いずれ軍部は一〇〇〇馬力級のレシプロエンジンを必要とするだろう、との結論を引き出した。そのエンジンは液体冷却式であるべきだというのも、ギルマンの持論だった（空冷式よりも容積を抑えられるのだ）。しかし開発を始めてみると、陸軍航空隊が求める「一五〇時間連続作動」という仕様を満たせなかった。開発ペースを速めるために、私たちはロナルド・M・ヘイゼンをアリソンに派遣した。リサーチ・ラボラトリーズの敏腕エンジニアだったヘイゼンは、努力を重ね、やがて大きな成果を上げた。一九三七年四月二三日、〈V－1710〉が陸軍航空隊の製品テストすべてに合格したのだ。あらゆる仕様を満たし、なおかつ一〇〇〇馬力を実現するというのは、アメリカで史上初の快挙だった。高温に耐えられる液体冷却式のエンジンとしても、初の成功例である。

〈V－1710〉が完成する以前、航空隊は空冷式エンジンの優位性を少しも疑っていなかった。だがこのアリソン製エンジンは、またたくまに真価を証明した。三九年三月には、このエンジンを搭載した〈カーティスP－40〉が航空隊の戦闘機レースで優勝する。前回の記録を時速四〇マイルも上回る圧勝だった。これを機に当然、アリソン製エンジンが俄然注目を集めていった。アメリカ航空隊だけでなくイギリス、フランスの軍部からも、熱心な視線が注がれたほどだ。

アリソンは深刻な問題に直面した。二九年の買収以後、GMが多少なりとも後押しをしていたとはいえ、いまだ試作を中心とした小規模な組織にすぎず、量産体制はまったく整っていなかったのだが、三〇年代末には政府から量産を強く迫られていたのだ。

時の国防副長官ルイス・ジョンソンがみずからGM社長クヌドセンのもとに足を運び、アリソン製エンジンの量産策を話し合った。その時点で発注が確約されていたのは八三六機のみで、ジョンソンといえどもそれ以上の発注は保証できない、とのことであった。ビジネスの観点からは、八三六機のために工場を新設するのはリスクが大きすぎた。それどころか、仮に国際情勢が急転したり、技術面のブレークスルーが成し遂げられたりすれば、この小規模な受注すらも、工場が完成する前に吹き飛んでしまうおそれがあった。だが私たちは、深く検討を重ねることなく、インディアナポリスにアリソンの新工場を建設すると決断した。〈V-1710〉エンジンは大きな需要を生むに違いない、との直感だけが頼りだった。言い添えるなら、国防に関わる政府からの要請である以上、軽々しく断るわけにはいかないのだ。

こうして一九三九年五月三〇日、インディアナポリス・ハイウェイの傍らでアリソンの工場建設に着工した。折よく、〈V-1710〉エンジンには新たな注文が寄せられた。四〇年二月にフランス政府から七〇〇機、その数カ月後にはイギリス政府から三五〇〇機の受注があったのだ。四一年一二月にはアリソンは、月産一一〇〇機の体制を整えた。戦争に突入すると、私たちは増産への取り組みを強めた。再設計と馬力増強への努力も怠らず、ついには実戦時の馬力を約二二五〇にまで高めた。〈V-1710〉は四七年一二月に生産を打ち切るまで、累計七万機が出荷された。

〈カーティスP–40ウォーホーク〉〈ベルP–39エアコブラ〉〈ベルP–63キングコブラ〉〈ロッキードP–38ライトニング〉など数々の著名な戦闘機に搭載され、戦況に大きく貢献した。

戦後の問題

戦争が始まってまもなく、GMが航空機製造にきわめて深く関わるようになったため、この業界で永続的に事業を続けていくべきかどうかという問題がクローズアップされてきた。そこで私たちは、航空機製造とはどのような事業か、GMがどのような役割を果たすべきかを問い直した。この重要な問題に関する主な見解は、私自身が四二年に戦後準備委員会で述べた内容に示されている。その内容は後にポリシー委員会によって承認され、戦後の航空機事業の方向性を決めることになった。

この報告の中で私は、戦後の航空機市場は軍需向け、輸送向け、自家用飛行向けの三つに分けられるだろうと述べ、そのうえでGMが完成航空機を製造すべきかどうかという問題を取り上げた。私は次のように指摘した。軍用機を製造するには、エンジニアリング、開発の両面で多大な作業を求められる。数の出ないモデルであっても、常に改良していかなければならない。さらに、設備に余剰が生じて、激烈な競争が繰り広げられることは間違いないだろう。したがって、高い利益率は期待できない。

航空輸送に関しては、旅客、貨物ともに急速に伸びるだろうとの予想を示した。しかし、いかに市場が拡大しても、各メーカーが販売できる数には限りがある。個人的には、輸送用航空機の運用数は一〇倍前後に増え、およそ四〇〇〇ほどになるだろうと見ていた。しかし、耐用年数はおそらく五年程度であろうから、各メーカーの年間受注数はごくわずかなはずである。

自家用小型機の製造についても、懐疑的な見方を示した。戦争が終われば、ビジネス用、プライベート用ともに心持ち需要は伸びるだろうが、技術の進歩によって安全性が飛躍的に改善しないかぎり、市場性には限界があると感じていた。安全面でブレークスルーが起きれば別として、予測できるかぎりの将来にわたって、自家用飛行機が自動車を脅かすとは考えられなかった。

以上のように、三つの市場いずれについても、参入は得策ではないと思われた。私はさらに言葉を続けた。仮に完成航空機の製造に乗り出せば、他の航空関連事業に悪影響をもたらすおそれがある。アリソンは、航空機エンジン、付属部品の大手メーカーである。今後もそれは変わらないだろう。付属部品は技術面、生産面ともに標準化されていて、さまざまな機種に用いることができる。付属部品が完成航空機の総コストに占める比率は四〇ないし四五%に及ぶため、この市場には大きな可能性が秘められている。その可能性を十分に活かすためには、顧客である航空機メーカーに技術協力を行い、信頼を得なければならない。ところが、みずから航空機を製造したのでは、顧客とこのような関係を築くのは難しい。アリソンが競争相手として情報を利用するとわかっていたら、機体メーカーが新機種の設計内容を教えようとするだろうか。要するに、付属部品を機体メーカーに購入してもらい、その一方でみずからも機体を製造するというのは、どうにも無理があるのだ。

この件についての議論がしばらく続いた後、一九四三年八月一七日に戦後の航空機事業への取り組みが正式に決まった。方針策定委員会が以下のように結論づけたのだ。

1　軍需向け、輸送向けを問わず、航空機体の製造はいっさい行わない。
2　能力と状況に応じて、航空機付属部品のメーカーとして可能なかぎり盤石な地位を目指すべきである。

航空機からの撤退

読者はお気づきかもしれないが、この段階に至ってもGMは、自家用小型飛行機を製造する可能性を完全に排除してはいなかった。そのような製品を量産して利益を上げられるかどうかについては、依然として疑いを抱いていたが、それでも可能性を一〇〇%否定できずにいた。先に紹介した報告の中で私は、小型飛行機分野の技術動向を注視しておくべきだと述べたが、後になってそれは現実的ではないと、考えを改めた。ただし、ノースアメリカン航空だけは自家用機の設計、製造に踏み切った。それが〈ナビオン〉である。

戦後の航空機事業についての方針は、当然ながらノースアメリカン、ベンディックス両社への投資と深く関わっていた。ノースアメリカンは戦争中に、アメリカを代表する機体メーカーとなった。私たちは、ノースアメリカンに投資を続けたのでは、機体を自社製造するのと同じくらい深刻な影響を付属部品事業に及ぼすだろうと判断した。もう一点、仮に機体製造に参入したとしても、大量生産手法を活かせそうもない、ということが明らかになった。そこで、いずれかの時期に資本関係を解消するのが、GM、ノースアメリカン両社にとって最良の道だとの結論が導かれた。

ベンディックスとの関係はやや異なった。こちらは航空機の付属部品分野ですでに確固とした地位を築いていて、GMの経営方針、戦後目標のいずれとも十分に適合した。ある時期、ベンディックスの株式をすべて取得して、事業部あるいは完全子会社にすることを真剣に検討したほどだ。だが、最終的には逆の結論に落ち着いた。GMは徐々に少額出資を解消する方針を固め、四八年にノースアメリカン、ベンディックス両社の株式を売却した。売却によって得た資金は、右肩上がりで成長する自動車事業に振り向けられた。

ベンディックス、ノースアメリカンと資本関係にあった間、GMは両社の力になったが、それはエンジニアリングや技術の面においてではない。よりつかみどころのない事業マネジメントの分野においてである。私たちの培った経営哲学が各社に、そして業界全体に広まっていった。この意味で、GMは航空機業界全体に目に見える貢献をした。

私はそう信じている。

（原注1）ウィントンは一九三七年に「クリーブランド・ディーゼル・エンジン事業部」と改称し、六二年にはエレクトロ・モーティブ事業部と統合された。GMは三七年に、デトロイト・ディーゼル・エンジン事業部を新設して、船舶・産業用に小型ディーゼル・エンジンの生産を始めた。両組織には何年もの間製品の重複があったが、デトロイト・ディーゼル・エンジン事業部は概して小型エンジンを専門としていた。

第20章 国防への貢献

CONTRIBUTIONS TO NATIONAL DEFENSE

国防生産の四つの時期

敵の攻撃からアメリカを守るのは、恒久的な課題となってきたようだ。多大な軍事力を維持しなくてもよい日が訪れるとは、歳月をへるにつれて想像しづらくなっている。GM、そして数百という他社にとって、国防関連の業務は今日の事業活動とは切り離せない。GMの軍需事業は、一九五九年から六二年にかけて三億五〇〇〇万ドルから五億ドルほどの規模を持っており、売上高全体に占める比率はおよそ三%だ。重要ではあるが、比重は大きくなく、規模も戦時中とは比較にならないほど縮小している。GMにおける軍需事業の歴史は、互いに無関係ないくつものエピソードに彩られている。

その歴史は四つの時期に分けられるだろう。最初は第一次世界大戦期で、GMは陸軍に航空機エンジンを納める主力メーカーだった。とはいえこの時期の売上総額は三五〇〇万ドルと、今日から見れば小さい額だった。戦争中も、工場をことさら「戦時体制」にしようとの動きはなかった。自動車の生産も継続して、軍需生産はいわば一時的な副業といった位置づけだった。第一次大戦が終結するとGMも軍需生産を中止し、一〇年以上もの間ほとんどこの分野には携わっていなかった。やがて世界最大の軍需メーカーとなる日が訪れようとは、想像すらしていなかった。

しかし、第二の時期——第二次世界大戦の直前から戦争中にかけて——になると、この予想していなかった事態が現実となった。この時期GMは、一二〇億ドルという驚異的な軍需生産を成し遂げたのだ。その大半はわずか数年に集中しており、全社が戦時体制一色に染まった。事実、一九四二年二月から四五年九月にかけては、アメリカ国内では乗用車を一台として生産していない。第一次大戦時の教訓は、あまりに状況が違うため、ごく一部を活かせただけだ。具体的には、在庫水準を緻密にコントロールしながら、詳しい契約内容に沿って業務を進めなくてはいけない、といった点などである。

第三の時期（一九五〇～五三年）は朝鮮戦争とおおよそ重なる。この時期もGMは新たな状況に直面した。第二次大戦が終わった時、私たちは軍需事業をほぼ全面的にストップして、自動車をはじめとする商用生産に邁進するのを心待ちにしていた。それでも軍部とは密接な関係を保ち、軍需生産も細々とながらも続けた。中心となったのは傘下のアリソン社である。アリソンは航空機エンジンを生産していただけでなく、戦術装軌車両に搭載するパワーシフト・トランスミッションの開発、生産を始めていた。このため五〇年六月に朝鮮半島の緊張が高まり、新たな軍需が生まれた時には、アリソンはすでに戦闘機用ジェット・エンジンの大量納入を済ませ、戦車用トランスミッションの生産を始めていた。ほかにもいくつかの事業部が、エンジニアリング、開発の両面で軍部の特命を受けていた。この時期は、軍需、民需を両立させていたといえる。政府からは賃金や価格を統制され、ゴムや銅など一部素材の使用を禁じられたが、その一方でほぼ通常どおりの民需用生産も許されていた。結果として、朝鮮戦争の間も、軍需生産は全体の一九%にとどまった。ただし、一〇〇%の戦時体制を求められる可能性を常に念頭に置きながら、それに備えたプランづくりをしていた。

現在は第四の時期に当たり、過去のいずれの時期とも大きく異なっている。GMはこの新しい状況への対応を迫られてきた。一つには、軍事テクノロジーが目覚ましく発展して、新しい生産モデルと研究活動が求められている。総動員体制のほうは、時代遅れになったといっても差し支えないだろう。今後再び、軍需生産に全力を傾けることになるとは想像できない。一般に考えられているとおり、仮に大規模な戦争が起きた場合、すべてが短期間に決するはずだからだ。

とはいえ、GMが第二次大戦中に軍需生産に全力を傾けたという事実は、一定の関心を引くと思われる。当時GMがどのような使命を与えられていたか、それをどのように遂行していったかは、ほとんど知られていないのである。

戦争による影響

明白な事実から述べたい。GMは、戦時と平時とでは異なった製品を扱う。この意味で、戦時と平時で大きな変更を要しない軍需企業とは異質なのだ。衣料品メーカーは、兵士のユニフォームを生産できる。建設会社は軍のバラックや仮設住居を設けられる。航空機メーカーは民間機を減らして、爆撃機の生産を増やせばよい。ところがGMの場合には、戦時に応用の利く製品が少ないのだ。第二次大戦時には、大半の事業をほぼ全面的に軍需対応に切り替えなければならなかった。戦車、マシンガン、飛行機プロペラなどの生産方法を、経験が皆無だったにもかかわらず、短期間に、しかも大変な緊迫感の中で学ばなければならなかった。大規模工場の多くに手を入れ、何千人もの社員に訓練を施す必要もあった。統計データによれば、第二次大戦中のGMの軍需生産は一二〇億ドルだが、そのうち実に八〇億ドル超が未経験の製品で占められていた。このようなことが可能だったのは、分権化が進んでいたからである。

各事業部が独自に受注を目指し、年ごとにモデルチェンジを重ねていたため、ノウハウや適応力が身についていたのである。

戦争によって、他の意味でも——おそらくより根本的な意味でも——GMの事業は変容した。戦時体制のもとでは、財務その他の面で事業運営の方法が変わったのだ。GMは、平時は自動車を生産、販売していたが、戦時はまるで別の企業に衣替えした。働き手の構成すら異なった。第二次大戦では一一万三〇〇〇人を超える社員が従軍し、経営陣の一部もワシントンで政府のために働いた。とりわけクヌドセンは、戦時生産をつかさどる立場に身を置いた。このような変化は概して、何の前触れもなく訪れた。一九四二年のわずか数カ月間に集中して起きたのである。

その年にGMに与えられたのは、一言で述べれば、世界最大の自動車メーカーを世界最大の軍需メーカーに生まれ変わらせるという使命だった。これがどれほど大きな使命であるかは、真珠湾攻撃の直後に明らかになった。四二年一月だけで、GMには二〇億ドルもの軍事注文が寄せられた——それまでの軍事受注の総額に匹敵する額である。この年はさらに四〇億ドルの受注があった。こうして年末までには累計の軍事受注は八〇億ドル超に達していた。これはGMにとってすら途方もない規模だった。それまでの年生産額は四一年の二四億ドルが最高だった。言い換えれば私たちは、従来とは別の製品を扱うようになっただけでなく、生産規模を大幅に拡大したのである。

しかし幸いにも、前もって計画を立ててあったため、この大きな課題にも慌てずに対処できた。四〇年六月にすでに、私が議長を務めていた方針策定委員会が、大々的に軍需生産に転換した場合に備えて、どのような問題が生じるかを検討していた。そしてその後の数カ月で、基本方針を定めていた。その一つに、生産規模がどの程度にのぼるかという問題があった。結論は、当時GMはアメリカの一〇%に当たる金属製造設備を有していたため、軍需生産もやはり全体の一〇%程度が妥当だろうというものだった。振り返ってみると、この目標を達したとは言い難い。第二次大戦中、アメリカ政府は軍事生産に一五〇〇億ドル前後を費している。これに対してGMの生産額は一二〇億ドルと、全体の八％を占めたにすぎない。だが、類似製品の他メーカーよりもコストを低く抑えたとの自負はある。

方針策定委員会は、戦時中の組織についても検討を加え、委員会の三人のメンバー――社長のウィルソン、エグゼクティブ・バイス・プレジデントのブラッドレーとハント――が、あたかも「三頭政治」のようにすべての事業を陣頭指揮することになった。四二年には戦時対応委員会が正式に設けられ、戦争中のあらゆる事業活動を管理した。発足時のメンバーは一二名で、後に一四名に増員された。前記の三人も主要メンバーとして名前を連ねていた。

同じ頃に私たちは、「自律性を持った事業部が足並みを揃えながら事業活動を進める」という方針が、戦時にも適することを確認していた。なぜなら平時、戦時を問わず、高い柔軟性を保つのが重要だからである。この判断が意味するのは、戦争中にも各事業部は、全社の方針に沿いながら、受注、価格設定、生産について大きな責任を果たすべきだ、ということである。同時に、全社が結束して、そのもとで事業部間が互いに社内取引を行う仕組みも保つべきだとされた。社内取引には大きな努力を要したが、戦時中にもきわめて高い成果を上げた。一例として、キャデラック事業部が四四年に生産を始めた〈M-24〉戦車は、一万九〇〇〇もの下請施設を必要としていた。

生産効率をよりいっそう高めようとの方針から、社内、そして一部社外も含めて、工場や機械の管轄を変える必要も生まれた。戦争中、GMの機械五〇〇〇台および政府の機械二〇〇〇台近くが、別の事業部へ移管された。工場のいくつかは、他社のほうがうまく活用できるだろうとの理由で賃貸に出された。他方でGMも、その時々でさまざまな工場を借りた（一九四五年初め、GMはアメリカ国内で一二〇工場を操業していたが、うち一八が政府から、六が他社から借りたものである）。

一九四〇年にはもう一つ重要な決定が下された。「どれほど複雑で難しい仕事であろうとも、GMはその遂行に向けて努力しなければならない」というものだ。

すでに述べたとおり、戦争中に扱ったのは大多数が未知の製品だった。課題は生産面にとどまらなかった。軍事科学の進歩があまりに急速だったため、製品の多くを新たに設計し、それをさらに設計し直さなければならなかったのだ。終戦前後には、GMは全軍事製品のリストを作成して、設計種別ごとに分類してあった。四四年までの受注内容をこの分類に沿って紹介しておきたい。

二〇%はGMが軍部と協力しながら設計した製品だった。軽量級から重量級までの戦車、対戦車砲を搭載した戦闘用車両、装甲車、航空機用のエンジンとプロペラ、水行プロペラ付きの装甲トラックなどである。

三五%は、第三者の設計に、GMが設計あるいはエンジニアリング面で大きな改良を施したものである。三〇口径、五〇口径の〈ブローニング〉機関銃、〈M-1〉カービン銃、〈ワイルドキャット〉戦闘機、〈アベンジャー〉雷撃機などがこれに当たる。

一七%は、平時からの自社製品を軍事用に設計変更したもので、トラック、ディーゼル・エンジン、電気製品などが含まれる。

一三%は、平時の製品を大きな変更を加えずに軍需用に転用したもので、商用トラック、ガソリン・エンジンとディーゼル・エンジンの一部、ボールベアリング、スパークプラグなどである。

一五%は、第三者の設計をほとんど変えずに生産のみを担当した。プラット・アンド・ホイットニー航空向けのエンジン、〈B-25〉、〈B-29〉の組立用部品、弾薬などである。

このようにGMは戦争中に、全製品のおよそ七二%について、少なくとも部分的には設計に関わっていたことになる。次ページの表は、一九四五年までの出荷内容をもとに、GMがいかに幅広い軍事製品を生産していたかを示したものだ。

ここからは、もう一つの大きな問題点が浮かび上がってくる。つまり戦争中には、当社の製品構成が絶えず変化していたのだ。これは、兵器がすべて短期間で旧式化していったという事情にもよる。四四年に国防総省は、「真珠湾

GMの軍需品出荷内容

製品分類	内訳の比率 1942年12月31日までの累計（%）	1943年（%）	1944年（%）	1945年（%）	1945年12月31日までの累計（%）	1945年12月31日までの累計（1,000ドル）
軍用トラック、水陸両用トラック部品・付属品	22.3	11.3	18.0	18.2	17.0	2,090,620
航空機						
アリソン・エンジン	（16.5）	（8.3）	（7.1）	（3.2）	（8.4）	（1,038,964）
プラット・アンド・ホイットニー・エンジン	（8.2）	（13.7）	（11.0）	（9.8）	（11.0）	（1,356,640）
ジェット推進エンジン	（—）	（—）	（—）	（1.2）	（0.3）	（32,565）
完成品および半組立品	（2.4）	（9.4）	（14.6）	（13.9）	（10.6）	（1,305,088）
航空機部品、プロペラなど	（5.6）	（9.8）	（9.3）	（11.3）	（9.1）	（1,128,452）
航空機小計	**32.7**	**41.2**	**42.0**	**39.4**	**39.4**	**4,861,709**
戦車、装甲車、自走砲	11.8	17.9	15.6	19.0	16.2	1,999,365
船舶用ディーゼル・エンジン	14.1	10.7	10.9	8.5	11.0	1,351,849
銃器、砲架、制御装置	12.2	12.6	7.5	4.8	9.3	1,148,369
薬莢、弾丸、カートリッジなど	4.2	3.8	3.0	4.7	3.8	468,135
その他	2.7	2.5	3.0	5.4	3.3	406,011
合計	**100.0**	**100.0**	**100.0**	**100.0**	**100.0**	
金額合計（億ドル）	24	35	38	26	123	

攻撃以前の兵器は、現在ではただの一種類として用いていない」と発表している。製品構成が絶えず移り変わっていったもう一つの理由は、軍の戦術がたゆまずに刷新されていたことだろう。このような状況のもとで生産スケジュールを立てるのは、胃の痛くなる仕事だった。典型的な状況はこうだった。四五年一月、デルコ製品事業部が〈B−24〉戦闘機の着陸用支柱を生産していたところ、四月の必要数は九五セットだと告げられた。ところが二月になると突如二八五に上方修正され、三月には「六〇でよい」とされた。そして四月一日、生産目標は再び一二〇セットに増やされ、実際の生産数は八五セットに落ち着いた。デルコがスケジュール調整にどれほど難渋したかを考えれば、目標達成率は驚くほど高いといえる。

このような困難に見舞われながらも、GMは全体として、納期をきわめて正確に守った。経営上層部が納期の遵守状況をその都度確認できるように、私たちは二種類の生産進捗レポートを課して、各事業部から毎月提出を受けていた。第一のレポートは月次で、次のようなデータを含んでいた。

主要な軍事注文の累積生産高
今後四カ月間の月別生産予想
今後四カ月間の総生産高（受注高と比較した予想量）
各契約の完了日
ピーク注文高
工場の現時点でのピーク生産量

さらに、契約内容を守れなかった直近の事例、あるいは守れそうもない事例については詳しい説明が義務づけてあった。

もう一種類のレポートは、短期の見通しを示したものだ。このレポートは月に二回ずつ提出され、月の前後半それぞれの実績を、月初に軍部から提示されたスケジュールと比較していた。ここでも、遅れや違約については各事業部からの説明を必須としていた。どれほど小さな食い違いについても、どれほど重要性の低い製品についても、例外は認めなかった。ただし、遅れや違約は比較的少なかったことを言い添えておきたい。加えて、契約を守れなかった場合にも、そのほとんどは不可抗力の事情によっていた。労働力や原材料の不足、出荷指示の欠落、政府からの要求内容の変更などが理由だったのだ。

生産スケジュールをおおむね守り、高い品質を保ってはいたが、労働力に関しては深刻な問題が生じていた。戦争中にGMは、アメリカ国内でおびただしい数の働き手を確保しなければならなかった。一九四二年から四四年まで、その数は二四万四〇〇〇人、三三万二〇〇〇人、一五万六〇〇〇人と推移した。戦争中に合計七五万人以上を新規雇用した計算になる。これだけでも十分に難題だったが、加えて新規採用者は一般に、技能がけっして高いとはいえなかった。体力などの面で業務に向かない者が少なくなかった。女性を中心に、企業で働いた経験のない者も大勢いた。一九四一年末から四三年末にかけて、GMの時間給労働者に占める女性の比率は約一〇%から三〇%へと上昇した。

このように働き手の入れ替わりが激しく、技能が低かったことから、生産手法を可能なかぎり合理化する必要が生じた。たとえばキャデラック事業部は、〈M-24〉戦車の生産を始める際に、循環型のコンベヤーを導入して、溶接担当者がそれぞれ一種類のシンプルな作業を行えばよいようにした。難しい作業を何種類もこなす必要をなくしたのだ。四四年になると熟練労働者の不足が深刻化したため、たとえ他の工場のほうが充実した機械類を揃えていたとしても、熟練労働者のいる工場に作業を割り振る事例が珍しくなかった。

戦争中の業績は、財務方針に大きく支えられていたといえる。四二年初め、方針策定委員会は戦争中の価格と利益について新しい方針を定めた。私たちが国防総省の物価調整局に説明した内容を引用したい。「製造活動全体からの利益率を、（所得税引当金と超過利得引当金を除いた全引当金の差引き後で）一〇%に抑えることとする。これは、一九

機関銃の価格の推移

	適用期間	生産数	販売価格(1丁当たり)
当初価格	1941年7月～42年1月	5,674	689.85ドル
1次修正後	1942年2月～42年3月	4,043	515.80
2次修正後	1942年4月～42年7月	10,281	462.29
3次修正後	1942年7月～42年10月	15,922	310.21
4次修正後	1942年11月～42年12月	14,744	283.75
5次修正後	1943年1月	6,000	386.93
6次修正後	1943年1月～43年4月	32,938	252.50
7次修正後	1943年5月～43年8月	40,723	231.00
8次修正後	1943年9月～44年1月	40,000	222.00
9次修正後	1944年1月	10,257	207.00
10次修正後	1944年2月～44年3月	21,579	197.00
11次修正後	1944年4月～44年6月	34,126	186.50
12次修正後	1944年7月～44年8月	21,031	180.30
13次修正後	1944年9月～45年1月	43,824	169.00
14次修正後	1945年1月～45年4月	12,819	176.00
15次修正後	1945年4月～45年6月	13,306	174.50

四一年に競争市場がほぼ完全に機能していたもとで達成した利益率（売上高に占める利益の比率）のおよそ半分である」。言い換えれば、GMは税引前利益率を自主的に半分に抑えたのだ。税率が四一年よりも相当程度高くなっていたにもかかわらず、である。

これと関連して、「軍需契約を可能なかぎり固定価格で受ける」との方針も掲げた。固定価格での受注を好んだのは、（コストに一定額の利益を上乗せした契約に比べて）業務効率を高めようとのインセンティブが強く働くからである。自社にとって初めての軍需製品——それどころかどの企業もこれまで製造したことのない製品——を扱う場合には、コストを実際よりも高く見積もるおそれが常について回ることは、もちろん理解していた。だからこそGMは、コストが下がれば価格も引き下げると物価調整局に約束したのである。

予想どおり、生産経験を積み、量をこなすにつれて、大多数の契約についてコストが下がった。

右の表は、フリジデアー事業部が製造した五〇口径航空機用機関銃の価格推移を示しているが、ここからも量と価格が反比例する様子が見て取れる。四五年初めには、受注量が当初よりも削られたため、価格をわずかとはいえ上げる必要が生じた。

軍需生産の大多数について、前述のような値下げを自発的に、あるいは交渉によって実施した結果、一九四二年から四四年にかけて、税引前の営業利益は売上高のおよそ一〇%に落ち着いた。四五年には、軍事関連の売上げについて見るかぎり、税引前利益は一〇%を下回った。戦争の終結とともに大量のキャンセルがあったこと、平時生産に戻すのにコストを要したことなどによる。

左翼思想の持ち主は、戦争は「ビッグビジネス」に大きな利益をもたらす、と強く信じているようだ。だがGMに関するかぎり、これは真実とはほど遠い。税引前利益をみずから削り、高い税率に耐えた結果、戦争中は大幅に純益が減り、各年とも四〇年、四一年の水準を下回っていたのである。四二年から四五年にかけての平均純益は三六年から三九年まで――不況に見舞われた三八年を含む時期――の平均にすら達していない。

戦時生産から平時生産へ

GMは、私が知るかぎりどの企業よりも早くから、戦後の自社の立場について思いをめぐらせていた。そして行動への準備として、具体的、包括的なプログラムを用意した。私自身も四一年一二月四日――真珠湾攻撃の三日前――に全米製造業協会で「戦後における産業界の役割」と題したスピーチを行っている。開戦から時が経ち、戦後の世界についてある程度の見通しを立てられるようになると、民需生産の再開に向けてプランづくりを進める必要が生じた。とりわけ、景気の拡大と「戦後の景気後退」、いずれを前提にすべきかを見定めなくてはならなかった。エコノミストや財界人の多くは、戦後は景気が後退すると信じきっていたが、私たちは景気拡大を想定してプランをつくった。このことを私は誇りに思っている。むしろ、四三年一二月に全米製造業協会で私が行ったスピーチが、景気の拡大を後押ししたといっても過言ではないだろう。その内容を受けて、景気拡大を前提としたプランづくりが産業界に広まったのだ。スピーチ内容には、私たちの予測が織り込まれている。

GMの取り組み方針をご紹介しましょう。私たちは、戦後の国民所得が戦前の水準を上回るとの前提から出発しています。戦争の刺激を受けて国全体の生産能力が拡大し、ノウハウが幅広く伝わり、手法面でも進歩があり、技術知識も飛躍的に増大しました。これらすべてが、発展した秩序のもとで十分な民需を生み出すでしょう。国家財政が大幅な赤字に陥り、そのうえ――理にかなっているかどうかは別として――支出が増え続けているため、生産量と国民所得の向上が望まれています。これを達成できなければ、企業、個人ともに政府支出の重みに耐えられなくなり、経済拡大の可能性は著しく損なわれるでしょう。

戦前の国民所得を仮に六五〇億ドルから七〇〇億ドルとすれば、戦後の目標を一〇〇〇億ドルに据えるのが適切だと思われます。この目標をもとに私たちは、新旧の各製品やサービスについて、需要の弾力性に当然ながら幅があること、生産機会が広がっていることなどを考え合わせながら、生産量を決めなくてはなりません。その結果からは新しい事業の規模がわかり、生産のための経営資源、すなわち労働力、組織、工場、機械などがそれぞれどの程度求められるかが決まるのです。GMについて予測内容を示しますと、平時用設備への切り替え、最新設備への更改、戦前からの製品に関わる機械類の変更などを含めて、およそ五億ドルの支出が必要になります。これはいわば、アメリカ経済への貢献、つまりアメリカ経済の生命線である企業間の自由競争を守るための貢献だといえるでしょう。

この中に示した国民所得の予想は、当時はきわめて楽観的だと受け止められたが、実績はこの値をも上回った。四六年には、三九年の貨幣価値をもとにした国民所得は、私たちが予想した一〇〇〇億ドルを超えて一二五〇億ドルに達し、以後、(やはり三九年の貨幣価値で)一二〇〇億ドル前後にまで増大している。

対日戦に勝利するとその直後から、ごく当然ではあるが、軍事注文のキャンセルが嵐のように押し寄せ、総額は一七・五億ドルにのぼった。戦争が唐突に終わったため、平時体制へ粛々と戻るわけにはいかず、私たちは何カ月もの間、事務処理――その大半は契約打ち切りに関わるもの――に忙殺された。同時に、全米のGM工場を平時の状態に戻さなければならない、という大きな課題も降ってわいた。軍需生産に関係した在庫を運び出すのに貨車九〇〇〇台、政府所有の機械類を廃棄するのにさらに八〇〇〇台が必要だと知らされた。この間にも工場では、一刻も早く商用生産を始められるように準備が進められていた。秩序はなかったが、混乱も起きなかった。戦争が終わる以前からプランを作成してあり、政府の協力も得られたため、工場の整備と平時生産への準備は短期間に完了し、対日戦の勝利から実に四五日目には、戦後の自動車第一号を工場から送り出していた。

GMにとって平時体制への復帰は、戦前の状態に戻ることを意味したのではない。戦後プランは、拡大と前進を視野に入れながら注意深く決めてあった。既存の生産施設、新しい機械類、まったく新しい工場を調和させるという作業も含まれていた。その大きな目的は好ましい労働環境を用意することにあった。新しいカフェテリアを設けたり、医療施設を充実させたりしたのだ。こうして、多くの面で効率が大幅に高まった。

朝鮮戦争は、第二次大戦とは別の意味で、プランニングに複雑な課題をもたらした。民需と並行して軍需に対応しなければならない、という特殊性が伴ったのだ。

朝鮮戦争でのGMの軍需生産は、第二次大戦とは比べようのないほど小さな規模だった。五二年の総額はおよそ一四億ドルと、四四年の四〇％にも満たなかった。朝鮮戦争の勃発直後に私たちは、以前と同じように、アメリカの軍需生産のおよそ一〇％を引き受けるべきだろうと考えた。政府からも、生産施設の拡大を求められていた。必要に応じて軍需生産を増やせるように、戦時体制への転換の容易な工場を新設してほしい、というのだ。政府の要望には応えたかったが、大きな余剰生産施設を抱え込むことは避けなければならなかった。他方、将来的に設備不足に陥っても困る。一九五〇年の戦況が進むにつれて、徐々に明らかになってきたのは、拡大に向けて真剣にプランづくりをしなければならないということだった。その年の一一月一七日、私は自分の考えをブラッドレー（財務方針委員会議長）に宛ててしたためた。

1　長い目で見てアメリカ経済は、これまで同様に拡大を続けていくでしょう。拡大要因としては、科学的な知識とそれに関係したテクノロジーの進歩、人口の増加などが考えられます。したがって、ＧＭ製品の需要も増えていくと予想されます。
2　生産能力が不足すると、競争力、評判、利益などが損なわれますが、これらは余剰施設を抱えるコストとはまったく関係がありません。設備の余剰はいうまでもなく、常に一過性です。この点は過去の事例からも判断できますし、おそらく将来にも当てはまるでしょう。ここでの「需要」とは、常識的な需要水準だけではなく、恣意的に生産量が減らされたことによる突出した需要も想定しています。もっとも、そのような突出した需要が当然想定でき、一定期間続く場合にかぎりますが。
3　私たちは高い志のもとに戦後プランを立てたにもかかわらず、生産能力の不足から販売機会を満たせず、市場での地位を低下させてしまいました。身から出た錆によって、競争を激化させてしまったのです……。
4　戦争の直前に当社は業界での売上比率を高めましたが、実質的な生産能力はそれに見合った伸びを示していません。

次いで私は、五年ないし一〇年先までの需要を真剣に予測し、予測内容に応じたプランをつくるべきだと提案した。新工場の建設については、「軍需生産に必要な工場を建てる際にも、基本プランに則ってより適切であれば自社資本を用いればよい」と述べた。減価償却の前倒しによって、自社資本を用いることの現実性が高まり、政府による資本拠出が不要となった。

市場予測を行ったところ、まさに拡大が求められているとわかり、一九五一年二月から三月にかけて以下を骨子とするプランを固めた。

・全生産能力のおよそ八〇％を民需に充てるとの前提に立つ。
・北米での生産能力を、乗用車・トラック合計で日産一万四五〇〇台から一万八〇〇〇台へと二四％ほど増強する（一年の稼働日数を二五〇日として、若干の超過勤務を想定すると、この目標では年間に四五〇万台を生産できる計算になる）。
ただし、各製品ラインについて均一に拡大を図るのではなく、〈シボレー〉二一％、〈ポンティアック〉三一％、〈オールズモビル〉二五％、〈ビュイック〉一五％、〈キャデラック〉三五％とする。

これらの値はもちろん、後に修正された。

朝鮮戦争用に軍事製品を生産するために、一五〇〇万平方フィートから二〇〇〇万平方フィートほどの工場増設を必要とし（これは乗用車・トラック生産施設の二五％増に当たる）、およそ三億ドルのコストがかかる。朝鮮半島の危機が去った後、平時生産に転用するためには、さらに四億五〇〇〇万ドルを要する見込みである。

要約すると、私たちは第二次大戦後に立てたプラン（「五億ドル規模の拡大を進める」）を二億五〇〇〇万ドルほど上回る高い目標を掲げたのだ。大幅な拡大を悔いる理由はいっさいなかった。このプランによって朝鮮戦争時の軍需に対応でき、また、その後の民需を満たせたのだ。それどころか五五年に需要が記録的な高水準に達した時には、生産能力は足りないほどであった。この五五年、北米産のGM車販売総数は四六三万八〇〇〇台にのぼり、業界全体でも過去最高を塗り替えた。

朝鮮戦争中にGMは、戦車、航空機、トラック、銃器などを生産したが、いずれも第二次大戦時の製品を高度化させたものだった。今日の兵器は大幅に変容して、近代化が進んでいるが、それは主に生産ではなくR＆Dの分野である。この事実は、GMの国防上の役割とも大いに関係している。GMは得意とする分野ではR＆Dにも携わっているが、やはり生産活動を主体とした企業だ。他方、今日の国防当局が求めているのは生産活動ではない。このため、G

Mの売上高に占める軍需関連の比率は、わずか三％へと減少している。

近年では国防が恒常的に必要とされており、GMグループでは主にアリソンとACスパーク・プラグが貢献している。アリソンは一九五六年に、当時としては前例のなかった軍用機用ターボプロペラ式ジェット・エンジンを納めた。このエンジンは〈T–56〉と呼ばれ、〈ロッキードC–130〉、〈グラマンE2A〉（〝ホークアイ〟）、〈ロッキードP3A〉対潜哨戒機などに搭載されている。現在では、さらに威力を増したモデルも開発途上にある。アリソン製の二五〇馬力軽量型の〈T–63〉ターボシャフト・エンジンは、五八年に開発が始まり、六二年には軍民両方の偵察用ヘリコプターに採用された。この六二年に、アリソンは陸軍から原子炉の開発、製造、運用も受注した。今日は、さまざまな軍用車両に向けて五種類のトランスミッションを供給している。それらトランスミッションによって、ディーゼル戦車、中型の戦車回収車、水陸両様の軍用輸送機などにフルパワーシフト、ステアリング、ブレーキといった機能がもたらされているのだ。アリソンの国防への貢献としてもう一つ、ミニットマン・ミサイル計画用にスティール、チタン製のロケット・エンジン・ケースを供給していることが挙げられる。

ACスパーク・プラグのミルウォーキー工場は、朝鮮戦争中に爆撃誘導用コンピュータを大量に生産し、その後もこの分野での事業範囲と能力を広げていった。五七年には空軍からACに、爆撃誘導コンピュータに関する全業務と、戦略爆撃機の改良が発注された。GMのミサイル事業を主導したのもACである。慣性誘導システム「アチーバー」は五七年、空軍の〈ソア〉長距離弾道ミサイルに搭載され、飛行テストに成功した。このシステムは以後も改良を重ね、〈メース〉、〈タイタンⅡ〉各ミサイルに用いられた。六二年には、ACのミルウォーキー工場が重要性の高い宇宙誘導システム二種を受注した。NASAからは、アポロ宇宙船用誘導システムの設計、開発、製造がACに委託された。アポロ号は、三人の宇宙飛行士を乗せて月との間を往復できるように、当時開発途上にあったのだ。空軍からはさらに、打ち上げ用ロケット〈タイタンⅢ〉の誘導システムを任された。

近年では他の事業部も、新しい防衛プログラムや宇宙事業に関連した業務を行っている。GMCトラック&コーチは、ミニットマン計画のために輸送機を製造している。デトロイト・ディーゼル・エンジンは、装軌式自走砲・回収車両向けのディーゼル・ターボチャージャー付きVエンジン各種を納めている。デルコ・レミーはミニットマン計画用に銀‐亜鉛電池を、デルコ・ラジオは各種ミサイル計画用に電源をそれぞれ生産している。クリーヴランドにあるキャデラックの軍事工場は、朝鮮戦争中は戦車を供給していたが、六二年にはアルミニウム製装甲車三種類の生産を始めた。

各事業部および先ごろ設置したGM国防研究所（ディフェンス・リサーチ・ラボラトリーズ）では、さらに新しい製品が開発されており、それらが生産ラインに乗る日をGM全社が心待ちにしている。GMは今後も疑いなく、アメリカの国防計画に際立った貢献を果たしていくだろう。要請を受ければいつでも最大限の力で国防に尽くせるよう、準備を整えてある。

第21章

人事・労務

PERSONNEL AND LABOR RELATIONS

従業員の福利厚生

これまでの一七年間、ＧＭでは全米に及ぶ大規模なストライキは行われていない。一九三〇年代半ばの荒々しく危機的な雰囲気や、戦後（一九四五年から四六年にかけて）の長いストライキの試練などを覚えている人々にとっては、この一七年は信じられないほど平穏な期間だった。そのうえこの平穏は、経営責任をいっさい放棄せずに勝ち取ってきたものだ。よく耳にする説に、「労使関係が安定したのは、インフレを促す協約を成立させようと、経営側が熱心に動いたからだ」というものがある。この真偽については、複雑になりすぎるためここでは論じないが、一言だけ述べれば、私自身はそうした説に反対である。

労働組合との関係に入る前に、読者の方々に思い起こしていただきたいのだが、人事政策の多くは労使交渉とは独立に決まる。一九六三年初めの時点で、ＧＭは全世界で六三万五〇〇〇人を雇用しており、うちおよそ一六万人が給与労働者である。給与労働者の労働組合加入率はきわめて低い。組合員は三五万人前後だが、彼らは労働協約に記載されていない給付を何種類も受け取っており、その一部は現在のような組合が生まれる以前から会社側が用意していたものだ。工場のレクリエーション施設、従業員からの提案への謝礼、従業員向け研修、身体障害者の雇用に関する規定――これらはすべて、協約では定められていないが実施・提供している。早くも一九二〇年代には、GMはさまざまな福利厚生制度を設けていた。その中には充実した医療サービス、カフェテリア、更衣室、シャワー、駐車場といった設備も含まれる。

一九二六年からは、すべての従業員を対象に団体生命保険の制度も設けている。一九年にジョン・J・ラスコブが中心になって取り入れた貯蓄・投資プランもある。二九年には、全従業員の九三%に当たる一八万五〇〇〇人がこれを利用し、合計積立額は九〇〇〇万ドルにのぼっていた。三三年に銀行が閉鎖した際に私たちは、従業員が貯蓄・投資プランを取り崩すだろうと予想したのだが、実際にはほぼ全員が預け続けた。GMの安定性を皆が認めてくれたのである。このプランは、一九三三年に証券法、次いで社会保障法などが施行されたのを受け、三五年末に廃止された。

今日では、北米の給与労働者に向けて従業員持ち株会を運用しており、各従業員に基本給の最大一〇%までの積み立てを認めている。会社は従業員による積立額の五〇%を上乗せ補助している。基金の総額は国債とGM普通株に半額ずつ投資される。会社による補助分は全額がGM株式の購入に充てられ、利子と配当はすべて加入者のために再投資される。給与労働者の加入率は八五%超にものぼっているほどだ。五五年には時間給労働者への拡大も試みたが、労働側が補助的失業給付（詳しくは後述）のほうがよいと主張したため実現しなかった。

給与労働者には、持ち株会以外にもさまざまな福利厚生制度が用意されている。彼らの大多数には、時間給労働者と同じように、物価手当が支給されている。加えて、団体生命保険、医療費補助、疾病傷害保険、企業年金、退職手当なども適用される。一言でいえば、充実した福利厚生制度があるということだ。ちなみに、類似の制度は時間給労働者に向けても用意されている。

人事スタッフの業務はいうまでもなく、手当や福利厚生に関わる事柄にとどまらず、はるかに多岐にわたっている。人材を探し、採用し、育成する業務を全般的に管理するのもその仕事である。工場の職長を対象とした研修などは、GMが特に誇りにしているものだ。職長の士気をできるだけ高く保つために、私たちは絶えず大きな努力を払ってきた。三四年には時間給から月額給与へ切り替え、四一年には配下の人材の最高報酬よりも少なくとも二五%以上高い給与を支払うようにした。それだけではなく、最も現場に近い管理者である彼らは、第二次世界大戦の初期から時間外手当の対象とされている。連邦賃金・時間法では必要とされていなかったにもかかわらずだ。とはいえ、職長の士気が高いレベルで保たれたのは、職場の規律が守られ、業務の標準化が進むように、上層部が惜しみない支援を与えているからだろう。職長たちは、「管理職の一員として認められている」と実感しているはずだ。

これまで述べてきた内容からも見て取れるように、人事スタッフはUAWとの交渉――これについては広く知られているだろう――以外にもさまざまな業務を担っている。人事管理が本社スタッフの通常業務となったのは一九三一年だが、人事関連の業務が一つの部門に集約されたのは三七年になってからである。以後、人事スタッフ部門は主に二つの役割を果たしてきた。会社にアドバイスとコンサルティングを行う専門家集団としての役割と、労働組合との交渉や雇用契約の内容を管理する役割である。もっとも、彼らは労働協約関連の苦情処理に常に関わっているわけではない。四段階の最後、仲裁にまで事態がもつれた場合に初めて乗り出すのだ。この制度のもと、四八年から六二年までに、平均して年に七万六〇〇〇件の苦情が処理された。六〇%前後が第一段階で解決している。この段階では、交渉はほとんどが職長と組合委員の間で行われる。三〇%は第二段階、つまり組合の職場委員会と、人事スタッフを含む工場の上層部との交渉で解決する。一〇%は第三段階までもつれ込み、組合の地域事務所と地域あるいは事業部の上層部からそれぞれ二名、計四名で構成される裁定委員会で決着が図られる。さらに第四段階――中立的な第三者による裁定――まで持ち越されるのは年に平均六三件と、全体の〇・一％にも満たない。

改めて述べるまでもなく、人事スタッフは重大な責任を負っている。とりわけ、彼らは会社側を代表して組合との交渉に携わっており、そうした交渉では、会社側には大きなダメージが、また従業員には深刻な被害が及ぶおそれがつきものなのだ。一方では、大規模なストライキはもちろん、小規模なものもできるだけ避けなくてはならない。他方では、給与や報酬面での理屈に合わない要求に屈したり、経営責任を明け渡したりするわけにはいかない。この二つの危険を避けるのは容易ではないが、GMはこの一五年ほど、ほぼ満足のいく成果を上げてきた。

戦後まもない一時期には、労使関係を安定させるのは難しいと思われた。四五年から四六年にかけてのストライキが終結した時点で、UAWは一〇〇万人近くを組織化し、アメリカの三大労組の一角を占めるようになっていた。UAW内で高い発言力を持った人々は、おおむね私企業によくない感情を持っており、組織体としては内部抗争や他の労働組合との軋轢などに悩まされていた。その結果私たちには、各派が競って経営側との「戦い」を繰り広げているように見えた。

さらに困ったことに、UAWは大きな危機に瀕すると政府から助け船を出してもらえるようだった。政府はすでに、三七年の座り込みストライキの際にもそうした姿勢を見せていた。この時GMは、労組の代表者が力ずくで社の資産を占拠するのであれば、交渉には応じられないとの姿勢を示した。座り込みストが違法であるのは議論の余地がなく、後に最高裁判所もそうした判断を下している。にもかかわらず、フランクリン・ルーズベルト大統領、フランセス・パーキンズ労働長官、フランク・マーフィー・ミシガン州知事などが、GMに対して、さらには私個人に対しても、スト団との交渉に応じるように求めてきた。そうした要請はこちらが折れるまで続けられた。四五年から四六年にも、一一九日に及ぶ大規模なストがあったが、その際にも時のトルーマン大統領がおおやけに労組支持に回った。労組が、「会社側の支払い能力」に応じて賃金を決めるべきだ、と主張していたにもかかわらずである。この不合理な要求ははねつけたが、大統領の後押しによって組合が立場を強め、ストが長期化したのは間違いないだろう。

戦後まもない時期に労使関係の先行きが懸念されたのは、激しいインフレが進行していたことにもよる。四六年に価格統制が解除されると、九カ月間で消費者物価は一七％も上昇し、四七年から四八年にかけてさらに一〇％近く上がっている。インフレ期には労組は、どうしても将来の物価上昇に備えて大きな賃金アップを要求するものだ。そして物価上昇を織り込んで賃金が設定されれば、物価はいっそう押し上げられていく。戦後における賃金と物価の推移は、まさにこうしたインフレ・スパイラルの典型だった。ＵＡＷはいみじくも労働界の牽引役を自認していたため、ＧＭが要求を飲むと、さらに高い要求を突きつけてくるのだった。

一九四七年は大きなストライキもなく過ぎたが、労使関係についての不安は消えなかった。それどころかこの年、労組側との交渉をとおして懸念はむしろ深まっていった。あれは四月中旬だった。交渉を続ける私たちのもとに、ＵＡＷがデトロイト地域の組合員をすべて職場から引き上げさせ、当時議会で検討されていたタフト・ハートレー法への反対デモに参加させる予定だとの情報がもたらされた。このデモはデトロイトのダウンタウンで行われることになっていた。それ自体は労組の問題だが、そのために職場放棄が起きるとなると、私たちも黙ってはいられない。そこで組合の交渉役に三回にわたって、「業務を放棄してデモに参加するのは、労働協約の『ストライキ』に関する規定に明確に違反し、これを破った場合には該当者を処罰する」と伝えた（三七年の座り込みスト以降私たちは、協約に違反してストライキに参加した者を処罰する規定を設けようと決意していた）。労組側からはこれに対して、そっけなく「（デモへの参加は）ＵＡＷの国際執行委員会で承認されているが、そちらの見解は委員会に伝えておく」との答えだけが返ってきた。

ストライキは一九四七年四月二四日、新しい協約が成立したまさにその日の午後二時に始まった。だが、デトロイト一帯の七工場で働く時間給工員のうち、一万九〇〇〇人ほどが不参加だったため、大きな成功とはいえなかった。

参加者は一万三〇〇〇人で、しきりに威圧的な行為、あるいは暴力に近い行為に及んだ。私たち経営側にとっては、UAWは初期の頃と同じように、あえて協約を破ろうとしているように見えた。そこでこちらも以前と同様、断固とした措置を取った。明らかに行き過ぎた行為があったとして一五名を解雇、二五名を制裁として長期の勤務停止にした。この四〇名は組合地方支部の代表者四名、職場委員会の議長六名、職場委員・地区委員二二名などであった。このほかに四〇一名をやはり制裁として短期の勤務停止処分にした。

労組には当然、常設仲裁人にこれら措置への不服を申し立てる権利があった。しかし会社側と交渉する道を選び、やがては協約に違反したと認めた。正式の覚え書きには「今回のストライキはすべて協約違反に当たる」という旨が記載され、五月八日付で署名された。会社側でも一五名の解雇を長期の出勤停止に改めるなど、制裁措置を和らげた。

その翌年は、労使関係は目に見えてよい方向に変わった。UAWは、内部で共産主義勢力の信頼低下と敗北が鮮明になったこともあって、組織としてようやく安定し始めたのだ。

労働協約

労使関係を改善するうえでは主として、四八年の労働協約が役に立った。この協約にはきわめて重要な特徴があり、後の協約の下敷きにもなっているため、本章では以下、その内容を中心に説明していきたい。

一九四八年の協約は、時間給労働者の待遇を二つの面で画期的に改めた。第一に、年次の交渉をやめて、協約の期間を二年にした。一九五〇年には五年に延長され、その後、二回続けて三年協約が結ばれた。協約期間が長くなったことで、会社側は将来を見通して生産計画を立てやすくなった。また、経営陣が労使関係に煩わされずに、経営の舵取りに多くの時間を割けるようになった。長期の協約は労働者にとっても利点があった。来る年も来る年もストの成り行きに気を揉む必要はなくなり、確実な生活設計が立てられるようになったのである。

四八年の協約が持つ第二の特徴は、いわゆる「GM流賃金方式」の導入にある。その柱は①生活費に応じて賃金水準をスライドさせるエスカレーター条項、②技術革新によって生産性が高まった場合、その一部を労働者に還元する年次上乗せ条項にあった。これらは、賃金水準に合理性と予測可能性を持たせること、あるいは少なくとも、過去に散見された「力による争い」を終わらせることを狙いとしていた。

こういった合理的な賃金プログラムを設けようとの動きは、実のところ三〇年代から始まっていた。特に三五年から当社は、生活費の変動に合わせて賃金水準を決めるやり方に関心を寄せていた。当初は、同じ労働統計局（BLS）の統計でも全米物価指数ではなく、地方物価指数をもとに構想を練っていった。三五年にBLSは全米三二都市を対象に、生活費の変動をまとめた六カ月統計を発表した。GMはその三二都市のうち、デトロイトなど一二都市に工場を設けていたが、工場所在地の多くはBLSの調査対象に含まれていなかった。このような事情もあって当時私たちは、生活費に連動した賃金設定を深く追求しなかった。もう一つ、三五年には、いや四〇年までの間は物価水準が比較的安定していたという事情もあった。この間は、賃金を設定するうえで物価変動は大きな要因ではなかったのだ。

ところが四一年に入ってからは、国防計画の影響で物価が大幅に上昇を始め、インフレが大きな問題となった。そこで四月四日、私は全米インダストリアル・コンファレンス・ボード会長のヴァージル・ジョーダンに書簡を送って、賃金を生活費と連動させるという案について意見を求めた。

実質賃金を、これまでの二五年間と同じように引き上げていくべきだとの考えに立った場合、賃金の調整に一定の法則を設けることに意義があるとお考えでしょうか。当社では生活費の上昇に合わせて賃金を引き上げるという方式を検討しています。引き上げの幅について、地域別の物価上昇率をベースにする予定です。仮に物価が下がった場合には、賃金も引き下げることになろうかと思いますが、その幅は引き上げ時よりも穏やかになるでしょう。このような方法を取れば、何年にもわたって確実に実質賃金を押し上げていけるのではないでしょうか。私は、労働者には実質賃金の上昇を求める権利があり、また産業界には技術効率を高め、その成果を還元することによってそうした要求に応えていく義務があると考えています。

このように内々に意見を尋ねたところ、ジョーダンからは悲観的な意見が寄せられた。労働組合の同意を得られないだろう、組合幹部は自分たちが主導して賃金アップを勝ち取ろうとするだろうから、というのだ。それでも書簡を交わしたことで、賃金を物価に連動させるという案そのものに関して、私自身の理解を深められたと思っている。

四一年の初め、当時のGM社長チャールズ・E・ウィルソンがこの問題をさらに深く検討した。腰を痛めて療養を余儀なくされたため、その間に熱心に研究したのである。退院して出社した時にはウィルソンは、二つの新しい見解を携えていた。一つには、賃金のベースとなる物価については、全米の消費者物価指数を用いるべきだというのだ。そうでなければ、絶えず従業員ごとに待遇のバラツキが生じてしまい、経済的にはいかに理にかなっていたとしても、従業員の心理面には好ましくない影響を及ぼす。

ウィルソンが抱いたもう一つの見解は、生産性の向上によって利益が増えた場合に、従業員にいかに還元するかという問題に関してであった。ウィルソンによれば、これを実現するためには、各人への支払いに毎年一定額を上積みするほかないという。後にこの考え方が発展して、上乗せ条項が生まれるのだ。

賃金決定方式の骨子は四一年にウィルソンが定めたが、四八年まではそれを団体交渉のテーブルに載せるチャンスは訪れなかった。戦争中は賃金安定化が国の政策として掲げられていたため、新しい提案を示すのは難しかった。四五年には従業員はもっぱら賃金の大幅アップを勝ち取って、戦争中の物価高騰に〝追いつく〟ことのみに関心を向けているようだった。加えて翌年にまで及んだ長期ストの期間は、「会社は支払い能力に応じて賃金を決め、製品価格についても交渉で決めるべきだ」との主張を出してきた。私たちは、新しい賃金方式を提示する以前に、こうした問題を解決しなければならなかったのだ。四七年にもやはり、従業員は賃金の大幅アップを求めているのだと痛感させられた。

一九四八年の労使交渉は三月一二日に始まり、当初は従来どおりに進むように思われた。組合は以前にも増して法外な要求を持ち出し、苦労してつくり上げた労働協約を全面的に見直すように求めてきた。そのうえ、一時間当たり二五セントの賃金アップ、年金制度や社会保障の適用、週四〇時間労働の保障など、経済面での要求が数多く重なった。私たちにとってはとうてい受け入れがたい内容で、UAWがこれを何としても譲らないなら、四五年から四六年にかけてと同じように、悲惨なストライキが避けられないのではないかと不安が沸いてきた。実際のところ春先の見通しでは、四八年はそれまでにないほど激しいストが吹き荒れそうだった。鉄鋼、電機両産業では、労使の交渉が行き詰まっていた。五月一二日、UAWはクライスラーでストに突入、相前後してGMでもストの賛否を問う投票を始めた。

とはいえ四八年には、経営側に有利な材料があった。UAWとの間で、交渉を非公開で進めることに合意していたのだ。それまで、団体交渉はあたかも政治討論会のようだった。組合が挑発的な声明を次々と新聞に載せたため、経営側はおおやけに回答しなければならなかった。これに対して四八年の交渉は非公開だったため、初めから現実的な雰囲気にあふれていた。

ところが話し合いは順調には進まず、五月にはいつストが始まってもおかしくない情勢となった。そこで私たちは、新しい賃金方式を交渉のテーブルに乗せようと決意して、二一日に書面でUAWに提出した。事前には、組合が賛成してくれそうだとの感触をつかんでいたわけではない。だが労組はこれを前向きに受け止め、両者で詳しい協議に入った。私たち経営側は、交渉をすみやかに進めたいとの思いから、四名からなる専門のタスクグループを設けることを提案した。

詳しい条件は、三日三晩にわたる集中的な交渉の末に決まった。すでに述べたとおり、協約の期間は二年。新しい試みであるため、組合側としては二年が限度と考えたのである。年次上乗せ額は、対象者一人につき一時間三セントとされた。物価の基準年度は、紆余曲折の末に一九四〇年と決まった。この年までは、物価が比較的安定していたのである。

GM方式

GMの賃金方式については、押さえておくべき点がいくつかある。まず年次上乗せ条項だが、これについては労働問題に詳しい人々の間ですら、誤解が散見される。これを規定した労働協約第一〇一条a項には、「従業員の生活水準は、技術、さらには生産に用いる機械、手法、工程、設備などがどの程度進歩するかに、あるいはそうした進歩に向けて当事者がどれだけ協力するかにかかっている。……労働力当たりの生産量を増やしていくことは、経済、社会面での目標としてきわめて健全なものである」とある。すなわちどこまでも突きつめていけば、所得は生産性をテコにもたらされるといえるのだ。労組がこのような良識ある内容を受け入れたのは、労使関係の歴史上でも画期的な出来事だろう。

ただし、一般の理解とは裏腹に、年次上乗せ額は生産性とは必ずしも連動していなかった。私の知るかぎり、GMの生産性を正確に測る技術は生まれていない。製品が変化を続けている以上は、どこの企業でも事情は同じだろう。仮にある産業で生産性が測定できるようになったとしても、そのまま賃金に反映させるのは適切ではなさそうだ。そのような発想を産業全体に広げれば、技術進歩の速い業界とそうでない業界――サービス業界など――では、賃金格差があまりに開きすぎてしまう。私自身の考えでは、アメリカ経済全体の生産性向上を長い目でとらえて、年次上乗せ額に反映させるべきである。

当時、アメリカでは長期間にわたって、年平均二％で生産性が向上を続けていたとされる。この推定がどの程度正しいのか定かではないが、いずれにしてもＧＭは、上乗せ額を一時間当たり三セントに決めた。これを賃金上昇率に置き換えると年率二％となる。ＧＭの平均時給は一・四九ドルだったため、これに二％を乗じると三セントという数字が弾き出されるのだ。以後、労使が交渉を行って、この上乗せ額は数次にわたって増額された。注目すべきは、協約期間中にアメリカの生産性がどのように動こうとも、協約の期間はこの金額を保障した点である。アメリカ全体の、あるいはＧＭの生産性が下がったとしても、年次上乗せ額は必ず支払う義務があるのだ。

かねてから感じているのだが、年次上乗せ額に「生産性」というキーワードを充てるのは、混乱を招くのではないだろうか。私としてはむしろ、従業員が全体として大きな功績を上げたことへの報奨と考えたい。多くの従業員もおそらく、そのように受け止めているだろう。

結局のところ生産性の向上は、従業員の能率が高まったというよりも、優れた経営が実践されたり、省力化のために機械を追加購入したりしたことによる。労組の一部代表者は、生産性の向上による利益をすべて従業員に還元すべきだと考えているようだが、私は賛成できない。新しい機械を導入すればコストがかかるし、投資を行えば適正なリターンを得なければならない。あるいは別の意見もあるだろう。生産性が向上したらその分をすべて値下げに回すのが、消費者、あるいは経済全体にとって最も利益になるだろう、という意見だ。理想をいえばそのとおりかもしれない。だが人間の性として、個人あるいはグループとしてインセンティブを与えられたほうがよい仕事ができ、そのために交渉をしたいと考えるものだろう。そこで私は、生産性が向上した分は消費者、働き手、株主の三者がそれぞれ、値下げあるいは製品の改良、賃金アップ、ＲＯＩの向上というかたちで分け合うべきだろうと結論づけた。

ＧＭが他社に先駆けて年次上乗せ額の制度を取り入れたところ、ある興味深い現象が見られた。一九四八年と五〇年の協約では、掃除人から高い技能を持った工具や金型の職人まで、すべての時間給労働者にまったく同じ上乗せ額を適用した。平均的な働き手を選んで、その賃金の二％（すなわち一時間に三セント）を支払うようにすれば、賃金格差が縮まるのが間違いない。その結果、改めて説明するまでもないかもしれないが、工具や金型を作成する職人たちの上乗せ率は二％に及ばず、掃除人はおそらく三％ぐらいを上乗せされていただろう。こうして四八年から五五年にかけて、上乗せ制度の影響で賃金格差が縮まっていった。ところが、五五年の協約では「全従業員の上乗せ率を二・五％、ただし最低額を六セントとする」と決まったため、この傾向に歯止めがかかった。

年次上乗せ額は時とともに変化したが、エスカレーター条項のほうはほぼ一定であり続けている。それでも、長い年月の間には賃金格差を縮める役割を果たしてきた。物価が一％上がるごとに賃金を一％アップさせるという方法もあっただろう。だが実際には、物価が上昇した際には各人に同一の額を追加支給するかたちを取った。物価対応プログラムの計算方法はこうである。まず、一九四〇年の基準日以降、物価は六九％上昇していることがわかったのだが、GMの時間給は平均で六〇％しか上がっていなかった。そこでこの九％の差を埋めるために、一時間当たり九セントを上積みしようと決めた。こうするともちろん、低賃金層は九％以上の上昇率に、高賃金層はそれ以下になった。エスカレーター条項は、その後さらに賃金格差を縮める効果を強めていった。

私たちは平均時間給についてのデータと一九四八年四月発行の消費者物価指数（当時入手できた最新の指数）をもとに、両者のバランスを保とうとした。平均時給一・九四ドルを指数の一六九・三で割って、物価が一・一四ポイント上昇する都度時給を一セント上げると決め、このルールをGMの全従業員に適用した。ただしここでも注目すべきことに、賃金の最も高い者はより高い昇給がなければ、物価の上昇度に追いつかず、他方、四八年に時給一・二〇ドルだった守衛は、明らかにインフレ率を上回る昇給を受けていた。GMの賃金体系のうち生活費に連動した部分について考えるうえでは、物価に伴って動くのはあくまでも平均賃金で、エスカレーター条項によってすべての賃金が均一化する傾向があるということを、忘れてはならない。このように平準化が進むのが長い目で見て好ましいかどうかは、私には述べる用意がない。興味深いのは、当社に倣った類似の制度も、ほぼ例外なくこの平準化の傾向を持っていたという事実である。

私たちは何回にもわたって、熟練工に特別昇給を施していた。高い技能に見合った賃金水準を維持しようとしたのだ。工具や金型の職人への特別昇給は、五〇年から六二年までの間に一時間当たり三一セントにものぼった。

ほかにも、団体交渉で緊急の課題が持ち上がって、賃金方式の元々の考え方が損なわれていった事例がある。繰り返し直面したのは、物価連動賃金の下限をいくらにするかという問題だった。先に紹介したジョーダンへの書簡にも記したとおり、働き手は、たとえ激しいデフレ下でも、賃金の下落を一定に抑えたいと願うものである。四八年の協約では物価が下がった場合について、物価見合いの上乗せ分八セントのうち、削るとしても最大五セントまでとすると明記した。五三年、五八年、六一年にも組合と会社の協議によって、下限は引き上げられている。エスカレーター条項は、デフレの激しい時期には適用できないのが明らかだろう。労働者は常に賃金カットに抵抗するものだからである。

ところで、GMの賃金方式には絶えず世論の圧力がかかり、ウィルソンが意図したとおりには運用できなかった。五三年の交渉からはこの点が見て取れて興味深い。そもそも、五三年には交渉は行われないはずだった。五〇年に締結された協約は五年間有効で、その中で組合は「協約に示された内容に関しては交渉権を無条件に放棄」したのである。ところが五二年の末が近づくにつれて、UAWは物価連動賃金に不満を募らせていった。組合は、当時の世論に沿って朝鮮戦争が終わるとインフレも終息するだろうと考えていた。物価が下がれば、組合員はエスカレーター条項によって支給されている手当ての一部――あるいは全部――を失うことになる。さらに困ったことに、賃金安定化委員会が鉄鋼、電機といった他業界の労働者に、基本給に加えて物価に見合った追加賃金を認めていた。つまり、デフレが進めばUAWの組合員は痛手を被るが、他の産業の組合員は安泰だということだ。私たちは、GMの賃金水準が類似業種を下回らないように配慮する、と約束した。こうして交渉を再開して、当時二四セントだった物価手当のうち一九セントを基本給に組み入れると決めた。このエピソードにも、賃金方式の当初の考え方を守るのがいかに難しいかが示されている。

GMの賃金方式は一度ならず、インフレを促進するとして非難されてきた。私はウィルソンと同様に、この方式そのものはインフレから従業員を守るものだと考えているが、会社と従業員との契約は協約だけにとどまらない。従業員に数多くの福利厚生を用意していたので、「コストが生産性を上回るペースで増えていくため、福利厚生まで考え合わせると、インフレを後押ししていることになる」との批判があった。

もう一つ、考慮すべき重要な点がある。年次上乗せ額について、私は報奨ないしボーナスだととらえていると述べた。このような見方をもとに私は、GMの従業員は明確な規定に基づいて利益を得、生活水準を高めているとも考えている。彼らは技術の進歩を背景にした改善、省力ツールの導入などにも協力してくれている。これらは全体として、経営を効率化するのに好ましい影響を及ぼしている。

これまでのところ、この賃金方式によって労使関係が安定し、平穏がもたらされているのは間違いない。この方式が取り入れられた四八年以降、全国的な労使交渉をめぐって大規模なストは起きていない。

近年になってからGMの労働協約につけ加えられた規定で、最も広く知られているのは補助的失業給付に関するものだろう。この規定は内容を正しく伝えているとはいえないが、「年間賃金の保障」と呼ばれることが少なくない。五五年、大手の自動車メーカーが揃って団体交渉に入ろうとする時期に、組合がこの制度を画期的なものととらえて、何としても勝ち取ろうとしていることが判明した。この制度――州による失業手当に加えて、会社負担で失業保障を行うというもの――の背後にある考え方は、そのほとんどが、組合が五四年から五五年にかけて練っていたものだった。とはいえ、最終的には組合ではなくフォード・モーターの提案が受け入れられ、中身はかなり後退した。GMも、フォードのすぐ後にこの制度を取り入れたが、いくつもの点で修正を提案した。最終的には、業界全体がこれに賛同してくれた。

実のところGMは、すでに二〇年間もの間、別の幅広い制度を検討していた。州失業保険法が制定される以前の三四年一二月、従業員向けに独自の保険を設けるとの構想がおおまかにまとめられた。私たちはそのなかでもとりわけ、次の考え方を強く押していた。

GMは、従業員が非自発的な失業に追い込まれた時のために、基金を設ける旨を宣言する。
この基金には、会社、対象従業員がともに積み立てを行う。
従業員に対象者としての資格を与える前に、一定の試用期間を設けることとする。

私はこうした制度には大きな利点があると強く感じた。同僚たちも大多数が同じだっただろう。ところが三〇年代の半ばになると、連邦と州の失業保険制度が前触れもなく導入されたため、私たちの見通しも変わっていった。失業保険が設けられたので、次は、生産の季節変動による従業員へのしわ寄せを和らげようと、そのための制度を検討した。概要はこうである。勤続五年以上の従業員が、モデルチェンジなどの理由で一時的に仕事を失った場合には、あるいは一週間に二四時間未満の時給しか与えられない場合には、二四時間分の賃金と実際の受け取り賃金との差額を、毎週会社から無利子で借りられる。二四時間以上の賃金を支給された週は、超過額の半額を返済に回す。勤続二年以上五年未満の従業員には、一六時間分の賃金を毎週前貸しする（ただし七二時間分を貸出し限度額とする）。言葉を換えれば、年間を通して収入を平準化できるようにしたのだ。やがて軍需生産が始まるとこの制度は不要となり、廃止された。

この無利子融資に加えてもう一つ、従業員の多くを対象に、年に一定以上の労働時間を保障できないか、とも検討した。一九三五年制定の社会保障法には、このような施策を取り入れた雇用主にインセンティブを与えるという条項があった。従業員を年間一二〇〇時間以上勤務させると、三％の給与税を免除するというのだ。三八年に私たちは本格的な検討を行った。すると、当時取締役会の副会長だったドナルドソン・ブラウンが、説得力のある反論を展開した。ブラウンは七月一八日付で私にこう書いてきた。「一定以上の勤務時間を、多くの従業員に保障することはできないでしょう。もしそれを実現するのであれば、保障時間数は抑えざるを得ないと思われます」。続いてこうも記されていた。

一部の従業員に一定以上の年間就業時間を保障すると、平均就業時間がその水準で固定されてしまうのではないでしょうか。この種の制度を取り入れれば、「事業が不調の際に、就業時間を最低保障レベルまで下げればよい、との狙いがあるのではないか」と受け止められるおそれがあります。そうなれば、組合からは必ず圧力がかかるでしょう。

私たちは皆、GMのような規模の大きな企業で、就労時間の均一化を進めるのは現実的ではないのではないか、と考えるようになった。私自身も、わずかな就業時間を多くの従業員に保障するような制度は、経済的にも、社会的にも、大きな意味はないとの見解だった。それでも戦後まもなくは、何らかの措置が必要だろうと感じていた。一九四六年五月一五日、私は補助的失業給付について考えを述べた。

（前略）将来の圧力をどれだけ小さく押さえられるのか。どれだけ制度を推し進めればよいのかを独自に、また現実的に決められるのか。これらを見極められれば、会社と従業員の関係に好ましい影響を及ぼせるでしょうし、実績見合いで賃金を支払えばよくなります。

結局、協約に盛り込まれたのは、この制度を支持する人々がいうほど革新的な内容はなかった。多くの経済学者やエコノミストが述べているとおり、失業保険を拡大したものにすぎない。失業保険は導入後すでに二〇年以上が経過しており、その間一貫して雇用主が費用を負担してきた。私はこの新しい制度の真価は、景気の悪い時期に従業員にどれだけ保障を与えられるかだけにあるのではない、と考えている。それというのも、多くの従業員が初めから対象外であったり、少額しか受け取れなかったりするからだ。この制度に大きな価値があるとすればむしろ、従業員に経済面での安心を届けられる点だろう。長い目で見れば、それだけで十分な利点だといえるかもしれない。

一九三三年まで、GMはほとんど労働組合との関係を持たず、唯一の例外として、建設分野でいくつかの職能別組合があるのみだった。このような理由もあって、三三年に政治状況が変わって組合運動が力を強めた時、GMは準備が整っているとはいえない状況だった。ともすれば忘れがちだが、当時のアメリカでは、規模の大きな業界に組合運動は浸透していなかった。大規模な組合が組織されるとどうなるか、その持つ意味は十分にはわかっていなかった。急進的な政治思想を持った人々から、組合が権力の道具と見られているのは知っていたが、良識ある組合運動ですら、経営権を脅かすのではないかと思われた。

私自身、企業家として、組合運動というものについて少しも理解していなかった。AFL（アメリカ労働総同盟）加入組合との初期の関わりは、あまり快いものではなかった。組合との間で大きな争点となったのは、組織に関する事柄だった。組合は、本人の意思にかかわらず、すべての従業員の代表と認められることを求めてきたのだ。CIO（産別会議）との最初の交渉に至っては、さらに不愉快だった。CIOは身の毛もよだつような暴力によって、独占的な交渉権を手に入れようとし、揚げ句の果てには三七年の座り込みストで社屋を占拠したのだ。組合運動が初めて盛り上がりを見せた頃の、あのいまわしい争いについては思い出したくもない。にもかかわらずあえて触れたのは、なぜ当初私が労組に好意的になれなかったのか、その理由を示すためである。

あの当時、労使関係の先行きがひどく案じられたのは、組合側が基本的な経営権を絶えず侵害しようとしていたからだ。生産スケジュールを決める、作業標準を設ける、従業員を規律に従わせる、といった事柄すべてに、ある時を境に急に疑問が差しはさまれたのだ。加えて、組合は価格決定にすら繰り返し介入しようとした。このような状況であったから、無理からぬことだが、経営陣の一部は、いつの日か実質的には組合に経営の舵を握られてしまうのではないかと恐れていた。

とはいえ最終的には、経営権の侵害はうまく防ぎきった。今日では、価格を設定するのは組合ではなく経営者だと、誰もが認めている。GMの経営に関するかぎり、一部の業務慣行は文書で定め、従業員から苦情があれば組合と話し合いを持ち、それでも解決しないごく一握りの案件については、仲裁を求めている。しかし、基本的な経営権はいっさい譲り渡していない。

GMで労使紛争が影を潜めてから久しい。私たちは、従業員を代表するすべての労働組合と、良好な関係を築いてきた。

第22章

報奨制度

INCENTIVE COMPENSATION

ボーナス制度

ボーナス制度は一九一八年以来、ＧＭの経営哲学にとって、また組織にとって、なくてはならない役割を果たしてきた。私の考えでは、この制度があったからこそ、ＧＭはここまで発展を遂げられたのだ。一九四二年度のアニュアル・レポートから、経営方針に触れた一節を引きたい。「（ＧＭの経営方針の）土台にある信念とは、『最も優れた成果、最も速い進歩、最も高い安定を引き出すには、経営陣を、自身の会社を経営しているのとできるかぎり近い状態に置くべきだ』というものです。こうすることによって、各人が主導権を持って仕事を進められますし、実績に見合った経済的利益を得られる可能性も増すわけです。ひいては有能な経営者が集まり、末永く貢献してくれるでしょう」

ボーナス制度は、事業部制と無縁ではない。なぜなら、事業部制は各事業部のトップに手腕を発揮する機会を与えるもの、他方のボーナス制度は各人に業績にふさわしい報奨をもたらし、常に全力を尽くそうとの意欲をかき立てるものだからだ。

GMがボーナス制度を採用したのは、一九一八年八月二七日にさかのぼるが、今日に至るまでその基本精神は変わっていない。「GMと株主の利益を最大化するためには、主力となる従業員をパートナーと位置づけて、所属の事業部、そしてまた全社の利益にどれだけ貢献したかに応じて報奨を与えるのがよい」というものだ。もちろん、具体面では折々に変更を加えてきた。たとえば五七年には、経営陣を対象としてストック・オプション（自社株購入権）制度を設けた。現在では、資本利益率が六%を超えた場合に限って、純利益からボーナスが支給される。ボーナス準備金への年間繰り入れ額は、税金と六%のリターンを差し引いた後の金額にさらに一二%を乗じた額を上限としているが、ボーナス・給与委員会の裁量で、積み立て額を減らすことも認められている。六二年の例では、約一万四〇〇〇人がGM株式あるいは現金で合計九四一〇万二〇八九ドルのボーナスを与えられた。さらに臨時で、計七三三万七二三九ドル相当のストック・オプションが付与されている。これらに、海外にある製造子会社四社のボーナス三五五万八五ドルを加えた金額が、この年のボーナス準備金一億五〇〇〇万ドルから支払われたのだ。これは、制度で認められた最高額を三八〇〇万ドルほど下回っていた。

ボーナスの有無や支給額は利益に応じて決まるが、ボーナス制度そのものは利益分配制度（プロフィット・シェアリング）とは異なる。全社あるいは事業部の利益を、必ず分け与えると約束したものではないし、ボーナス・給与委員会は、既定の最大額よりもボーナス額を減らす権限を持っており、現にそうした決定を下している。より重要なのは、各人が毎年努力をして、ボーナスを受ける権利を勝ち取らなければならない点だ。努力の成果は年ごとに評価されるため、ボーナス額は――仮に毎年受け取れたとしても――年によって大きく変動する。会社への貢献度が定期的に、しかも金額というかたちで評価されるとわかっているため、各重役やマネジャーは常に大きな張り合いを持って仕事をしている。

ボーナス制度はもう一つ大きな効果を生んできた。通常、ボーナスは一部ないし全部がGM株式で支払われるため、経営の舵取り役が株主を兼ねることとなり、経営陣と株主の利害が一致するのだ。このため、経営陣は常に多数のGM株式を保有している――「多数の」というのは、発行済み株式全体に占める比率が高いのではなく、個人資産に占める比率が高いという意味だが。個人資産のかなりの部分が自社株で占められていれば、経営者は単なる雇われ経営者としてではなく、株主と利益を一つにしていると強く意識しながら任務に当たれる。

ところで、各人から大きな努力を引き出し、それに報いるだけが、ボーナス制度の効用ではない。導入当初この制度は、「全社の利益のために力を尽くそう」との意識を経営陣の間に根づかせるうえで、きわめて大きな役割を果たした。ボーナス制度は、事業部制を有効に機能させるうえで、全社調整の仕組みと同じくらいの貢献をしてきたといえるほどだ。O・E・ハントも、私への手紙の中でこの点に触れている。

事業部制は大きな機会を、報奨制度は大きなやりがいを、それぞれ生み出しました。この二つが重なり合って、経営陣はそれぞれの志や主導権を保ったまま、前向きに協力し合うようになったのです。

ボーナス制度を全社に拡大するに当たっては、ある壁を乗り越えなくてはならなかった。経営陣にとって、全社の利益を考えようとするインセンティブが小さく、事業部間の足並みを揃えるのが難しかったのだ。それどころか、各事業部の利益ばかりを重んじるように奨励されていたといってもよい。一九一八年以前の報奨制度では、一握りの事業部トップを対象に、その事業部の利益の一定割合を与えると約束されていた。全社の業績とは無関係にである。このような制度のもとでは、全社の利益を犠牲にしてでも、事業部の利益を守ろうとする「自己中心主義」の広がりが避けられなかった。むしろ、事業部の利益を最大化するために、全社の利益に反する行動を取る可能性すらあったのだ。

ボーナス制度は、事業部の利益よりも全社の利益を優先させる発想を生み出した。事業部の利益は、全社の利益の一部にすぎないのだ、と。この制度では適切にも、「発明、能力、勤勉、忠誠、あるいは特別な働きによってGMにとりわけ大きな貢献のあった社員に」ボーナスを支給すると定められていた。当初ボーナスの総額は、税金と六%のリターンを差し引いた後の純利益に一〇%を乗じた額が上限とされていた。支給対象者は一九一八年が二〇〇〇人超、一九、二〇両年は六〇〇〇人超に増えた。しかし二一年には景気の後退と在庫削減の影響で利益が大幅に減ったため、ボーナスは支給されなかった。

二二年になると支給が再開され、この時に制度そのものに初めて大きな変更が加えられた。ボーナスを支給するための最低資本利益率が、従来の六%から七%に引き上げられたのだ。この比率は長く維持された後、四七年に五%に下げられ、同時にボーナス総額の上限が、税引後、最低利益率差引後の額の一二%に引き上げられた。六二年には、最低利益率は六%に増やされている。

二二年の制度改定では、ボーナス支給条件に、従業員の責任の大きさが加えられた。責任の大きさを測る最もよい方法は給料額を見ることであるため、給料を基準にボーナス対象者を絞り込んだのだ。二二年以降しばらくの間は、年間五〇〇〇ドル以上の給料を受けているのが条件とされていた。この変更によって、二二年にはボーナス支給者は五五〇人へと減った。

マネジャー・セキュリティ・カンパニー

一九二三年一一月にも大きな制度変更があって、マネジャー・セキュリティ・カンパニー（ＭＳＣ）が設けられた。

主な設立趣旨は、経営陣の持ち株比率を高める機会を設けることだった。こうすれば、インセンティブが高まるだろうとの狙いがあった。メンバーに選ばれた人々は、デュポン社から提供されたGM株を時価でまとまった数量購入した。このプランに参加すると、最初に現金で購入代金の一部を支払い、残りをその後何年にもわたって、自分の報酬から返済することになる。つまり業績が好調なら、多数の株式を保有できるのだ。このプランから利益を得てきた人々は、GM株式を提供してくれたピエール・S・デュポン、ジョン・J・ラスコブ、また機会を実現するために見事なプランをつくってくれたドナルドソン・ブラウンに感謝しなくてはならない。以下、ブラウンがつくったプランの内容を詳しく見ていきたい。

MSCは、三三八〇万ドルの授権資本をもとに設立された。その構成は、

二八八〇万ドル：七%の累積的優先株式（転換権付き、ただし議決権は伴わない）

四〇〇万ドル：額面一〇〇ドルのクラスA株式

一〇〇万ドル：額面二五ドルのクラスB株式

となっている。

この会社は設立時にGMセキュリティ・カンパニーに出資して、GM普通株式を二二五万株ほど買い取った。GMセキュリティ・カンパニーは、デュポン社所有のGM株式の持ち株会社である。この取引によって、MSCはGMセキュリティ・カンパニーに三〇%出資することになった。

デュポン社がGM株式の三〇%を売却したのは、二つの理由による。第一に、GMの経営陣と揺るぎないパートナーシップを築けると、強く考えたからだ。すなわち、経営陣のインセンティブが大きくなれば配当が増え、株式そのものの価値が高まり、デュポンの持ち株も価値が高まるというわけである。第二に、対象の株式はもともと、デュラントを財務危機から救ういわば見返りとして手に入れたもので、デュポンにとっては必要がなかったのだ。このよう

な事情から、ピエール・S・デュポンがブラウンに要請して、デュポン社の目的を達成するための方法を考えさせたのだ。

MSCは、GMセキュリティ・カンパニーから二二五万株を一株一五ドルで購入して、合計三三七五万ドルを支払った。うち二八八〇万ドルが七%の転換優先株式、四九五万ドルが現金での支払いだった。現金は、保有していたGMのクラスA、クラスB株式すべてを五〇〇万ドルで売却することによって調達された。GMはMSCに対して毎年、税引後利益から七%の使用資本を差し引いた後、五%を乗じた額を支払うと約束した。これは各年のボーナス準備金の五〇%に相当する。この合意内容は、一九二三年から三〇年まで、八年間有効とされた。

GMはMSCにさらに、支払い額が二〇〇万ドルを下回った年には、年利六%の無担保ローンで差額を埋め合わせるとも約束した（この約束に基づいて、実際に二三、二四年にローンが実行されている）。

GMはMSCから受け取ったクラスA、クラスBの自社株を、約八〇名の経営陣に転売した。この割り当て案は、取締役会が指名した特別委員会に対して私から提出した。対象となった人々は、クラスA、クラスB株式をそれぞれ一株当たり一〇〇ドルと、二五ドル――GMがMSCに支払ったのと同額――で買い取った。

各人への株式の割り当ては、おおよそ、社内での地位に応じて行われた。私が候補者とじかに会って、買い取りを希望するかどうか、現金での支払いが可能か、といった内容を尋ねた。実際の割り当てに際しては、各人の年間報酬の範囲内に購入額を収めるようにした。当初は、MSCの株式がすべて配分されたわけではなく、将来のために一部が残された。これは、将来新たに資格を持つことになる人々、あるいはより大きな責任を負うようになる人々のためである。対象者がGMを去ったり、社内での地位や業績に変化が見られたりした場合には、GMが無条件で株式の一部あるいは全部を買い戻すことができた。MSCの参加者について、絶えずその時々の状況をもとに割り当てが決まるように、全員を対象に毎年、業績査定を行い、他の役員と比べて、あるいはプラン対象外の人々と比べて、抜きん出た業績を上げているかどうかを確かめた。そして、業績と報酬に大きな開きがあった場合には、ＭＳＣの株式を追加で割り当てる、あるいはそれ以外のボーナスを支払うといった提案をした。

プランが具体的にどのように運用されたかも、見ていきたい。

ＧＭからＭＳＣへの年間支払い額（ＧＭの税引後の利益から使用資本の七％を差し引いた額）は、クラスＡ株式の余剰利益として扱われた。ＭＳＣが保有するＧＭ株からの配当は、他の収益とともにクラスＢ株式の余剰利益として扱われた。ＭＳＣの発行済み優先株式（七％）の配当は、クラスＢ株式の余剰利益から支払われた。

ＭＳＣは毎年、七％の優先株式を償還する義務を負っていた。その額は、総利益から税金、経費、さらには優先株式の配当額を差し引いて決まる。ＭＳＣはクラスＡ、クラスＢ株式の配当を支払うこともできた。ただしその額は、資本金（五〇〇万ドル）の七％、あるいはその後の余剰利益を超えてはならなかった。また、七％の転換優先株式について、累積配当がすべて支払われていることが前提となった。

一九二三年以降、ＧＭが大きな成功を収めたため、ＭＳＣはあらゆる予想を超えた高い成果を上げた。すでに述べてきたとおり、この時期、ＧＭは目覚ましい躍進を遂げたのだ。特筆すべきは、自動車業界が全体としてはさほど拡大しなかった点である。実際二三年から二八年まで、年間の台数は乗用車・トラック合計で四〇〇万台前後で横ばいだった。しかしＧＭの販売台数はその同じ期間に二倍以上に伸び、二三年には二〇％に満たなかった市場シェアが、二八年には四〇％を超えるまでになった。この結果いうまでもなく、利益、ひいてはＭＳＣへの支払い額――対象者への追加報酬額――もうなぎのぼりだった。優先株式は二七年四月にすべての償還を終えたため、同社の資産はクラスＡ、クラスＢ株式で占められるようになり、抵当権も設定されていなかった。

ＧＭの利益が増えたことで、ＭＳＣの優先株式が償還できただけでなく、ＧＭ株式の市場価値も押し上げられた。これに、ＧＭの増配が重なって、ＭＳＣ株は途方もなく大きな価値を持つに至った。このため、制度の発足後に経営陣に加わった人々には、ＭＳＣ株を配分できなくなってしまった。こうして、この制度は当初の八年を短縮して七年で、つまり一九三〇年ではなく二九年に打ち切りとなった。打ち切りの目的は、ＭＳＣの理念を引き継ぐＧＭマネジメント・コーポレーションの設立を前倒しすることだった。ＧＭマネジメント・コーポレーションは、事業の拡大を受けて、多数のメンバーを対象として、七年間活動する予定で設けられた。

繰り返しになるが、ＭＳＣはあらゆる予想を超えた成果を上げた。その成果がいかに素晴らしいものだったかを示すには、一九二三年一二月にＭＳＣのクラスＡ、クラスＢ株式をそれぞれ一〇〇〇ドル分購入していた場合、どれだけ価値が増えたかを知ってもらうのがよいだろう。当時この投資は、ＧＭの無額面普通株式（時価一五ドル）を四五〇株購入して、その一部を支払うのと実質的に変わらなかった。ＭＳＣのメンバーは、差額を将来のボーナスから支払うことに同意していた。その後の七年間で、ＧＭが規定に基づいてＭＳＣに支払った額は、（当初の一〇〇〇ドルに対して）合計九八〇〇ドルにのぼった。これがＭＳＣのメンバーがこの間にボーナスとして受け取った総額である。言い換えれば、ＭＳＣへの追加投資額ともいえ、一〇〇〇ドルが一万八〇〇ドルへと膨らんだのだ。

二三年から三〇年の間に、四五〇株は交換、配当、ＭＳＣによる追加購入などによって、九〇二株に増えた。一九三〇年四月一五日にＧＭがＭＳＣに最終支払いを行った後、メンバーは額面一〇ドルのＧＭ普通株式九〇二株を保有していたことになる。当初の一〇〇〇ドルに、ボーナス九八〇〇ドルを加えた合計一万八〇〇ドルで、額面一〇ドルのＧＭ株を九〇二株購入したのと同じだ。この時期にＧＭ株の市場価値が上昇したのに伴って、九〇二株は一株当たり五二・三七五ドル、合計の市場価値は四万七二三二ドルに達していた。一九二七、二八両年に出資の一部二〇五〇ドルが償還され、全期間をとおして一万一九三六ドルの配当が支払われたため、合計投資額一万八〇〇ドルが最終的に六万一二一八ドルへと増えた計算になる。

ＭＳＣはメンバーだけでなく、ＧＭおよびその株主にも同じように大きな利益をもたらした。ＭＳＣは、二三年から二九年にかけてＧＭが好業績を上げたから成功したのだが、ＧＭが好業績を上げられたのは、一つにはＭＳＣの設置によって、経営陣がＧＭ全社の繁栄に個人的にも大きな利害を持つようになったからに違いない。ＭＳＣは各メンバーにきわめて大きな経済的インセンティブをもたらした。だがそれだけでなく、デュポン社のウォルター・Ｓ・カーペンター・ジュニアが私宛ての書簡で述べているように、ＧＭ全体を後押しし、強い協力関係を築くのに役立った。カーペンターの書簡から一節を引いておく。

ＭＳＣの意義は、多くの人々に……全社を成功に導きたいという差し迫った感情を持たせ続けた点にあるでしょう。以前のように、事業部に閉じた狭い利益だけを追求するのではなく……。おそらく貴方が誰よりもよくご存じのように、全社の利益からどれだけ恩恵を受けられるかは、その人の貢献度合に比例して決まります。これは現在ではけっして新しいことではなく、同じような仕組みが数多く取り入れられていますので、私たちも常識のように受け止めています。けれども、ぜひ覚えておくべきでしょうが、こうした仕組みは当時としてはまったく新しいもので、社全体を成功へ導こうとの意欲や意志を生み出すのに大きく貢献したのです。これらが協力、協調、相互依存を促し、ＧＭの成功を強く後押ししたのです。

年度末が訪れる都度、私はメンバー全員を招いてＭＳＣの株主総会を開き、その年度の成果を振り返っていた。これは、ＭＳＣメンバーとＧＭ株主の利害が一致していることを念押しするよい機会だった。まる一日をかけて行われたこの株主総会の模様について、ドナルドソン・ブラウンがこう述べている。「資本支出、在庫、などの効果的なコントロール、優れた製造効率、販売・流通、消費者へのアピールなどを通して、どれだけ共通の利益が増進したか、詳しい説明が行われた」

GMMC（GMマネジメント・コーポレーション）

GMMCの設立趣旨は、MSCと類似している。ただし当然ながら、一部の手法は異なっている。GMMCもMSCと同じように、経営陣に持ち株を増やす機会と、高いインセンティブを与えるのを目的としていた。そのために、やはりMSCと同様に、一定数のGM普通株式をメンバーに割り当てた。メンバーは最初に代金の一部を現金で支払い、残りを将来のボーナスで返済するという仕組みである。

この制度を運用するためには、いうまでもなく、GM普通株を用意しなければならなかった。この事態を想定してGMは、一九三〇年までの三年間に普通株一三七万五〇〇〇株を留保していた。これがGMMCに一株四〇ドル、合計五五〇〇万ドルで売却されたのである。GMMCはこの代金に充てるために、自社株五万株を五〇〇万ドルで売り、七年もの六％の連続償還債（シリアル・ボンド）を五〇〇〇万ドル発行した。いずれもGMが引き受けた。GMのほうでは、GMMCの普通株式を二五〇名ほどの経営陣、マネジャーに現金で売却した。MSCと比べると、参加メンバーは三倍以上に増えたのである。

GMMCが誕生してまもなくは、大恐慌の時代で、事業上のあらゆる制度や仕組みが大恐慌によって痛手を受けた。すでに述べたとおり、GMは市場シェアを保ったが、景気悪化の影響で業界全体の販売台数は減り、それに伴ってGMも台数を減らした。このような状況にもかかわらず、GMは目覚ましい業績を上げた。恐慌が最も深刻だった年ですら、利益を確保できたのだ。もっとも、税引後の利益率が七％を下回ったため、ボーナスは支給しなかった。加えて、利益率が低かったために、負債を返済することも、いや、それどころか利子を支払うこともできなかった。あえて述べるまでもなく、GMの株価も激しく落ち込み、一時は八ドル前後まで下げたほどだ（これを現在の額面一と三分の二ドルの普通株式に置き換えると、一ドルをかろうじて上回る水準である）。このような悲惨な状況であったため、GMCが保有するGM株式の価値も、社債を発行してGMから借り入れた額をはるかに下回った。

GMはこうした事態に大きな衝撃を受け、経営陣の士気もひどく損なわれた。彼らはGMMCの株主として、同社の債務に責任を負っていたのだ。その範囲は各年度のボーナスと当初出資分である。そこで私は、GMの財務委員会に、「早急に何らかの措置を講じて、GMMCメンバーのボーナスがすべて消えてしまわないようにしてほしい」と求めた。

このような要請をしたのは、GMの株主と、経営陣の利益をともに守りたいとの思いに駆られたからである。この両者は互いに密接に関係していた。私は、経営陣が士気を取り戻すことが、GMに関わりを持つすべての人々に大きな利益をもたらすと考えた。財務委員会は当初、GMの株価が持ち直すとの見通しを持ち、解決策の取りまとめに熱を入れなかった。それでも三四年、さまざまな検討をへて、当初計画の変更が決められた。

その内容は、GMMCの資本構成を見直すとともに、期限を過ぎた利子について、軽減措置を取るというものだった。ただし、最も大きな変更は、プラン終了時にGMMCがGMに債務を負っていた場合、①保有するGM普通株すべてを一株四〇ドルでGMに引き渡す、②負債総額の半分をGM株式（一株四〇ドル換算）で、残りを現金で支払う、という二つのうちいずれかの方法で弁済できる、との規定を設けた点である。これによって、債務を柔軟に処理する道が開けた。

その後の推移からは、財務委員会の当初の判断が正しかったと判明した。GMMCのプランが終了した三七年三月一五日には、GMの株価は六三・三七五ドルに回復していたのだ。GMMCは保有していたGM株式の一部を一株四〇ドルでGMに譲り渡して、債務を完済した。GMMCの株主――すなわちGMの経営陣――は五〇〇万ドルの利益を放棄し、その利益はGMのものとなった。

ＧＭＭＣはＭＳＣに並ぶ成果こそ上げなかったが、経営陣の持ち株を増やすという目的を達し、ＧＭとその経営陣に利益をもたらした。ここでも、一九三〇年にＧＭＭＣに一〇〇〇ドルを投資していたらどうなっていたか、例として示しておきたい。一〇〇〇ドルは、ＧＭ普通株二七五株（額面一〇ドル、時価四〇ドル）を二七五株購入した対価の一部に当たる。ＧＭＭＣの各メンバーは、残りの対価を将来のボーナスで支払うという取り決めになっていた。その後七年間でＧＭは契約に基づいて、ＧＭＭＣに対して一〇〇〇ドルにつき累計で四九八八ドルを支払った。これはＧＭＭＣメンバーにとってはボーナスに当たり、ＧＭＭＣへ再投資された。すなわち、各人の出資は一〇〇〇ドルから五九八八ドルへ増額されたのだ。

三七年三月一五日にプランが終了した時点では、メンバーはＧＭ普通株式一七九株（額面一〇ドル、時価四〇ドル）に対する権利を持っていたことになる。ＧＭＭＣは一八万七三〇〇株を市場で売却したほか、ＧＭへの債務返済として二九万三〇九八株を譲渡したため、ＧＭ普通株式からの利益は目減りした。だが、プランの期間中にＧＭ普通株の時価は四〇ドルから六五・三七五ドルへ上昇し、これに伴って一七九株の時価総額は一万一七〇二ドルに跳ね上がっていた。累計の配当金八九三ドルを加えると、五九八八ドルの出資が最終的に一万二五九五ドルへと増えたことになる。

基本ボーナス制度

ボーナス制度の対象は、ＧＭの事業が拡大するのに応じて広がり、四〇年間で実に約二五倍となった。一九二二年の五五〇人から、六二年には一万四〇〇〇人ほどになったのだ。給与労働者に占める比率で見ても、五％から九％前後へと伸びている。

一九二〇年代の半ばから末にかけては、条件を緩めなくても、対象者は自然と増えていった。これは単純に、組織規模が拡大したからである。二二年から二九年までに対象者は五倍、すなわち三〇〇〇人近くにまで広がった。

以後、対象者はいくつかの大きなステップをへて拡大している。三六年に、年間の給与総額が二四〇〇ドルから四二〇〇ドルまでの従業員に向けて、ボーナス準備金を積み立てるきまりを設けたため、対象者が飛躍的に広がった。大恐慌のさなかの三一年には、給与カットの埋め合わせとして、対象資格を年間給与五〇〇〇ドルから四二〇〇ドルへと引き下げてあった。そして三六年にはさらに二四〇〇ドルにまで下げられ、それを機にボーナス受給者が二三一二人から九四八三人へと四倍になった。

一九三八年は利益が少なく、ボーナス準備金も抑えられたが、それを例外とすると、一九四二年まで対象者はほぼ一万人前後で推移したが、四二年には下限給与を四二〇〇ドルに引き上げた影響で、四〇〇〇人前後に減っている。

戦後の数年間、ボーナス・給与委員会は、対象者の数をほぼ一定に保っていた。インフレによって給与の全体的な水準が高まるのに合わせて、ボーナス受給資格の下限給与額を引き上げていったのである。しかし五〇年には、七〇〇〇ドルから六〇〇〇ドルに引き下げて対象を広げた。四九年には四二〇一人だったのを、一万三五二人に増やしたのである。アニュアル・レポートにも記述がある。「ボーナス・給与委員会は、一九五〇年にボーナスの受給資格を『月給五〇〇ドル以上』へと広げました。といいますのも、この条件を満たす従業員の多くが、当社の経営に大きく貢献していると考えたからです」

この判断が正しかったことは、その後の成り行きによって証明された。対象者の下限給与は、給与水準全体の上昇と歩調を合わせながら引き上げられていったが、それでもボーナス受給者の数は増え続け、現在では約一万四〇〇〇人に達している。

以前から、ボーナスは数年に分けて支給するのが慣行とされてきた。一九四七年以来、五〇〇〇ドル以下は一〇〇〇ドルずつに分けて支払われ、五〇〇〇ドル超は五年間の割賦払いと決まっている。ボーナス制度の特徴として、退職者が未受領のボーナスを受け取る資格を失うケースもあった。ボーナスとは、社で働き続ける人々に報いるための制度だからである。

GMの報奨制度は、経営陣やマネジャーを社のパートナーとすることを基本目的の一つとしている。この考え方は、「ボーナスはGM株で支給すべきだ」との方針にも反映されている。GMは、毎年のボーナス支給に備えて、市場から月々自社株を購入している。当初、ボーナスはすべてGM株で支払われていた。だが、個人所得税が高くなったため、ボーナス・給与委員会は、「対象者が所得税を支払うために、GM株の多くを売却しなければならないようでは、株式のみでボーナスを支払っても無駄になるだろう」と考えるようになった。このため四三年に、株式と現金の併用を決めたのだ。五〇年以降は、「支給された株式をすべて手元に残したまま、所得税を完納できるように、ボーナスに占める現金の額を定める」のが一般的な目標とされてきた。ボーナス支給時に対象者に引き渡されなかった株式は、分割払いが完了するまで財務部の資産として保有される。分割払いが完了するまでの間、対象者には、未受領を含めたすべての株式に対して現金配当が支払われる。

GMの幹部は、高額の所得税が課せられるにもかかわらず、相当数の自社株を手元に残している。六三年三月三一日現在、上位三五〇人で合計一八〇万株以上を保有しているのだ（未受領のボーナス、持ち株会をとおして購入した分を含む）。一株当たり七五ドルとして計算すると、GMに人生をかける経営者たちは、合計で一億三五〇〇万ドル超を社に出資していることになる。すさまじい額ではないだろうか。

ストック・オプション制度

個人所得税率が高いために、ある時期、ＧＭの経営者や主なマネジャーは、ボーナスを自社株で受け取っても一部しか手元に残しておけなかった。

ボーナス制度の主な目的は、経営陣やマネジャーに自社株の購入を促すことであったから、一九五七年にはボーナス制度を補うためにストック・オプション制度が設けられた。幹部を対象に、五八年から六二年にかけて毎年、自社株購入権を付与するとしたのだ。対象者に持ち株を増やす機会を与え、ボーナス制度との併用によって報奨制度をより効果的なものにする狙いがあった。六二年には、ストック・オプション制度を従来の内容のままで六七年まで延長することについて、株主の承認を得た。この制度は、一九五〇年の歳入法に含まれる制限つきストック・オプションに関する規定に基づいている。ボーナス・給与委員会が、従来と同じく各人のボーナス額を決めるほか、ストック・オプションを誰に与えるかについても決定権を持つ。もっとも、ストック・オプションを付与された者は、ボーナス額が本来の七五％に抑えられ、現金で分割払いされる。併せて、この減額後のボーナス額の三分の一に相当するＧＭ普通株式を受け取る権利（クレジット）が与えられる。従って、ボーナスとこのクレジットを合わせると、ストック・オプションを付与されなかった場合のボーナス額と等しくなるというわけだ。さらに、クレジットの三倍にあたるＧＭ株を購入する権利が与えられ、購入価格には時価が適用される。

現行のストック・オプション制度では、五八年から六七年までの各年、最大で四〇〇万株の購入権を付与することが認められている。一人当たりの上限は、この間の累積で七万五〇〇〇株だ。オプションを行使できるのは、付与されてから一八カ月後から一〇年後までのあいだで、ＧＭに在籍しているのが条件である。オプションの一部または全部を行使すると、それに対応したクレジットは失われるが、オプションが失効した場合は、クレジットとして割り当てられていたGM株式が以後五年間に分けて自分の名義に換えられる。自己名義に換わる前であっても、株式配当に相当する額が現金で支払われる。

現行税法では、オプションの一部あるいは全部を行使して、購入した株式を六カ月以上保有していた場合、その後に売却益を得たとしても、長期キャピタルゲインとして優遇税率を適用されるというメリットがある。ストック・オプション制度を設けても、ボーナス制度の原則や運用手法には少しも手を加える必要がない。ストック・オプション制度は、インセンティブの効果を高め、経営陣の自社株保有を促進するために設けられたのだ。

ボーナス制度の運用

GMの報奨制度の核心は、各従業員に報奨を与えるかどうか、与えるとすればどれだけにするかを決める手順にあるだろう。

ボーナス・給与委員会が、ボーナスの支給について全面的な裁量を持っており、ボーナス対象外の取締役がメンバーとなっている。取締役会メンバーのボーナス支給額を決められるのは、この委員会のみである。その他対象者のボーナスに関しては、取締役会会長と社長が協議のうえでボーナス・給与委員会に案を提出、委員会が検討して結論を出す。分権制を保ちながら全体の調和を図るという精神に沿って、各人のボーナスについては、事業部やスタッフ組織に提案権が与えられている。まずボーナス・給与委員会が社外の会計士から、その年度の利益からいくらをボーナスに割り当て可能か、アドバイスを受ける。現在、その限度額は、税引後利益から純資本の六％を差し引いた額の一二％と定められている。ボーナス・給与委員会は次に、限度額いっぱいをボーナス準備金に繰り入れるかどうかを決める。四七年から六二年までの一六年間で、繰り入れ額が限度額に満たなかった年が五年ほどあった。この五年間の繰り入れ総額は、限度額を一億三一〇〇万ドルほど下回っている。六二年に至っては、三八〇〇万ドルも下回っているほどだ。

さらに、ボーナス準備金がすべて実際に支給されるとは限らない。このため戦後の三年間は、準備金のうち一九〇〇万ドル超が支給されずに、翌年度以降に繰り越された。しかし五七年になってボーナス・給与委員会が、およそ二〇〇〇万ドル（五六年度末現在）の全額について、利益という位置づけに改めるべきだと判断した。この額は、ボーナス額を算定する際には利益に含められなかった。

委員会は、ボーナスの支給総額と準備金への繰り入れ額を決めると、次に各人への支給額を査定しなければならない。ボーナス対象者の下限給与は、取締役会会長と社長からの提案をもとに、委員会が決定する。ただし、全階層の優れた業績に報いるために、特例として下限給与の条件を満たさない者にもボーナスを与えることが認められている。

ボーナス額の割り振りを管理する必要から、対象者は以下の三階層に分けられる。

①担当事業を有する取締役
②事業部長とスタッフ組織の最高責任者
③下限給与の基準を満たした全従業員（①と②に該当する者を除く）
※①と②は、最高経営者層である。

各階層への割り振り額を決めるに当たって、委員会は、ボーナスとして支給できる金額、さらにはボーナスと給与総額や年度業績との関係を検討する。

委員会は第一ステップとして、ボーナス受給資格を持った取締役への割り当て予定額を決める。一人ひとりの対象者について個別に検討を行い、委員会メンバーが各人の業績を測る。この際に委員会は、各取締役の業績に関して内々に会長、社長に相談する場合もある。

以上の作業が終わると、ボーナス支給枠の一定割合を取締役分として割り当て、その中から各人の取り分を決めていく。

次のステップでは、第二の階層に属する事業部長とスタッフ組織の長を検討対象とする。まずは、ボーナス支給額全体のうちいくらをこのグループに割り振るかを決める。この決定の後、会長と社長が作成した各人への支給額案を委員会が検討して、結論を下す。

このようにして取締役、事業部トップ、スタッフ組織トップへのボーナス額が決着すると、会長と社長には、他の従業員への支給枠がどれだけ残っているかが知らされる。それをもとに、会長、社長、さらには主要幹部が加わって、各組織へのボーナス配分額を決定する。

委員会は、利益の源泉である事業部を最初に検討の俎上に載せ、会長、社長と相談したうえで割り当て基準の概要を定める。事業部への割り当てでは、対象者の給与総額、投資収益率の他事業部との比較結果、その事業部の全般的な業績などが考慮される。仮に特別な事情があれば、それも加味される。会長と社長による提案内容が了承されると、各事業部長にその内容を通知する。以後は事業部長の判断と責任によって、配下の各対象者への支給額が提示される。スタッフ組織は直接には利益を生んでいないため、対象者の給与額と組織全体の業績をもとに割り当て額が決められる。

事業部、あるいはスタッフ組織は、共通の方法によって各人への支給額を決めるわけではなく、それぞれ独自の方法を持っている。各人がその年度に社にどれだけ貢献したかをもとに、上司が慎重に、そして厳密に検討して決めるのだ。正式なやり方では、直属の上長が一次案を作成し、それがさらに上役によって検討され、最終的には事業部なら事業部長、スタッフ組織ならそのトップが目を通す。事業部長やスタッフ組織のトップは、組織内の全対象者への支給額に関する案をすべて検討し、グループ・エグゼクティブに伝える。グループ・エグゼクティブはその内容に目を通して、会長と社長に伝える。このようにして、案は会長、社長の検討をへて、ボーナス・給与委員会に伝えられ、そこで最終的に決定される。

各事業部は独自の手順で検討を進めていくが、不公平はできるかぎり排除されている。もとより、ボーナス・給与委員会がおよそ一万四〇〇〇名もの対象者について、詳しい資質を知ることなどできるはずがない。だが、ボーナス額の案と併せて、適切な統計資料が提出される。その資料にはボーナス受給資格者や特別な理由によって支給対象に含められた人々について、網羅的なリストが添付されており、委員会による検討・判断を容易にしている。委員会はこのほか、七五〇人前後の主要マネジャーに関して、個別の支給案を精査して、他組織との比較も行う。すなわち、他の事業部や本社スタッフ部門で同列のポストにある人々と比べるのだ。各人の業績に詳しく目を通し、ボーナス額に業績が反映されているかを確認し、最大限に公平性を保とうとする。このプロセスの副産物として、業務の進歩状況を個人別に深く追うことができ、経営層の強み、弱みを押さえられるという大きな意義がある。とりわけ、将来への計画を立てたり、組織改革が避けられなくなったりした時に、その準備に大いに役立っている。

ボーナス制度の価値

ボーナス制度を運用するために、GMの経営陣は多大な時間と労力を費やしているが、本当にそれだけの価値があるのだろうか。この制度には、金銭的コストに見合った価値があるのだろうか。私は「ある」と確信している。GMが目覚ましい業績を上げ続けているのは、このボーナス制度の力によるところが大きいだろう。会社が生まれたばかりで規模が小さく、私財を投じた少数の人々によって経営されているのであれば、自分の利益が社に関わる他の人々の利益と密接に結びついているのは、火を見るよりも明らかだろう。だが規模が大きくなり、経営に参画する人数が増えると、当初のような一体感が薄れるため、ボーナス制度などをとおして、折に触れて一体感を表したり強く訴えたりしなければならない。

ボーナス制度は、社内の各階層ごとに異なったインセンティブを与える。支給対象に含まれない人々には、「ボーナスをもらえるようになりたい」といった張り合いを与える。経営陣の一人も、私宛ての書簡の中で、過去を振り返ってこう述べている。「初めてボーナスを受け取った時の感激は、いまでも胸に迫ってきます。ついにボーナス受給者の一員になれたのだ、これからも向上を目指そう、と感じたものです」。このような思いは、ボーナス制度の対象となった人々全員に共通するものだろう。彼らの多くにとって、ボーナスは個人資産の相当部分を占めていると考えられる。

ボーナスは毎年支給されるため、対象者は退職しないかぎり、インセンティブを受け続けることができる。それどころか、昇進して給与が増えるにつれて、報酬全体に占めるボーナスの比重が高まるため、インセンティブとしての効果は大きくなるだろう。言い換えれば、組織の階段を上るにつれて、ボーナスは――直線的にではなく――指数級数的に増えるのだ。このため各人は、現在の業務で高い成果を上げようとするだけでなく、昇進を目指して卓越した成果を示そうとする。

ただし、インセンティブや報奨は金銭的なものにかぎられない。先の手紙から再び引用したい。

ボーナス制度が社にもたらす価値は、これだけではないはずです。金銭的な報奨などの目に見えるインセンティブとは違った、目に見えないインセンティブを与えてくれるのです。ボーナスがもたらす精神的な満足は、途方もなく大きなパワーとして社を動かしているのではないでしょうか。

ボーナスは、現金や株式の額面を超えた価値を持っています。受け取った側にとっては、社の繁栄に貢献したと認めてもらえた、という意味も持つでしょう。ボーナスというかたちで称えられると、受け手は金銭的報酬を受け取ったという事実とは別に、称えられたこと自体についてもありがたみを感じるわけです。

この非金銭的なインセンティブの意義は、GMで広く取り入れられている慣行によって、さらに高められている。支給時に一人ひとりに、上長の手紙を添えるのだ。これは受け手の業務実績を振り返ったり、議論したりする機会ともなる。

ボーナス制度の副次的効果として見逃せないのは、自分が仕事や上司といかに強く結びついているのか、各人が実感する点である。すると、自分自身について、また社の発展について考えざるを得なくなる。上司が自分の価値を認めてくれたとわかれば、満ち足りた気持ちになるし、年に一度、業績の見直しが行われるという緊張感が得られる。

この種の雰囲気は、単純な給与制度のもとでは醸成することも、維持することもできない。給与に一律のボーナスやプロフィット・シェアリングを組み合わせたとしても、同じだろう。このような制度では、昇給を受けた時、あるいは受け損なった時にしか、「評価の対象にされている」と意識しないからだ。通常の制度では、ペナルティを与えるのも難しい。給与はまず下がらないからである。だがGMのボーナス制度では、ボーナスの総支給額と比べて、個人の受け取り額が大幅に目減りする場合があり、厳しいペナルティに当人はいやでも気づくことになる。総支給額は毎年度、アニュアル・レポートに記載される。

ボーナスは給与と比べて、増額される可能性も高い。給与制度では、どれほど優れた業績を上げたとしても、昇給で報いるのは難しい。給与体系全体を突き崩しかねないからだ。加えて、昇給は一過性というわけにはいかないが、ボーナスであれば、抜きん出た成果のあった年にだけ弾めばよい。このためボーナス制度があると、給与制度の枠組みを変えずに、特例的に大きな報奨を与えられるのだ。

さらに、上層部の人材流出を防ぐ効果もある。以前の説明を繰り返すことになるが、現行の制度ではボーナスは五年間に分割して支払われ、その間に自己都合で退社すると残額を受け取れない。残額はかなり大きい場合もある。この引き留め効果と、インセンティブとしての効果によって、GMでは長年にわたって、上層部を中心に、貴重な人材の離職率を比較的低く抑えている。

改めて述べるまでもなく、結局のところは、ボーナス制度の効用は「証明」はできないだろう。ボーナスがなかったとしたらどのような状況が生まれていたかは、推測の域を出ないのだから。数年来の友人で仕事上の同志でもあるウォルター・S・カーペンター・ジュニアに、ボーナス制度の意義について意見を求めたところ、まさに私の思いを代弁するような返事をくれた。

ボーナス制度の効果を、事実あるいは数字によって証明しようというのなら、最初にお断りしておかなくてはなりません。私ではあまりお役に立てないと思うのです。と申しますのも、この問題はすでに長年にわたって真剣に考えてきたのです。とりわけ熱心にこの問題を考えたのは、ボーナス制度を見直した時です。あの時は、利益の何パーセントをボーナス準備金に繰り入れるべきか、おおよその基準を明確にしようとしたのです。その後も毎年、制度の範囲内でこの問題を検討する際に、やはり同じ問題で頭を悩ませました。けれども、長い間この制度を運用するなかで見てきたことをもとに判断するほかないのだと、納得したのです。言い添えるなら、私たちは、ボーナス制度の基本をなす考え方に自信を持っています。

測定は無理にせよ、一、二の事例から、ボーナス制度が有効だということは示せるでしょう。ボーナス制度を取り入れている代表的な企業といえば、GMとデュポンでしょうが、どちらも素晴らしい業績を上げてきました。いうまでもなく、他に成功理由があるのではないか、という反対意見もあるでしょう。たしかにそのとおりに違いありません。しかし、この二社が目覚ましい業績を上げているという事実には、感銘を受けずにいられないのです。

ですからアルフレッド、ボーナス制度の効果は定量的には示せないかもしれないが、長年にわたってGM、デュポン両社の繁栄を支えてきたことから、高い効果があるのは間違いないと見るべきでしょう。GMが優れた人材を集め、引きつけ続けてきたのは、この制度があるからだと思います。制度の土台となった基本原理に我々は信頼をおいています。

以上の見方と併せて、私自身の強い信念も述べておきたい。四五年間にわたって成果を上げてきたこのボーナス制度を廃止したり、大幅に変えたりすれば、ＧＭの経営精神と組織を打ち壊すことになりかねないだろう。

第23章

経営とは何か

THE MANAGEMENT: HOW IT WORKS

成功の要因

なぜある経営が成果を上げ、他がつまずくかは、容易には述べられない。その陰には深く複雑な原因があり、運にも左右される。とはいえ、これまでの経験から私は、事業に責任を負う人々にとっては二つの要素が重要だと考えている。意欲と機会だ。意欲は主に報奨によって引き出され、機会は主に分権化をとおしてもたらされる。

しかしそれだけではない。本書をとおして繰り返し述べてきたように、権限の分散と集中をうまくバランスさせ、分権化を進めながらも全体の足並みを揃え続けるのが、優れた経営の秘訣である。

こうした考えに沿って、矛盾するさまざまな要素を調和させると、稀に見るほど高い成果を上げられる。分権化を進めると、進取の精神、責任感、個人の能力、事実に基づく判断、適応力——すなわち、組織が新しい状況に対応するうえで欠かせない資質をすべて引き出せる。全体の調和を図ると、効率性と経済性を高められる。ただし、分権化を図りながらなおかつ全体を調和させるのは、当然ながら容易とはいえない。多彩な責任を整理する明確なルールも、責任を配分する理想的な方法も、ありはしないのだ。全社と各事業部のバランスは、判断の対象が何か、どのような時代環境か、これまでどのような経緯をへてきたか、経営者がどのような性格と技能を持っているかによって異なってくる。

ＧＭでは、事業部と全体をバランスさせる仕組み——すなわち事業部制——は、現実の経営課題への対応をとおして生まれてきた。すでに紹介したとおり、事業部制の萌芽が現れた四〇年前には、各事業部に強い権限を与えて、担当事業についての主導権を握ってもらうのが間違いなく適切だった。だが一九二〇年から二一年にかけての苦難から、本社の権限を強めるべきだとの教訓も得られた。当時、本社が適切な舵取りをせずにいたため、事業部は無策に陥り、本社上層部が定めた方針を守らず、ひいては全社に深刻な悪影響が及んだのだ。その間、事業部から適切なデータが適切なタイミングで提出されなかったため、本社経営陣も望ましい方針を立てられずにいた。後に経営データが定期的に本社に提出される仕組みを設けて、ようやく真の意味で全社の足並みを揃えられるようになった。

それでもまだ、事業部の裁量と本社からの指示をどうバランスさせればよいのか、答えが見つかったわけではない。もとより、一度決めればそれが永遠に有効であり続けるわけでもない。状況が変われば最適なバランスもまた変わる。望ましい組織を生み出していくという仕事に、終わりはないのだ。一時期は、自動車など製品のスタイリングを決めるのは事業部の権限とされたが、以後現在に至るまで、主要製品に関しては、本社スタイリング部門の管轄とされている。それというのも一つには、スタイリング全体の調和を取ると、経済的なメリットが生まれるからだ。加えて経験を通して、優れた才能を全社で活かせば、業務全体の質が高まるとわかったのである。今日では製品のスタイルを決めるのは、管轄の事業部、本社スタイリング部門、本社経営陣の連帯責任とされている。

以上のように、本社と事業部の権限を絶えず調整できたのは、事業部制という仕組みを活かして、状況の変化によって業績向上の機会が生まれた際には必ずそれを逃すまいと動いてきたからである。私がCEOを務めていた間は、本社が事業部に目を光らせるといっても、ごく控え目にであった。今日では、当時とは状況が変わり、新しいより複雑な課題が生まれているため、緊密な調整の必要性が高まっているが、基本的な考え方は私の頃と同じだと思う。

GMは、「ラインとスタッフ」を教科書どおりに解釈しているわけではない。私たちにとって重要なのは、「（スタッフ組織を含む）本社と事業部」の区別なのだ。おおまかに述べれば、スタッフ組織の人材――スペシャリストが主体である――は、ラインの権限を持たないが、既定の方針を応用すればすむ問題に関しては、事業部に直接指示を出す場合もあるのだ。

本社経営陣には、本社と事業部のどちらがより適切な判断をより効率的に下せるかを見極めるという大切な使命がある。この使命を果たそうとする際には、洗練された良識ある結論を得られるように、スタッフ部門の力を大いに借りる。実際、本社経営陣による重要な判断の多くは、まずはポリシーグループに属するスタッフと共同で案を練り、次いで本社委員会での検討をへて承認される。一例を挙げれば、ディーゼル機関車の製造に参入するという決定は、スタッフ部門による製品研究に大きく支えられている。

スタッフ部門の中には、法務部門のように、本社独自の機能を担った組織もある。あるいはまた、エンジニアリング、製造、流通など、事業部の複数の業務と深い関係を持ったものもある。とはいえ、本社スタッフと事業部の間には大きな違いがある。本社スタッフは事業部よりも長期的な視点から、応用範囲の広い課題を扱うのだ。では事業部の役割は何かというと、すでに決まった方針や計画を実行に移すことが中心となる。ただし例外的に、事業部にプロジェクトが任される場合もある。〈コルベア〉の開発などはその具体例だ（これについては次の章で触れたい）。

本社の活動からは、きわめて大きな経済的価値が生まれているが、そのコストは純売上高全体の一％にも満たない。本社が各種の業務を担っているため、各事業部は市場価格よりも割安で、しかも良質のサービスを受けられる。この

「良質の」という点が、私の考えではるかに重要な意味を持つ。スタッフ部門は、スタイリング、財務、技術研究、先端エンジニアリング、人事・労務、法務、製造、流通といった分野で目覚ましい貢献をしており、間違いなく、コストの何倍にも及ぶ価値を生み出している。

本社にスタッフ部門を置いたことで、さまざまな経済的効果がもたらされている。とりわけ重要なのは、事業部どうしが足並みを揃えることによって生まれる効果だろう。事業部と本社の人材が、知識や業務成果を紹介し合い、事業部は他の事業部や本社にアイデアや手法を紹介する。GMでは経営、技術分野の逸材、そしてまた本社スタッフの多くが、事業部出身の人々で占められている。たとえば、高圧縮エンジンやオートマティック・トランスミッションは、本社スタッフと事業部双方の努力によって開発された。航空機エンジンやディーゼル・エンジンといった分野の進歩も、両者の開発努力に支えられている。

組織と経営

事業部制のもとでは、類似の問題でも事業部によって対応が異なる可能性があるが、どの事業部も本社の指示に従う点では同じだ。このようなプロセスからは、多彩な手法やアイデアが次々と生まれ、判断能力や技能が磨かれる。GMが全社として優れた経営を実現できているとすれば、それは一つには、各事業部が共通の目標に向けて、切磋琢磨してきたからだろう。

事業部制はまた、専門化による利益をもたらしている。専門化や分業が進めば、コストが下がり、新しい取引が生まれる。これは経済の基本原理といえる。これをGMに当てはめれば、社内向けに部品を製造している部門は、価格、品質、サービスの面で十分な競争力を備えていなくてはならない。そうでない場合には、部品を用いる側の部門は社外から自由に調達して構わないのだ。たとえある部品や資材を、社外から調達するのではなく、社内で製造する道を選び、そのための体制を整えたとしても、その決定をいつまでも守り続けるとはかぎらない。私たちは機会がある都度、社外のサプライヤーとの比較を行って、内製を続けるべきか、あるいは社外調達に踏み切るべきか、判断を下している。

「内製すれば社外から調達するよりも、必ず利益につながる」との誤解が広く見受けられるが、これは主にコストを抑えられる、との仮説に基づいている。社内で製造すれば、上乗せ利益分を節約できるはずだ、というのだ。だが実際には、他社の利益水準が健全で、なおかつ競争力を持っているのなら、自社製造からも同じだけの利益を得られなくてはならない。そうでなければ、全体としてコスト削減とはいえないだろう。GMは、一部の競合他社とは違って、原材料や資材の製造は行っておらず、膨大な量を他社から購入している。自社で製造しても、より優れた品質や低コストが保証されるとは考えられないからだ。

部品、原材料、サービスなどの社外調達コストは、製品売上げ全体の五五ないし六〇%にのぼっている。効率性と適応性をともに保つうえでは、事業部長が大きな役割を果たしている。彼らは事業部の運営に伴う判断をほぼすべて担っているが、いくつかの重要な条件を満たすことが前提となる。全社の大方針に従い、事業部の業績を本社に報告し、事業方針を大きく変える際には本社経営陣にそれを「売り込み」、本社の意見に耳を傾けるといったことを実践する必要があるのだ。

大胆な提案を社内に売り込むというのは、GMの経営の大きな特徴だといえる。提案はすべて本社経営陣に売り込み、他事業部に影響を及ぼす場合にはその事業部をも説得しなければならない。健全な経営を進めていくためには、本社もまた事あるごとに――ポリシーグループやグループ・エグゼクティブをとおして――事業部に提案を出していかなくてはならない。経営陣は株主への責任として、もとより軽率な判断は避けるべきだが、以上のような姿勢が相侯ってGMでは、軽率な判断への安全策がより充実したものとなっている。このような仕組みがあるため、基本的な意思決定であっても逐一、関係者すべてが熟考したうえで下しているのだ。

事業部制という組織形態。ただ命令するのではなく相手の納得を引き出そうとする伝統。この二つが重なり合って、すべての管理者層には、何らかの提案を行う際には十分な理由を用意することが求められている。直感だけで物事を進めようとする人々は、周囲から納得を引き出せないだろう。一般にこのやり方では、素晴らしい直感を排除してしまう危険があるかもしれないが、平均以上の成果を生み出せるため、十分にその埋め合わせになる。そのような成果を生み出せるのは、十分な情報に基づいた前向きな批判にも耐えられる方針だけだ。要するにGMは、ひらめき型の経営者には不向きだが、有能で理屈を重んじる人々には適した環境だといえるだろう。組織によっては、天才の資質を花開かせるために、その人物の性格や持ち味に合わせた環境づくりが求められる。だがGMは全体として、そのような組織ではない。もっとも、ケッタリングのような明らかな天才もいるが。

GMの経営方針は、各種の委員会やポリシーグループの議論をとおして形成される。一瞬のひらめきによってではなく、基本的な経営課題に取り組むなかで長い時間をかけて練り上げられるのだ。ただ判断を下すだけでなく、義務を果たすことにも長じた人々に大きな責任を与えてこそ、生み出されるのだ。ただし、ここにはいくらかの矛盾がある。まず、義務を果たすのに適した人々は、幅広い視野に立って株主に利益をもたらそうとするはずである。その一方で、具体的な判断を下せる人々は、実際の事業に密着していなくてはならない。私たちはこの矛盾を解決するために、本社の意思決定を経営委員会と財務委員会で分かち合うという試みを取り入れている。詳しくはすでに述べてきたとおりである。

ほかにも、業務管理委員会が方針の策定を担っている。この委員会は、製造や販売といった活動、さらには社長や経営委員会から相談された諸問題に関して、社長に意見を述べる役割を負っている。社長が議長役を務め、現時点では、経営委員会メンバー、経営委員以外のグループ・エグゼクティブ二名、加えて乗用車・トラック分野の各事業部、フィッシャー・ボディ事業部、海外事業部の各事業部長がメンバーとなっている。

このように責任を分散させた結果、方針の策定と提案は、本社経営陣の中でも事業に最も近い人々が主に担うようになった。もちろん彼らは、事業部の人々と密接に連携しながら業務を進めており、事業部の人々もポリシーグループのメンバーとなっている。経営委員会は、GM全体を見渡すと同時に、業務運営にも深く関わっており、いわば裁判所のような機能を果たしている。すなわち、ポリシーグループや業務管理委員会の仕事、さらにはメンバーの事業についての詳しい知識を土台として、経営の根本に関わる意思決定を行うのだ。財務委員会は、社外取締役をもメンバーとしており、より幅広い経営方針に権限と責任を負う。

私はGMの経営に携わってきた期間の大半を、これまで説明してきたような経営体制を立ち上げ、組織づくりをし、時には再編成するといった仕事に費やしてきた。なぜなら、GMのような組織では、意思決定のために適切な枠組みを用意することが、何にも増して重要なのである。このような枠組みは、意識して保とうとしないかぎり、緩んでいくのが避けられない。集団での意思決定は必ずしも容易ではない。経営リーダーは、ともすれば周囲に自分の考えを理解してもらうという煩わしい議論のプロセスを避けて、自分たちで判断を下したいという誘惑に駆られるものだ。集団なら個人よりも優れた判断を下せるかというと、必ずしもそうではなく、かえって判断の質を落としてしまうこともあるだろう。しかし、GMのこれまでの実績を見るかぎり、プラスに働いているようだ。このように、GMはその組織形態ゆえに、一九二〇年以降およそ一〇年ごとに自動車市場が大きく変化したにもかかわらず、常に対応してこられたのだろう。

第24章

変化と進歩

CHANGE AND PROGRESS

変化に対する備えを

本書で述べてきた出来事や考え方からも明らかなように、私が生きてきたのはアメリカの歴史上でも特異な時代である。当初、自動車は生まれたばかりで、大規模企業も登場したばかりだった。私たちは自動車に大いなる可能性があることに気づいてはいた。だが、これほどまでにアメリカと世界を変え、経済全体を揺るがし、新しい産業を生み出し、日々の生活のペースやあり方を一変させてしまうとは、最初は誰一人として考えていなかった。自動車産業に携わる者にとって、きわめて多くの人々に自家用の輸送手段をもたらすのに貢献できたことは、大きな達成感となっている。私自身にとっても、自動車産業を生み出し、その発展に尽くした数多くの有能な人々と、取引相手や競争相手として巡り合えたのは光栄の至りである。そうした人々の名前は、車種あるいは企業の名称としても刻まれており、アメリカに新しい伝説を生み出した。私の世代、そしてこれまでの交流を考えれば、フォード、ビュイック、シボレー、オールズ、クライスラー、ナッシュ、ウィルスといった各氏の名前を挙げるのが自然だろう。これら各氏は、他の何千という人々とともに自動車産業の命運を担い、自分たちが革命を起こそうとしているなどとは露ほども気づかないまま、事業を営むという地味な仕事を続けたのだ。

アメリカでは、成功企業の多くは成長の軌跡をたどってきた。GMも成功企業であることに間違いはないだろう。GMは優れた力を持っているからこそ成功し、成長してきたのだ。当社ほどの活力を持った大規模企業であれば、経済をリードする立場に立ったとしても驚くに当たらないだろう。とはいえ当然、批判もある。過激な批判を向ける人々に対しては、こう述べさせていただきたい。今日のGMがあるのは、優れた人材に恵まれているがゆえ、彼らが互いに力を合わせているがゆえである。彼らが参画した企業が、各人の活動をうまく結びつけたからである。活躍の場はすべての人々に開かれている。技術知識は、科学の発展に伴いすべての人に開かれた「倉庫」から流れ出てくる。生産の手法も広く公開されている。機械類も誰でも手に入れられる。市場は世界全体に広がっている。企業が多くの人から知られ、尊敬を集める秘訣は、顧客の心をとらえることに尽きるだろう。

ここでぜひ指摘しておきたいのだが、今日の大企業は、けっして最初から規模が大きかったわけではない。本書でも述べてきたとおり、GMが果てしない冒険を始めた一九〇〇年前後には、自動車産業全体がいわば手探りで道を切り開こうとしていた。GMも産業全体も、今日では当然とされている手法を何も持たずに出発した。先が見えないように思えた。ディーラーの販売台数は不明で、そもそも各ディーラーがどの程度の在庫を抱えているかもわからない。消費者の購買トレンドも見えない。中古車市場の重要性にも気づいていなかった。各車種がどれだけ普及しているか、車種ごとの開きを知る手段もなかった。登録状況を誰も探ろうとしていなかったのだ。生産計画は最終需要を考えずに決められる有り様だった。個々の車種は、他の車種とも、市場とも無関係に投入されていた。フルラインの車種を揃えて市場全体のニーズに応えようとの発想は、生まれていなかった。今日のように年ごとにモデルチェンジが繰り返されるようになるのは、はるか後のことである。品質にもその時々でバラツキが見られた。

私たちは、何もない状態から出発しなければならなかった。どのような組織が望ましいかを自分たちで探り出さなければならなかった。何よりも、市場が大きく変貌を遂げるなか、それに対応できる組織を生み出さなくてはならなかった。動きが鈍ければ、どれほど規模が大きくても、どれほど名声が高くても、市場から背を向けられる。一九二〇年代のフォードがその典型だ。フォードはかつて大きな成功を手にしたが、その成功体験をもたらした事業方針に長く執着しすぎたのだ。GMは、それとは異なった方針を携えてフォードに競争を挑んだ。状況によっては、フォードの考え方が正しかったかもしれない。ただしそのためには、フォードの自動車観を支えた経済状態が長く続くとの前提が必要とされた。実際には、経済の実情、自動車技術の進歩、消費者の嗜好、関心の変化に適合したのはむしろGMの考え方だった。しかしそのGMも、ひとたび繁栄を築いた後に失速していたかもしれない。この業界にはこれまで、いやこれからも危険があふれていて、どこでつまずくかわからない。市場、製品ともにたゆまずに変化している状況では、変化への心構えができていなければ――それどころか私の意見では、変化に対応する具体的方法を持っていなければ――、どのような組織も叩き潰されてしまう。

GMでは、本社経営陣が市場の長期にわたる幅広いトレンドを見極め、いかに変化に対応すればよいか、その方法を見出している。この事実は、GM製品の変遷からもうかがえるだろう。二〇年代には、市場の諸問題に受け身で対応した結果、少しずつ製品が進化していった。その後は、「すべての所得層のすべての目的に応える」という製品ポリシーに変わっていった。業界が成長と進化を遂げるにつれて、この製品ポリシーに忠実に沿いながら、競争に、そして顧客需要の変化に対応できることを示してきた。この点と関連させながら、以下に、製品の進化を概観しておきたい。

一九二三年、乗用車とトラックの販売は四〇〇万台に達し、以後、二〇年代の終わりまでおおよそこの水準で推移した。この間、GMの製品はさまざまな面で絶えず改良されていったが、とりわけ重要なのはクローズド・ボディの開発である。高級車の販売台数は、経済の繁栄に合わせて増えていった。ところが三〇年代初め、恐慌のさなかで需要が冷え込み、低価格車に集中した。三三年と三四年は、アメリカ国内で販売されたGM車の四分の三近くが、低価格車で占められていた。私たちはそこで、需要動向に生産を合わせた。景気が回復すると、高級車志向が強まり、アメリカが第二次大戦に参戦する前夜の三九年から四一年にかけては、低価格車の比率はわずか五七％――二九年と同じ水準――に下がっていた。GMはこの傾向にも対応した。

第二次大戦が終わって平時生産が再開されると、資材、なかでも鉄鋼が不足したため、業界全体として資材制限のもとで事業を行わなければならなかった。資材の割り当てはカイザー・フレイザー、ナッシュ、ハドソン、スチュードベイカー、パッカードなど小規模メーカーに有利だった。これらメーカーは当時、中価格帯に的を絞っており、市場での比率が急増した。この時期、生産力が競争の行方を大きく左右していた――生産さえすれば、待ち構えていたように購入されていった。一九四八年には、新車の登録台数が戦前のピーク値（二九年と四一年の実績）に近づき、中価格車の比率が四五・六％に達した。これは低価格車の比率（四六・六％）にほぼ肩を並べる水準だった。

四八年以降は、市場の一部では競争が平常に戻り、中価格車を主体とした小規模メーカーの売上げは減っていった。表面的には、需要は戦前と同じパターンに戻りつつあるように思われた。五四年には、従来の低価格車が全体の六〇％ほどを占めているように見えた。ところがその陰では、低価格帯の製品に大きな変化が生まれていた。五〇年代には、消費者の購買力が伸びたため、それを自社に引きつけようと、各社ともオプション製品を盛んに提供するようになっていたのだ。この時期の低価格帯市場の様子は、一九五三年九月の『フォーチュン』誌（「新しい自動車市場」）によく表れている。「戦後の売り手市場では、一台当たりの売上高が伸びている。アクセサリー、高級付属品、改装、改造などの需要が増えているのだ。これからは、自動車メーカーは意図してこの流れに乗らなくてはならない。台数需要と買い手の購買力の差が開きつつあるため、これまで以上に一台当たりの売上高を押し上げていけるだろう」。

このような新しい発想のもと、五五年式の自動車は大型化して馬力も増し、多くのアクセサリーが標準装備された。自動車市場が、全体としてより多彩になり、ハードトップ、コンバーティブル、ステーションワゴンといった高価な車種に人気が集まった。それまで「中価格帯」とされていたセグメントの売上げが好調で、フォードなどはこのセグメントで勢力を伸ばそうと、〈マーキュリー〉の製品ラインアップを充実させ、五七年には新型車〈エドセル〉を発売した。他方、従来の低価格帯では大型化と価格上昇が進んでいた。〈フォード〉〈シボレー〉〈プリマス〉はいずれも、それぞれの製品ラインの最上位に高めの新車種を投入した。それらは、「低価格」と謳っているだけで、実際には中価格車にほかならなかった。(原注1) こうした動きはおおむね、消費者の購買力の大きさに注意を向け、その新しいニーズに応えようとしたものである。

興味深いことに、五〇年代に「基本装備車」、すなわち低価格車に最低限の装備をほどしただけの製品が発売されたが、多くの買い手を引きつけることはできなかった。この事実を踏まえれば、いわゆるコンパクト・カーやエコノミー・カーの需要が急激に増え、五七年以降にその勢いを強めたのは、一見不可解と思われる。しかし詳しく見ていくと、顧客が多様性を求めているのが明らかになった。自動車産業は、誕生から今日まで常に、顧客の嗜好変化をいかに先取りするかという課題に直面してきた。新製品を開発するには何年もかかるが、それでもはやり、需要が生まれた時には準備ができているようにしておくことが、メーカーの務めである。GMの会長兼CEOのドナーも、先頃述べている。

（前略）市場での課題に応えるためには、顧客のニーズや欲求がどう変化するかを十分に早くから予測して、適切な製品を適切な場所とタイミングで、適切な数量、用意しなければならない。

高い信頼性と優れた外観を備え、性能がよく、価格面でも競争力のある自動車をつくって、必要な台数を販売するためには、さまざまな条件を満たさなくてはならない。それらの条件を満たしながら、なおかつ買い手の嗜好にもうまく応えていくべきだ。自分たちがつくりたい車を設計するだけでなく、お客様から買いたいと思っていただける車を生み出していくことがより重要だろう。

顧客の嗜好がいかに移ろいやすいかは、また業界がどれだけの適応力を持っているかは、五〇年代末から六〇年代初めにかけて市場で起きた、劇的な出来事を見ればよくわかる。五五年、販売台数が過去最高を更新したが、この年、全販売台数の九八％が標準サイズのアメリカ車で占められていた。残り二％——一五万台弱——は、四五種類の外国車と国産の小型車だったが、その比率は五七年には五％に上昇していた。この五七年には、小型車の需要が伸び続けるかどうか明確ではなかったが、GMはしばらく前からその可能性があると見通して、小型車の設計に着手していた。シボレー事業部は早くも五二年に、本社経営陣の了解を得て、小型車の設計を使命としたR＆Dグループを設けている。仮に需要が伸びて量産の機が熟したら、すぐに動けるようにしておくためだ。この動きはある意味で、四七年以前の、すなわち小型車の開発をGMが熱心に検討した時の成果が形になったものだといえる。

この小型車〈コルベア〉は五七年に設計が固まり、五九年秋に発売された。他のメーカーも、ほぼ同じ頃、小型の新モデルを発売した。その後GMは、六〇年に〈ビュイック・スペシャル〉〈オールズモビルF-85〉〈ポンティアック・テンペスト〉を、六一年に〈シェヴィⅡ〉を、六三年に〈シェヴィル〉をそれぞれ市場に送り出した。小型車は、初期投資とランニング・コストがともに低い自動車を求める、経済観念の発達した買い手を意識して設計されていた。しかしほどなく、矛盾した事実が判明する。顧客は、中型車の快適性、利便性、スタイリングなどを求める気持ちを失ってはいなかったのだ。このため小型車を注文する際にも、豪華な内装を指定し、利便性の高いアクセサリー、オートマティック・トランスミッション、パワーステアリング、パワーブレーキなどを注文した。いずれも従来は中型車向けとされていた装備である。

六〇年に〈コルベア・モンザ〉が、オートマティック・トランスミッション、バケットシート、特注の装飾、豪華外装を備えて登場し、発売とほぼ同時に〈コルベア〉の販売数の半分近くを占めるようになった。さらに、中型車のモデルやボディスタイルを小型化した自動車が求められていることも、すぐに明らかになった。つまり、小型車の分野でも二ドアセダン、四ドアセダンだけでなく、ハードトップ、コンバーティブル、ステーションワゴンなどへの期待が高まっているのだ。こうした小型車に加えて、標準サイズの自動車が幅広く提供されたことで、買い手にはかつてないほど多彩な選択肢が用意された。

創造はこれからも続く

五〇年代末から六〇年代初めにかけては、二〇年代以降で初めて、自動車市場が劇的に変わった時期にあたる。この時期、クローズド・ボディが登場し、〈T型フォード〉が市場から消え、車種の買い替えが一般的になった。この数年での自動車市場の変貌ぶりは、二一年にGMが築いた製品ポリシーが正しかったことを証明していると思う。GMの社長ジョン・ゴードンは、「すべての所得層の、すべての目的に応える」というスローガンは、まさにいまの時代に適していると述べている。アメリカ車の種類は五五年モデルイヤーには二七二だったが、六三年には四二九車種に増えており、GM車だけを見ても八五から一三八へと伸びている。ゴードンの説明はこうだ。「現在提供しているあらゆるカラーバリエーション、オプション、アクセサリー——パワーアシスト、エアコンディショナー、ステアリングホイール、オートトロニックアイ（ヘッドライト光量自動切り替え用センサー）など——を考えに入れれば、少なくとも理屈のうえでは、まったく同じ自動車を二台とつくらずに一年を終えることができるだろう。GMの目標は、単に『すべての所得層の、すべての目的に応えること』ではなく、『すべての所得層の、すべての人の、すべての目的に応えること』といえると思う」

自動車の小型化という流れは、五七年以降鮮明になり、五九年には輸入小型車と国産小型車が、アメリカでの総自動車売上げの一〇%ずつを占めるまでになった。その後、輸入車の比率は低下して、六三年には市場全体のおよそ五%となっていた。国産小型車のほうは売上げを伸ばし、六〇年以降、市場全体の三分の一前後となっている。この間、かつて「低価格」とされていた車種の一部は、中価格帯で確固としたポジションを得た。

このような傾向を考えて、国内メーカーの間でいわゆる中価格帯の製品を減らす動きも見られ始めた。五七年末に発売された〈エドセル〉は、五九年には販売中止となっている。クライスラーが長く売り続けた〈デ・ソト〉も、六〇年に市場から消えた。〈マーキュリー〉〈ダッジ〉の一部、アメリカン・モーターズの〈アンバサダー〉は小型化して装備も減った。しかしGMは中価格帯の標準車について、重量、サイズ、モデル数とも従来どおりを維持すると決め、その一方で小型の車種も増やした。

当社の事業は自動車関連が九〇%を占めているが、各事業は、検討中のものも含めてすべて独立に扱っている。製品分野を狭い範囲に限定しているわけではないが、エンジン付きの乗り物が核であることは変わらない。どのような製品を生産するかという判断に際しては、やはり経験を頼りにせざるを得ない。実際に扱ってみた結果、当社の経営スキルに適していないと判明して、撤退する場合もある。

具体例を挙げれば、一九二一年に農業用トラクターの分野から撤退すべきだと判断した。GMならではの貢献はできそうもないと考えたからだ。以降も、航空機、家庭用ラジオ、ガラス、化学物質などを製造する企業をつくり、やがてそれらの分野から撤退している。

航空機エンジンとディーゼル・エンジンの分野に参入したのは、エンジニアリングや大量生産のノウハウを活かし、新しい価値を生み出すためである。二サイクルの新しいディーゼル・エンジンを開発して機関車に搭載し、アメリカの鉄道に革命を起こした実績もある。GMはこの海のものとも山のものともわからない製品に数百万ドルを投じたが、当時、顧客の多くは深刻な財務危機や破産状態にあり、イノベーションなどには見向きもしなかった。だが、GMの貢献によって鉄道会社は息を吹き返したのだ。今日、鉄道会社の経営陣からは感謝されている。

GMはいずれの製品分野でも、他社を買収してのし上がった経験はない。たいていの分野には黎明期に参入して、努力によって自社製品の市場を切り開いていった。自動車、家庭用冷蔵庫、ディーゼル機関車、航空機エンジンなど、いずれも同じである。事業を買い取るのではなく、育ててきたのだ。

本書ではGMの組織についても説明したが、読者の皆さんに、私が「組織はすでに完成している」と考えているとの印象を与えてしまっていなければよいのだが。企業は例外なく変わり続けていく。変化は好ましい方向、好ましくない方向、両方があり得る。私はまた、組織は放っておいても動いていく、との印象を皆さんに残していないことも、願っている。組織が判断を下すことはあり得ない。組織の働きは、既存の尺度に沿って、秩序立った判断が下せるような枠組みを用意することだ。判断を下し、その判断に責任を持つのは、一人ひとりの人材である。私が第一線から退いて以降、GMで意思決定に携わってきた人々は、複雑このうえない課題に実に見事に対処してきた。組織を惰性で動かしているだけでは、けっして答えは見えてこなかっただろう。経営者の仕事とは、方程式をただ当てはめることではなく、その時々の課題に柔軟に対処していくことである。融通のきかない規則を四角四面に当てはめて意思決定をしても、堅実な判断にはけっしてかなわない。

これまで本書で紹介してきた事柄の成果は何かといえば、つまるところ広い意味での優秀性といえるだろう。私は、GMが競争の激しい経済で優秀性を身につけたという事実は、その成長ぶりと関係し合っていると思う。仮に企業が

してしまったら、アメリカはどのようにして世界経済全体の中で競争に勝ち抜けるのだろうか。

私自身に話を移せば、私の仕事はすでに終わっている。いまからはるか以前の一九四六年、七一歳でCEOを辞した時に、社に対する責任は軽くなった。その時点では会長職にとどまったが、五六年には名誉会長に退いた。以後、私が実質的に関わってきたのは財務委員会、ボーナス・給与委員会、取締役会のみである。取締役会について考えると、時の流れを痛感せずにはいられない。大きな変革の波が押し寄せ、メンバー構成にも影響を及ぼしている。デュポン社はかつてGMに二五%ほど出資し、経営面でも大きな力となってくれたが、現在では取締役は派遣していない。旧世代に属するメンバーの多くは故人となっている。旧世代の経営者で以前からGM株を多数保有している人々、すなわちモット、プラット、ブラッドレー、ハント、マクローリン、フィッシャーほかの人々、そして私自身が、取締役会、各種委員会に今後も長く関わり続けると考えるのは、現実的ではないだろう。私たちはかなり以前に、経営に積極的に関わる責任を手放した。この責任は別の人々によって引き継がれてきたし、また速やかに引き継がれるべきである。新しい世代はいずれも、変化に対応していかなくてはならない――自動車市場の変化に、GMの経営全般の変化に、そして激動する世界とGMの関わり方の変化にも。現在の経営陣にとっては、この仕事はまだ始まったばかりである。彼らの直面する課題の中には、私の時代と似たものもある。私が想像すらしなかったものもある。創造の仕事はこれからも続いていく。

（原注1）やがてこの事実が広く知られるようになり、統計上の価格帯分類にも反映された。今日では、これらは中価格帯に含められている。

付録

GMの組織図（1921年1月3日現在）

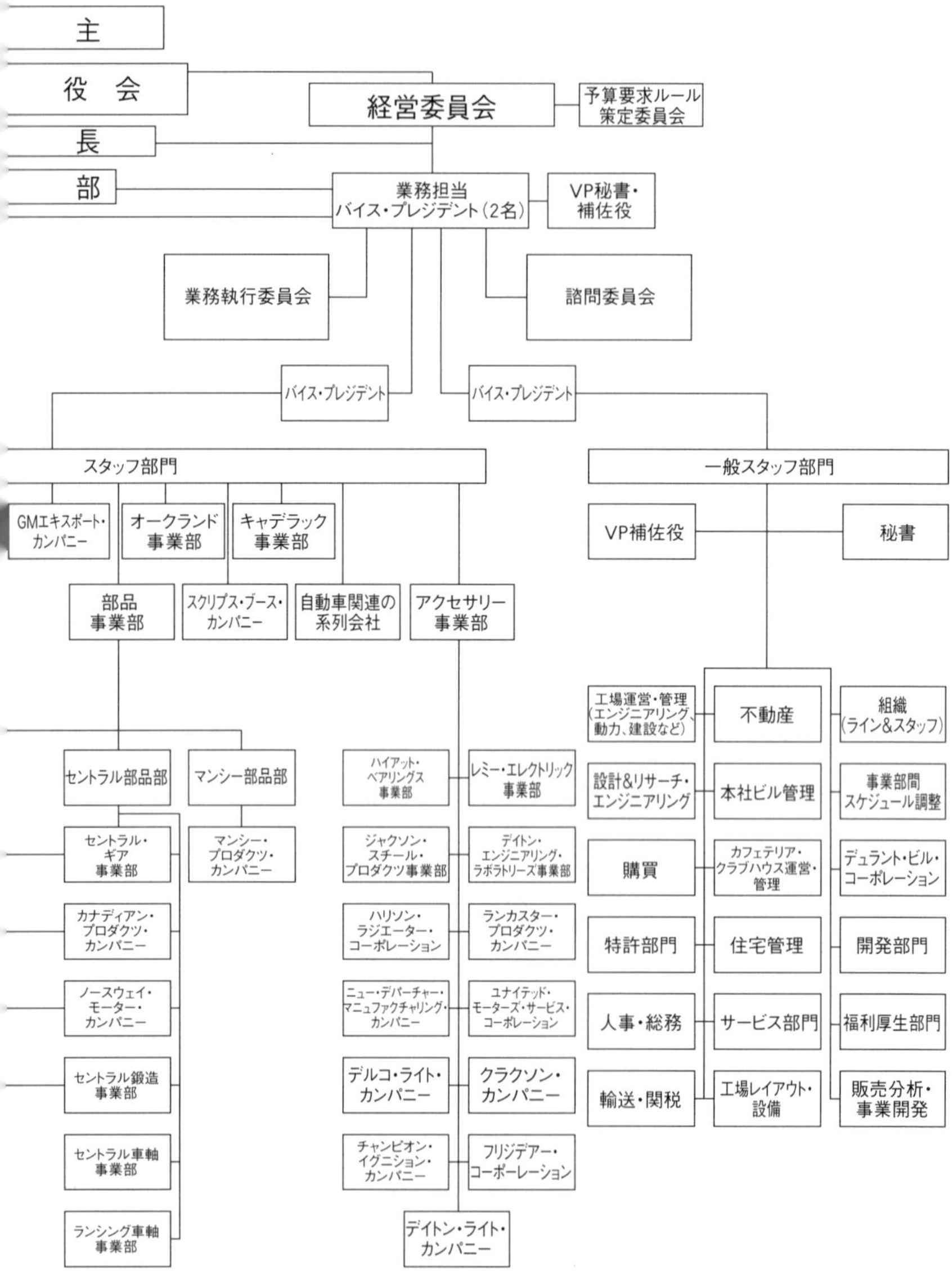
主
役　会
長
部
経営委員会
予算要求ルール策定委員会
業務担当バイス・プレジデント（2名）
VP秘書・補佐役
業務執行委員会
諮問委員会
バイス・プレジデント
バイス・プレジデント
スタッフ部門
一般スタッフ部門
GMエキスポート・カンパニー
オークランド事業部
キャデラック事業部
部品事業部
スクリプス・ブース・カンパニー
自動車関連の系列会社
アクセサリー事業部
VP補佐役
秘書
セントラル部品部
マンシー部品部
セントラル・ギア事業部
マンシー・プロダクツ・カンパニー
カナディアン・プロダクツ・カンパニー
ノースウェイ・モーター・カンパニー
セントラル鍛造事業部
セントラル車軸事業部
ランシング車軸事業部
ハイアット・ベアリングス事業部
レミー・エレクトリック事業部
ジャクソン・スチール・プロダクツ事業部
デイトン・エンジニアリング・ラボラトリーズ事業部
ハリソン・ラジエーター・コーポレーション
ランカスター・プロダクツ・カンパニー
ニュー・デパーチャー・マニュファクチャリング・カンパニー
ユナイテッド・モーターズ・サービス・コーポレーション
デルコ・ライト・カンパニー
クラクソン・カンパニー
チャンピオン・イグニション・カンパニー
フリジデアー・コーポレーション
デイトン・ライト・カンパニー
工場運営・管理（エンジニアリング、動力、建設など）
不動産
組織（ライン&スタッフ）
設計&リサーチ・エンジニアリング
本社ビル管理
事業部間スケジュール調整
購買
カフェテリア・クラブハウス運営・管理
デュラント・ビル・コーポレーション
特許部門
住宅管理
開発部門
人事・総務
サービス部門
福利厚生部門
輸送・関税
工場レイアウト・設備
販売分析・事業開発

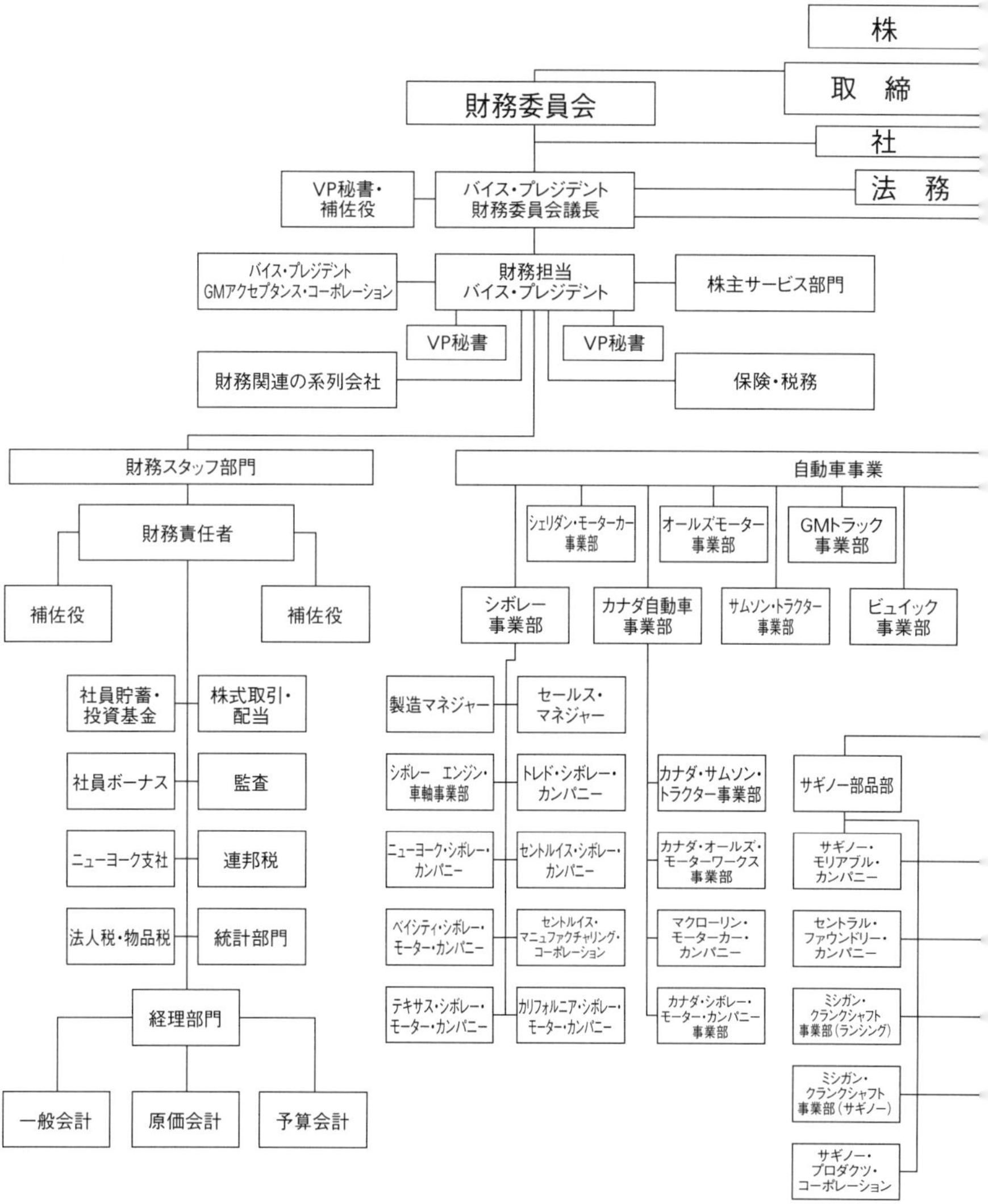
株
取 締
財務委員会
社
法 務
VP秘書・
補佐役
バイス・プレジデント
財務委員会議長
バイス・プレジデント
GMアクセプタンス・コーポレーション
財務担当
バイス・プレジデント
株主サービス部門
VP秘書
VP秘書
財務関連の系列会社
保険・税務
財務スタッフ部門
自動車事業
財務責任者
補佐役
補佐役
社員貯蓄・
投資基金
株式取引・
配当
社員ボーナス
監査
ニューヨーク支社
連邦税
法人税・物品税
統計部門
経理部門
一般会計
原価会計
予算会計
シェリダン・モーターカー
事業部
オールズモーター
事業部
GMトラック
事業部
シボレー
事業部
カナダ自動車
事業部
サムソン・トラクター
事業部
ビュイック
事業部
製造マネジャー
セールス・
マネジャー
シボレー エンジン・
車軸事業部
トレド・シボレー・
カンパニー
ニューヨーク・シボレー・
カンパニー
セントルイス・シボレー・
カンパニー
ベイシティ・シボレー・
モーター・カンパニー
セントルイス・
マニュファクチャリング・
コーポレーション
テキサス・シボレー・
モーター・カンパニー
カリフォルニア・シボレー・
モーター・カンパニー
カナダ・サムソン・
トラクター事業部
カナダ・オールズ・
モーターワークス
事業部
マクローリン・
モーターカー・
カンパニー
カナダ・シボレー・
モーター・カンパニー
事業部
サギノー部品部
サギノー・
モリアブル・
カンパニー
セントラル・
ファウンドリー・
カンパニー
ミシガン・
クランクシャフト
事業部(ランシング)
ミシガン・
クランクシャフト
事業部(サギノー)
サギノー・
プロダクツ・
コーポレーション

GMの組織図（1925年1月現在）

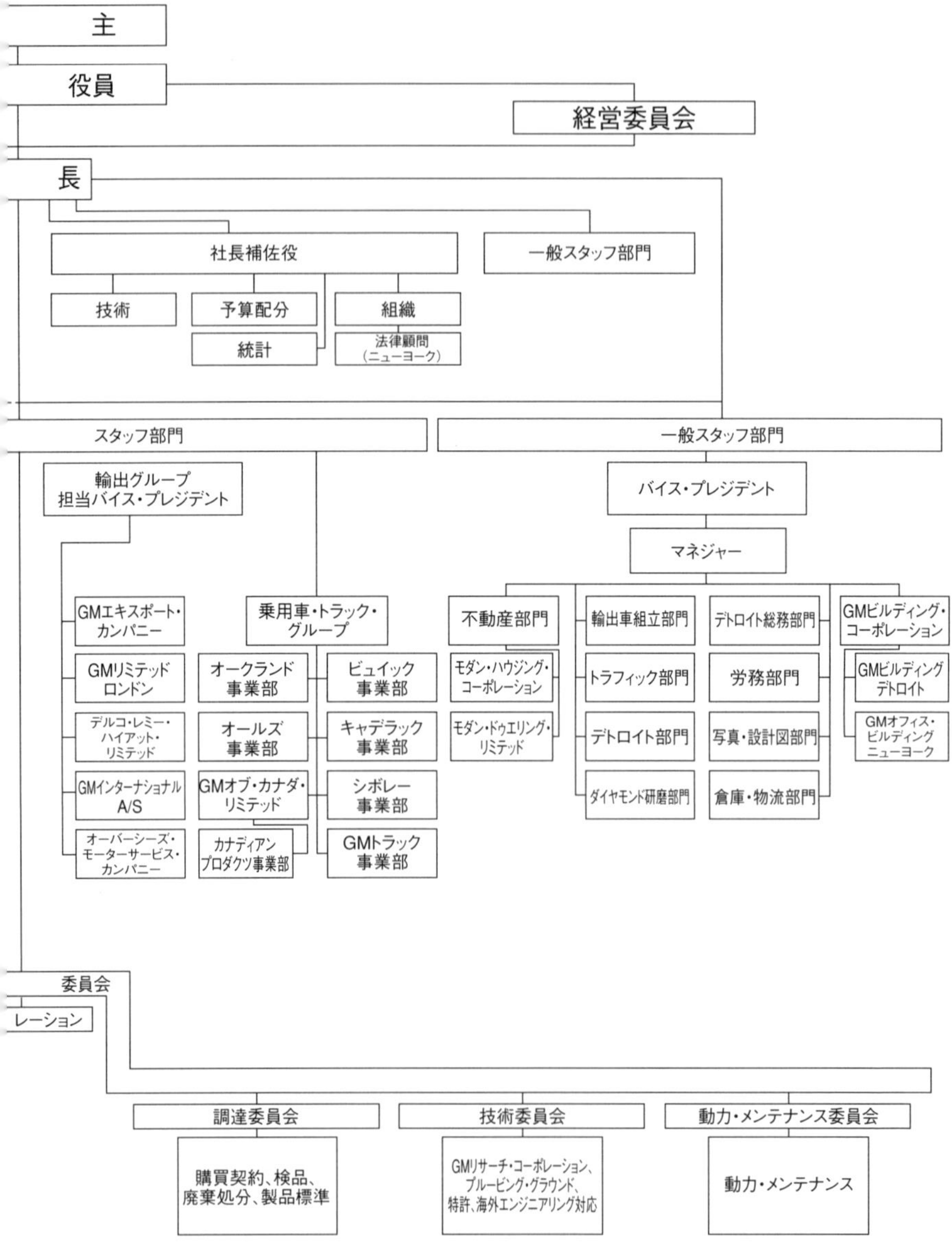
主
役員
経営委員会
長
社長補佐役
一般スタッフ部門
技術
予算配分
組織
統計
法律顧問
（ニューヨーク）
スタッフ部門
一般スタッフ部門
輸出グループ
担当バイス・プレジデント
バイス・プレジデント
マネジャー
GMエキスポート・カンパニー
乗用車・トラック・グループ
不動産部門
輸出車組立部門
デトロイト総務部門
GMビルディング・コーポレーション
GMリミテッド ロンドン
オークランド事業部
ビュイック事業部
モダン・ハウジング・コーポレーション
トラフィック部門
労務部門
GMビルディング デトロイト
デルコ・レミー・ハイアット・リミテッド
オールズ事業部
キャデラック事業部
モダン・ドゥエリング・リミテッド
デトロイト部門
写真・設計図部門
GMオフィス・ビルディング ニューヨーク
GMインターナショナル A/S
GMオブ・カナダ・リミテッド
シボレー事業部
ダイヤモンド研磨部門
倉庫・物流部門
オーバーシーズ・モーターサービス・カンパニー
カナディアン プロダクツ事業部
GMトラック事業部
委員会
レーション
調達委員会
技術委員会
動力・メンテナンス委員会
購買契約、検品、廃棄処分、製品標準
GMリサーチ・コーポレーション、プルービング・グラウンド、特許、海外エンジニアリング対応
動力・メンテナンス

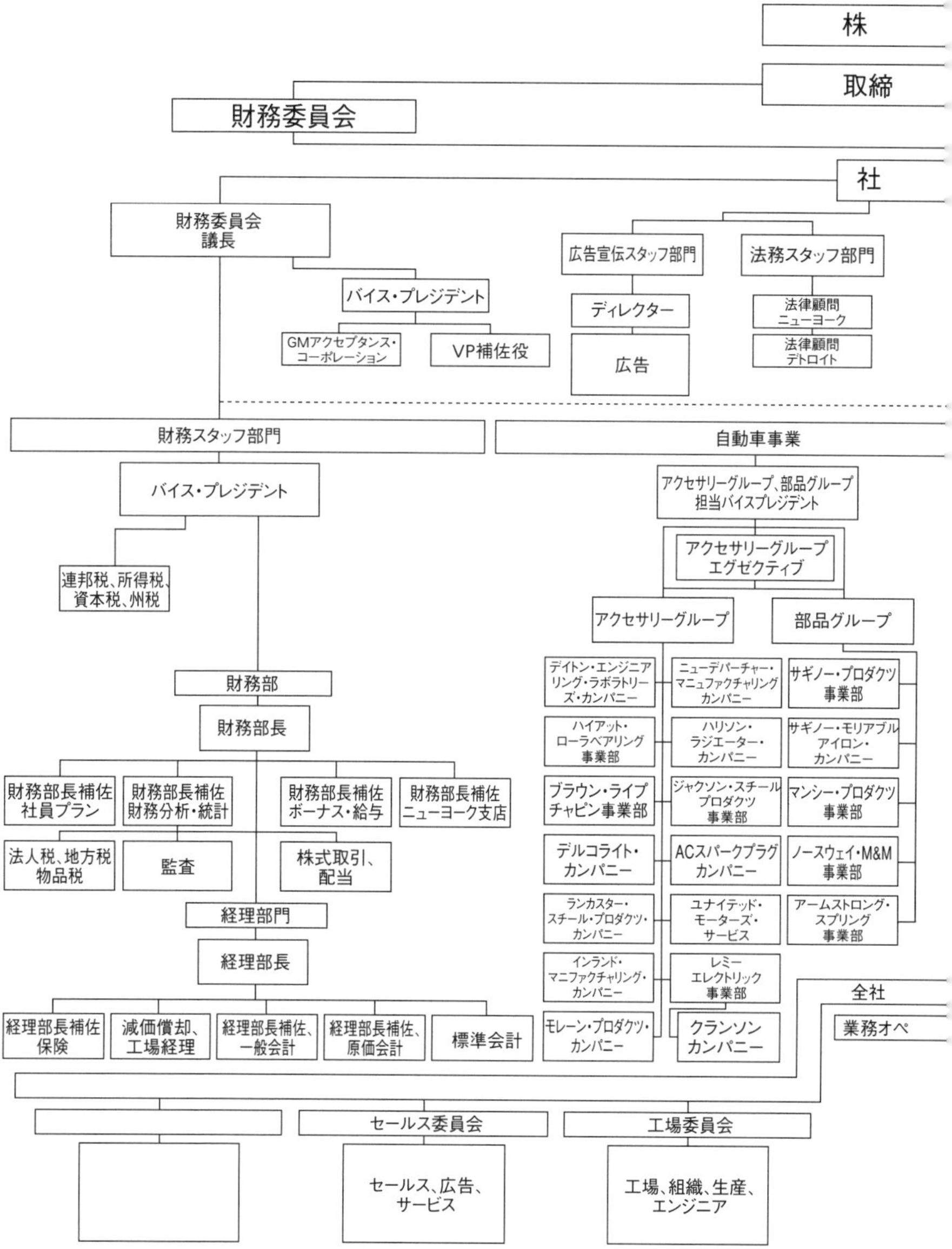
株
取締
財務委員会
社
財務委員会
議長
広告宣伝スタッフ部門
法務スタッフ部門
バイス・プレジデント
ディレクター
法律顧問
ニューヨーク
GMアクセプタンス・
コーポレーション
VP補佐役
広告
法律顧問
デトロイト
財務スタッフ部門
自動車事業
バイス・プレジデント
アクセサリーグループ、部品グループ
担当バイスプレジデント
アクセサリーグループ
エグゼクティブ
連邦税、所得税、
資本税、州税
アクセサリーグループ
部品グループ
デイトン・エンジニア
リング・ラボラトリー
ズ・カンパニー
ニューデパーチャー・
マニュファクチャリング
カンパニー
サギノー・プロダクツ
事業部
財務部
財務部長
ハイアット・
ローラベアリング
事業部
ハリソン・
ラジエーター・
カンパニー
サギノー・モリアブル
アイロン・
カンパニー
財務部長補佐
社員プラン
財務部長補佐
財務分析・統計
財務部長補佐
ボーナス・給与
財務部長補佐
ニューヨーク支店
ブラウン・ライプ
チャピン事業部
ジャクソン・スチール
プロダクツ
事業部
マンシー・プロダクツ
事業部
法人税、地方税
物品税
監査
株式取引、
配当
デルコライト・
カンパニー
ACスパークプラグ
カンパニー
ノースウェイ・M&M
事業部
経理部門
経理部長
ランカスター・
スチール・プロダクツ・
カンパニー
ユナイテッド・
モーターズ・
サービス
アームストロング・
スプリング
事業部
インランド・
マニファクチャリング・
カンパニー
レミー
エレクトリック
事業部
全社
業務オペ
経理部長補佐
保険
減価償却、
工場経理
経理部長補佐、
一般会計
経理部長補佐、
原価会計
標準会計
モレーン・プロダクツ・
カンパニー
クランソン
カンパニー
セールス委員会
工場委員会
セールス、広告、
サービス
工場、組織、生産、
エンジニア

GMの組織図（1937年6月現在）

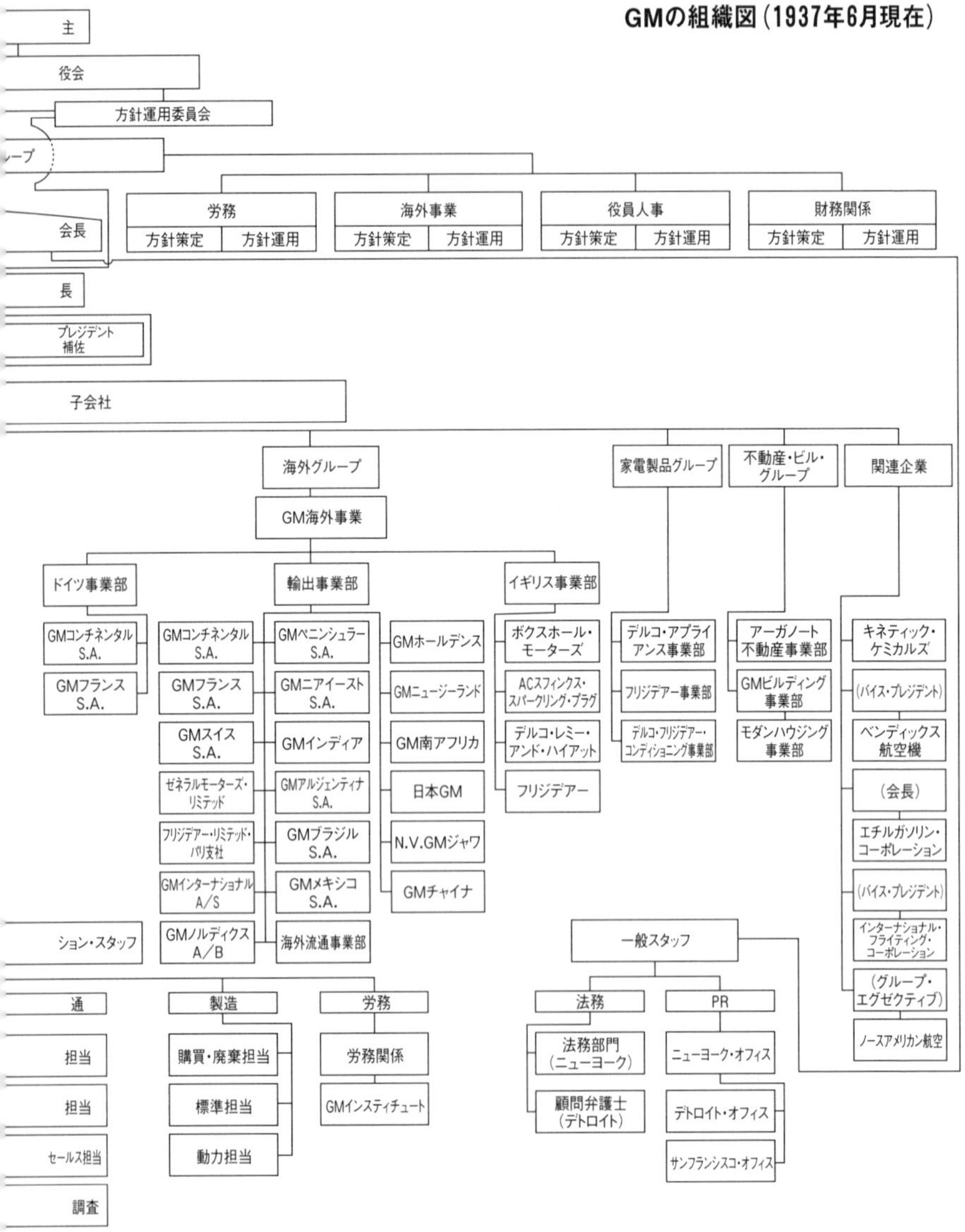
主
役会
方針運用委員会
ループ
労務
方針策定
方針運用
海外事業
方針策定
方針運用
役員人事
方針策定
方針運用
財務関係
方針策定
方針運用
会長
長
プレジデント補佐
子会社
海外グループ
GM海外事業
ドイツ事業部
GMコンチネンタルS.A.
GMフランスS.A.
輸出事業部
GMコンチネンタルS.A.
GMフランスS.A.
GMスイスS.A.
ゼネラルモーターズ・リミテッド
フリジデアー・リミテッド・パリ支社
GMインターナショナルA/S
GMノルディクスA/B
GMペニンシュラーS.A.
GMニアイーストS.A.
GMインディア
GMアルジェンティナS.A.
GMブラジルS.A.
GMメキシコS.A.
海外流通事業部
GMホールデンス
GMニュージーランド
GM南アフリカ
日本GM
N.V.GMジャワ
GMチャイナ
イギリス事業部
ボクスホール・モーターズ
ACスフィンクス・スパークリング・プラグ
デルコ・レミー・アンド・ハイアット
フリジデアー
家電製品グループ
デルコ・アプライアンス事業部
フリジデアー事業部
デルコ・フリジデアー・コンディショニング事業部
不動産・ビル・グループ
アーガノート不動産事業部
GMビルディング事業部
モダンハウジング事業部
関連企業
キネティック・ケミカルズ
（バイス・プレジデント）
ベンディックス航空機
（会長）
エチルガソリン・コーポレーション
（バイス・プレジデント）
インターナショナル・フライティング・コーポレーション
（グループ・エグゼクティブ）
ノースアメリカン航空
ション・スタッフ
通
担当
担当
セールス担当
調査
製造
購買・廃棄担当
標準担当
動力担当
労務
労務関係
GMインスティチュート
一般スタッフ
法務
法務部門（ニューヨーク）
顧問弁護士（デトロイト）
PR
ニューヨーク・オフィス
デトロイト・オフィス
サンフランシスコ・オフィス

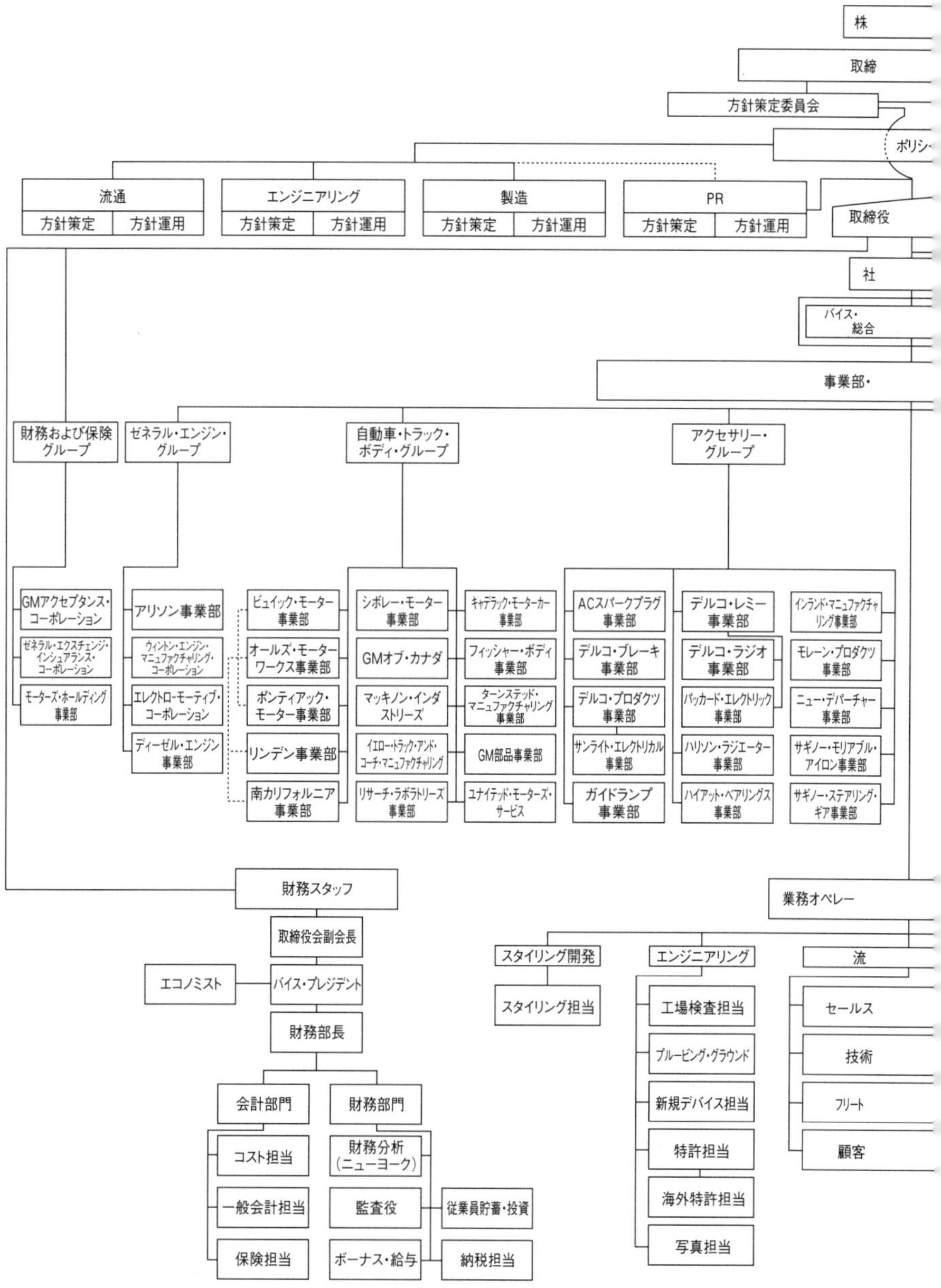
株
取締
方針策定委員会
ポリシー
流通
方針策定
方針運用
エンジニアリング
方針策定
方針運用
製造
方針策定
方針運用
PR
方針策定
方針運用
取締役
社
バイス・
総合
事業部・
財務および保険グループ
ゼネラル・エンジン・グループ
自動車・トラック・ボディ・グループ
アクセサリー・グループ
GMアクセプタンス・コーポレーション
ゼネラル・エクスチェンジ・インシュアランス・コーポレーション
モーターズ・ホールディング事業部
アリソン事業部
ウィントン・エンジン・マニュファクチャリング・コーポレーション
エレクトロ・モーティブ・コーポレーション
ディーゼル・エンジン事業部
ビュイック・モーター事業部
オールズ・モーター・ワークス事業部
ポンティアック・モーター事業部
リンデン事業部
南カリフォルニア事業部
シボレー・モーター事業部
GMオブ・カナダ
マッキノン・インダストリーズ
イエロー・トラック・アンド・コーチ・マニュファクチャリング
リサーチ・ラボラトリーズ事業部
キャデラック・モーターカー事業部
フィッシャー・ボディ事業部
ターンステッド・マニュファクチャリング事業部
GM部品事業部
ユナイテッド・モーターズ・サービス
ACスパークプラグ事業部
デルコ・ブレーキ事業部
デルコ・プロダクツ事業部
サンライト・エレクトリカル事業部
ガイドランプ事業部
デルコ・レミー事業部
デルコ・ラジオ事業部
パッカード・エレクトリック事業部
ハリソン・ラジエーター事業部
ハイアット・ベアリングス事業部
インランド・マニュファクチャリング事業部
モレーン・プロダクツ事業部
ニュー・デパーチャー事業部
サギノー・モリアブル・アイロン事業部
サギノー・ステアリング・ギア事業部
財務スタッフ
取締役会副会長
エコノミスト
バイス・プレジデント
財務部長
会計部門
財務部門
コスト担当
一般会計担当
保険担当
財務分析（ニューヨーク）
監査役
ボーナス・給与
従業員貯蓄・投資
納税担当
業務オペレー
スタイリング開発
スタイリング担当
エンジニアリング
工場検査担当
プルービング・グラウンド
新規デバイス担当
特許担当
海外特許担当
写真担当
流
セールス
技術
フリート
顧客

GMの組織図（1963年10月現在）

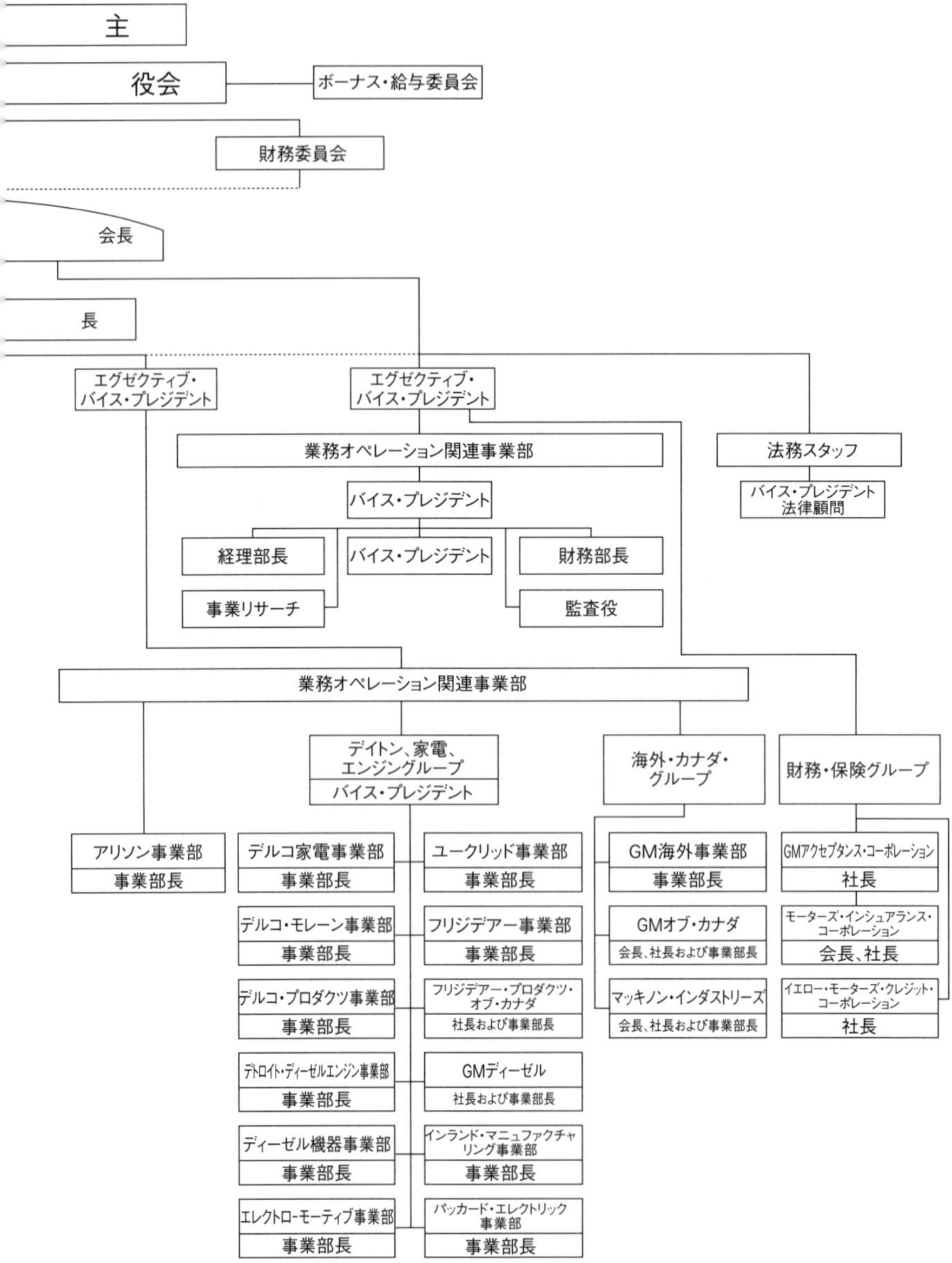

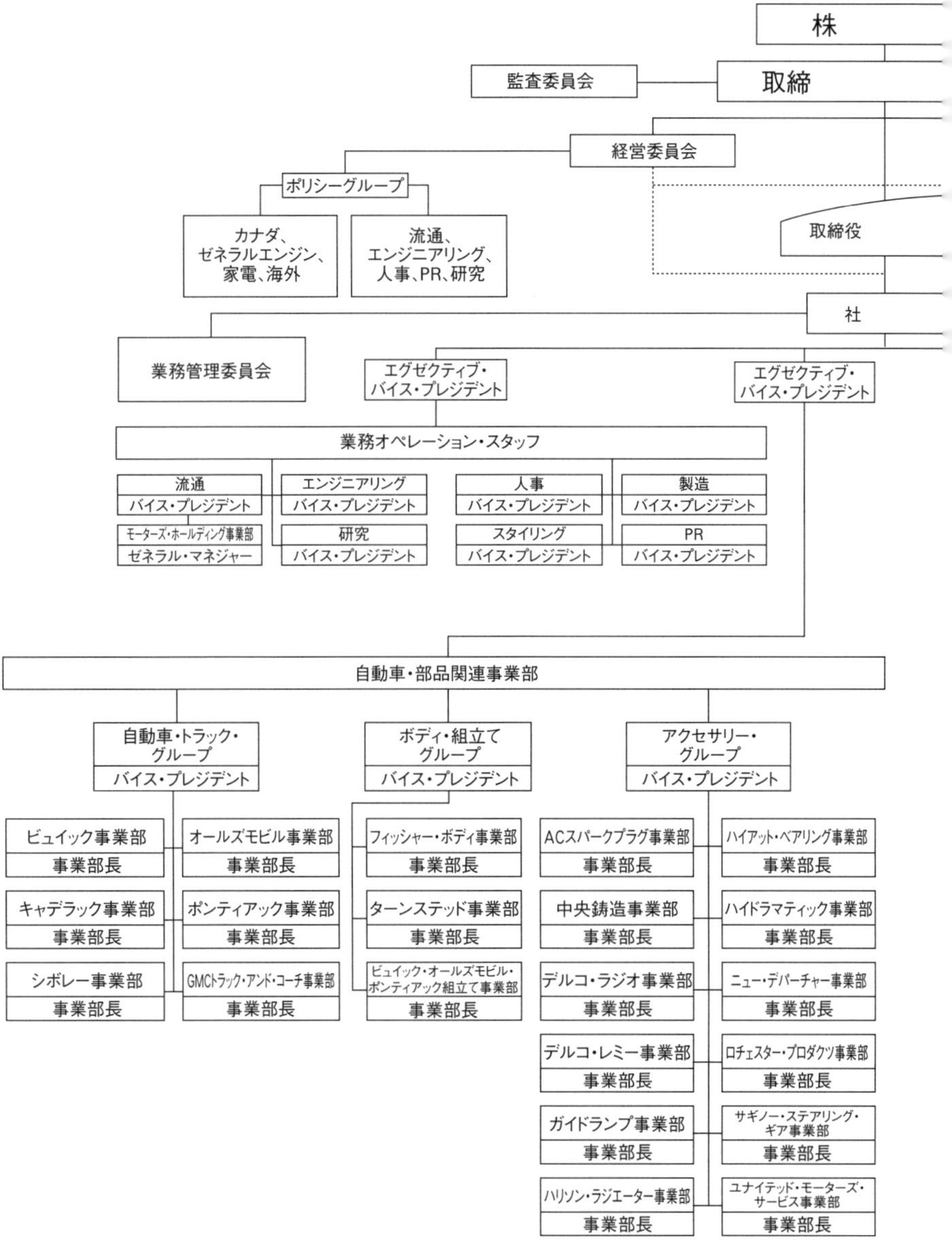
株
監査委員会
取締
経営委員会
ポリシーグループ
カナダ、
ゼネラルエンジン、
家電、海外
流通、
エンジニアリング、
人事、PR、研究
取締役
社
業務管理委員会
エグゼクティブ・
バイス・プレジデント
エグゼクティブ・
バイス・プレジデント
業務オペレーション・スタッフ
流通
バイス・プレジデント
エンジニアリング
バイス・プレジデント
人事
バイス・プレジデント
製造
バイス・プレジデント
モーターズ・ホールディング事業部
ゼネラル・マネジャー
研究
バイス・プレジデント
スタイリング
バイス・プレジデント
PR
バイス・プレジデント
自動車・部品関連事業部
自動車・トラック・
グループ
バイス・プレジデント
ボディ・組立て
グループ
バイス・プレジデント
アクセサリー・
グループ
バイス・プレジデント
ビュイック事業部
事業部長
オールズモビル事業部
事業部長
キャデラック事業部
事業部長
ポンティアック事業部
事業部長
シボレー事業部
事業部長
GMCトラック・アンド・コーチ事業部
事業部長
フィッシャー・ボディ事業部
事業部長
ターンステッド事業部
事業部長
ビュイック・オールズモビル・
ポンティアック組立て事業部
事業部長
ACスパークプラグ事業部
事業部長
ハイアット・ベアリング事業部
事業部長
中央鋳造事業部
事業部長
ハイドラマティック事業部
事業部長
デルコ・ラジオ事業部
事業部長
ニュー・デパーチャー事業部
事業部長
デルコ・レミー事業部
事業部長
ロチェスター・プロダクツ事業部
事業部長
ガイドランプ事業部
事業部長
サギノー・ステアリング・
ギア事業部
事業部長
ハリソン・ラジエーター事業部
事業部長
ユナイテッド・モーターズ・
サービス事業部
事業部長

GMにおける事業部別乗用車・トラック生産台数

年度	ビュイック（マルケット）	キャデラック（ラ・サール）	シボレー	オールズモビル（バイキング）	ポンティアック（オークランド）	GMCトラック(c)	その他(d)	合計（アメリカ）	カナダ工場生産台数	合計（アメリカおよびカナダ）	ブラジル	ホールデンス	オペル	ボクスホール	全社合計
	アメリカ国内生産台数										海外工場生産台数				
1909(a) ……	14,140	6,484	-	1,690	948	372	1,047	24,681	-	24,681	-	-	-	-	24,681
1909(b) ……	4,437	2,156	-	336	157	102	442	7,630	-	7,630	-	-	-	-	7,630
1910 ………	20,758	10,039	-	1,425	4,049	656	2,373	39,300	-	39,300	-	-	-	-	39,300
1911 ………	18,844	10,071	-	1,271	3,386	293	1,887	35,752	-	35,752	-	-	-	-	35,752
1912 ………	26,796	12,708	-	1,155	5,838	372	2,827	49,696	-	49,696	-	-	-	-	49,696
1913 ………	29,722	17,284	-	888	7,030	601	1,745	57,270	-	57,270	-	-	-	-	57,270
1914 ………	42,803	7,818	-	2,254	6,105	708	1,896	61,584	-	61,584	-	-	-	-	61,584
1915 ………	60,662	20,404	-	7,696	11,952	1,408	266	102,388	-	102,388	-	-	-	-	102,388
1916 ………	90,925	16,323	-	10,263	25,675	2,999	-	146,185	-	146,185	-	-	-	-	146,185
1917 ………	122,262	19,759	-	22,042	33,171	5,885	-	203,119	-	203,119	-	-	-	-	203,119
1918 ………	81,413	12,329	52,689	18,871	27,757	8,999	1,956	204,014	1,312	205,326	-	-	-	-	205,326
1919 ………	115,401	19,851	117,840	41,127	52,124	7,730	13,334	367,407	24,331	391,738	-	-	-	-	391,738
1920 ………	112,208	19, 790	134,117	33,949	34,839	5,137	30,627	370,667	22,408	393,075	-	-	-	-	393,075
1921 ………	80,122	11,130	68,080	18,978	11,852	2,760	6,493	199,415	15,384	214,799	-	-	-	-	214,799
1922 ………	123,048	22,021	223,840	21,505	19,636	5,277	4,355	419,682	37,081	456,763	-	-	-	-	456,763
1923 ………	200,759	22,009	454,386	34,721	35,847	6,968	120	754,810	43,745	798,555	-	-	-	-	798,555
1924 ………	156,627	17,748	293,849	44,309	35,792	5,508	-	553,833	33,508	587,341	-	-	-	-	587,341
1925 ………	196,863	22,542	481,267	42,701	44,642	2,865	-	790,880	45,022	835,902	-	-	-	-	835,902
1926 ………	267,991	27,340	692,417	57,862	133,604	-	-	1,179,214	55,636	1,234,850	-	-	-	1,513	1,236,363
1927 ………	254,350	34,811	940,277	54,888	188,168	-	-	1,472,494	90,254	1,562,748	-	-	-	1,606	1,564,354
1928 ………	218,779	41,172	1,118,993	86,235	244,584	-	-	1,709,763	101,043	1,810,806	-	-	-	2,587	1,813,393
1929 ………	190,662	36,698	1,259,434	101,579	211,054	-	-	1,799,427	99,840	1,899,267	-	-	-	1,387	1,900,654
1930 ………	121,816	22,559	825,287	49,886	86,225	-	-	1,105,773	52,520	1,158,293	-	-	26,312	8,930	1,193,535
1931 ………	91,485	15,012	756,790	48,000	86,307	-	-	997,594	35,924	1,033,518	-	-	26,355	14,836	1,074,709
1932 ………	45,356	9,153	383,892	21,933	46,594	-	-	506,928	18,799	525,727	-	-	20,914	16,329	562,970
1933 ………	42,191	6,736	607,973	36,357	85,772	-	-	779,029	23,075	802,104	-	-	39,295	27,636	869,035
1934 ………	78,327	11,468	835,812	80,911	79,803	-	-	1,086,321	42,005	1,128,326	-	-	71,665	40,456	1,240,447
1935 ………	106,590	22,675	1,020,055	182,483	172,895	-	-	1,504,698	59,554	1,564,252	-	-	102,765	48,671	1,715,688

1936 ………	179,279	28,741	1,228,816	186,324	180,115	-	-	1,803,275	63,314	1,866,589	-	-	120,397	50,704	2,037,690
1937 ………	225,936	44,724	1,132,631	211,715	231,615	-	-	1,846,621	81,212	1,927,833	-	-	128,370	59,746	2,115,949
1938 ………	175,369	28,297	655,771	94,225	99,211	-	-	1,052,873	56,028	1,108,901	-	-	139,631	60,111	1,308,643
1939 ………	230,088	38,390	891,572	158,005	169,320	-	-	1,487,375	55,170	1,542,545	-	-	122,856	61,454	1,726,855
1940 ………	310,823	40,206	1,135,826	213,907	249,380	-	-	1,950,142	75,071	2,025,213	-	-	-	55,353	2,080,566
1941 ………	317,986	60,037	1,256,108	231,788	283,885	-	-	2,149,804	107,214	2,257,018	-	-	-	43,010	2,300,028
1942 ………	18,225	2,865	166,043	14,262	16,409	-	-	217,804	83,686	301,490	-	-	-	47,316	348,806
1943(d) ……	-	-	60,257	-	-	30,187	665	91,109	61,437	152,546	-	-	-	41,598	194,144
1944(d) ……	-	-	71,631	-	-	152,530	66	224,227	54,312	278,539	-	-	-	38,493	317,032
1945 ………	2,337	933	102,896	3,183	5,301	115,279	-	229,929	45,644	275,573	-	-	-	32,471	308,044
1946 ………	153,733	27,993	662,952	112,680	129,700	36,393	-	1,123,451	51,997	1,175,448	-	-	-	53,586	1,229,034
1947 ………	268,798	59,652	1,037,109	192,684	221,747	65,895	-	1,845,885	85,033	1,930,918	-	-	-	61,453	1,992,371
1948 ………	273,845	65,714	1,166,340	193,853	254,684	97,306	-	2,051,742	94,563	2,146,305	-	112	-	74,576	2,220,933
1949 ………	397,978	82,043	1,487,642	282,734	335,820	86,677	-	2,672,894	91,503	2,764,397	-	7,725	40,058	84,168	2,896,348
1950 ………	554,326	109,515	2,009,611	397,884	469,465	112,557	-	3,653,358	158,805	3,812,163	-	20,113	72,568	87,454	3,992,298
1951 ………	405,880	104,601	1,555,856	286,452	347,057	129,644	-	2,829,490	186,996	3,016,486	-	25,177	77,594	77,877	3,197,134
1952 ………	315,301	95,420	1,200,589	224,684	275,145	123,258	-	2,234,397	199,763	2,434,160	-	31,945	83,282	79,813	2,629,200
1953 ………	481,557	104,999	1,839,230	323,361	414,413	113,026	-	3,276,586	219,413	3,495,999	-	44,175	110,164	110,141	3,760,479
1954 ………	536,894	122,144	1,749,578	431,462	372,055	83,823	-	3,295,956	153,808	3,449,764	-	54,796	164,117	130,951	3,799,628
1955 ………	780,237	153,134	2,213,888	642,156	580,464	106,793	-	4,476,672	161,374	4,638,046	-	63,800	186,999	142,149	5,030,994
1956 ………	535,315	140,340	1,970,610	433,061	334,628	93,787	-	3,507,741	184,981	3,692,722	-	68,893	205,605	123,643	4,090,863
1957 ………	407,546	152,660	1,871,902	390,305	341,875	72,890	-	3,237,178	181,322	3,418,500	-	94,557	228,736	143,573	3,885,366
1958 ………	258,394	126,087	1,543,992	310,909	220,767	66,096	-	2,526,245	186,625	2,712,870	-	110,626	312,873	174,124	3,310,493
1959 ………	232,757	138,610	1,754,784	366,879	389,616	77,371	-	2,960,017	180,216	3,140,233	16,274	115,308	334,444	244,655	3,850,914
1960 ………	304,085	158,719	2,267,759	400,379	447,868	102,567	-	3,681,377	208,357	3,889,734	18,128	140,336	366,817	245,981	4,660,996
1961 ………	292,398	147,957	1,949,111	322,366	362,147	76,333	-	3,150,312	196,407	3,346,719	13,584	112,680	377,258	186,388	4,036,629
1962 ………	416,087	159,014	2,555,081	458,045	545,884	88,712	-	4,222,823	268,624	4,491,447	18,977	133,325	378,878	215,974	5,238,601

(a) 1909年9月30日までの財政年度。
(b) 1909年10月1日から12月31日までの3ヵ月。
(c) GMCのトラックは、1925年7月1日から1943年9月30日までは、イエロー・トラック社に属していたため、GMの数字には含まれていない。
(d) その他　1909年から1923年までの期間は、カーターカー、エルモアー、アルキット、ランドルフ、スクリプス・ブース、、ウエルチ、サムソン・トラック・トラクターの各社の生産を含んでいる。
1943年と44年にアメリカで生産された乗用車の売上げが計上されていないのは、軍備により、1942年2月10日に車の生産が中止されたためである。シボレーの数字は、1943年と44年のトラックの売上げのみを示している。

財務スタッフ組織

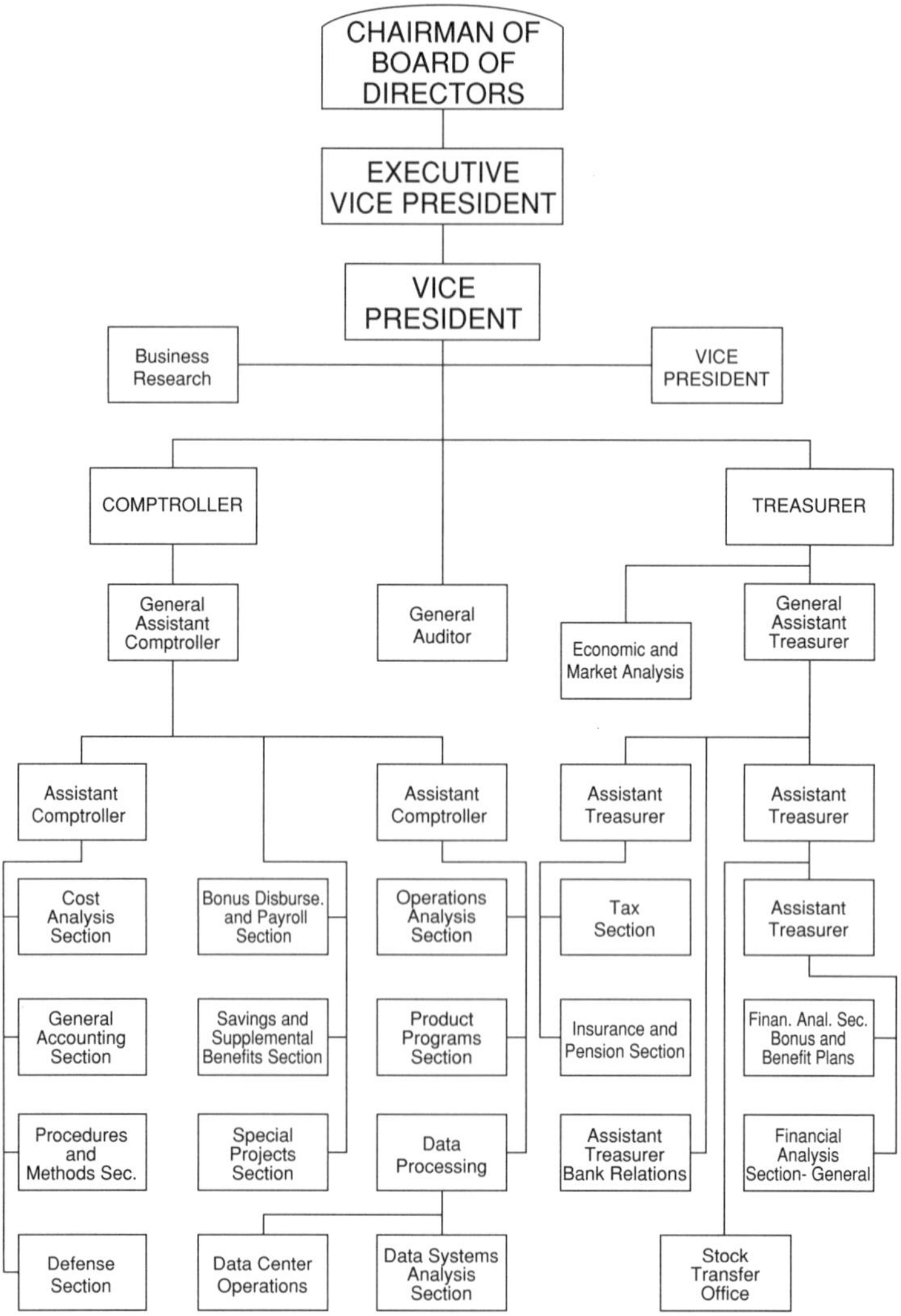

CHAIRMAN OF BOARD OF DIRECTORS
EXECUTIVE VICE PRESIDENT
VICE PRESIDENT
Business Research
VICE PRESIDENT
COMPTROLLER
TREASURER
General Assistant Comptroller
General Auditor
Economic and Market Analysis
General Assistant Treasurer
Assistant Comptroller
Assistant Comptroller
Assistant Treasurer
Assistant Treasurer
Cost Analysis Section
Bonus Disburse. and Payroll Section
Operations Analysis Section
Tax Section
Assistant Treasurer
General Accounting Section
Savings and Supplemental Benefits Section
Product Programs Section
Insurance and Pension Section
Finan. Anal. Sec. Bonus and Benefit Plans
Procedures and Methods Sec.
Special Projects Section
Data Processing
Assistant Treasurer Bank Relations
Financial Analysis Section- General
Defense Section
Data Center Operations
Data Systems Analysis Section
Stock Transfer Office

研究所組織

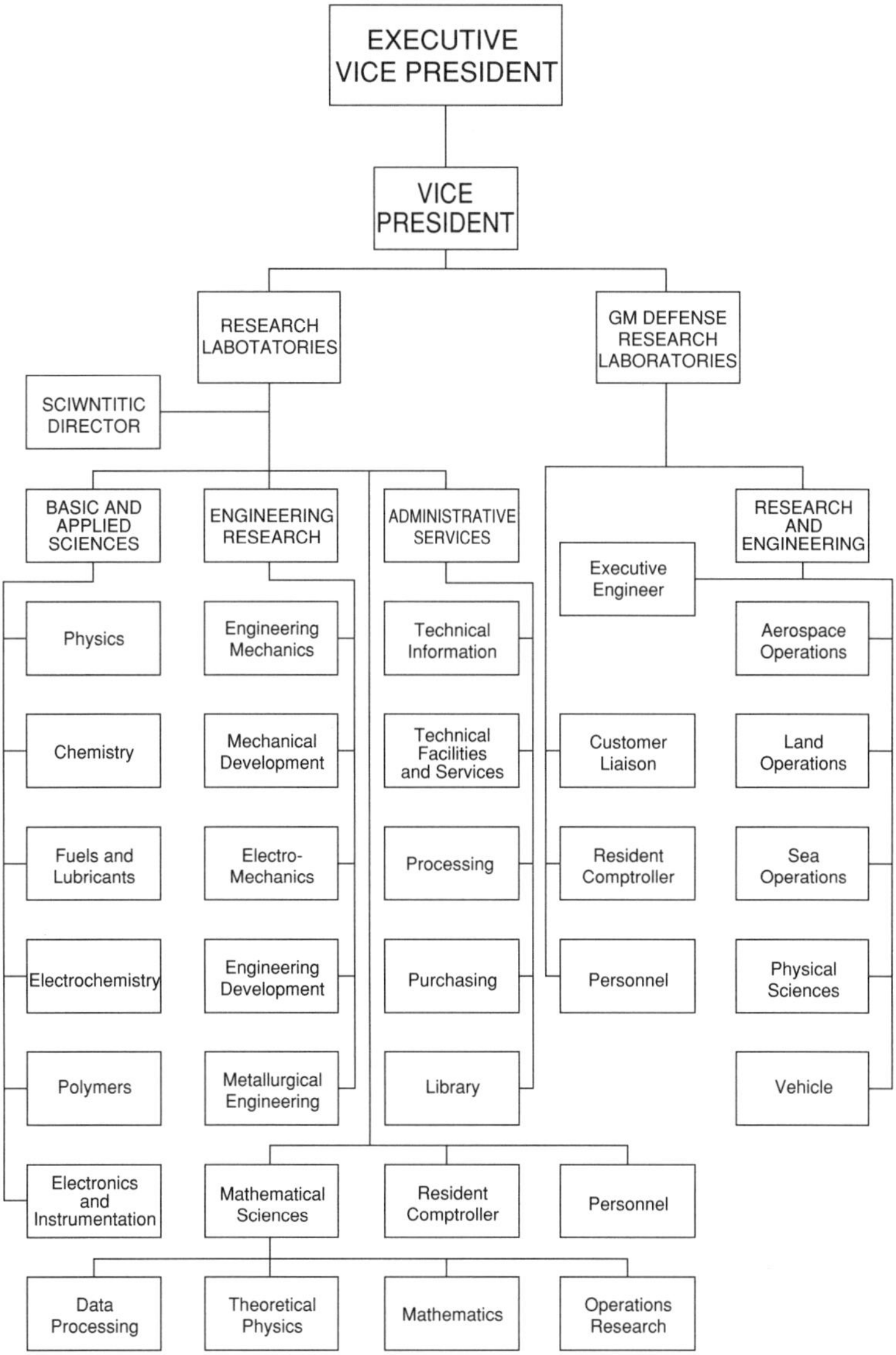
EXECUTIVE VICE PRESIDENT
VICE PRESIDENT
RESEARCH LABOTATORIES
GM DEFENSE RESEARCH LABORATORIES
SCIWNTITIC DIRECTOR
BASIC AND APPLIED SCIENCES
ENGINEERING RESEARCH
ADMINISTRATIVE SERVICES
RESEARCH AND ENGINEERING
Executive Engineer
Physics
Chemistry
Fuels and Lubricants
Electrochemistry
Polymers
Electronics and Instrumentation
Engineering Mechanics
Mechanical Development
Electro-Mechanics
Engineering Development
Metallurgical Engineering
Technical Information
Technical Facilities and Services
Processing
Purchasing
Library
Customer Liaison
Resident Comptroller
Personnel
Aerospace Operations
Land Operations
Sea Operations
Physical Sciences
Vehicle
Mathematical Sciences
Resident Comptroller
Personnel
Data Processing
Theoretical Physics
Mathematics
Operations Research

エンジニアリング・スタッフ組織

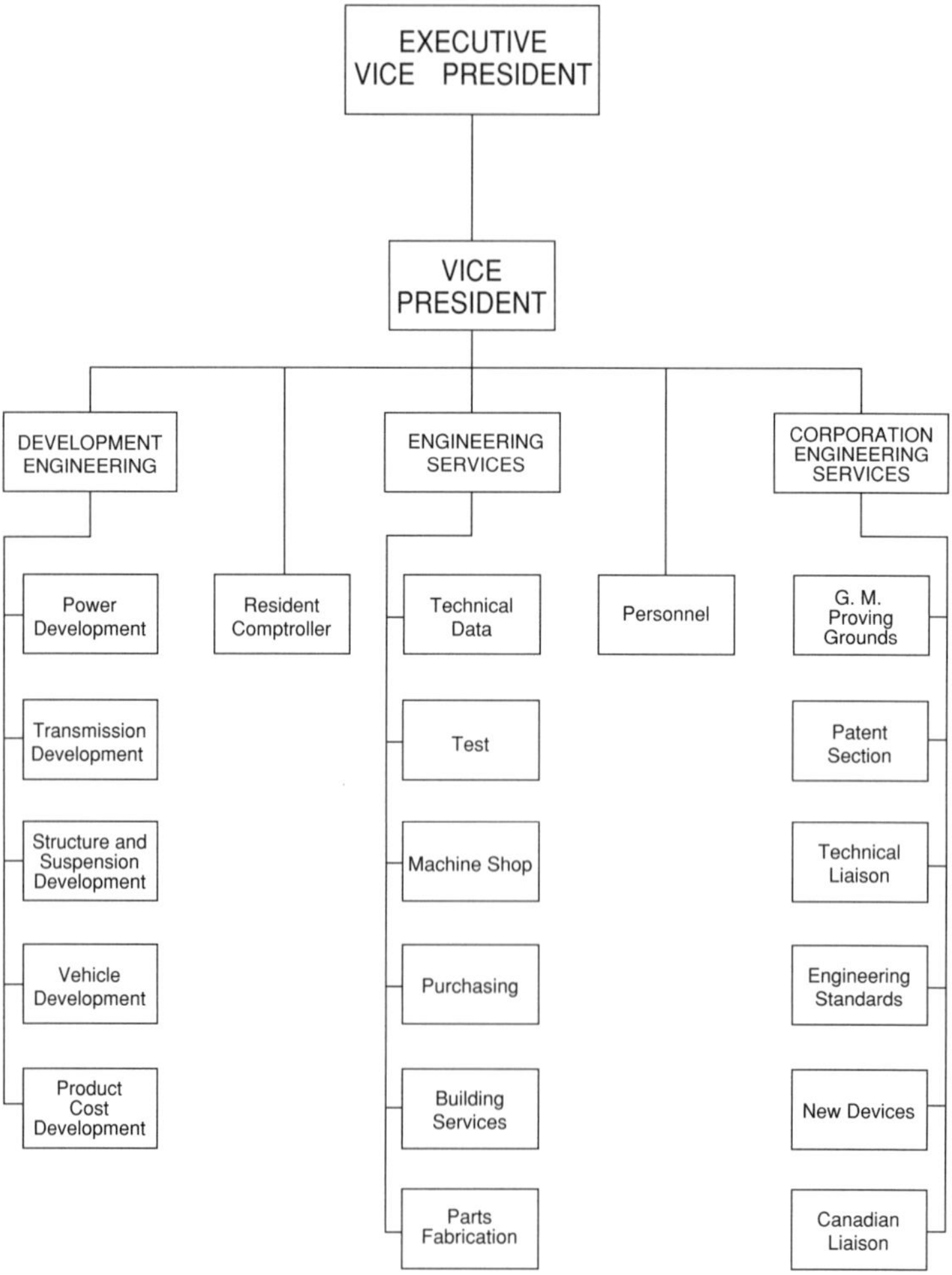
EXECUTIVE VICE PRESIDENT
VICE PRESIDENT
DEVELOPMENT ENGINEERING
ENGINEERING SERVICES
CORPORATION ENGINEERING SERVICES
Power Development
Transmission Development
Structure and Suspension Development
Vehicle Development
Product Cost Development
Resident Comptroller
Technical Data
Test
Machine Shop
Purchasing
Building Services
Parts Fabrication
Personnel
G. M. Proving Grounds
Patent Section
Technical Liaison
Engineering Standards
New Devices
Canadian Liaison

製造スタッフ組織

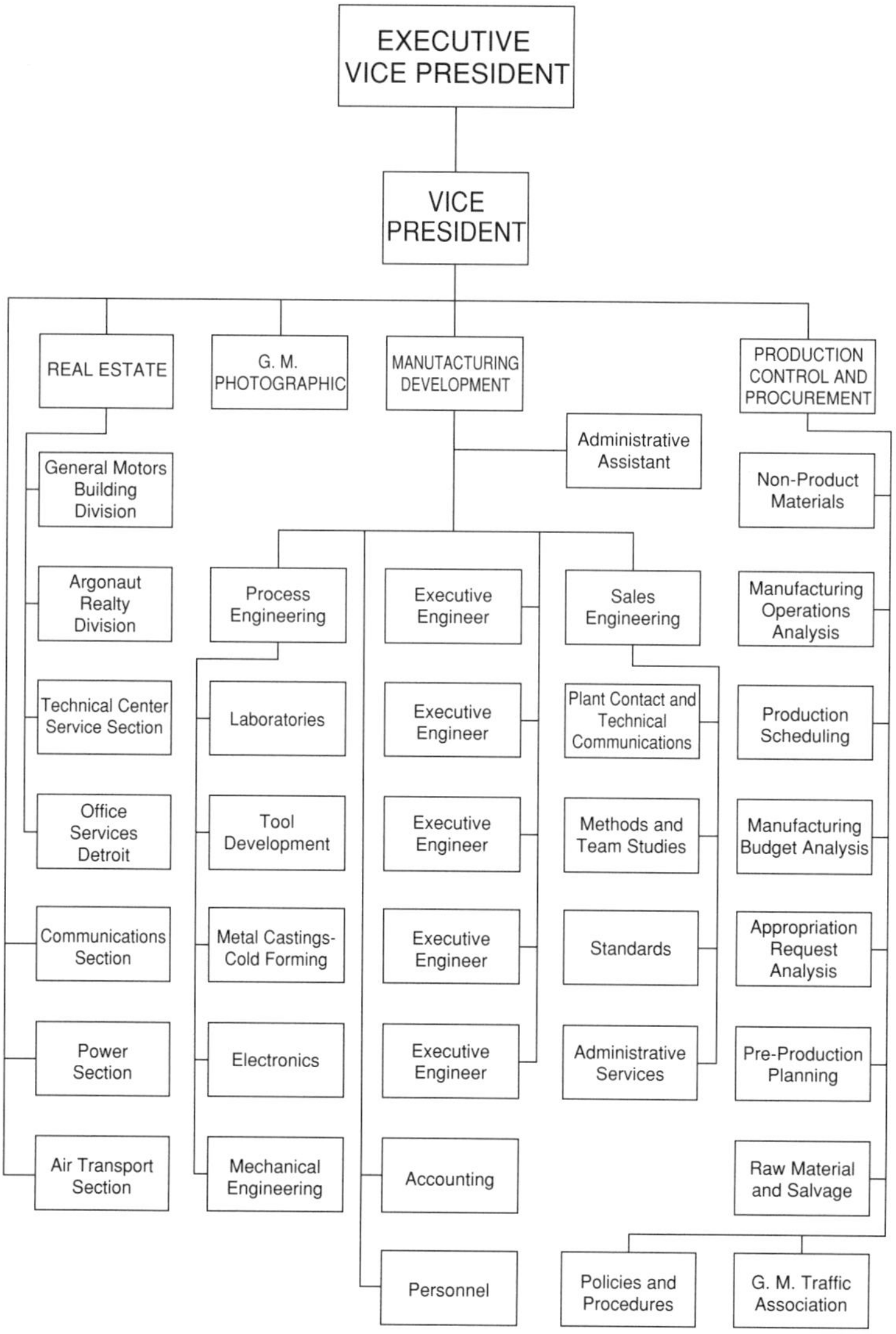
EXECUTIVE VICE PRESIDENT
VICE PRESIDENT
REAL ESTATE
G. M. PHOTOGRAPHIC
MANUTACTURING DEVELOPMENT
PRODUCTION CONTROL AND PROCUREMENT
Administrative Assistant
General Motors Building Division
Argonaut Realty Division
Technical Center Service Section
Office Services Detroit
Communications Section
Power Section
Air Transport Section
Process Engineering
Laboratories
Tool Development
Metal Castings-Cold Forming
Electronics
Mechanical Engineering
Executive Engineer
Executive Engineer
Executive Engineer
Executive Engineer
Executive Engineer
Accounting
Personnel
Sales Engineering
Plant Contact and Technical Communications
Methods and Team Studies
Standards
Administrative Services
Non-Product Materials
Manufacturing Operations Analysis
Production Scheduling
Manufacturing Budget Analysis
Appropriation Request Analysis
Pre-Production Planning
Raw Material and Salvage
Policies and Procedures
G. M. Traffic Association

スタイリング・スタッフ組織

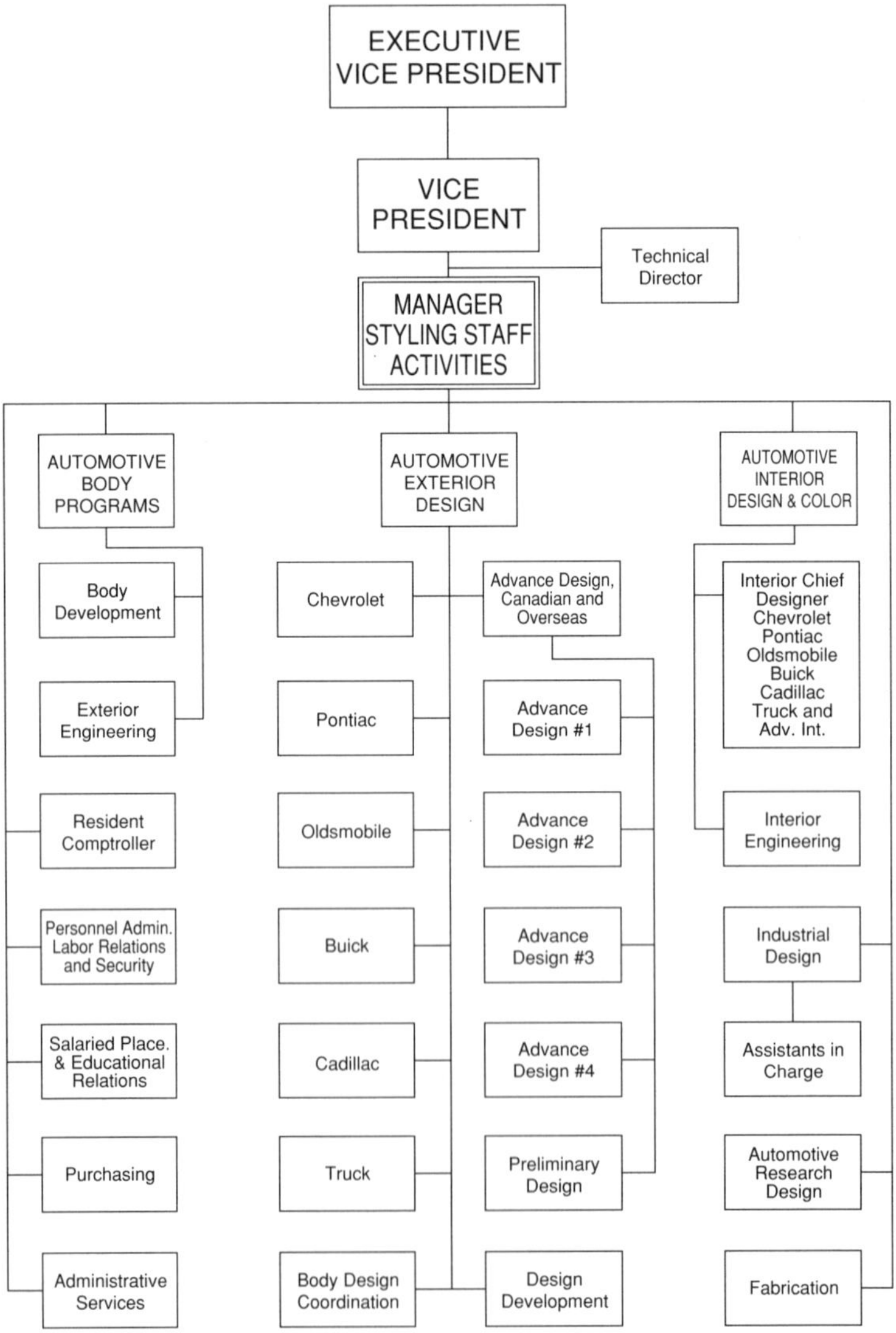

EXECUTIVE VICE PRESIDENT
VICE PRESIDENT
Technical Director
MANAGER STYLING STAFF ACTIVITIES
AUTOMOTIVE BODY PROGRAMS
Body Development
Exterior Engineering
Resident Comptroller
Personnel Admin. Labor Relations and Security
Salaried Place. & Educational Relations
Purchasing
Administrative Services
AUTOMOTIVE EXTERIOR DESIGN
Chevrolet
Pontiac
Oldsmobile
Buick
Cadillac
Truck
Body Design Coordination
Advance Design, Canadian and Overseas
Advance Design #1
Advance Design #2
Advance Design #3
Advance Design #4
Preliminary Design
Design Development
AUTOMOTIVE INTERIOR DESIGN & COLOR
Interior Chief Designer Chevrolet Pontiac Oldsmobile Buick Cadillac Truck and Adv. Int.
Interior Engineering
Industrial Design
Assistants in Charge
Automotive Research Design
Fabrication

流通スタッフ組織

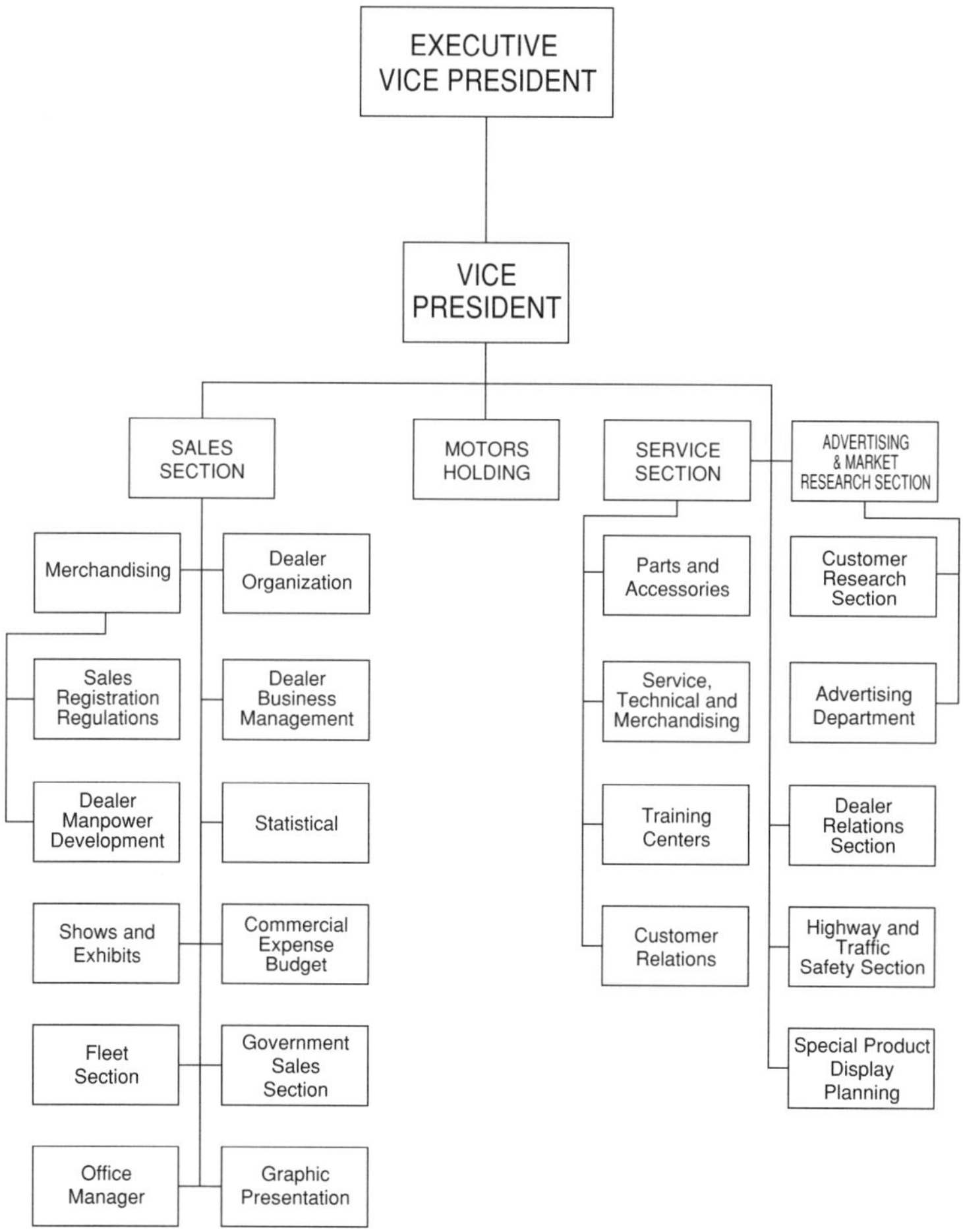
EXECUTIVE VICE PRESIDENT
VICE PRESIDENT
SALES SECTION
MOTORS HOLDING
SERVICE SECTION
ADVERTISING & MARKET RESEARCH SECTION
Merchandising
Dealer Organization
Sales Registration Regulations
Dealer Business Management
Dealer Manpower Development
Statistical
Shows and Exhibits
Commercial Expense Budget
Fleet Section
Government Sales Section
Office Manager
Graphic Presentation
Parts and Accessories
Service, Technical and Merchandising
Training Centers
Customer Relations
Customer Research Section
Advertising Department
Dealer Relations Section
Highway and Traffic Safety Section
Special Product Display Planning

人事スタッフ組織

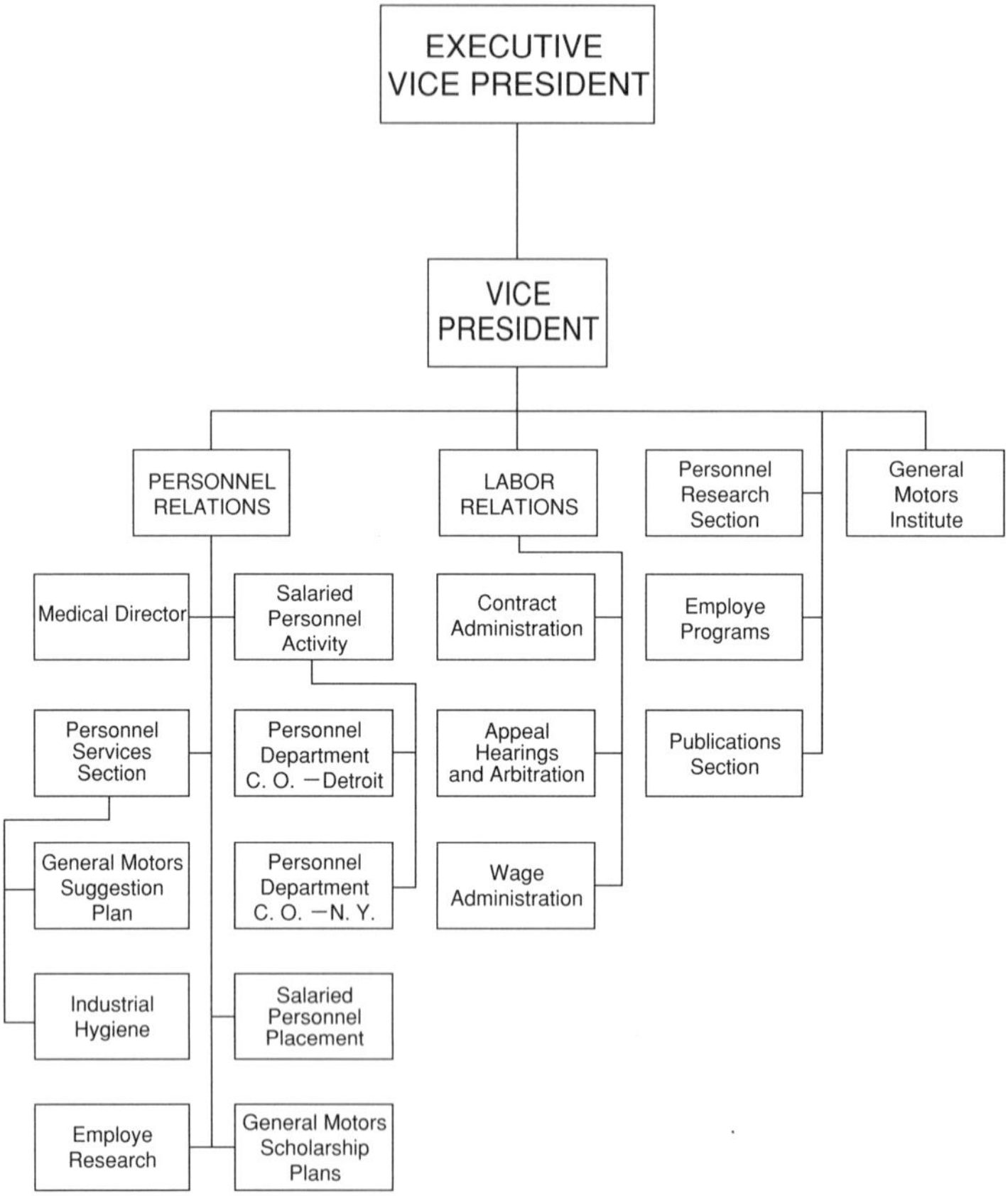
EXECUTIVE VICE PRESIDENT
VICE PRESIDENT
PERSONNEL RELATIONS
LABOR RELATIONS
Personnel Research Section
General Motors Institute
Medical Director
Salaried Personnel Activity
Contract Administration
Employe Programs
Personnel Services Section
Personnel Department C. O. —Detroit
Appeal Hearings and Arbitration
Publications Section
General Motors Suggestion Plan
Personnel Department C. O. —N. Y.
Wage Administration
Industrial Hygiene
Salaried Personnel Placement
Employe Research
General Motors Scholarship Plans

や

ら

ま

や

ら

［事項名］

A

C

か

さ

た

な

は

[社名、事業部名]

索引

［人名］

あ

か

さ

［著者］

アルフレッド P. スローン, Jr.（Alfred P. Sloan, Jr.）

1875年生まれ。1923年のCEO就任以来、56年に会長を辞するまで、30年以上もの間トップの地位にあった。20年代初めに経営危機に陥ったGMを短期間に立て直したばかりでなく、事業部制や業績評価など、彼が打ち出したマネジメントの基本原則は現代の企業経営にも大きな影響を与えている。

GMでの経営を振り返り、63年にアメリカで著した本書『GMとともに』は、同書は瞬く間にベストセラーとなった。スローンは3年後の66年に没したが、本書はいまなお読み継がれ、「20世紀最高の経営書」と称されている。

［訳者］

有賀裕子（あるが・ゆうこ）

東京大学法学部卒。ロンドン・ビジネススクール経営学修士（MBA）。通信会社をへて、翻訳に携わる。主な翻訳書に『戦略の原理』（ダイヤモンド社刊）、『知識資本主義』（日本経済新聞社刊）、『経営者の７つの大罪』（角川書店刊）、『コトラー 新・マーケティング原論』『「個」客革命』（以上、翔泳社刊）などがある。

［新訳］GMとともに

2003年６月５日　第１刷発行
2025年２月12日　第14刷発行

著　者——アルフレッド P. スローン, Jr.
訳　者——有賀裕子
発行所——ダイヤモンド社
〒150-8409　東京都渋谷区神宮前6-12-17
https://www.diamond.co.jp/
電話／03·5778·7228（編集）　03·5778·7240（販売）
装幀————竹内雄二
製作進行——ダイヤモンド・グラフィック社
印刷————堀内印刷所（本文）・加藤文明社（カバー）
製本————ブックアート
編集担当——ダイヤモンド・ハーバード・ビジネス・レビュー編集部

ISBN 4-478-34022-6

◆W・チャン・キム＋レネ・モボルニュの本◆

ブルー・オーシャン・シフト

有賀裕子［訳］

あらゆる組織がレッド・オーシャンからブルー・オーシャンへ移行〈シフト〉できる。激変するビジネス環境の中で自信を呼び起こし、新たな成長機会をつかみ取る方法を提示。

『ニューヨーク・タイムズ』『ウォール・ストリート・ジャーナル』ベストセラー！

●四六判上製●定価（本体2100円＋税）

［新版］ブルー・オーシャン戦略

入山章栄［監訳］　有賀裕子［訳］

世界44カ国で累計400万部を超える大ベストセラーとなった初版刊行から10年。実践への道筋がより具体的に示された。

血みどろの戦いが繰り広げられる既存市場〈レッド・オーシャン〉を抜け出し、競争自体を無意味なものにする未開拓の市場をいかに創造するか。

世界がいま、ブルー・オーシャン戦略を求めている。

●四六判上製●定価（本体2000円＋税）

ブルー・オーシャン戦略論文集

DIAMONDハーバード・ビジネス・レビュー編集部［訳］

世界最高峰の経営誌『ハーバード・ビジネス・レビュー』に掲載された名著論文のアンソロジー。「ブルー・オーシャン戦略」の原点となる論文から、関連理論、フレームワーク、ツールを一挙収録！

より深く、より正しく理解するための必読書。

●四六判並製●定価（本体2000円＋税）

https://dhbr.diamond.jp/

◆ヘンリー・ミンツバーグの本◆

ミンツバーグの組織論

7つの類型と力学、そしてその先へ

池村千秋［訳］

ベストセラー『MBAが会社を滅ぼす』『戦略サファリ』、名著論文「戦略クラフティング」で知られる経営学の巨匠、ミンツバーグ教授による組織論の集大成。世界中の経営者や研究者に読み継がれてきた未邦訳の名著を、半世紀にわたる組織観察の叡智を込め、総力をあげてアップデート。本書が、その最終版にて初の邦訳となる。

●A5判並製●定価（本体2700円＋税）

これからのマネジャーが大切にすべきこと

42のストーリーで学ぶ思考と行動

池村千秋［訳］

「数字を注視してマネジメントを行う」「綿密な計画に基づき実行する」など、マネジャーはよかれと思って取り組んでいることが、実はチームや組織を悪い方向へと動かしている場合がある。マネジャーが本当に重視すべき本質はどこにあるのか？　平易な42のストーリーで構成された、すべてのマネジャー必読の内容。

●四六判並製●定価（本体1700円＋税）

H.ミンツバーグ経営論

DIAMONDハーバード・ビジネス・レビュー編集部［編訳］

Harvard Business Reviewに寄稿されたミンツバーグの10本の論文を収録。「マネジャーの仕事の分析」「戦略形成」「組織設計」の3つのテーマ別にまとめた。
マネジメントに唯一最善解が存在しないことを強調し、常に矛盾と例外に対峙して本質を見出そうとするミンツバーグの経営思想が詰まった1冊。

●四六判上製●定価（本体2800円＋税）

https://dhbr.diamond.jp/